새로운 배움, 더 큰 즐거움

미래엔 콘텐츠와 함께 새로운 배움을 시작합니다!
더 큰 즐거움을 찾아갑니다!

유형중심
고등 수학(하)

WRITERS

미래엔콘텐츠연구회
No.1 Content를 개발하는 교육 전문 콘텐츠 연구회

박현숙 영신여고 교사 | 고려대 수학교육과
조택상 선사고 교사 | 한국교원대 수학교육과
황보근석 인제고 교사 | 고려대 수학교육과
박상의 장충고 교사 | 성균관대 수학과
송윤호 서울사대부고 교사 | 서울대 수학교육과
이문호 하나고 교사 | 고려대 수학교육과
서미경 영동일고 교사 | 고려대 수학교육과

COPYRIGHT

인쇄일 2023년 8월 1일(2판7쇄)
발행일 2020년 8월 15일

펴낸이 신광수
펴낸곳 (주)미래엔
등록번호 제16-67호

교육개발1실장 하남규
개발책임 주석호
개발 황현경, 조성민

디자인실장 손현지
디자인책임 김병석
디자인 김석헌, 윤지혜

CS본부장 강윤구
CS지원책임 강승훈

ISBN 979-11-6413-527-1

머리말

Introduction

동기부여는 당신을 시작하게 하는 것이다.

습관은 당신을 계속 나아가도록 하는 것이다.

- Jim Rohn

좋은 습관을 기르기 위해 가장 좋은 건
지금 바로 행동으로 옮기는 것입니다.
좋은 습관은 우리의 삶의 성패를 좌우할 정도로
중요합니다.

수학 공부도 마찬가지입니다.
집중력 있고 끈기 있게 공부하고,
어려운 문제도 포기하지 않고 끝까지 풀어내는
좋은 습관을 기르면 수학 공부가 즐거워지고
수학 성적이 올라갑니다.

유형중심은 여러분의 수학 공부에 동기부여가 되고,
여러분의 꾸준한 노력과 함께하겠습니다.

이 책의
특장과 구성

Features & Structures

이해하기 쉬운
Lecture별 개념 정리

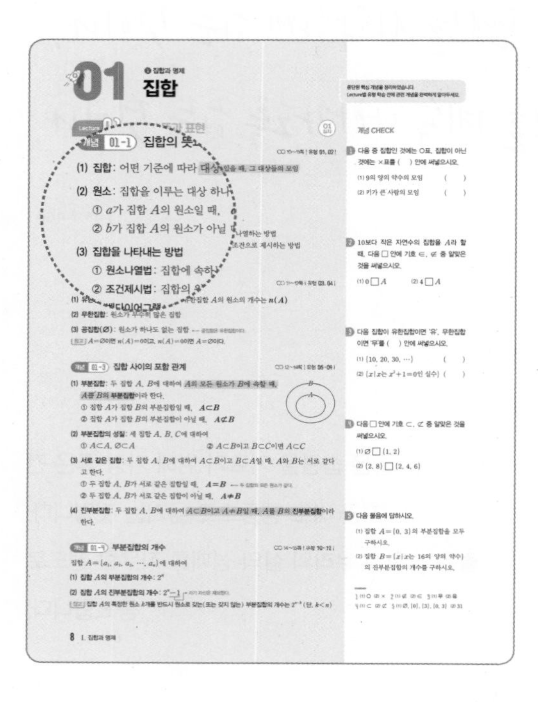

- 교과서 내용을 분석하여 Lecture별로 핵심 개념만을 알차게 정리하였습니다.
- 개념을 쉽게 이해할 수 있도록 개념 설명과 함께 예, 참고, 주의 등을 제시하였습니다.

기본 문제와
유형별 · 난이도별 문제로 구성

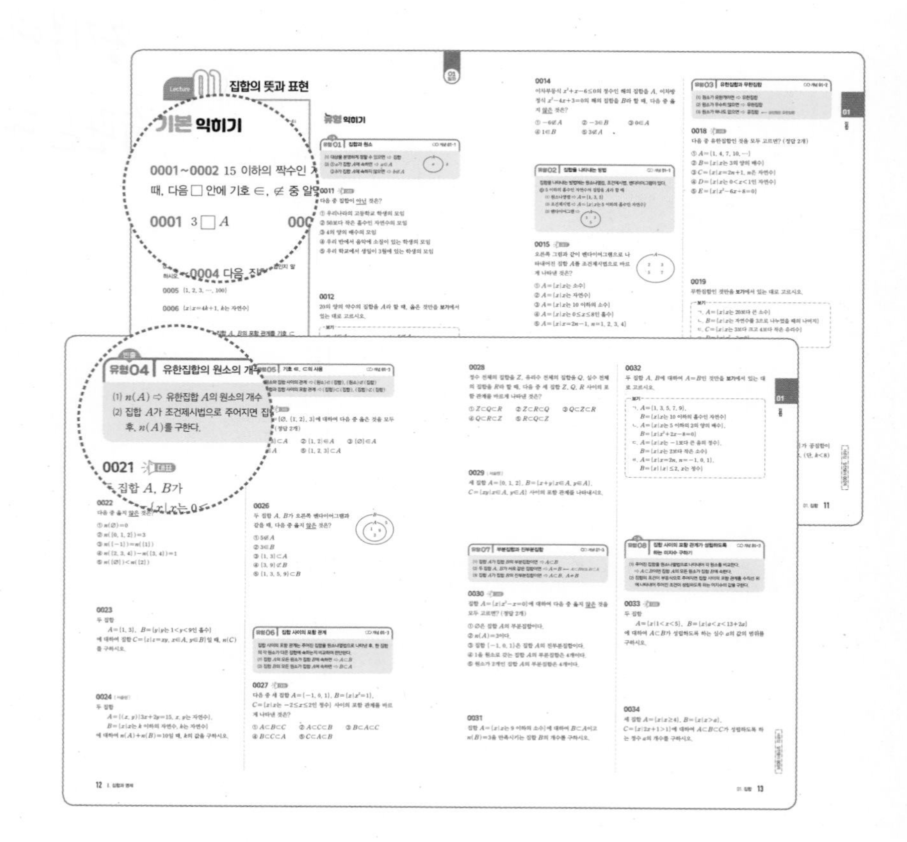

기본 익히기

- 개념 및 공식을 제대로 익혔는지 확인할 수 있는 기본 문제를 수록하였습니다.

유형 익히기

- 교과서와 시험에 출제된 문제를 철저히 분석하여 개념과 문제 형태에 따라 다양한 유형으로 구성하였습니다.
- 문제 해결 방법을 익힐 수 있도록 유형별 해결 전략을 수록하였습니다.

1 교과서에 수록된 문제부터 시험에 출제된 문제까지 **수학의 모든 문제 유형을 한 권에** 담았습니다.

2 주제(Lecture)별 구성으로 **하루에 한 주제씩 완전 학습이 가능**합니다.

3 문제의 난이도에 따라 분류하고 시험에서 출제율이 높은 유형별 문제는 다시 상, 중, 하의 난이도로 세분화하여 **기본부터 실전까지 완벽한 대비가 가능**합니다.

중단원 실전 학습

시험 출제율이 높은 문제로 선별하여 구성

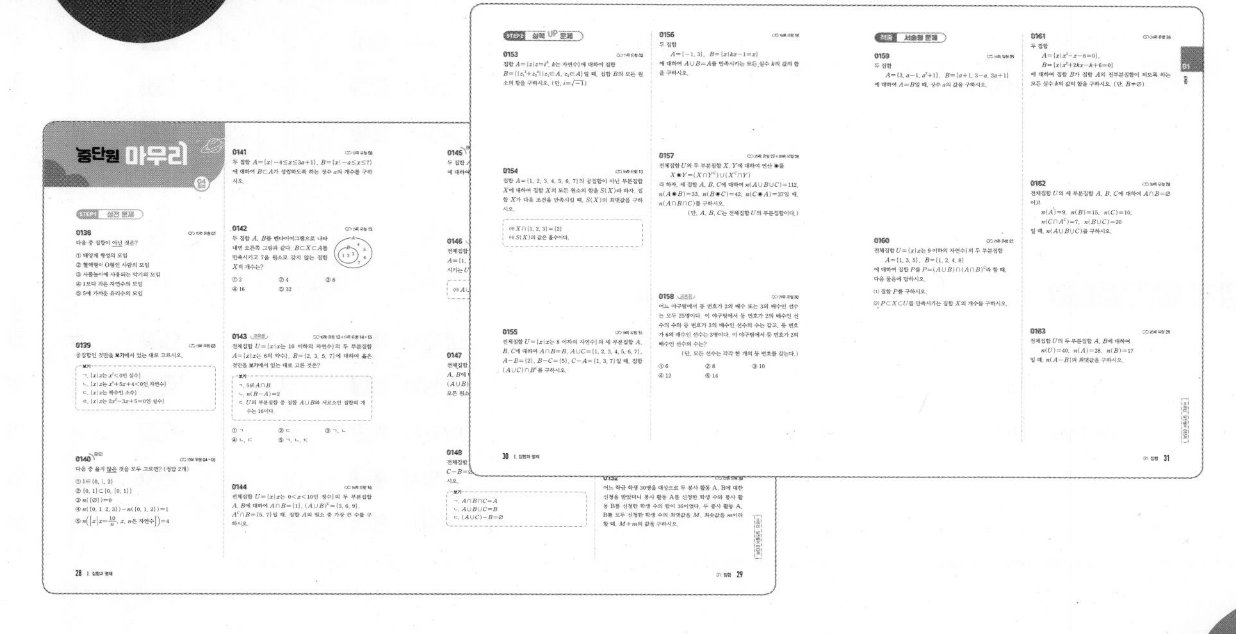

STEP1 실전 문제

• 앞에서 학습한 유형을 변형 또는 통합한 문제로 실전에 완벽하게 대비할 수 있습니다.

STEP2 실력 UP 문제

• 난이도 높은 문제를 풀어 봄으로써 수능 및 평가원, 교육청 모의고사까지 대비할 수 있습니다.

적중 서술형 문제

• 단계별로 배점 비율이 제시된 서술형 문제를 제공하여 학교 시험을 더욱 완벽하게 대비할 수 있습니다.

바른답·알찬풀이

• 정답만 빠르게 확인할 수 있습니다.

• 문제 이해에 필요한 자세한 풀이와 도움 개념을 수록하였습니다.

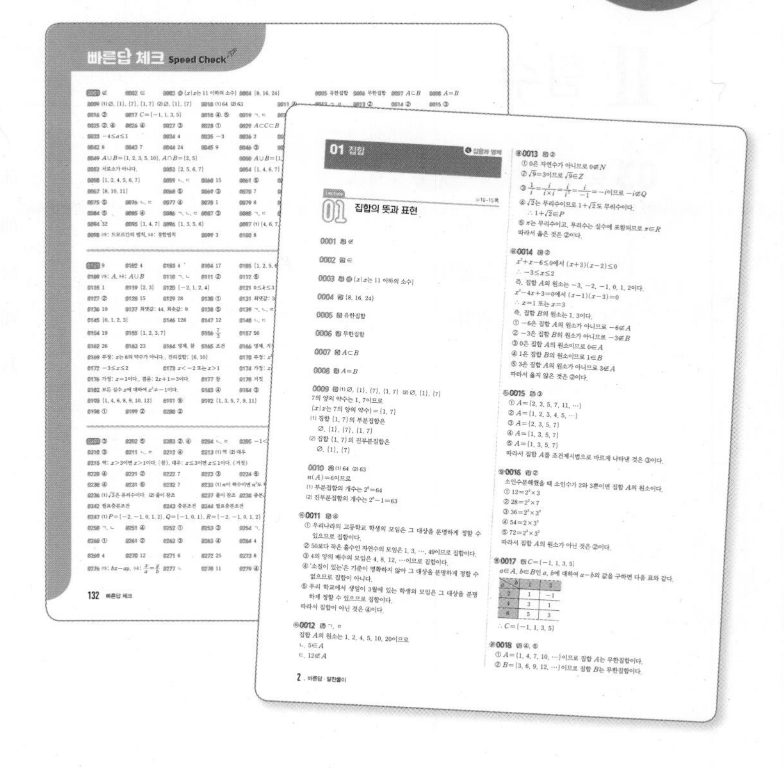

이 책의 차례

Contents

I 집합과 명제

01 집합 중단원 개념 학습 8

- Lecture 01 집합의 뜻과 표현 10
- Lecture 02 집합의 연산 16
- Lecture 03 집합의 연산 법칙 22
- 중단원 마무리 28

02 명제 중단원 개념 학습 32

- Lecture 04 명제 34
- Lecture 05 명제의 역과 대우 40
- Lecture 06 충분조건과 필요조건 44
- Lecture 07 절대부등식 48
- 중단원 마무리 52

II 함수

03 함수 중단원 개념 학습 58

- Lecture 08 함수 60
- Lecture 09 합성함수 66
- Lecture 10 역함수 70
- 중단원 마무리 74

학습 계획 note

완전 학습을 위해 스스로 학습 계획을 세워 실천하세요.
이해가 부족한 경우에는 반복하여 학습하세요.

01일차	1st	월	일	2nd	월	일
02일차	1st	월	일	2nd	월	일
03일차	1st	월	일	2nd	월	일
04일차	1st	월	일	2nd	월	일
05일차	1st	월	일	2nd	월	일
06일차	1st	월	일	2nd	월	일
07일차	1st	월	일	2nd	월	일
08일차	1st	월	일	2nd	월	일
09일차	1st	월	일	2nd	월	일
10일차	1st	월	일	2nd	월	일
11일차	1st	월	일	2nd	월	일
12일차	1st	월	일	2nd	월	일
13일차	1st	월	일	2nd	월	일

04 유리식과 유리함수 중단원 개념 학습 78

		일차						
Lecture 11 유리식과 비례식	80	14일차	1st	월 일	2nd	월 일
Lecture 12 유리함수	85	15일차	1st	월 일	2nd	월 일
중단원 마무리	91	16일차	1st	월 일	2nd	월 일

05 무리식과 무리함수 중단원 개념 학습 94

		일차				
Lecture 13 무리식	96	17일차	1st	월 일	2nd	월 일
Lecture 14 무리함수	100	18일차	1st	월 일	2nd	월 일
중단원 마무리	105	19일차	1st	월 일	2nd	월 일

III 경우의 수

06 경우의 수 중단원 개념 학습 110

		일차				
Lecture 15 경우의 수	112	20일차	1st	월 일	2nd	월 일
Lecture 16 순열	116	21일차	1st	월 일	2nd	월 일
Lecture 17 조합	121	22일차	1st	월 일	2nd	월 일
중단원 마무리	128	23일차	1st	월 일	2nd	월 일

유형중심이 제안하는 100% 효과 만점 학습법

이렇게 계획해요!

가장 좋은 수학 공부법은 꾸준히 공부하는 것입니다.
차례에 있는 〈학습 계획 note〉를 이용하여 단원 학습 계획을 세워 보세요.

이렇게 공부해요!

문제집을 3번 반복 학습하면 완벽하게 이해하게 됩니다.
공부 시기와 횟수에 따라 다음과 같이 공부하세요.

	1 첫 번째 공부할 때 (진도 전 예습)	2 두 번째 공부할 때 (진도 후 복습)	3 시험 전 공부할 때
중단원 개념 학습	• 핵심 개념을 이해하고 공식을 암기합니다. • 교과서를 먼저 읽은 후 공부하면 더 쉽게 개념을 이해할 수 있습니다.	• 핵심 개념을 보며 수업 시간에 배운 내용을 떠올려 봅니다. • 복습하면서 이해가 안 되는 개념은 선생님께 질문하여 반드시 이해하도록 합니다.	• 핵심 개념을 빠르게 읽어 보면서 중요한 개념이나 공식은 노트에 쓰면서 정리합니다. • 정리한 내용은 시험 보기 직전에 한 번 더 확인합니다.
기본 익히기	• 문제를 꼼꼼히 풀어 개념을 어느 정도 이해하고 있는지 확인합니다.	• 첫 번째 공부할 때 틀렸던 문제를 다시 풀어 봅니다.	• 눈으로 읽으면서 빠르게 풀어 봅니다.
유형 익히기	• 유형별 대표 문제 중심으로 풀어 봅니다. • 틀린 문제는 체크해 두고 반드시 복습합니다.	• 유형별 모든 문제를 풀어 봅니다. • 첫 번째 공부할 때 틀렸던 문제는 집중해서 풀고, 또 틀리면 관련 개념을 다시 공부합니다.	• 모든 문제를 다시 푸는 것보다는 그동안 공부하면서 틀렸던 문제에 집중해 취약한 부분을 보강합니다. • 빈출 유형은 반드시 풀어 봅니다.
중단원 마무리	• 얼마나 이해했는지 점검하기 위해 step 1 실전 문제 중심으로 풀어 봅니다.	• 공부한 후 성취 수준을 확인해 봅니다. 첫 번째 공부할 때도 풀었다면 점수를 비교해 봅니다. • step 2 실력 up 문제와 적중 서술형 문제를 풀어 학교 시험 만점에 도전해 봅니다.	• 실제 학교 시험을 보는 것처럼 제한 시간 내에 풀어 봅니다. • 틀린 문제는 반드시 다시 풀어 봅니다.

집합과 명제

01 집합
02 명제

01 Ⅰ 집합과 명제
집합

중단원 핵심 개념을 정리하였습니다.
Lecture별 유형 학습 전에 관련 개념을 완벽하게 알아두세요.

Lecture 01 집합의 뜻과 표현

01 일차

개념 01-1 집합의 뜻과 표현

10~11쪽 | 유형 01, 02 |

(1) 집합: 어떤 기준에 따라 대상을 분명하게 정할 수 있을 때, 그 대상들의 모임

(2) 원소: 집합을 이루는 대상 하나하나

① a가 집합 A의 원소일 때, $a \in A$

② b가 집합 A의 원소가 아닐 때, $b \notin A$

(3) 집합을 나타내는 방법

① **원소나열법**: 집합에 속하는 모든 원소를 { } 안에 나열하는 방법

② **조건제시법**: 집합의 원소들이 갖는 공통된 성질을 조건으로 제시하는 방법

③ **벤다이어그램**: 집합을 나타낸 그림

개념 01-2 집합의 분류

11~12쪽 | 유형 03, 04 |

(1) 유한집합: 원소가 유한개인 집합 ⇨ 유한집합 A의 원소의 개수는 $n(A)$

(2) 무한집합: 원소가 무수히 많은 집합

(3) 공집합($\varnothing$): 원소가 하나도 없는 집합 ← 공집합은 유한집합이다.

참고 $A=\varnothing$이면 $n(A)=0$이고, $n(A)=0$이면 $A=\varnothing$이다.

개념 01-3 집합 사이의 포함 관계

12~14쪽 | 유형 05~09 |

(1) 부분집합: 두 집합 A, B에 대하여 A의 모든 원소가 B에 속할 때, A를 B의 **부분집합**이라 한다.

① 집합 A가 집합 B의 부분집합일 때, $A \subset B$

② 집합 A가 집합 B의 부분집합이 아닐 때, $A \not\subset B$

(2) 부분집합의 성질: 세 집합 A, B, C에 대하여

① $A \subset A$, $\varnothing \subset A$

② $A \subset B$이고 $B \subset C$이면 $A \subset C$

(3) 서로 같은 집합: 두 집합 A, B에 대하여 $A \subset B$이고 $B \subset A$일 때, A와 B는 서로 같다고 한다.

① 두 집합 A, B가 서로 같은 집합일 때, $A=B$ ← 두 집합의 모든 원소가 같다.

② 두 집합 A, B가 서로 같은 집합이 아닐 때, $A \neq B$

(4) 진부분집합: 두 집합 A, B에 대하여 $A \subset B$이고 $A \neq B$일 때, A를 B의 **진부분집합**이라 한다.

개념 01-4 부분집합의 개수

14~15쪽 | 유형 10~12 |

집합 $A=\{a_1, a_2, a_3, \cdots, a_n\}$에 대하여

(1) 집합 A의 부분집합의 개수: 2^n

(2) 집합 A의 진부분집합의 개수: 2^n-1 → 자기 자신은 제외한다.

참고 집합 A의 특정한 원소 k개를 반드시 원소로 갖는(또는 갖지 않는) 부분집합의 개수는 2^{n-k} (단, $k<n$)

개념 CHECK

1 다음 중 집합인 것에는 ○표, 집합이 아닌 것에는 ×표를 (   ) 안에 써넣으시오.

(1) 9의 양의 약수의 모임 (   )

(2) 키가 큰 사람의 모임 (   )

2 10보다 작은 자연수의 집합을 A라 할 때, 다음 □ 안에 기호 $\in$, $\notin$ 중 알맞은 것을 써넣으시오.

(1) 0 □ A　　(2) 4 □ A

3 다음 집합이 유한집합이면 '유', 무한집합이면 '무'를 (   ) 안에 써넣으시오.

(1) $\{10, 20, 30, \cdots\}$ (   )

(2) $\{x \mid x$는 $x^2+1=0$인 실수$\}$ (   )

4 다음 □ 안에 기호 $\subset$, $\not\subset$ 중 알맞은 것을 써넣으시오.

(1) $\varnothing$ □ $\{1, 2\}$

(2) $\{2, 8\}$ □ $\{2, 4, 6\}$

5 다음 물음에 답하시오.

(1) 집합 $A=\{0, 3\}$의 부분집합을 모두 구하시오.

(2) 집합 $B=\{x \mid x$는 16의 양의 약수$\}$의 진부분집합의 개수를 구하시오.

---

1 (1) ○ (2) × 2 (1) $\notin$ (2) $\in$ 3 (1) 무 (2) 유
4 (1) $\subset$ (2) $\not\subset$ 5 (1) $\varnothing$, $\{0\}$, $\{3\}$, $\{0, 3\}$ (2) 31

Lecture 02 집합의 연산

02 일차

개념 02-1 합집합과 교집합

16~21쪽 | 유형 13, 14, 16~21 |

(1) **합집합**: 두 집합 A, B에 대하여 A에 속하거나 B에 속하는 모든 원소로 이루어진 집합
⇨ $\boldsymbol{A\cup B}=\{x|x\in A$ 또는 $x\in B\}$

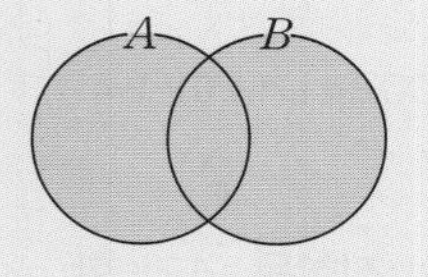

(2) **교집합**: 두 집합 A, B에 대하여 A에도 속하고 B에도 속하는 모든 원소로 이루어진 집합
⇨ $\boldsymbol{A\cap B}=\{x|x\in A$ 그리고 $x\in B\}$

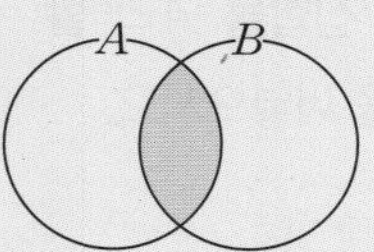

(3) 두 집합 A, B에서 공통인 원소가 하나도 없을 때, 즉 $A\cap B=\varnothing$일 때, A와 B는 **서로소**라 한다.

참고 | 공집합은 모든 집합과 서로소이다.

개념 02-2 여집합과 차집합

17~21쪽 | 유형 15~21 |

(1) 어떤 집합에 대하여 그 부분집합을 생각할 때, 처음의 집합을 **전체집합**이라 하고, 기호 $\boldsymbol{U}$로 나타낸다.

(2) **여집합**: 전체집합 U의 부분집합 A에 대하여 U의 원소 중에서 A에 속하지 않는 모든 원소로 이루어진 집합
⇨ $\boldsymbol{A^C}=\{x|x\in U$ 그리고 $x\notin A\}$

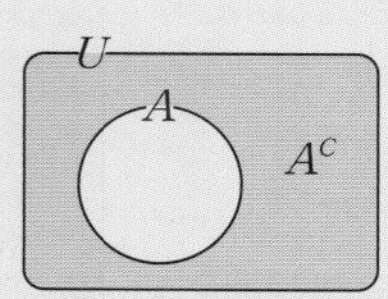

(3) **차집합**: 두 집합 A, B에 대하여 A에 속하지만 B에는 속하지 않는 모든 원소로 이루어진 집합
⇨ $\boldsymbol{A-B}=\{x|x\in A$ 그리고 $x\notin B\}$

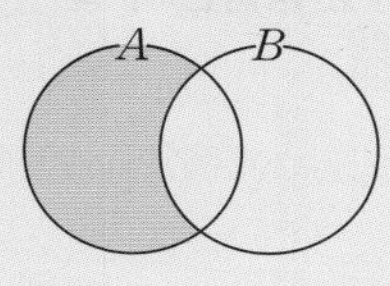

Lecture 03 집합의 연산 법칙

03 일차

개념 03-1 집합의 연산 법칙

22~25쪽 | 유형 22~27 |

(1) **집합의 연산 법칙**: 세 집합 A, B, C에 대하여
① **교환법칙**: $A\cup B=B\cup A$, $A\cap B=B\cap A$
② **결합법칙**: $(A\cup B)\cup C=A\cup(B\cup C)$, $(A\cap B)\cap C=A\cap(B\cap C)$
③ **분배법칙**: $A\cap(B\cup C)=(A\cap B)\cup(A\cap C)$
$A\cup(B\cap C)=(A\cup B)\cap(A\cup C)$

(2) **드모르간의 법칙**: 전체집합 U의 두 부분집합 A, B에 대하여
① $(A\cup B)^C=A^C\cap B^C$ ② $(A\cap B)^C=A^C\cup B^C$

개념 03-2 유한집합의 원소의 개수

26~27쪽 | 유형 28~30 |

두 유한집합 A, B에 대하여

$$n(A\cup B)=n(A)+n(B)-n(A\cap B)$$

특히, $A\cap B=\varnothing$이면 $n(A\cap B)=0$이므로 $n(A\cup B)=n(A)+n(B)$

참고 | 세 유한집합 A, B, C에 대하여
$n(A\cup B\cup C)=n(A)+n(B)+n(C)-n(A\cap B)-n(B\cap C)-n(C\cap A)+n(A\cap B\cap C)$

개념 CHECK

6 다음 두 집합 A, B에 대하여 $A\cup B$와 $A\cap B$를 각각 구하시오.

(1) $A=\{1, 2, 3, 4\}$, $B=\{3, 5\}$

(2) $A=\{a, c, e\}$, $B=\{b, d\}$

7 전체집합 $U=\{x|x$는 6 미만의 자연수$\}$의 두 부분집합 $A=\{1, 3, 5\}$, $B=\{x|x$는 소수$\}$에 대하여 다음을 구하시오.

(1) A^C (2) $B-A$

(3) $A\cap B^C$ (4) $(A\cap B)^C$

8 다음은 전체집합 U의 두 부분집합 A, B에 대하여 집합 $A\cup(A^C\cap B)$를 간단히 하는 과정이다. □ 안에 알맞은 것을 써넣으시오.

$A\cup(A^C\cap B)$
$=(\square\cup A^C)\cap(A\cup B)$
$=\square\cap(A\cup B)$
$=\square$

9 전체집합 U의 두 부분집합 A, B에 대하여 $n(U)=15$, $n(A)=8$, $n(B)=6$, $n(A\cap B)=3$일 때, 다음을 구하시오.

(1) $n(A\cup B)$ (2) $n(B^C)$

(3) $n(A-B)$ (4) $n(A^C\cap B^C)$

---

6 (1) $A\cup B=\{1, 2, 3, 4, 5\}$, $A\cap B=\{3\}$
(2) $A\cup B=\{a, b, c, d, e\}$, $A\cap B=\varnothing$
7 (1) $\{2, 4\}$ (2) $\{2\}$ (3) $\{1\}$ (4) $\{1, 2, 4\}$
8 A, U, $A\cup B$ **9** (1) 11 (2) 9 (3) 5 (4) 4

Lecture 01 집합의 뜻과 표현

기본 익히기

8쪽 | 개념 01-1~4 |

0001~0002 15 이하의 짝수인 자연수의 집합을 A라 할 때, 다음 □ 안에 기호 $\in$, $\notin$ 중 알맞은 것을 써넣으시오.

0001 $3 \square A$ **0002** $12 \square A$

0003~0004 다음 집합에서 원소나열법으로 나타낸 것은 조건제시법으로, 조건제시법으로 나타낸 것은 원소나열법으로 나타내시오.

0003 $\{2, 3, 5, 7, 11\}$

0004 $\{x \mid x$는 30 이하의 8의 양의 배수$\}$

0005~0006 다음 집합이 유한집합인지 무한집합인지 말하시오.

0005 $\{1, 2, 3, \cdots, 100\}$

0006 $\{x \mid x=4k+1, k$는 자연수$\}$

0007~0008 다음 두 집합 A, B의 포함 관계를 기호 $\subset$ 또는 $=$를 사용하여 나타내시오.

0007 $A=\{1, 2\}$, $B=\{-2, 0, 1, 2\}$

0008 $A=\{1, 2, 3, 6\}$, $B=\{x \mid x$는 6의 양의 약수$\}$

0009 집합 $\{x \mid x$는 7의 양의 약수$\}$에 대하여 다음을 모두 구하시오.

(1) 부분집합 (2) 진부분집합

0010 집합 $A=\{1, 2, 3, 4, 5, 6\}$에 대하여 다음을 구하시오.

(1) 부분집합의 개수 (2) 진부분집합의 개수

유형 익히기

빈출 **유형 01** 집합과 원소 개념 01-1

(1) 대상을 분명하게 정할 수 있으면 ⇨ 집합
(2) ① a가 집합 A에 속하면 ⇨ $a \in A$
② b가 집합 A에 속하지 않으면 ⇨ $b \notin A$

0011 대표

다음 중 집합이 아닌 것은?

① 우리나라의 고등학교 학생의 모임
② 50보다 작은 홀수인 자연수의 모임
③ 4의 양의 배수의 모임
④ 우리 반에서 음악에 소질이 있는 학생의 모임
⑤ 우리 학교에서 생일이 3월에 있는 학생의 모임

0012

20의 양의 약수의 집합을 A라 할 때, 옳은 것만을 **보기**에서 있는 대로 고르시오.

보기

ㄱ. $4 \in A$ ㄴ. $5 \notin A$
ㄷ. $12 \in A$ ㄹ. $15 \notin A$

0013

자연수 전체의 집합을 N, 정수 전체의 집합을 Z, 유리수 전체의 집합을 Q, 무리수 전체의 집합을 P, 실수 전체의 집합을 R라 할 때, 다음 중 옳은 것은? (단, $i=\sqrt{-1}$)

① $0 \in N$ ② $\sqrt{9} \in Z$ ③ $\frac{1}{i} \in Q$
④ $1+\sqrt{2} \notin P$ ⑤ $\pi \notin R$

0014

이차부등식 $x^2+x-6\leq 0$의 정수인 해의 집합을 A, 이차방정식 $x^2-4x+3=0$의 해의 집합을 B라 할 때, 다음 중 옳지 않은 것은?

① $-6\notin A$ ② $-3\in B$ ③ $0\in A$
④ $1\in B$ ⑤ $3\notin A$

유형02 집합을 나타내는 방법 개념 01-1

집합을 나타내는 방법에는 원소나열법, 조건제시법, 벤다이어그램이 있다.

예 5 이하의 홀수인 자연수의 집합을 A라 할 때

(1) 원소나열법 ⇨ $A=\{1, 3, 5\}$
(2) 조건제시법 ⇨ $A=\{x|x$는 5 이하의 홀수인 자연수$\}$
(3) 벤다이어그램 ⇨ A: 1 3 5

0015 대표

오른쪽 그림과 같이 벤다이어그램으로 나타내어진 집합 A를 조건제시법으로 바르게 나타낸 것은?

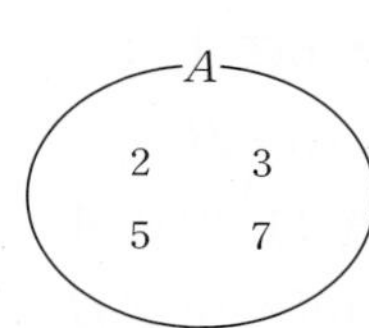

① $A=\{x|x$는 소수$\}$
② $A=\{x|x$는 자연수$\}$
③ $A=\{x|x$는 10 이하의 소수$\}$
④ $A=\{x|x$는 $0\leq x\leq 8$인 홀수$\}$
⑤ $A=\{x|x=2n-1,\ n=1, 2, 3, 4\}$

0016

다음 중 집합 $A=\{x|x=2^a\times 3^b,\ a, b$는 자연수$\}$의 원소가 아닌 것은?

① 12 ② 28 ③ 36
④ 54 ⑤ 72

0017

두 집합 $A=\{2, 4, 6\}$, $B=\{1, 3\}$에 대하여 집합 $C=\{a-b|a\in A,\ b\in B\}$를 원소나열법으로 나타내시오.

유형03 유한집합과 무한집합 개념 01-2

(1) 원소가 유한개이면 ⇨ 유한집합
(2) 원소가 무수히 많으면 ⇨ 무한집합
(3) 원소가 하나도 없으면 ⇨ 공집합 ← 공집합은 유한집합

0018 대표

다음 중 유한집합인 것을 모두 고르면? (정답 2개)

① $A=\{1, 4, 7, 10, \cdots\}$
② $B=\{x|x$는 3의 양의 배수$\}$
③ $C=\{x|x=2n+1,\ n$은 자연수$\}$
④ $D=\{x|x$는 $0<x<1$인 자연수$\}$
⑤ $E=\{x|x^2-6x+8=0\}$

0019

무한집합인 것만을 **보기**에서 있는 대로 고르시오.

보기
ㄱ. $A=\{x|x$는 20보다 큰 소수$\}$
ㄴ. $B=\{x|x$는 자연수를 3으로 나누었을 때의 나머지$\}$
ㄷ. $C=\{x|x$는 3보다 크고 4보다 작은 유리수$\}$
ㄹ. $D=\{x|x^2-3=0\}$

0020 [서술형]

집합 $A=\{x|x$는 $k<x<8$인 4의 양의 약수$\}$가 공집합이 되도록 하는 모든 자연수 k의 값의 합을 구하시오.

바른답·알찬풀이 002쪽

빈출

유형04 유한집합의 원소의 개수

개념 01-2

(1) $n(A)$ ⇨ 유한집합 A의 원소의 개수
(2) 집합 A가 조건제시법으로 주어지면 집합 A를 원소나열법으로 나타낸 후, $n(A)$를 구한다.

0021 대표

두 집합 A, B가

$A=\{x|x$는 $0\le x<10$인 정수$\}$,

$B=\{y|y=\sqrt{x},\ x\in A,\ y$는 정수$\}$

일 때, $n(A)-n(B)$의 값을 구하시오.

0022

다음 중 옳지 않은 것은?

① $n(\varnothing)=0$
② $n(\{0, 1, 2\})=3$
③ $n(\{-1\})=n(\{1\})$
④ $n(\{2, 3, 4\})-n(\{3, 4\})=1$
⑤ $n(\{\varnothing\})<n(\{2\})$

0023

두 집합

$A=\{1, 3\}$, $B=\{y|y$는 $1<y<9$인 홀수$\}$

에 대하여 집합 $C=\{z|z=xy,\ x\in A,\ y\in B\}$일 때, $n(C)$를 구하시오.

0024 [서술형]

두 집합

$A=\{(x, y)|3x+2y=15,\ x, y$는 자연수$\}$,

$B=\{x|x$는 k 이하의 자연수, k는 자연수$\}$

에 대하여 $n(A)+n(B)=10$일 때, k의 값을 구하시오.

유형05 기호 ∈, ⊂의 사용

개념 01-3

(1) 원소와 집합 사이의 관계 ⇨ (원소)∈(집합), (원소)∉(집합)
(2) 집합과 집합 사이의 포함 관계 ⇨ (집합)⊂(집합), (집합)⊄(집합)

0025 대표

집합 $A=\{\varnothing, \{1, 2\}, 3\}$에 대하여 다음 중 옳은 것을 모두 고르면? (정답 2개)

① $\{1, 3\}\subset A$　② $\{1, 2\}\in A$　③ $\{\varnothing\}\in A$
④ $\varnothing\in A$　⑤ $\{1, 2, 3\}\subset A$

0026

두 집합 A, B가 오른쪽 벤다이어그램과 같을 때, 다음 중 옳지 않은 것은?

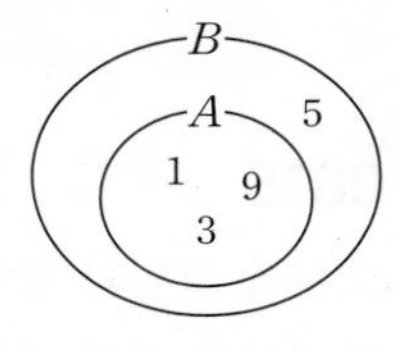

① $5\notin A$
② $3\in B$
③ $\{1, 3\}\subset A$
④ $\{3, 9\}\not\subset B$
⑤ $\{1, 3, 5, 9\}\subset B$

유형06 집합 사이의 포함 관계

개념 01-3

집합 사이의 포함 관계는 주어진 집합을 원소나열법으로 나타낸 후, 한 집합의 각 원소가 다른 집합에 속하는지 비교하여 판단한다.
(1) 집합 A의 모든 원소가 집합 B에 속하면 ⇨ $A\subset B$
(2) 집합 B의 모든 원소가 집합 A에 속하면 ⇨ $B\subset A$

0027 대표

다음 중 세 집합 $A=\{-1, 0, 1\}$, $B=\{x|x^2=1\}$, $C=\{x|x$는 $-2\le x\le 2$인 정수$\}$ 사이의 포함 관계를 바르게 나타낸 것은?

① $A\subset B\subset C$　② $A\subset C\subset B$　③ $B\subset A\subset C$
④ $B\subset C\subset A$　⑤ $C\subset A\subset B$

0028

정수 전체의 집합을 Z, 유리수 전체의 집합을 Q, 실수 전체의 집합을 R라 할 때, 다음 중 세 집합 Z, Q, R 사이의 포함 관계를 바르게 나타낸 것은?

① $Z\subset Q\subset R$ ② $Z\subset R\subset Q$ ③ $Q\subset Z\subset R$
④ $Q\subset R\subset Z$ ⑤ $R\subset Q\subset Z$

0029 [서술형]

세 집합 $A=\{0, 1, 2\}$, $B=\{x+y\mid x\in A, y\in A\}$, $C=\{xy\mid x\in A, y\in A\}$ 사이의 포함 관계를 나타내시오.

유형 07 부분집합과 진부분집합

개념 01-3

(1) 집합 A가 집합 B의 부분집합이면 ⇨ $A\subset B$
(2) 두 집합 A, B가 서로 같은 집합이면 ⇨ $A=B$ ← $A\subset B$이고 $B\subset A$
(3) 집합 A가 집합 B의 진부분집합이면 ⇨ $A\subset B$, $A\neq B$

0030 대표

집합 $A=\{x\mid x^3-x=0\}$에 대하여 다음 중 옳지 않은 것을 모두 고르면? (정답 2개)

① $\varnothing$은 집합 A의 부분집합이다.
② $n(A)=3$이다.
③ 집합 $\{-1, 0, 1\}$은 집합 A의 진부분집합이다.
④ 1을 원소로 갖는 집합 A의 부분집합은 4개이다.
⑤ 원소가 2개인 집합 A의 부분집합은 4개이다.

0031

집합 $A=\{x\mid x$는 9 이하의 소수$\}$에 대하여 $B\subset A$이고 $n(B)=3$을 만족시키는 집합 B의 개수를 구하시오.

0032

두 집합 A, B에 대하여 $A=B$인 것만을 **보기**에서 있는 대로 고르시오.

보기

ㄱ. $A=\{1, 3, 5, 7, 9\}$,
　$B=\{x\mid x$는 10 이하의 홀수인 자연수$\}$
ㄴ. $A=\{x\mid x$는 5 이하의 2의 양의 배수$\}$,
　$B=\{x\mid x^2+2x-8=0\}$
ㄷ. $A=\{x\mid x$는 -1보다 큰 음의 정수$\}$,
　$B=\{x\mid x$는 2보다 작은 소수$\}$
ㄹ. $A=\{x\mid x=2n, n=-1, 0, 1\}$,
　$B=\{x\mid |x|\le 2, x$는 정수$\}$

빈출 유형 08 집합 사이의 포함 관계가 성립하도록 하는 미지수 구하기

개념 01-3

(1) 주어진 집합을 원소나열법으로 나타내어 각 원소를 비교한다.
⇨ $A\subset B$이면 집합 A의 모든 원소가 집합 B에 속한다.
(2) 집합의 조건이 부등식으로 주어지면 집합 사이의 포함 관계를 수직선 위에 나타내어 주어진 조건이 성립하도록 하는 미지수의 값을 구한다.

0033 대표

두 집합

$$A=\{x\mid 1<x<5\},\quad B=\{x\mid a<x<13+2a\}$$

에 대하여 $A\subset B$가 성립하도록 하는 실수 a의 값의 범위를 구하시오.

0034

세 집합 $A=\{x\mid x\ge 4\}$, $B=\{x\mid x>a\}$, $C=\{x\mid 2x+1>1\}$에 대하여 $A\subset B\subset C$가 성립하도록 하는 정수 a의 개수를 구하시오.

바른답 · 알찬풀이 003쪽

0035 〔서술형〕

두 집합

$A=\{1, a^2-4\}$, $B=\{-2, 2-a, a+4\}$

에 대하여 $A\subset B$가 성립하도록 하는 상수 a의 값을 구하시오.

유형09 서로 같은 집합일 때 미지수 구하기 개념 01-3

두 집합 A, B에 대하여 $A\subset B$이고 $B\subset A$이면 $A=B$

⇨ 두 집합 A, B의 모든 원소가 같음을 이용하여 미지수의 값을 구한다.

0036 대표

두 집합 $A=\{2, 4, a^2+1\}$, $B=\{5, a, 3a-2\}$에 대하여 $A=B$일 때, 상수 a의 값을 구하시오.

0037

두 집합 $A=\{1, 2, a+2b\}$, $B=\{1, 6, 2a-b\}$에 대하여 $A=B$일 때, ab의 값은? (단, a, b는 상수이다.)

① -6 ② -4 ③ 2
④ 4 ⑤ 6

0038

두 집합 $A=\{x\,|\,x^2+ax-14=0\}$, $B=\{-2, b\}$에 대하여 $A\subset B$이고 $B\subset A$일 때, $a+b$의 값은?

(단, a, b는 상수이다.)

① -2 ② -1 ③ 1
④ 2 ⑤ 3

유형10 부분집합의 개수 개념 01-4

집합 $A=\{a_1, a_2, a_3, \cdots, a_n\}$에 대하여

(1) 집합 A의 부분집합의 개수 ⇨ 2^n

(2) 집합 A의 진부분집합의 개수 ⇨ 2^n-1

0039 대표

집합 $A=\{x\,|\,x$는 30보다 작은 7의 양의 배수$\}$의 부분집합의 개수를 a, 진부분집합의 개수를 b라 할 때, $a+b$의 값을 구하시오.

0040

집합 A의 부분집합의 개수가 128이고, 집합 B의 진부분집합의 개수가 63일 때, $n(A)-n(B)$의 값을 구하시오.

0041

집합 $A=\{x\,|\,x$는 10 이하의 자연수$\}$의 부분집합 중 모든 원소가 12의 약수로만 이루어진 집합의 개수를 구하시오.

빈출 유형 11 특정한 원소를 갖거나 갖지 않는 부분집합의 개수

개념 01-4

집합 $A=\{a_1, a_2, a_3, \cdots, a_n\}$에 대하여

(1) 집합 A의 특정한 원소 k개를 반드시 원소로 갖는 부분집합의 개수
⇨ 2^{n-k} (단, $k<n$)

(2) 집합 A의 특정한 원소 l개를 원소로 갖지 않는 부분집합의 개수
⇨ 2^{n-l} (단, $l<n$)

(3) 집합 A의 원소 중 k개는 반드시 원소로 갖고, l개는 원소로 갖지 않는 부분집합의 개수
⇨ 2^{n-k-l} (단, $k+l<n$)

0042 대표

집합 $A=\{1, 2, 3, 4, 5, 6\}$에 대하여 $2\in X$, $3\in X$, $6\notin X$를 만족시키는 집합 A의 부분집합 X의 개수를 구하시오.

0043

집합 $A=\{x|x$는 10 이하의 소수$\}$에 대하여 $X\subset A$이고 $X\neq A$인 집합 X 중 2를 반드시 원소로 갖는 집합의 개수를 구하시오.

0044

집합 $A=\{1, 2, 3, 4, 5\}$의 부분집합 중 적어도 한 개의 짝수를 원소로 갖는 집합의 개수를 구하시오.

0045

집합 $A=\{x|x$는 k 이하의 자연수, k는 자연수$\}$의 부분집합 중 1, 2를 반드시 원소로 갖고, 5를 원소로 갖지 않는 집합의 개수가 64일 때, k의 값을 구하시오.

유형 12 $A\subset X\subset B$를 만족시키는 집합 X의 개수

개념 01-4

$A\subset X\subset B$를 만족시키는 집합 X의 개수
⇨ 집합 B의 부분집합 중 집합 A의 원소를 반드시 원소로 갖는 집합의 개수

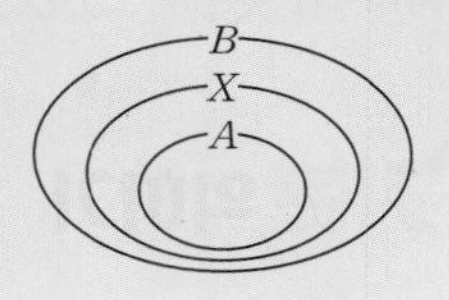

0046 대표

두 집합

$A=\{x|x$는 4의 양의 약수$\}$,
$B=\{x|x$는 24의 양의 약수$\}$

에 대하여 $A\subset X\subset B$를 만족시키는 집합 X의 개수는?

① 8 ② 16 ③ 32
④ 48 ⑤ 64

0047

집합 $A=\{1, 2, 3, \cdots, n\}$에 대하여

$\{1, 2, 3\}\subset X\subset A$

를 만족시키는 집합 X의 개수가 256일 때, 자연수 n의 값을 구하시오.

0048 〔서술형〕

두 집합

$A=\{x|x^2-4x+3=0\}$,
$B=\{x|x$는 12의 양의 약수$\}$

에 대하여 $A\subset X\subset B$이고 $X\neq A$, $X\neq B$를 만족시키는 집합 X의 개수를 구하시오.

바른답 · 알찬풀이 | 004쪽

Lecture 02 # 집합의 연산

기본 익히기

9쪽 | 개념 02-1, 2 |

0049~0050 다음 두 집합 A, B에 대하여 $A\cup B$와 $A\cap B$를 각각 구하시오.

0049 $A=\{1, 2, 5, 10\}$, $B=\{2, 3, 5\}$

0050 $A=\{x|x$는 13 이하의 홀수인 자연수$\}$,
$B=\{x|x$는 10보다 작은 3의 양의 배수$\}$

0051~0052 다음 두 집합 A, B가 서로소인지 아닌지 말하시오.

0051 $A=\{a, e, i, o, u\}$, $B=\{b, c, d, f\}$

0052 $A=\{x|x$는 8 이하의 소수$\}$,
$B=\{x|x^2-11x+28=0\}$

0053~0058 전체집합 U의 두 부분집합 A, B를 벤다이어그램으로 나타내면 오른쪽 그림과 같을 때, 다음을 구하시오.

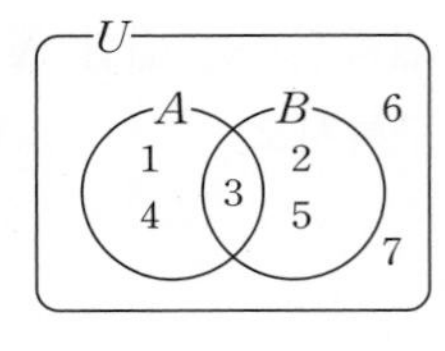

0053 A^C

0054 B^C

0055 $A-B$

0056 $B-A$

0057 $(A\cup B)^C$

0058 $(A\cap B)^C$

0059 전체집합 U의 두 부분집합 A, B에 대하여 $A\subset B$일 때, 항상 옳은 것만을 **보기**에서 있는 대로 고르시오.

보기

ㄱ. $A\cup B=A$
ㄴ. $A\cap B=A$
ㄷ. $A-B=\varnothing$
ㄹ. $A^C\subset B^C$

유형 익히기

유형 13 합집합과 교집합 — 개념 02-1

(1) $A\cup B=\{x|x\in A$ 또는 $x\in B\}$
⇨ 두 집합 A, B의 모든 원소로 이루어진 집합
(2) $A\cap B=\{x|x\in A$ 그리고 $x\in B\}$
⇨ 두 집합 A, B에 공통으로 속하는 원소로 이루어진 집합

0060 대표

세 집합
$A=\{1, 2, 3, 4\}$,
$B=\{x|x$는 16의 양의 약수$\}$,
$C=\{x|x$는 5 이하의 소수$\}$
에 대하여 집합 $(A\cap B)\cup C$의 모든 원소의 합을 구하시오.

0061

오른쪽 벤다이어그램에서 $A=\{1, 2, 4, 6, 8\}$, $A\cap B=\{4, 8\}$일 때, 다음 중 집합 B가 될 수 있는 것은?

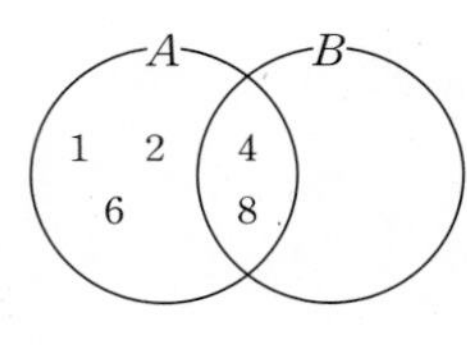

① $\{1, 2, 4\}$ ② $\{1, 4, 8\}$ ③ $\{2, 5, 7\}$
④ $\{1, 2, 6, 8\}$ ⑤ $\{3, 4, 5, 8\}$

0062 [서술형]

두 집합
$A=\{x|x$는 12의 양의 약수$\}$,
$B=\{x|x$는 k의 양의 약수$\}$
에 대하여 $A\cap B=\{1, 3\}$일 때, 20보다 작은 모든 자연수 k의 값의 합을 구하시오.

유형 14 서로소인 집합 (개념 02-1)

(1) 두 집합 A, B가 서로소이면 공통으로 속하는 원소가 하나도 없다.
⇨ $A\cap B=\varnothing$
(2) 공집합은 모든 집합과 서로소이다.

0063 대표

다음 중 두 집합 A, B가 서로소인 것은?

① $A=\{1, 3, 6\}$, $B=\{2, 3, 5, 7\}$
② $A=\{-2, 0, 2\}$, $B=\{x\mid x^2+2x=0\}$
③ $A=\{x\mid x$는 짝수$\}$, $B=\{x\mid x$는 소수$\}$
④ $A=\{x\mid x$는 36의 양의 약수$\}$,
$B=\{x\mid x=3^n$, n은 자연수$\}$
⑤ $A=\{x\mid x$는 3 미만의 양의 정수$\}$,
$B=\{x\mid x$는 0 이하의 정수$\}$

0064

집합 $\{x\mid x$는 8의 양의 약수$\}$와 서로소인 집합만을 **보기**에서 있는 대로 고르시오.

보기
ㄱ. $A=\{x\mid x=2n+1$, n은 자연수$\}$
ㄴ. $B=\{x\mid x^2-5x+6=0\}$
ㄷ. $C=\{x\mid x^2<0$, x는 자연수$\}$
ㄹ. $D=\{x\mid x$는 15 이하의 4의 양의 배수$\}$

0065

집합 $A=\{a, b, c, d, e\}$의 부분집합 중 집합 $\{a, c\}$와 서로소인 집합의 개수는?

① 4 ② 8 ③ 16
④ 24 ⑤ 32

0066

두 집합 $A=\{x\mid k-2<x\le k+1\}$, $B=\{x\mid x>2k-1\}$에 대하여 $A\cap B=\varnothing$이 되도록 하는 정수 k의 최솟값을 구하시오.

유형 15 여집합과 차집합 (개념 02-2)

(1) $A^C=\{x\mid x\in U$ 그리고 $x\notin A\}$
⇨ 전체집합 U에서 집합 A의 원소를 제외한 집합
(2) $A-B=\{x\mid x\in A$ 그리고 $x\notin B\}$
⇨ 집합 A에서 집합 B의 원소를 제외한 집합

0067 대표

전체집합 $U=\{x\mid x$는 12 이하의 자연수$\}$의 두 부분집합
$A=\{x\mid x$는 12의 약수$\}$,
$B=\{x\mid x$는 10 이하의 홀수$\}$
에 대하여 집합 A^C-B를 구하시오.

0068

전체집합 $U=\{1, 2, 3, 4, 5, 6\}$의 두 부분집합
$A=\{1, 3\}$, $B=\{2, 3, 4\}$
에 대하여 다음 중 옳지 않은 것은?

① $A^C\cap B=\{2, 4\}$
② $(A\cup B)^C=\{5, 6\}$
③ $A\cap B^C=\{1\}$
④ $A-B^C=\{3\}$
⑤ $(B-A)^C=\{1, 2, 4, 5, 6\}$

바른답 · 알찬풀이 005쪽

0069

전체집합 $U=\{x|x$는 10보다 작은 자연수$\}$의 두 부분집합

$A^C=\{x|x$는 짝수$\}$, $B=\{x|x$는 4의 배수$\}$

에 대하여 집합 $(A\cup B)^C$의 모든 원소의 합은?

① 4　② 7　③ 8　④ 10　⑤ 15

0070 [서술형]

전체집합 U의 두 부분집합

$A=\{x|-5\le x<2\}$, $B=\{x|-3\le x<7\}$

에 대하여 집합 $(A\cup B)-(A\cap B)$의 원소 중 정수의 개수를 구하시오.

빈출

유형 16 벤다이어그램을 이용하여 연산을 만족시키는 집합 구하기

개념 02-1, 2

주어진 연산을 만족시키는 집합을 벤다이어그램으로 나타내어 구하려고 하는 집합을 찾는다.

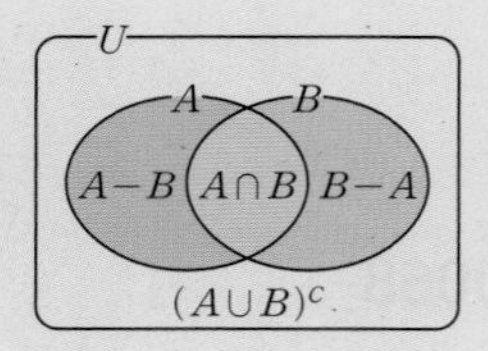

0071 대표

전체집합 $U=\{x|x$는 $1\le x\le 12$인 자연수$\}$의 두 부분집합 A, B에 대하여

$A-B=\{1, 4, 7\}$,

$A\cap B=\{3, 6\}$,

$(A\cup B)^C=\{9, 10, 11, 12\}$

일 때, 집합 B를 구하시오.

0072

두 집합 A, B에 대하여

$A=\{1, 2, 3, 4\}$,

$(A-B)\cup(B-A)=\{1, 3, 6\}$

일 때, 집합 $A\cap B$를 구하시오.

0073

전체집합 $U=\{x|x$는 9 이하의 자연수$\}$의 두 부분집합 A, B에 대하여

$A\cap B=\{1, 2\}$,

$A^C\cap B=\{3, 4, 5\}$,

$A^C\cap B^C=\{8, 9\}$

일 때, 집합 $A-B$의 모든 원소의 합은?

① 9　② 11　③ 13　④ 15　⑤ 17

0074

전체집합 $U=\{x|x$는 20 이하의 자연수$\}$의 세 부분집합 A, B, C가 다음 조건을 만족시킬 때, 다음 중 집합 $B\cap C$의 원소가 될 수 없는 것은?

> (가) $A=\{x|x$는 12의 약수$\}$
> (나) $(A-B)\cup(A-C)=\{1, 2, 3, 6\}$

① 6　② 9　③ 12　④ 15　⑤ 18

유형 17 벤다이어그램의 색칠한 부분을 나타내는 집합

개념 02-1, 2

벤다이어그램의 색칠한 부분을 나타내는 집합을 찾을 때는 각 집합을 벤다이어그램으로 나타낸 후, 주어진 벤다이어그램과 비교한다.

0075 대표

다음 중 오른쪽 벤다이어그램의 색칠한 부분을 나타내는 집합과 항상 같은 집합은?

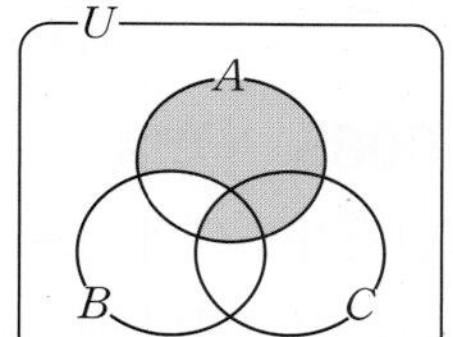

① $A\cap(B\cup C)$
② $A\cap(B-C)$
③ $A\cap(B\cup C)^C$
④ $A-(B\cap C)$
⑤ $A-(B\cap C^C)$

0076

오른쪽 벤다이어그램의 색칠한 부분을 나타내는 집합과 항상 같은 집합만을 **보기**에서 있는 대로 고르시오.

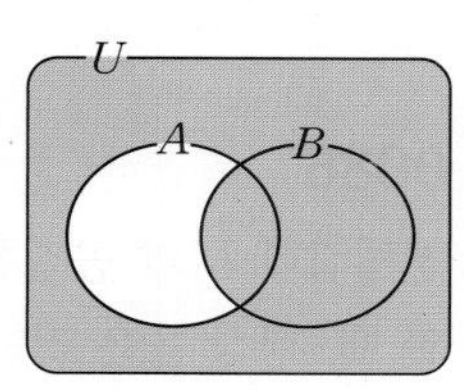

보기

ㄱ. $(A\cap B)^C$ ㄴ. $A^C\cup B$
ㄷ. $(A-B)^C$ ㄹ. $(A-B)\cup(B-A)$

0077

다음 중 오른쪽 벤다이어그램의 색칠한 부분을 나타내는 집합과 항상 같은 집합은?

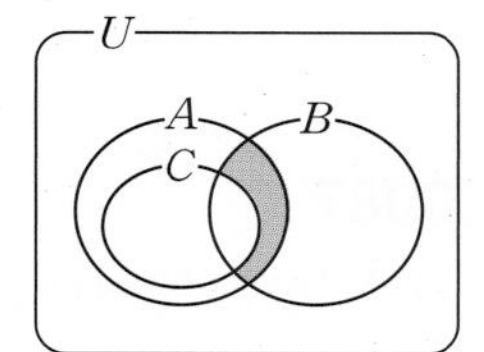

① $A\cap(B\cup C)$
② $A-(B-C)$
③ $(A-B)\cap C$
④ $(A\cap B)-C$
⑤ $(A-B)\cap(A-C)$

유형 18 집합의 연산을 이용하여 미지수 구하기

개념 02-1, 2

집합의 원소에 포함된 미지수의 값은 다음과 같은 순서로 구한다.
❶ 주어진 집합의 연산을 이용하여 미지수의 값을 구한다.
❷ 미지수의 값을 대입하여 각 집합의 원소를 구한다.
❸ 구한 집합이 조건을 만족시키는지 확인한다.

0078 대표

두 집합 $A=\{2, 3, a^2+4\}$, $B=\{4, a+1, 2a+3\}$에 대하여 $A\cap B=\{2, 5\}$일 때, 상수 a의 값을 구하시오.

0079

두 집합 $A=\{3, 6, a-b\}$, $B=\{3, a+b\}$에 대하여 $A-B=\{2\}$일 때, ab의 값을 구하시오.

(단, a, b는 상수이다.)

0080

두 집합 $A=\{1, 4, a\}$, $B=\{1, a+4, a^2\}$에 대하여 $A\cup B=\{-2, 1, 2, 4\}$일 때, 집합 A를 구하시오.

(단, a는 상수이다.)

0081 [서술형]

두 집합 $A=\{5, 7, a^2-3\}$, $B=\{1, 2a+3\}$에 대하여 $n(A-B)=1$을 만족시키는 상수 a의 값을 구하시오.

바른답·알찬풀이 006쪽

유형 19 집합의 연산에 대한 성질

개념 02-1, 2

전체집합 U의 두 부분집합 A, B에 대하여
(1) $A\cup A=A$, $A\cap A=A$
(2) $A\cup\varnothing=A$, $A\cap\varnothing=\varnothing$
(3) $A\cup U=U$, $A\cap U=A$
(4) $A\cup A^C=U$, $A\cap A^C=\varnothing$
(5) $(A^C)^C=A$
(6) $U^C=\varnothing$, $\varnothing^C=U$
(7) $A-B=A\cap B^C$

0082 대표

전체집합 U의 두 부분집합 A, B에 대하여 다음 중 항상 옳은 것은?

① $A\cup U=A$
② $A\subset U^C$
③ $A\cap A^C=U$
④ $A-B=A\cup B^C$
⑤ $A\cup(A\cap B)=A$

0083

전체집합 U의 공집합이 아닌 서로 다른 두 부분집합 A, B에 대하여 다음 중 옳지 않은 것을 모두 고르면? (정답 2개)

① $U^C=\varnothing$
② $A\cup A^C=U$
③ $A^C\cap\varnothing=A$
④ $A\cap(B\cup U)=A$
⑤ $U-A^C=B$

0084

전체집합 U의 공집합이 아닌 서로 다른 두 부분집합 A, B에 대하여 다음 중 나머지 넷과 다른 하나는?

① $A-B^C$
② $B-A^C$
③ $A\cap(U-B^C)$
④ $(A\cap B)\cap(B\cup B^C)$
⑤ $(U-A)\cap B$

유형 20 집합의 연산과 포함 관계 (빈출)

개념 02-1, 2

전체집합 U의 두 부분집합 A, B에 대하여
(1) $A\subset B$이면
① $A\cap B=A$ ② $A\cup B=B$ ③ $A-B=\varnothing$
④ $A\cap B^C=\varnothing$ ⑤ $A^C\cup B=U$ ⑥ $B^C\subset A^C$
(2) $A\cap B=\varnothing$이면
① $A-B=A$, $B-A=B$ ② $A\subset B^C$, $B\subset A^C$

0085 대표

전체집합 U의 서로 다른 두 부분집합 A, B에 대하여 $A\cap B=A$일 때, 다음 중 항상 옳은 것은?

① $B-A=\varnothing$
② $A\cup B=A$
③ $A\cup B^C=U$
④ $A\subset(A\cap B)$
⑤ $A^C\cap B^C=A^C$

0086

전체집합 U의 공집합이 아닌 두 부분집합 A, B가 서로소일 때, 항상 옳은 것만을 **보기**에서 있는 대로 고르시오.

보기
ㄱ. $(A\cap B)^C=U$
ㄴ. $A\cap B^C=A$
ㄷ. $A^C\cup B=A^C$
ㄹ. $A^C\cap B=A-B$

0087

전체집합 U의 서로 다른 두 부분집합 A, B에 대하여 $A^C\subset B^C$일 때, 다음 중 옳지 않은 것은?

① $B-A=\varnothing$
② $A^C-B^C=\varnothing$
③ $A^C\cup B=U$
④ $(A\cap B)\cup B^C=U$
⑤ $(A\cup B)-A=\varnothing$

0088

전체집합 U의 공집합이 아닌 세 부분집합 A, B, C에 대하여

$A^C \cap B = \varnothing$, $A \cap C = \varnothing$

일 때, 항상 옳은 것만을 **보기**에서 있는 대로 고르시오.

보기

ㄱ. B와 C는 서로소이다.

ㄴ. $A-(B \cap C) = A-B$

ㄷ. $(A \cap B) \cap (B-C)^C = \varnothing$

유형 21 집합의 연산과 부분집합의 개수 개념 02-1, 2

세 집합 A, B, X에 대하여
$A \cap X = X$, $B \cup X = X$이고
$n(A)=p$, $n(B)=q$이면
⇨ $B \subset X \subset A$
⇨ 집합 X의 개수는 2^{p-q}이다. (단, $q \le p$)

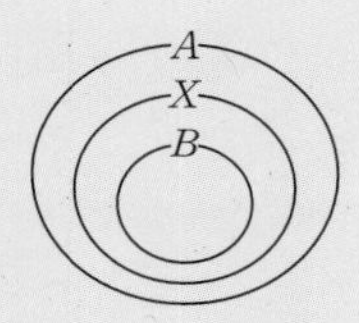

0089 대표

두 집합 A, B를 벤다이어그램으로 나타내면 오른쪽 그림과 같을 때, 다음 조건을 만족시키는 집합 X의 개수를 구하시오.

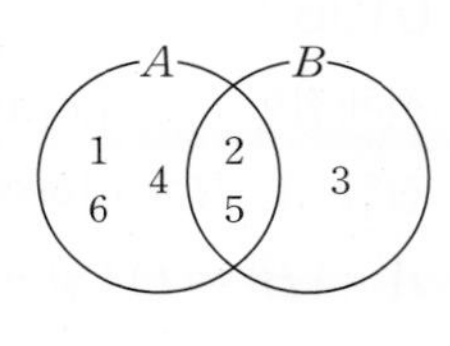

(가) $A \cap X = X$ (나) $(A-B) \cup X = X$

0090

두 집합 $A=\{1, 2, 5\}$, $B=\{1, 2, 3, 4, 5, 6, 7\}$에 대하여 $A \cup X = X$, $B \cap X = X$를 만족시키는 집합 X의 개수를 구하시오.

0091

전체집합 $U=\{x|x$는 12의 양의 약수$\}$의 두 부분집합 A, X에 대하여 $A=\{1, 3, 6\}$일 때, $A \cup X = U$를 만족시키는 집합 X의 개수를 구하시오.

0092 〔서술형〕

두 집합

$A=\{x|x$는 6 이하의 자연수$\}$,

$B=\{x|x$는 7 이하의 홀수인 자연수$\}$

에 대하여 $(A-B) \cap X = \varnothing$, $A \cap X = X$를 만족시키는 집합 X의 개수를 구하시오.

0093

전체집합 $U=\{x|x$는 $x<10$인 자연수$\}$의 두 부분집합 $A=\{1, 2, 3\}$, $B=\{5, 7\}$에 대하여 $X \cup A = X-B$를 만족시키는 U의 부분집합 X의 개수를 구하시오.

0094

전체집합 $U=\{x|x$는 10 이하의 자연수$\}$의 두 부분집합 A, B에 대하여 $A=\{3, 6, 9\}$, $B=\{2, 4, 6, 8\}$일 때, $A \cup X = B \cup X$를 만족시키는 U의 부분집합 X의 개수를 구하시오.

바른답·알찬풀이 007쪽

Lecture 03 집합의 연산 법칙

기본 익히기

9쪽 | 개념 03-1, 2 |

0095~0096 세 집합 A, B, C에 대하여 다음 물음에 답하시오.

0095 $A\cap B=\{1, 4\}$, $A\cap C=\{4, 7\}$일 때, $A\cap(B\cup C)$를 구하시오.

0096 $A=\{1, 3, 6\}$, $B\cap C=\{5, 6\}$일 때, $(A\cup B)\cap(A\cup C)$를 구하시오.

0097 전체집합 $U=\{1, 2, 3, \cdots, 10\}$의 두 부분집합 $A=\{x|x$는 10의 약수$\}$, $B=\{2, 3, 5\}$에 대하여 다음을 구하시오.

(1) $(A\cup B)^C$　　(2) $A^C\cap B^C$

(3) $(A\cap B)^C$　　(4) $A^C\cup B^C$

0098 오른쪽은 전체집합 U의 두 부분집합 A, B에 대하여 집합 $A\cup(A\cap B)^C$를 간단히 하는 과정이다. (가), (나)에 사용된 집합의 연산 법칙을 각각 구하시오.

$A\cup(A\cap B)^C$
$=A\cup(A^C\cup B^C)$ ⟵ (가)
$=(A\cup A^C)\cup B^C$ ⟵ (나)
$=U\cup B^C=U$

0099~0104 전체집합 U의 두 부분집합 A, B에 대하여 $n(U)=20$, $n(A)=12$, $n(B)=7$, $n(A\cup B)=16$일 때, 다음을 구하시오.

0099 $n(A\cap B)$　　**0100** $n(A^C)$

0101 $n(A-B)$　　**0102** $n(B\cap A^C)$

0103 $n((A\cup B)^C)$　　**0104** $n((A\cap B)^C)$

유형 익히기

빈출 **유형 22** 집합의 연산 법칙을 이용하여 집합의 원소 구하기 개념 03-1

집합의 연산 법칙을 이용하여 주어진 식을 간단히 한 후, 벤다이어그램으로 나타내어 구하고자 하는 집합의 원소를 찾는다.

0105 대표

전체집합 $U=\{1, 2, 3, 4, 5, 6, 7\}$의 두 부분집합 A, B에 대하여 $A=\{2, 3, 5, 7\}$, $B=\{1, 3, 6\}$일 때, 집합 $(A\cup B)\cap(A^C\cup B^C)$를 구하시오.

0106

전체집합 $U=\{x|x$는 10 이하의 홀수인 자연수$\}$의 두 부분집합 A, B에 대하여 $A\cap B=\{3\}$, $A^C\cap B=\{5, 7\}$, $A^C\cap B^C=\{1\}$일 때, 집합 A는?

① $\{1, 3\}$　② $\{3, 9\}$　③ $\{3, 5, 7\}$
④ $\{3, 5, 9\}$　⑤ $\{1, 3, 5, 9\}$

0107 [서술형]

전체집합 $U=\{x|x$는 $1\le x\le 8$인 자연수$\}$의 두 부분집합 A, B에 대하여 $A=\{1, 3, 5, 8\}$, $(A\cup B)^C=\{4, 6\}$, $(A-B)\cup A^C=\{1, 2, 3, 4, 6, 7\}$일 때, 집합 B를 구하시오.

유형23 집합의 연산 법칙을 이용하여 식 간단히 하기

개념 03-1

집합의 연산 법칙과 연산의 성질을 이용하여 주어진 식을 간단히 한다.
이때 차집합 형태의 연산이 주어지면 $A-B=A\cap B^C$임을 이용하여 간단히 한다.

0108 대표

전체집합 U의 두 부분집합 A, B에 대하여 다음 중 집합 $A-(B-A^C)^C$와 항상 같은 집합은?

① A ② B ③ $A\cap B$
④ $A\cup B$ ⑤ U

0109

다음은 전체집합 U의 두 부분집합 A, B에 대하여

$$(A\cap B)\cup(A\cap B^C)\cup(A^C\cap B)=\boxed{(나)}$$

가 성립함을 보이는 과정이다.

$(A\cap B)\cup(A\cap B^C)\cup(A^C\cap B)$
$=\{\boxed{(가)}\cap(B\cup B^C)\}\cup(A^C\cap B)$
$=\boxed{(가)}\cup(A^C\cap B)$
$=U\cap(\boxed{(나)})=\boxed{(나)}$

위의 과정에서 (가), (나)에 알맞은 것을 각각 써넣으시오.

0110

전체집합 U의 세 부분집합 A, B, C에 대하여 항상 옳은 것만을 **보기**에서 있는 대로 고르시오.

보기
ㄱ. $(A\cup B)\cap(A^C\cap B^C)=\varnothing$
ㄴ. $A-(B\cup C)=(A-B)-C$
ㄷ. $(A-B)^C-B^C=(A\cap B)^C$

유형24 집합의 연산 법칙과 포함 관계

개념 03-1

집합의 연산 법칙을 이용하여 주어진 식을 간단히 한 후, 다음과 같은 성질을 이용하여 두 집합 사이의 포함 관계를 구한다.
(1) $A\cap B=A \Rightarrow A\subset B$
(2) $A\cup B=B \Rightarrow A\subset B$
(3) $A-B=\varnothing \Rightarrow A\subset B$

0111 대표

전체집합 U의 두 부분집합 A, B에 대하여

$$\{(A-B)\cup(A\cap B)\}\cap B=B$$

가 성립할 때, 다음 중 항상 옳은 것은?

① $A\subset B$ ② $B\subset A$ ③ $A=B$
④ $A\cap B=\varnothing$ ⑤ $A\cup B=U$

0112

전체집합 U의 두 부분집합 A, B에 대하여

$$\{(A-B^C)\cup(A-B)\}\cup(B-A)=B$$

가 성립할 때, 다음 중 두 집합 A, B 사이의 포함 관계를 벤다이어그램으로 바르게 나타낸 것은?

①
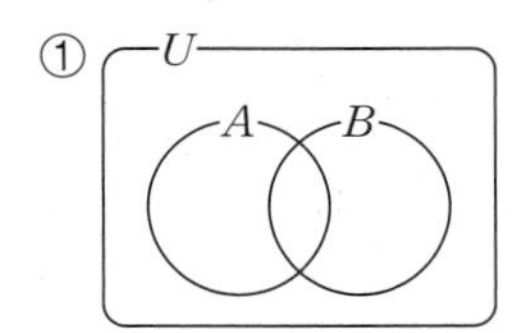

②
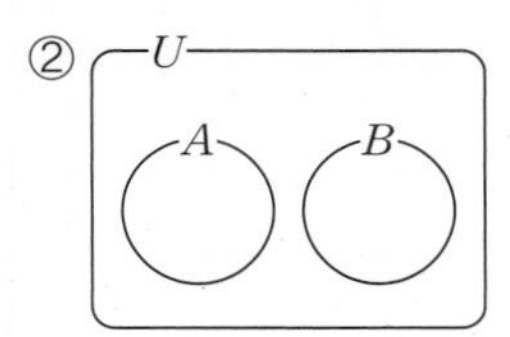

③
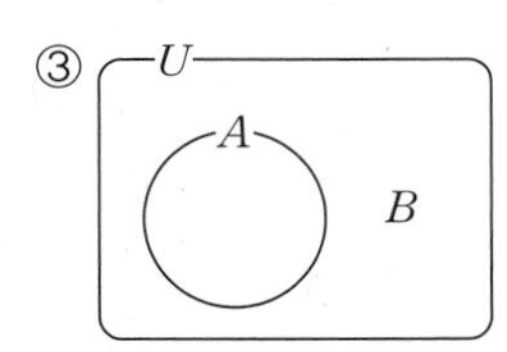

④
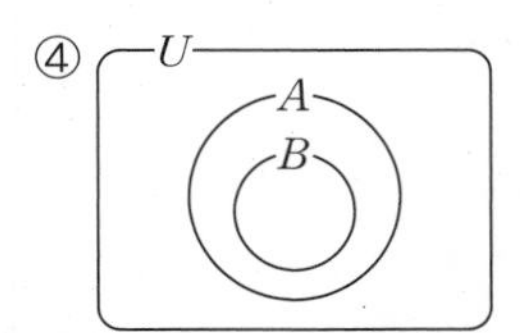

⑤
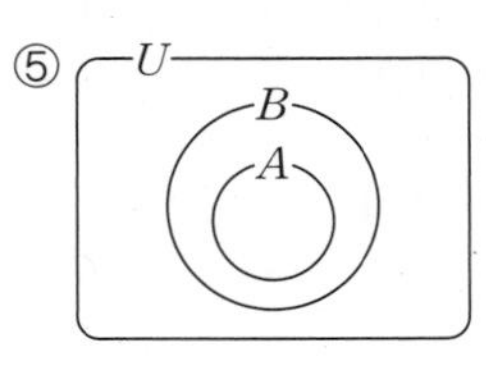

바른답 · 알찬풀이 008쪽

0113

전체집합 U의 두 부분집합 A, B에 대하여

$$(A^C\cup B)^C\cup(A\cup B^C)^C=\varnothing$$

이 성립할 때, 다음 중 항상 옳은 것은?

① $A^C\subset B$ ② $B^C\subset A$ ③ $A=B$
④ $A\cap B=\varnothing$ ⑤ $A\cup B=U$

유형25 배수와 약수의 집합의 연산 ∞ 개념 03-1

자연수 m, n에 대하여
(1) 자연수 p의 양의 배수의 집합을 A_p라 하면
$A_m\cap A_n$ ⇨ m과 n의 공배수의 집합
(2) 자연수 q의 양의 약수의 집합을 B_q라 하면
$B_m\cap B_n$ ⇨ m과 n의 공약수의 집합

0114 대표

전체집합 $U=\{x\,|\,x$는 100 이하의 자연수$\}$의 부분집합 A_k를

$$A_k=\{x\,|\,x\text{는 자연수 }k\text{의 배수}\}$$

라 할 때, 집합 $A_6\cup(A_3\cap A_8)$의 원소의 개수를 구하시오.

0115

자연수 k의 양의 약수의 집합을 A_k라 할 때, 다음 중 집합 $A_{16}\cap A_{24}\cap A_{40}$에 속하는 원소가 아닌 것은?

① 1 ② 2 ③ 4
④ 6 ⑤ 8

0116

자연수 k의 양의 배수의 집합을 A_k라 할 때, 옳은 것만을 **보기**에서 있는 대로 고르시오.

보기
ㄱ. $(A_4\cup A_6)\subset A_2$
ㄴ. $A_{12}\cap(A_6\cup A_8)=A_{24}$
ㄷ. $(A_{18}\cup A_{36})\cap(A_{36}\cup A_{24})=A_{36}$

0117 [서술형]

자연수 n에 대하여 $A_n=\{x\,|\,x$는 n의 양의 배수$\}$라 하자. $A_p\subset(A_6\cap A_8)$을 만족시키는 자연수 p의 최솟값을 a, $(A_8\cup A_{12})\subset A_q$를 만족시키는 자연수 q의 최댓값을 b라 할 때, $a+b$의 값을 구하시오.

빈출
유형26 방정식 또는 부등식의 해의 집합의 연산 ∞ 개념 03-1

(1) 방정식이 주어진 경우
⇨ 방정식의 해의 집합의 교집합은 연립방정식의 해의 집합임을 이용한다.
(2) 부등식이 주어진 경우
⇨ 각 부등식의 해의 집합을 수직선 위에 나타낸 후, 교집합은 공통 범위, 합집합은 합친 범위를 구한다.

0118 대표

두 집합

$$A=\{x\,|\,x^2+x-6\le 0\},\quad B=\{x\,|\,x^2+ax+b<0\}$$

에 대하여 $A\cap B=\{x\,|\,-1<x\le 2\}$,
$A\cup B=\{x\,|\,-3\le x<5\}$일 때, $a-b$의 값을 구하시오.

(단, a, b는 상수이다.)

0119

두 집합

$A=\{x|x^2-2ax+a^2=0\}$,

$B=\{x|x^2-(a+2)x+b=0\}$

에 대하여 $A\cap B=\{3\}$일 때, 집합 B를 구하시오.

(단, a, b는 상수이다.)

0120 〔서술형〕

전체집합 $U=\{x|x$는 실수$\}$의 두 부분집합

$A=\{x|x^3-x^2-4x+4=0\}$,

$B=\{x|x^2+ax+8=0\}$

에 대하여 $A\cap B^C=\{-2, 1\}$일 때, 집합 $A\cup B$를 구하시오. (단, a는 상수이다.)

0121

두 집합

$A=\{x|x^2-3x-10<0\}$, $B=\{x||x-k|<2\}$

에 대하여 $A\cap B=B$일 때, 실수 k의 값의 범위를 구하시오.

0122

두 집합

$A=\{x|x^2+x-20\le 0\}$, $B=\{x|2<x<a\}$

에 대하여 $A-B=\{x|-5\le x\le 2\}$를 만족시키는 정수 a의 최솟값을 구하시오.

유형 27 새롭게 약속된 집합의 연산

개념 03-1

새롭게 약속된 집합의 연산이 주어진 경우

⇨ 집합의 연산 법칙을 이용하여 주어진 연산을 간단히 정리하거나 벤다이어그램을 이용하여 문제를 해결한다.

0123 대표

전체집합 U의 두 부분집합 A, B에 대하여 연산 △를

$A\triangle B=(A-B)\cup(B-A)$

라 할 때, 항상 옳은 것만을 **보기**에서 있는 대로 고르시오.

보기

ㄱ. $A\triangle U=A$　　ㄴ. $A\triangle B=B\triangle A$

ㄷ. $A^C\triangle A=\varnothing$　　ㄹ. $A^C\triangle B^C=A\triangle B$

0124

전체집합 U의 두 부분집합 A, B에 대하여 연산 $*$를

$A*B=(A^C\cup B)\cap(A\cup B)$

라 할 때, 다음 중 $(A*B)*C$와 항상 같은 집합은?

(단, 집합 C는 전체집합 U의 부분집합이다.)

① A　② B　③ C

④ $A\cap B$　⑤ $A\cap C$

0125

전체집합 U의 두 부분집합 A, B에 대하여 연산 ◇를

$A\diamond B=(A\cup B)\cap(A\cap B)^C$

라 하자. $A=\{1, 3, 5, 7\}$, $B\diamond A=\{2, 3, 5, 6\}$일 때, 집합 B의 모든 원소의 합을 구하시오.

바른답·알찬풀이 009쪽

빈출

유형28 유한집합의 원소의 개수

개념 03-2

전체집합 U의 세 부분집합 A, B, C에 대하여

(1) $n(A\cup B)=n(A)+n(B)-n(A\cap B)$

(2) $n(A-B)=n(A)-n(A\cap B)=n(A\cup B)-n(B)$

(3) $n(A^{C}\cap B^{C})=n((A\cup B)^{C})=n(U)-n(A\cup B)$

(4) $n(A\cup B\cup C)=n(A)+n(B)+n(C)-n(A\cap B)$
$-n(B\cap C)-n(C\cap A)+n(A\cap B\cap C)$

0126 대표

전체집합 U의 두 부분집합 A, B에 대하여

$n(U)=64$, $n(A\cap B^{C})=16$, $n(A^{C}\cap B^{C})=8$

일 때, $n(B)$는?

① 32 ② 36 ③ 40
④ 42 ⑤ 48

0127

전체집합 U의 두 부분집합 A, B에 대하여 $B\subset A^{C}$이고

$n(B)=16$, $n(A\cup B)=25$

일 때, $n(A)$는?

① 6 ② 9 ③ 11
④ 16 ⑤ 17

0128

전체집합 U의 두 부분집합 A, B에 대하여

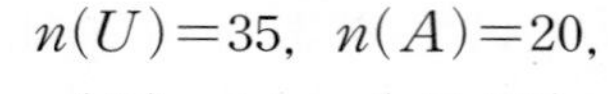

$n(U)=35$, $n(A)=20$,
$n(B)=14$, $n(A\cup B)=27$

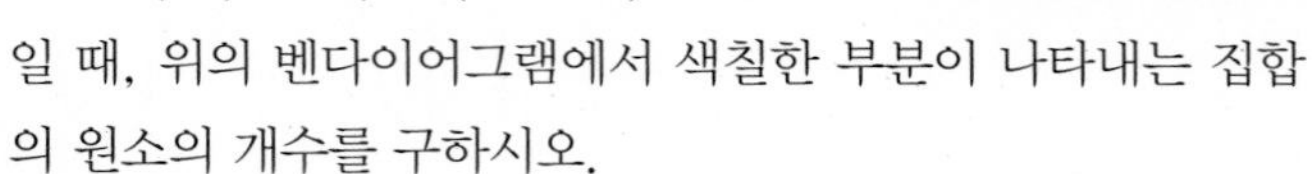

일 때, 위의 벤다이어그램에서 색칠한 부분이 나타내는 집합의 원소의 개수를 구하시오.

0129 〔서술형〕

세 집합 A, B, C에 대하여 B와 C가 서로소이고

$n(A)=6$, $n(B)=10$, $n(C)=15$,
$n(A\cup B)=14$, $n(A\cup C)=20$

일 때, $n(A\cup B\cup C)$를 구하시오.

유형29 유한집합의 원소의 개수의 최댓값과 최솟값

개념 03-2

전체집합 U의 두 부분집합 A, B에 대하여 $n(B)<n(A)$일 때

(1) $n(A\cap B)$가 최대인 경우
⇨ $n(A\cup B)$가 최소, 즉 $B\subset A$일 때이다.

(2) $n(A\cap B)$가 최소인 경우
⇨ $n(A\cup B)$가 최대, 즉 $A\cup B=U$일 때이다.

0130 대표

전체집합 U의 두 부분집합 A, B에 대하여

$n(U)=42$, $n(A)=32$, $n(B)=17$

일 때, $n(A\cap B)$의 최댓값을 M, 최솟값을 m이라 하자. $M-m$의 값은?

① 10 ② 11 ③ 12
④ 13 ⑤ 14

0131

전체집합 U의 두 부분집합 A, B에 대하여

$n(U)=50$, $n(A)=24$, $n(A\cap B)=10$

일 때, $n(B)$의 최댓값과 최솟값을 각각 구하시오.

0132

두 집합 A, B에 대하여

$$n(A)=36,\ \ n(B)=16,\ \ n(A\cap B)\geq 8$$

일 때, $n(A\cup B)$의 최댓값과 최솟값의 합을 구하시오.

빈출

유형30 유한집합의 원소의 개수의 활용

개념 03-2

주어진 조건을 전체집합 U와 그 부분집합 A, B로 구별하여 집합으로 나타낸 후, 다음을 이용하여 구하려는 집합의 원소의 개수를 구한다.

(1) ~ 또는 ~, 적어도 하나는 ~하는 ⇨ $A\cup B$
(2) ~이고, 모두, 둘 다 ~하는 ⇨ $A\cap B$
(3) 둘 다 ~하지 않는 ⇨ $A^C\cap B^C$
(4) ~만 ~하는 ⇨ $A-B$ 또는 $B-A$
(5) 둘 중 하나만 ~하는 ⇨ $(A-B)\cup(B-A)$

0133 대표

어느 여행 동호회 회원 50명을 대상으로 두 곳의 여행지 A와 B에 가 본 적이 있는지 조사하였더니 A에 가 본 적이 있는 회원은 28명, B에 가 본 적이 있는 회원은 20명, A와 B 중 어느 한 곳도 가 본 적이 없는 회원은 13명이었다. 이때 A와 B에 모두 가 본 적이 있는 회원 수를 구하시오.

0134

어느 학급 학생 40명을 대상으로 야구와 축구의 선호도를 조사하였다. 야구를 좋아하는 학생이 27명, 축구를 좋아하는 학생이 25명, 야구와 축구를 모두 좋아하는 학생이 15명일 때, 두 종목 중 어느 것도 좋아하지 않는 학생 수를 구하시오.

0135

어느 고등학교 학생 중 방과 후 수업으로 영어를 신청한 학생이 13명, 수학을 신청한 학생이 15명, 영어와 수학 중 적어도 한 과목을 신청한 학생이 21명일 때, 수학만 신청한 학생 수는?

① 6 ② 7 ③ 8
④ 9 ⑤ 10

0136

어느 영화제에 방문한 학생 90명을 대상으로 세 편의 영화 A, B, C의 관람 여부를 조사하였더니 세 편의 영화를 모두 관람한 학생은 21명, 한 편의 영화도 관람하지 않은 학생은 2명이었다. 또, A 영화를 관람한 학생이 53명, B 영화를 관람한 학생이 46명, C 영화를 관람한 학생이 50명일 때, 세 편의 영화 중 두 편의 영화만 관람한 학생 수를 구하시오.

0137 [서술형]

어느 학교 학생 134명 중 스마트폰을 갖고 있는 학생이 90명, 태블릿을 갖고 있는 학생이 35명일 때, 스마트폰과 태블릿 중 어느 것도 갖고 있지 않은 학생 수의 최댓값과 최솟값을 각각 구하시오.

바른답·알찬풀이 011쪽

중단원 마무리

04 일차

STEP1 실전 문제

0138 10쪽 유형 01

다음 중 집합이 아닌 것은?

① 태양계 행성의 모임
② 혈액형이 O형인 사람의 모임
③ 사물놀이에 사용되는 악기의 모임
④ 1보다 작은 자연수의 모임
⑤ 5에 가까운 유리수의 모임

0139 11쪽 유형 03

공집합인 것만을 **보기**에서 있는 대로 고르시오.

보기
ㄱ. $\{x|x$는 $x^2<0$인 실수$\}$
ㄴ. $\{x|x$는 $x^2+5x+4<0$인 자연수$\}$
ㄷ. $\{x|x$는 짝수인 소수$\}$
ㄹ. $\{x|x$는 $2x^2-3x+5=0$인 실수$\}$

0140 중요! 12쪽 유형 04+05

다음 중 옳지 않은 것을 모두 고르면? (정답 2개)

① $1\in\{0, 1, 2\}$
② $\{0, 1\}\subset\{0, \{0, 1\}\}$
③ $n(\{\varnothing\})=0$
④ $n(\{0, 1, 2, 3\})-n(\{0, 1, 2\})=1$
⑤ $n\left(\left\{x\middle|x=\frac{10}{n},\ x,\ n\text{은 자연수}\right\}\right)=4$

0141 13쪽 유형 08

두 집합 $A=\{x|-4\le x\le 3a+1\}$, $B=\{x|-a\le x\le 7\}$에 대하여 $B\subset A$가 성립하도록 하는 정수 a의 개수를 구하시오.

0142 15쪽 유형 12

두 집합 A, B를 벤다이어그램으로 나타내면 오른쪽 그림과 같다. $B\subset X\subset A$를 만족시키고 7을 원소로 갖지 않는 집합 X의 개수는?

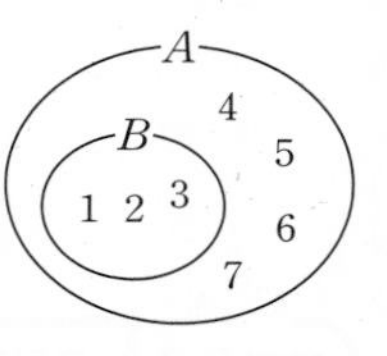

① 2 ② 4 ③ 8
④ 16 ⑤ 32

0143 교육청 16쪽 유형 13+17쪽 유형 14+15

전체집합 $U=\{x|x$는 10 이하의 자연수$\}$의 두 부분집합 $A=\{x|x$는 6의 약수$\}$, $B=\{2, 3, 5, 7\}$에 대하여 옳은 것만을 **보기**에서 있는 대로 고른 것은?

보기
ㄱ. $5\notin A\cap B$
ㄴ. $n(B-A)=2$
ㄷ. U의 부분집합 중 집합 $A\cup B$와 서로소인 집합의 개수는 16이다.

① ㄱ ② ㄷ ③ ㄱ, ㄴ
④ ㄴ, ㄷ ⑤ ㄱ, ㄴ, ㄷ

0144 18쪽 유형 16

전체집합 $U=\{x|x$는 $0<x<10$인 정수$\}$의 두 부분집합 A, B에 대하여 $A\cap B=\{1\}$, $(A\cup B)^C=\{3, 6, 9\}$, $A^C\cap B=\{5, 7\}$일 때, 집합 A의 원소 중 가장 큰 수를 구하시오.

0145 중요!

19쪽 유형 18

두 집합 $A=\{1, 2, a^2+2\}$, $B=\{a-1, 2a+1, a^2-a+1\}$에 대하여 $A\cap B=\{1, 3\}$일 때, 집합 $A\cup B$를 구하시오.

(단, a는 상수이다.)

0146 교육청

21쪽 유형 21

전체집합 $U=\{x|1\le x\le 12,\ x$는 자연수$\}$의 두 부분집합 $A=\{1, 2\}$, $B=\{2, 3, 5, 7\}$에 대하여 다음 조건을 만족시키는 U의 부분집합 X의 개수를 구하시오.

(가) $A\cup X=X$　　(나) $(B-A)\cap X=\{5, 7\}$

0147

22쪽 유형 22

전체집합 $U=\{x|x$는 9보다 작은 자연수$\}$의 두 부분집합 A, B에 대하여 $A-B=\{1, 3\}$, $B-A=\{2, 4, 6\}$, $(A\cup B)^C=\{8\}$일 때, 집합 $\{(A\cap B)\cup(A-B)\}\cap B$의 모든 원소의 합을 구하시오.

0148

20쪽 유형 20 + 23쪽 유형 23

전체집합 U의 세 부분집합 A, B, C에 대하여 $A-B=\varnothing$, $C-B=\varnothing$일 때, 항상 옳은 것만을 **보기**에서 있는 대로 고르시오.

보기

ㄱ. $A\cap B\cap C=A$

ㄴ. $A\cup B\cup C=B$

ㄷ. $(A\cup C)-B=\varnothing$

0149

24쪽 유형 25

두 집합

$A_m=\{x|x$는 m의 양의 배수, m은 자연수$\}$,

$B_n=\{x|x$는 n의 양의 약수, n은 자연수$\}$

에 대하여 $A_p\subset(A_8\cap A_{12})$를 만족시키는 자연수 p의 최솟값과 $B_q\subset(B_{18}\cap B_{27})$을 만족시키는 자연수 q의 최댓값의 합을 구하시오.

0150

24쪽 유형 26

두 집합 $A=\{x||x-1|<a\}$, $B=\{x|x^2-x-12\le 0\}$에 대하여 $A\cap B=A$일 때, 양수 a의 최댓값을 구하시오.

0151 중요!

26쪽 유형 28

전체집합 U의 두 부분집합 A, B에 대하여 $n(U)=60$, $n(A)=34$, $n(B)=28$, $n((A\cup B)^C)=10$일 때, 다음 중 옳지 않은 것은?

① $n(A\cup B)=50$　　② $n(A\cap B)=12$

③ $n(A^C)=26$　　④ $n(A-B)=22$

⑤ $n(A\cup B^C)=54$

0152

27쪽 유형 30

어느 학급 학생 30명을 대상으로 두 봉사 활동 A, B에 대한 신청을 받았더니 봉사 활동 A를 신청한 학생 수와 봉사 활동 B를 신청한 학생 수의 합이 36이었다. 두 봉사 활동 A, B를 모두 신청한 학생 수의 최댓값을 M, 최솟값을 m이라 할 때, $M+m$의 값을 구하시오.

바른답·알찬풀이 013쪽

STEP 2 실력 UP 문제

0153
11쪽 유형 02

집합 $A=\{z|z=i^k,\ k$는 자연수$\}$에 대하여 집합 $B=\{|z_1{}^2+z_2{}^2||z_1\in A,\ z_2\in A\}$일 때, 집합 B의 모든 원소의 합을 구하시오. (단, $i=\sqrt{-1}$)

0154
16쪽 유형 13

집합 $A=\{1, 2, 3, 4, 5, 6, 7\}$의 공집합이 아닌 부분집합 X에 대하여 집합 X의 모든 원소의 합을 $S(X)$라 하자. 집합 X가 다음 조건을 만족시킬 때, $S(X)$의 최댓값을 구하시오.

> (가) $X\cap\{1, 2, 3\}=\{2\}$
> (나) $S(X)$의 값은 홀수이다.

0155
18쪽 유형 16

전체집합 $U=\{x|x$는 8 이하의 자연수$\}$의 세 부분집합 A, B, C에 대하여 $A\cap B=B$, $A\cup C=\{1, 2, 3, 4, 5, 6, 7\}$, $A-B=\{2\}$, $B-C=\{5\}$, $C-A=\{1, 3, 7\}$일 때, 집합 $(A\cup C)\cap B^C$를 구하시오.

0156
19쪽 유형 18

두 집합

$A=\{-1, 3\},\ \ B=\{x|kx-1=x\}$

에 대하여 $A\cup B=A$를 만족시키는 모든 실수 k의 값의 합을 구하시오.

0157
25쪽 유형 27 + 26쪽 유형 28

전체집합 U의 두 부분집합 X, Y에 대하여 연산 ◉를

$X◉Y=(X\cap Y^C)\cup(X^C\cap Y)$

라 하자. 세 집합 A, B, C에 대하여 $n(A\cup B\cup C)=112$, $n(A◉B)=33$, $n(B◉C)=42$, $n(C◉A)=37$일 때, $n(A\cap B\cap C)$를 구하시오.

(단, A, B, C는 전체집합 U의 부분집합이다.)

0158 교육청
27쪽 유형 30

어느 야구팀에서 등 번호가 2의 배수 또는 3의 배수인 선수는 모두 25명이다. 이 야구팀에서 등 번호가 2의 배수인 선수의 수와 등 번호가 3의 배수인 선수의 수는 같고, 등 번호가 6의 배수인 선수는 3명이다. 이 야구팀에서 등 번호가 2의 배수인 선수의 수는?

(단, 모든 선수는 각각 한 개의 등 번호를 갖는다.)

① 6 ② 8 ③ 10
④ 12 ⑤ 14

적중 서술형 문제

0159 14쪽 유형 09

두 집합

$A=\{3,\ a-1,\ a^2+1\}$, $B=\{a+1,\ 3-a,\ 2a+1\}$

에 대하여 $A=B$일 때, 상수 a의 값을 구하시오.

0160 21쪽 유형 21

전체집합 $U=\{x\mid x$는 9 이하의 자연수$\}$의 두 부분집합

$A=\{1,\ 3,\ 5\}$, $B=\{1,\ 2,\ 4,\ 8\}$

에 대하여 집합 P를 $P=(A\cup B)\cap(A\cap B)^C$라 할 때, 다음 물음에 답하시오.

(1) 집합 P를 구하시오.

(2) $P\subset X\subset U$를 만족시키는 집합 X의 개수를 구하시오.

0161 24쪽 유형 26

두 집합

$A=\{x\mid x^2-x-6=0\}$,

$B=\{x\mid x^2+2kx-k+6=0\}$

에 대하여 집합 B가 집합 A의 진부분집합이 되도록 하는 모든 실수 k의 값의 합을 구하시오. (단, $B\neq\varnothing$)

0162 26쪽 유형 28

전체집합 U의 세 부분집합 A, B, C에 대하여 $A\cap B=\varnothing$이고

$n(A)=9$, $n(B)=15$, $n(C)=10$,

$n(C\cap A^C)=7$, $n(B\cup C)=20$

일 때, $n(A\cup B\cup C)$를 구하시오.

0163 26쪽 유형 29

전체집합 U의 두 부분집합 A, B에 대하여

$n(U)=40$, $n(A)=28$, $n(B)=17$

일 때, $n(A-B)$의 최댓값을 구하시오.

바른답·알찬풀이 015쪽

02 명제

Ⅰ 집합과 명제

중단원 핵심 개념을 정리하였습니다.
Lecture별 유형 학습 전에 관련 개념을 완벽하게 알아두세요.

Lecture 04 명제

05 일차

개념 04-1 명제와 진리집합

35~36쪽 | 유형 01~03 |

(1) 명제: 참 또는 거짓을 명확하게 판별할 수 있는 문장이나 식

(2) 조건: 변수의 값에 따라 참, 거짓을 판별할 수 있는 문장이나 식

(3) 진리집합: 전체집합 U의 원소 중에서 조건 p를 참이 되게 하는 모든 원소의 집합

(4) 명제와 조건의 부정: 명제 또는 조건 p에 대하여 'p가 아니다.'를 명제 또는 조건 p의 **부정**이라 하고, 기호 $\sim p$로 나타낸다.

참고 ① 명제 p가 참이면 $\sim p$는 거짓이고, p가 거짓이면 $\sim p$는 참이다.
② $\sim p$의 부정은 p이다. ⇨ $\sim(\sim p)=p$

개념 04-2 명제의 참, 거짓

36~39쪽 | 유형 04~08 |

(1) 명제 $p \longrightarrow q$의 참, 거짓

명제 $p \longrightarrow q$에 대하여 두 조건 p, q의 진리집합을 각각 P, Q라 할 때

① $P \subset Q$이면 명제 $p \longrightarrow q$는 참이고, 명제 $p \longrightarrow q$가 참이면 $P \subset Q$이다.

② $P \not\subset Q$이면 명제 $p \longrightarrow q$는 거짓이고, 명제 $p \longrightarrow q$가 거짓이면 $P \not\subset Q$이다.

(2) '모든'이나 '어떤'을 포함한 명제의 참, 거짓

전체집합 U에 대하여 조건 p의 진리집합을 P라 할 때

① '모든 x에 대하여 p이다.' ⇨ $P=U$이면 참이고, $P \neq U$이면 거짓이다.

② '어떤 x에 대하여 p이다.' ⇨ $P \neq \varnothing$이면 참이고, $P=\varnothing$이면 거짓이다.

Lecture 05 명제의 역과 대우

06 일차

개념 05-1 명제의 역과 대우

40~42쪽 | 유형 09~12 |

(1) 명제의 역과 대우: 명제 $p \longrightarrow q$에서

① **역**: 가정과 결론을 서로 바꾼 명제 ⇨ $q \longrightarrow p$

② **대우**: 가정과 결론을 각각 부정하여 서로 바꾼 명제 ⇨ $\sim q \longrightarrow \sim p$

(2) 명제와 그 대우의 참, 거짓

① 명제 $p \longrightarrow q$가 참이면 그 대우 $\sim q \longrightarrow \sim p$도 참이다.

② 명제 $p \longrightarrow q$가 거짓이면 그 대우 $\sim q \longrightarrow \sim p$도 거짓이다.

참고 세 조건 p, q, r에 대하여 '명제 $p \longrightarrow q$가 참이고 명제 $q \longrightarrow r$가 참이면 명제 $p \longrightarrow r$가 참이다.'라고 결론짓는 방법을 **삼단논법**이라 한다.

개념 05-2 명제의 증명

43쪽 | 유형 13, 14 |

(1) 대우를 이용한 증명법: 명제의 대우가 참임을 증명하여 원래 명제가 참임을 증명하는 방법

(2) 귀류법: 명제 또는 그 명제의 결론을 부정하면 모순이 생긴다는 것을 보여 주어진 명제가 참임을 증명하는 방법

개념 CHECK

1 다음 문장 또는 식이 명제인 것에는 ○표, 명제가 아닌 것에는 ×표를 (   ) 안에 써넣으시오.

(1) $\sqrt{5}+\sqrt{5}=\sqrt{10}$ (   )

(2) 치악산은 아름다운 산이다. (   )

(3) 6의 배수이면 3의 배수이다. (   )

2 다음 명제의 부정을 말하고, 그것의 참, 거짓을 판별하시오.

(1) $\sqrt{16}$은 무리수이다.

(2) 정사각형은 직사각형이다.

3 전체집합 $U=\{1, 2, 3, 4\}$의 원소 x에 대하여 다음 명제의 참, 거짓을 판별하시오.

(1) 모든 x에 대하여 $1 \leq x \leq 4$이다.

(2) 어떤 x에 대하여 $x^2=0$이다.

4 명제 '$x=0$ 또는 $y=0$이면 $xy=0$이다.'에 대하여 다음 물음에 답하시오.

(1) 명제의 대우를 말하시오.

(2) 명제의 대우의 참, 거짓을 판별하시오.

---

1 (1) ○ (2) × (3) ○
2 (1) $\sqrt{16}$은 무리수가 아니다. (참)
(2) 정사각형은 직사각형이 아니다. (거짓)
3 (1) 참 (2) 거짓
4 (1) $xy \neq 0$이면 $x \neq 0$이고 $y \neq 0$이다. (2) 참

Lecture 06 충분조건과 필요조건

07 일차

개념 06-1 충분조건과 필요조건

44~45쪽 | 유형 15, 16 |

(1) 명제 $p \longrightarrow q$가 참일 때, 기호 $\boldsymbol{p \Longrightarrow q}$로 나타낸다.
이때 p는 q이기 위한 **충분조건**, q는 p이기 위한 **필요조건**이라 한다.

참고 명제 $p \longrightarrow q$가 거짓일 때, 기호 $p \not\Longrightarrow q$로 나타낸다.

p이기 위한 필요조건
$p \Longrightarrow q$
q이기 위한 충분조건

(2) 명제 $p \longrightarrow q$에 대하여 $p \Longrightarrow q$이고 $q \Longrightarrow p$일 때, 기호 $\boldsymbol{p \Longleftrightarrow q}$로 나타낸다. 이때 p는 q이기 위한 **필요충분조건**이라 한다.
└ 이 경우에 q도 p이기 위한 필요충분조건이다.

개념 06-2 충분조건, 필요조건과 진리집합 사이의 관계

46~47쪽 | 유형 17~19 |

두 조건 p, q의 진리집합을 각각 P, Q라 할 때

(1) $P \subset Q$이면 p는 q이기 위한 충분조건이고, q는 p이기 위한 필요조건이다.

(2) $P=Q$이면 p는 q이기 위한 필요충분조건이다.

참고 p가 q이기 위한 필요충분조건이면 $P \subset Q$이고 $Q \subset P$이므로 $P=Q$

Lecture 07 절대부등식

08 일차

개념 07-1 절대부등식

48쪽 | 유형 20 |

(1) **절대부등식**: 전체집합에 속한 모든 값에 대하여 성립하는 부등식

(2) **여러 가지 절대부등식**: a, b, c가 실수일 때

① $a^2 \pm ab + b^2 \geq 0$ (단, 등호는 $a=b=0$일 때 성립)

② $a^2+b^2+c^2-ab-bc-ca \geq 0$ (단, 등호는 $a=b=c$일 때 성립)

③ $|a|+|b| \geq |a+b|$ (단, 등호는 $ab \geq 0$일 때 성립)

참고 a, b가 실수일 때

① $a>b \Longleftrightarrow a-b>0$

② $a^2 \geq 0$, $a^2+b^2 \geq 0$

③ $a^2+b^2=0 \Longleftrightarrow a=b=0$

④ $|a|^2=a^2$, $|ab|=|a||b|$

⑤ $a \geq b \Longleftrightarrow a^2 \geq b^2 \Longleftrightarrow \sqrt{a} \geq \sqrt{b}$ (단, $a \geq 0$, $b \geq 0$)

개념 07-2 특별한 절대부등식

49~51쪽 | 유형 21~25 |

(1) **산술평균과 기하평균의 관계**

$a>0$, $b>0$일 때,

$\dfrac{a+b}{2} \geq \sqrt{ab}$ (단, 등호는 $a=b$일 때 성립)

(2) **코시-슈바르츠의 부등식**

a, b, x, y가 실수일 때,

$(a^2+b^2)(x^2+y^2) \geq (ax+by)^2$ $\left(\text{단, 등호는 } \dfrac{x}{a}=\dfrac{y}{b}\text{일 때 성립}\right)$

개념 CHECK

5 두 조건 p, q가 다음과 같을 때, p는 q이기 위한 어떤 조건인지 말하시오. (단, x, y는 실수이다.)

(1) p: $x=1$, $y=-1$,
q: $x+y=0$

(2) p: $|x|=2$, q: $x^2=4$

(3) p: $x<1$, q: $x^2<1$

6 전체집합 $U=\{x|x$는 10 이하의 자연수$\}$에 대하여 두 조건 p, q가

p: x는 3의 약수이다.,
q: x는 9의 약수이다.

일 때, 다음 물음에 답하시오.

(1) 두 조건 p, q의 진리집합을 각각 P, Q라 할 때, P, Q를 구하시오.

(2) p는 q이기 위한 어떤 조건인지 말하시오.

7 다음은 a, b가 양수일 때, 부등식 $\dfrac{a+b}{2} \geq \sqrt{ab}$가 성립함을 증명하는 과정이다. □ 안에 알맞은 것을 써넣으시오.

$\dfrac{a+b}{2}-\sqrt{ab}=\dfrac{a+b-\square}{2}$

$=\dfrac{(\square)^2}{2} \geq 0$

$\therefore \dfrac{a+b}{2} \geq \sqrt{ab}$

이때 등호는 $\sqrt{a}=\sqrt{b}$, 즉 □일 때 성립한다.

---

5 (1) 충분조건 (2) 필요충분조건 (3) 필요조건
6 (1) $P=\{1, 3\}$, $Q=\{1, 3, 9\}$ (2) 충분조건
7 $2\sqrt{ab}$, $\sqrt{a}-\sqrt{b}$, $a=b$

Lecture 04 명제

기본 익히기

32쪽 | 개념 04-1, 2 |

0164~0166 다음을 명제와 조건으로 구분하고, 명제인 경우에는 참, 거짓을 판별하시오.

0164 실수 x에 대하여 $|x| \geq 0$이다.

0165 $x^2-2x-3=0$

0166 51은 소수이다.

0167~0168 전체집합 $U=\{x|x$는 15 이하의 자연수$\}$에 대하여 다음 조건 p의 진리집합을 구하시오.

0167 p: x는 5의 배수이다.

0168 p: $x^2+4x-21=0$

0169~0170 전체집합 $U=\{2, 4, 6, 8, 10\}$에 대하여 다음 조건 p의 부정을 말하고, 그것의 진리집합을 구하시오.

0169 p: x는 8의 약수이다.

0170 p: $x^2-10x+16=0$

0171~0173 실수 전체의 집합에서 다음 조건의 부정을 말하시오.

0171 $x \neq 0$이고 $y \neq 0$

0172 $x<-3$ 또는 $x>2$

0173 $-2 \leq x \leq 1$

0174~0176 다음 명제의 가정과 결론을 말하시오.

0174 x가 홀수이면 x^2은 홀수이다.

0175 $a<0$이면 $-a>0$이다.

0176 $x=1$이면 $2x+1=3$이다.

0177~0178 다음 명제의 참, 거짓을 판별하시오.

0177 x가 실수이면 $x^2 \geq 0$이다.

0178 자연수 a, b에 대하여 $a+b$가 짝수이면 a, b는 모두 짝수이다.

0179~0180 전체집합 $U=\{-2, -1, 0, 1, 2\}$의 원소 x에 대하여 다음 명제의 참, 거짓을 판별하시오.

0179 모든 x에 대하여 $|x|>0$이다.

0180 어떤 x에 대하여 $x=-1$이다.

0181~0182 다음 명제의 부정을 말하시오.

0181 모든 실수 x에 대하여 $x^2 \geq 0$이다.

0182 어떤 실수 x에 대하여 $x^2=-1$이다.

유형 익히기

유형 01 | 명제
ⓒⓓ 개념 04-1

(1) 참이거나 거짓인 문장이나 식 ⇨ 명제이다.
(2) 참인지 거짓인지 판별할 수 없는 문장이나 식 ⇨ 명제가 아니다.

0183 대표
명제인 것만을 **보기**에서 있는 대로 고른 것은?

보기
ㄱ. $3+5=7$　　ㄴ. $x+4=8$
ㄷ. $2x+3x=5x$　　ㄹ. $x+2\le x-3$

① ㄱ, ㄴ　② ㄴ, ㄹ　③ ㄱ, ㄴ, ㄷ
④ ㄱ, ㄷ, ㄹ　⑤ ㄴ, ㄷ, ㄹ

0184
다음 중 명제가 아닌 것은?

① $x=1$이면 $0<x<2$이다.
② 3의 배수는 12의 배수이다.
③ $2x+1>x-1$
④ $0<x<1$이면 $x^2<1$이다.
⑤ 0은 자연수이다.

0185
참인 명제만을 **보기**에서 있는 대로 고르시오.

보기
ㄱ. $\varnothing\subset\{0\}$
ㄴ. 4는 12와 15의 공약수이다.
ㄷ. 6은 2의 배수이다.
ㄹ. 소수는 모두 홀수이다.

유형 02 | 명제와 조건의 부정
ⓒⓓ 개념 04-1

(1) '$x=a$'의 부정 ⇨ $x\ne a$
(2) '$a<x<b$'의 부정 ⇨ $x\le a$ 또는 $x\ge b$
(3) 조건 'p 또는 q'의 부정 ⇨ $\sim p$ 그리고 $\sim q$
(4) 조건 'p 그리고 q'의 부정 ⇨ $\sim p$ 또는 $\sim q$

0186 대표
명제의 부정이 참인 것만을 **보기**에서 있는 대로 고르시오.

보기
ㄱ. $2+3=6$
ㄴ. 5는 12의 약수이다.
ㄷ. $\sqrt{9}$는 유리수이다.
ㄹ. 정삼각형의 세 변의 길이는 같다.

0187
두 조건 p: $x^2-4\ge 0$, q: $x<1$에 대하여 조건 '$\sim p$ 또는 q'의 부정을 말하시오.

0188
임의의 실수 a, b, c에 대하여 조건
'$(a-b)^2+(b-c)^2+(c-a)^2=0$'의 부정과 서로 같은 것은?

① $a=b=c$
② a, b, c는 서로 다르다.
③ $a\ne b$이고 $b\ne c$이고 $c\ne a$
④ a, b, c 중 서로 다른 것이 적어도 하나 있다.
⑤ $(a-b)(b-c)(c-a)=0$

바른답·알찬풀이 017쪽

유형 03 조건의 진리집합

개념 04-1

전체집합 U에 대하여 두 조건 p, q의 진리집합을 각각 P, Q라 할 때
(1) $\sim p$의 진리집합 ⇨ P^C
(2) 'p 또는 q'의 진리집합 ⇨ $P \cup Q$
(3) 'p 그리고 q'의 진리집합 ⇨ $P \cap Q$

0189 대표

전체집합 $U=\{x \mid |x| \leq 3,\ x\text{는 정수}\}$에 대하여 두 조건 p, q가

p: $x^2-x-6=0$, q: $x^3-4x=0$

일 때, 조건 'p 또는 $\sim q$'의 진리집합의 원소의 개수는?

① 1 ② 2 ③ 3
④ 5 ⑤ 7

0190

전체집합 $U=\{x \mid x\text{는 13 이하의 자연수}\}$에 대하여 조건 p가

p: x는 소수이다.

일 때, 조건 $\sim p$의 진리집합을 구하시오.

0191

실수 전체의 집합에서 두 조건

p: $x \leq -2$, q: $x \leq 3$

의 진리집합을 각각 P, Q라 할 때, 다음 중 조건 '$-2 < x \leq 3$'의 진리집합을 나타내는 것은?

① $P \cap Q$ ② $P \cup Q$ ③ $P \cap Q^C$
④ $P \cup Q^C$ ⑤ $Q-P$

0192

전체집합 $U=\{x \mid x\text{는 12 이하의 자연수}\}$에 대하여 두 조건 p, q가

p: x는 짝수이다., q: x는 9의 약수이다.

일 때, 조건 'p이고 $\sim q$'의 부정의 진리집합을 구하시오.

0193 〔서술형〕

전체집합 $U=\{0, 1, 2, 3, 4, 5, 6\}$에 대하여 두 조건 p, q가

p: $|x-2| \leq 2$, q: $x^2-x \neq 0$

일 때, 조건 '$\sim p$이고 q'의 진리집합의 모든 원소의 합을 구하시오.

빈출 유형 04 명제 $p \longrightarrow q$의 참, 거짓

개념 04-2

두 조건 p, q의 진리집합을 각각 P, Q라 할 때
(1) $P \subset Q$이면 ⇨ 명제 $p \longrightarrow q$는 참이다.
(2) $P \not\subset Q$이면 ⇨ 명제 $p \longrightarrow q$는 거짓이다.

0194 대표

참인 명제만을 **보기**에서 있는 대로 고르시오.

보기
ㄱ. 실수 x에 대하여 $x^2=4$이면 $x^3=8$이다.
ㄴ. x가 8의 양의 약수이면 x는 16의 양의 약수이다.
ㄷ. x가 3의 양의 배수이면 $x+1$은 짝수이다.
ㄹ. 직사각형은 사다리꼴이다.

0195

다음 중 거짓인 명제는?

① x가 무리수이면 x는 무한소수이다.
② a, b가 모두 유리수이면 ab도 유리수이다.
③ x가 자연수이면 $2x$는 짝수이다.
④ 자연수 x가 홀수이면 x^2도 홀수이다.
⑤ 실수 a, b에 대하여 $ab<1$이면 $a<1$, $b<1$이다.

0196

다음 중 참인 명제는? (단, x, y, z는 실수이다.)

① $xy=0$이면 $x^2+y^2=0$이다.
② $xz=yz$이면 $x=y$이다.
③ $xz>yz$이면 $x>y$이다.
④ $x>y$이면 $x^2>y^2$이다.
⑤ $|x+y|=|x-y|$이면 $xy=0$이다.

유형05 거짓인 명제의 반례

개념 04-2

전체집합 U에서 두 조건 p, q의 진리집합을 각각 P, Q라 할 때, 명제 $p \longrightarrow q$가 거짓임을 보이는 반례는
└ p이면서 $\sim q$인 예
⇨ 집합 $P \cap Q^C = P-Q$의 원소

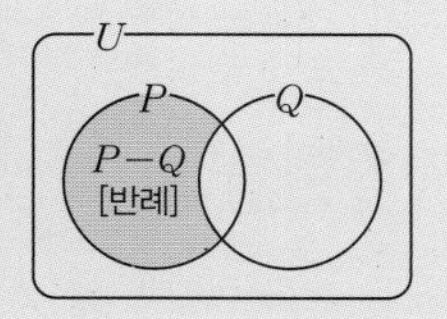

0197 대표

전체집합 U에 대하여 두 조건 p, q의 진리집합을 각각 P, Q라 할 때, 두 집합 P, Q 사이의 포함 관계는 오른쪽 벤다이어그램과 같다. 이때 명제 $q \longrightarrow p$가 거짓임을 보이는 원소를 모두 구하시오.

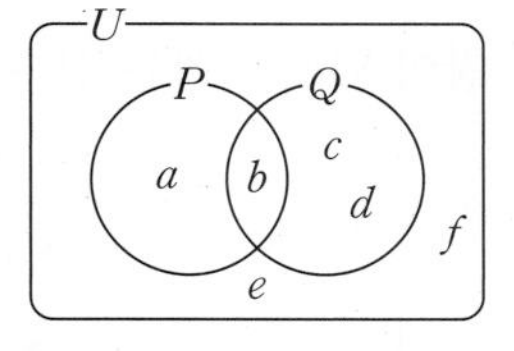

0198

전체집합 U에 대하여 두 조건 p, q의 진리집합을 각각 P, Q라 할 때, 명제 $p \longrightarrow \sim q$가 거짓임을 보이는 원소가 속하는 집합은?

① $P \cap Q$　② $P \cap Q^C$　③ $P^C \cap Q$
④ $P^C \cap Q^C$　⑤ $P^C \cup Q^C$

0199

전체집합 $U=\{x|x$는 10 이하의 자연수$\}$에 대하여 두 조건 p, q가

p: x는 홀수이다., q: x는 소수이다.

일 때, 명제 $p \longrightarrow q$가 거짓임을 보이는 모든 원소의 개수를 m, 명제 $q \longrightarrow p$가 거짓임을 보이는 모든 원소의 개수를 n이라 하자. $m+n$의 값은?

① 2　② 3　③ 4
④ 5　⑤ 6

0200

실수 전체의 집합에서 두 조건 p, q가

p: $-2 \le x \le 2$, q: $x \le -1$ 또는 $x \ge 3$

일 때, 다음 중 명제 'p이면 q이다.'가 거짓임을 보이는 원소가 속하는 집합은?

① $\{x|-2 \le x < -1\}$
② $\{x|-1 < x \le 2\}$
③ $\{x|2 < x < 3\}$
④ $\{x|x \le -2$ 또는 $x > 3\}$
⑤ $\{x|x \ge 3\}$

바른답 · 알찬풀이 018쪽

유형 06 명제의 참, 거짓과 진리집합의 포함 관계 (개념 04-2)

두 조건 p, q의 진리집합을 각각 P, Q라 할 때
(1) 명제 $p \longrightarrow q$가 참이다. ⇨ $P \subset Q$
(2) $P \subset Q$ ⇨ 명제 $p \longrightarrow q$가 참이다.

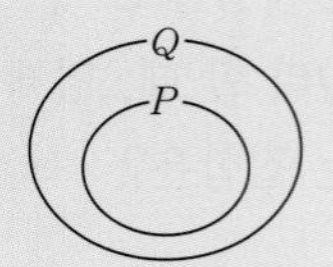

0201 대표

전체집합 U에 대하여 두 조건 p, q의 진리집합을 각각 P, Q라 하자. 명제 $\sim p \longrightarrow q$가 참일 때, 다음 중 항상 옳은 것은?

① $Q \subset P^C$ ② $P \cap Q = \varnothing$ ③ $P \cup Q = U$
④ $P^C \cap Q = P$ ⑤ $P^C \cup Q = U$

0202

전체집합 U에 대하여 세 조건 p, q, r의 진리집합을 각각 P, Q, R라 할 때, 세 집합 P, Q, R 사이의 포함 관계는 오른쪽 벤다이어그램과 같다. 다음 중 항상 참인 명제는?

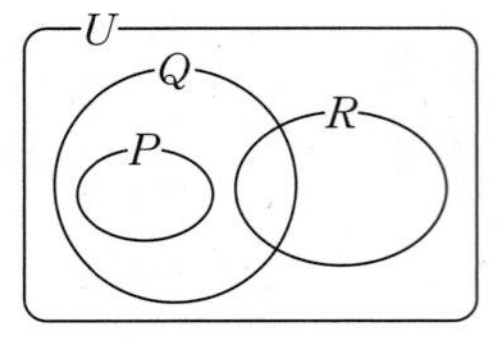

① $p \longrightarrow r$ ② $q \longrightarrow r$
③ $\sim r \longrightarrow q$ ④ $(p$ 또는 $r) \longrightarrow q$
⑤ $(p$이고 $q) \longrightarrow \sim r$

0203

전체집합 U에 대하여 두 조건 p, q의 진리집합을 각각 P, Q라 하자. 두 집합 P, Q가 서로소일 때, 다음 중 항상 참인 명제를 모두 고르면? (정답 2개)

① $p \longrightarrow q$ ② $p \longrightarrow \sim q$ ③ $q \longrightarrow p$
④ $q \longrightarrow \sim p$ ⑤ $\sim q \longrightarrow \sim p$

0204

전체집합 U에 대하여 세 조건 p, q, r의 진리집합을 각각 P, Q, R라 할 때, $P \cap Q = Q$, $P - R = P$가 성립한다. 항상 참인 명제만을 **보기**에서 있는 대로 고르시오.

보기
ㄱ. $p \longrightarrow q$ ㄴ. $q \longrightarrow p$
ㄷ. $\sim p \longrightarrow q$ ㄹ. $q \longrightarrow \sim r$

빈출 유형 07 명제가 참이 되도록 하는 미지수 구하기 (개념 04-2)

두 조건 p, q의 진리집합을 각각 P, Q라 할 때, 명제 $p \longrightarrow q$가 참이 되도록 하는 미지수의 값을 구하려면
⇨ $P \subset Q$를 만족시키도록 P, Q를 수직선 위에 나타낸다.

0205 대표

두 조건 p, q가

$$p: -1 < x \le 2, \quad q: |x-a| < 3$$

일 때, 명제 $p \longrightarrow q$가 참이 되도록 하는 실수 a의 값의 범위를 구하시오.

0206

실수 x에 대하여 명제 '$x \ge 1$이면 $3x + a \le 4x - 2a$이다.'가 참이 되도록 하는 실수 a의 최댓값은?

① -1 ② $-\frac{1}{3}$ ③ 0
④ $\frac{1}{3}$ ⑤ 1

0207 [서술형]

두 조건 p, q가

$$p: 1\le x<15,\ \ q: x<\frac{a}{2} \text{ 또는 } x>3a$$

일 때, 명제 $\sim q \longrightarrow p$가 참이 되도록 하는 자연수 a의 개수를 구하시오.

0208

세 조건 p, q, r가

p: $-2\le x\le 1$ 또는 $x\ge 3$,

q: $a\le x\le 0$,

r: $x\ge b+1$

일 때, 두 명제 $q \longrightarrow p$, $p \longrightarrow r$가 모두 참이 되도록 하는 실수 a의 최솟값과 실수 b의 최댓값의 합을 구하시오.

유형08 '모든'이나 '어떤'을 포함한 명제 (개념 04-2)

전체집합 U에 대하여 조건 p의 진리집합을 P라 할 때

(1) '모든 x에 대하여 p이다.' ⇨ $P=U$이면 참, $P\ne U$이면 거짓

(2) '어떤 x에 대하여 p이다.' ⇨ $P\ne\varnothing$이면 참, $P=\varnothing$이면 거짓

참고 (1) '모든 x에 대하여 p이다.'의 부정 ⇨ '어떤 x에 대하여 $\sim p$이다.'

(2) '어떤 x에 대하여 p이다.'의 부정 ⇨ '모든 x에 대하여 $\sim p$이다.'

0209 대표

전체집합 $U=\{1,\ 2,\ 3,\ 4\}$에 대하여 $x\in U$, $y\in U$일 때, 참인 명제만을 **보기**에서 있는 대로 고르시오.

보기

ㄱ. 모든 x에 대하여 $x+4<8$이다.

ㄴ. 어떤 x에 대하여 $x^2-3x=0$이다.

ㄷ. 모든 x, y에 대하여 $x^2+y^2\le 25$이다.

ㄹ. 어떤 x, y에 대하여 $x^2+y^2\le 1$이다.

0210

명제 '모든 고등학생은 음악을 듣는다.'의 부정인 것은?

① 모든 고등학생은 음악을 듣지 않는다.

② 어떤 고등학생도 음악을 듣지 않는다.

③ 음악을 듣지 않는 고등학생이 적어도 한 명 있다.

④ 음악을 듣는 고등학생은 없다.

⑤ 음악을 듣지 않는 고등학생은 없다.

0211

부정이 거짓인 명제만을 **보기**에서 있는 대로 고르시오.

보기

ㄱ. 모든 소수는 홀수이다.

ㄴ. 어떤 실수 x에 대하여 $x^2\le 0$이다.

ㄷ. 모든 무리수 x에 대하여 x^2은 유리수이다.

ㄹ. 어떤 실수 x에 대하여 $|x|>x$이다.

0212

명제 '모든 실수 x에 대하여 $x^2+4x+8\ge k$이다.'가 참이 되도록 하는 실수 k의 최댓값은?

① 1　② 2　③ 3　④ 4　⑤ 5

02 명제

바른답 · 알찬풀이 019쪽

Lecture 05 명제의 역과 대우

기본 익히기

32쪽 | 개념 05-1, 2 |

0213 다음 □ 안에 역, 대우 중 알맞은 말을 써넣으시오.

(1) 명제 $p \longrightarrow \sim q$는 명제 $\sim q \longrightarrow p$의 □이다.

(2) 명제 $\sim q \longrightarrow p$는 명제 $\sim p \longrightarrow q$의 □이다.

0214~0215 다음 명제의 역과 대우를 말하고, 그것의 참, 거짓을 각각 판별하시오.

0214 $x=2$이면 $x^2=4$이다.

0215 $x>1$이면 $x>3$이다.

0216 세 조건 p, q, r에 대하여 두 명제 $p \longrightarrow q$, $q \longrightarrow r$가 모두 참일 때, 항상 참인 명제만을 **보기**에서 있는 대로 고르시오.

보기

ㄱ. $p \longrightarrow r$　　ㄴ. $\sim p \longrightarrow \sim q$

ㄷ. $\sim q \longrightarrow \sim p$　　ㄹ. $\sim r \longrightarrow \sim p$

0217 다음은 자연수 a, b에 대하여 명제 '$a+b$가 홀수이면 a, b 중 적어도 하나는 홀수이다.'가 참임을 대우를 이용하여 증명하는 과정이다.

증명

자연수 a, b에 대하여 주어진 명제의 대우는 'a, b가 모두 짝수이면 $a+b$도 짝수이다.'이다.

a, b가 모두 짝수이면

$a=2k$, $b=2l$ (k, l은 자연수)

로 나타낼 수 있다. 이때 $a+b=2k+2l=2($ (가) $)$

이므로 $a+b$도 (나) 이다.

따라서 주어진 명제의 대우가 참이므로 주어진 명제도 참이다.

위의 과정에서 (가), (나)에 알맞은 것을 각각 써넣으시오.

유형 익히기

빈출 유형 09 명제의 역과 대우의 참, 거짓 개념 05-1

(1) 명제 $p \longrightarrow q$에서

① 역: $q \longrightarrow p$　　② 대우: $\sim q \longrightarrow \sim p$

(2) 명제가 참이면 그 대우도 참이고, 명제가 거짓이면 그 대우도 거짓이다.

0218 대표

역이 참인 명제만을 **보기**에서 있는 대로 고르시오.

(단, a, b는 실수이다.)

보기

ㄱ. $a>1$, $b>1$이면 $a+b>2$이다.

ㄴ. ab가 홀수이면 $a+b$는 짝수이다.

ㄷ. $|a+b|=|a|+|b|$이면 $ab>0$이다.

0219

두 조건 p, q에 대하여 명제 $\sim q \longrightarrow p$의 역이 참일 때, 다음 중 항상 참인 명제는?

① $p \longrightarrow q$　② $q \longrightarrow p$　③ $q \longrightarrow \sim p$

④ $\sim p \longrightarrow q$　⑤ $\sim p \longrightarrow \sim q$

0220

실수 x, y에 대하여 다음 중 그 대우가 거짓인 명제는?

① $x>2$이면 $x>0$이다.

② $x=1$이면 $x^2=1$이다.

③ x가 3의 배수이면 x^2도 3의 배수이다.

④ $x>y$이면 $x^2>y^2$이다.

⑤ $|x|+|y|=0$이면 $xy=0$이다.

0221

다음 중 그 역과 대우가 모두 참인 명제는?

① 두 직사각형의 넓이가 같으면 두 직사각형은 합동이다.
② 두 집합 A, B에 대하여 $A\subset B$이면 $A\cup B=B$이다.
③ ab가 유리수이면 a, b는 모두 유리수이다.
④ 실수 a, b에 대하여 $a>b$이면 $\frac{1}{a}<\frac{1}{b}$이다.
⑤ 실수 a에 대하여 $a=-1$이면 $a^2-a-2=0$이다.

유형 10 명제의 대우를 이용하여 미지수 구하기 개념 05-1

명제가 참이면 그 대우는 반드시 참이므로 명제 $p \longrightarrow q$에서 두 조건 p, q의 진리집합을 구하는 것보다 $\sim p$, $\sim q$의 진리집합을 구하는 것이 쉬우면
⇨ 명제의 대우 $\sim q \longrightarrow \sim p$가 참이 되도록 하는 미지수의 값을 구한다.

0222 대표

실수 x, y에 대하여 명제

'$x+y\le 5$이면 $x\le k$ 또는 $y\le -2$이다.'

가 참이 되도록 하는 실수 k의 최솟값을 구하시오.

0223

실수 x에 대하여 명제

'$x^2+ax+2\ne 0$이면 $x-1\ne 0$이다.'

가 참이 되도록 하는 상수 a의 값은?

① -5 ② -4 ③ -3
④ -2 ⑤ -1

0224

두 조건 p, q가

p: $x<a$, q: $-2<x<3$

일 때, 명제 $\sim p \longrightarrow \sim q$가 참이 되도록 하는 실수 a의 값의 범위는?

① $a<-2$ ② $a\le -2$ ③ $-2<a<3$
④ $a\ge 2$ ⑤ $a\ge 3$

0225 [서술형]

두 조건 p, q가

p: $|x-1|>a$, q: $x\ge -5$

일 때, 명제 $\sim q \longrightarrow p$가 참이 되도록 하는 양수 a의 최댓값을 구하시오.

유형 11 삼단논법 개념 05-1

(1) 삼단논법: 세 조건 p, q, r에 대하여 두 명제 $p \longrightarrow q$, $q \longrightarrow r$가 모두 참이면 명제 $p \longrightarrow r$도 참이다.
(2) 주어진 명제가 참이면 각각의 대우도 참임을 이용하여 삼단논법을 적용한다.

0226 대표

세 조건 p, q, r에 대하여 두 명제 $p \longrightarrow q$, $\sim r \longrightarrow \sim q$가 모두 참일 때, 다음 명제 중 항상 참이라고 할 수 없는 것은?

① $q \longrightarrow r$ ② $p \longrightarrow r$ ③ $\sim r \longrightarrow \sim p$
④ $\sim p \longrightarrow \sim r$ ⑤ $\sim q \longrightarrow \sim p$

바른답·알찬풀이 020쪽

0227

네 조건 p, q, r, s에 대하여 세 명제 $p \longrightarrow \sim q$, $r \longrightarrow q$, $\sim s \longrightarrow r$가 모두 참일 때, 항상 참인 명제만을 **보기**에서 있는 대로 고른 것은?

보기

ㄱ. $p \longrightarrow \sim r$　　ㄴ. $p \longrightarrow s$
ㄷ. $q \longrightarrow \sim s$　　ㄹ. $\sim r \longrightarrow p$

① ㄱ　② ㄹ　③ ㄱ, ㄴ
④ ㄱ, ㄷ　⑤ ㄷ, ㄹ

0228

전체집합 U에 대하여 세 조건 p, q, r의 진리집합이 각각 P, Q, R이고

$$P \cup Q = Q,\ \ Q \cap R = \varnothing$$

이 성립할 때, 다음 중 항상 참인 명제는?

① $p \longrightarrow r$　② $\sim q \longrightarrow p$　③ $r \longrightarrow q$
④ $\sim p \longrightarrow \sim r$　⑤ $r \longrightarrow \sim p$

0229

네 조건 p, q, r, s에 대하여 두 명제 $p \longrightarrow \sim r$, $\sim q \longrightarrow s$가 모두 참일 때, 다음 중 명제 $p \longrightarrow q$가 참임을 보이기 위해 필요한 참인 명제는?

① $p \longrightarrow s$　② $r \longrightarrow s$　③ $r \longrightarrow \sim q$
④ $s \longrightarrow r$　⑤ $\sim s \longrightarrow p$

유형 12 삼단논법과 명제의 추론

개념 05-1

주어진 명제에서 조건 p, q를 찾아 각각의 명제를 $p \longrightarrow q$ 꼴로 나타낸 후, 명제와 그 대우의 참, 거짓이 항상 일치함과 삼단논법을 이용하여 참인 명제를 찾는다.

0230 대표

두 명제 (가), (나)가 모두 참일 때, 다음 중 항상 참인 명제는?

(가) 그리기를 좋아하는 사람은 만화를 좋아한다.
(나) 그리기를 좋아하지 않는 사람은 미술을 좋아하지 않는다.

① 그리기를 좋아하는 사람은 미술을 좋아한다.
② 만화를 좋아하는 사람은 미술을 좋아한다.
③ 그리기를 좋아하지 않는 사람은 만화를 좋아하지 않는다.
④ 미술을 좋아하는 사람은 만화를 좋아한다.
⑤ 미술을 좋아하는 사람은 그리기를 좋아하지 않는다.

0231

A, B, C 세 학생에 대하여 다음이 모두 참일 때, 세 학생 중 안경을 쓴 학생을 모두 고른 것은?

(가) 적어도 한 학생은 안경을 썼다.
(나) A가 안경을 쓰지 않았으면 B가 안경을 쓰지 않았거나 C가 안경을 썼다.
(다) A, C는 모두 안경을 썼거나 모두 안경을 쓰지 않았다.
(라) C가 안경을 썼으면 B도 안경을 썼다.

① A　② C　③ A, C
④ B, C　⑤ A, B, C

유형 13 대우를 이용한 명제의 증명

개념 05-2

명제 $p \longrightarrow q$가 참임을 직접 증명하기 복잡하면
⇨ 명제의 대우 $\sim q \longrightarrow \sim p$가 참임을 증명한다.

0232 대표

다음은 자연수 n에 대하여 명제

'n^2이 3의 배수이면 n도 3의 배수이다.'

가 참임을 대우를 이용하여 증명하는 과정이다.

증명

자연수 n에 대하여 주어진 명제의 대우는

'n이 3의 배수가 아니면 n^2도 3의 배수가 아니다.'

이다.

n이 3의 배수가 아니면

$n=$ (가) 또는 $n=3k-1$ (k는 자연수)

로 나타낼 수 있다.

(i) $n=$ (가) 일 때, $n^2=3($ (나) $)+1$

(ii) $n=3k-1$일 때, $n^2=3(3k^2-2k)+$ (다)

(i), (ii)에서 n이 3의 배수가 아니면 n^2도 3의 배수가 아니다.

따라서 주어진 명제의 대우가 참이므로 주어진 명제도 참이다.

위의 과정에서 (가)에 알맞은 식을 $f(k)$, (나)에 알맞은 식을 $g(k)$, (다)에 알맞은 수를 m이라 할 때, $f(1)+g(2)+m$의 값을 구하시오.

0233

자연수 n에 대하여 명제 'n^2이 홀수이면 n도 홀수이다.'가 참임을 대우를 이용하여 증명하려고 한다. 다음 물음에 답하시오.

(1) 주어진 명제의 대우를 말하시오.

(2) (1)을 이용하여 주어진 명제가 참임을 증명하시오.

0234 [서술형]

자연수 a, b, c에 대하여 명제

'$a^2+b^2=c^2$이면 a, b, c 중 적어도 하나는 짝수이다.'

가 참임을 대우를 이용하여 증명하시오.

유형 14 귀류법을 이용한 명제의 증명

개념 05-2

명제 또는 그 명제의 대우가 참임을 직접 증명하기 복잡하면
⇨ 명제의 결론을 부정하여 모순이 생김을 보인다.

0235 대표

다음은 $\sqrt{5}$가 무리수임을 이용하여 명제

'$1+\sqrt{5}$는 무리수이다.'

가 참임을 귀류법으로 증명하는 과정이다.

증명

$1+\sqrt{5}$가 (가) 라 가정하면

$1+\sqrt{5}=k$ (k는 (가))

로 나타낼 수 있다.

이때 $\sqrt{5}=k-1$이고, 유리수끼리의 뺄셈은 (나) 이므로 $k-1$은 (나) 이다.

그런데 이것은 $\sqrt{5}$가 (다) 라는 사실에 모순이다.

따라서 $1+\sqrt{5}$는 무리수이다.

위의 과정에서 (가), (나), (다)에 알맞은 것을 차례대로 나열한 것은?

① 무리수, 무리수, 무리수
② 무리수, 유리수, 무리수
③ 유리수, 유리수, 유리수
④ 유리수, 유리수, 무리수
⑤ 유리수, 무리수, 무리수

0236

명제 '$\sqrt{3}$은 유리수가 아니다.'가 참임을 귀류법으로 증명하려고 한다. 다음 물음에 답하시오.

(1) 주어진 명제의 부정을 말하시오.

(2) (1)을 이용하여 주어진 명제가 참임을 증명하시오.

0237 [서술형]

$\sqrt{2}$가 무리수임을 이용하여 명제

'유리수 a, b에 대하여 $a+b\sqrt{2}=0$이면 $a=b=0$이다.'

가 참임을 귀류법으로 증명하시오.

바른답·알찬풀이 021쪽

Lecture 06 충분조건과 필요조건

기본 익히기

33쪽 | 개념 06-1, 2 |

0238~0242 두 조건 p, q가 다음과 같을 때, p는 q이기 위한 어떤 조건이지 말하시오.

(단, x는 실수이고, A, B는 집합이다.)

0238 p: $x=3$, q: $x^2=9$

0239 p: $x^3-x=0$, q: $x^2-1=0$

0240 p: $|x|\le 1$, q: $-1\le x\le 1$

0241 p: $x^2>0$, q: $x>0$

0242 p: $A\cap B^C=\varnothing$, q: $A\subset B$

0243~0246 실수 a, b에 대하여 다음 조건은 '$a=0$ 또는 $b=0$'이기 위한 어떤 조건인지 말하시오.

0243 $b=0$

0244 $ab=0$

0245 $|a|+|b|=0$

0246 $(a+b)^2\ge 0$

0247 정수 전체의 집합에서 정의된 세 조건

p: $x^2-4\le 0$, q: $-1\le x<2$, r: $|x|<3$

에 대하여 다음 물음에 답하시오.

(1) 세 조건 p, q, r의 진리집합을 각각 P, Q, R라 할 때, P, Q, R를 구하시오.

(2) p는 q이기 위한 어떤 조건인지 말하시오.

(3) q는 r이기 위한 어떤 조건인지 말하시오.

(4) p는 r이기 위한 어떤 조건인지 말하시오.

유형 익히기

빈출 **유형 15** 충분조건, 필요조건, 필요충분조건 개념 06-1

두 조건 p, q에 대하여

(1) $p \underset{\times}{\overset{\circ}{\rightleftarrows}} q$ ⇨ $p\Longrightarrow q$, 즉 p는 q이기 위한 충분조건이다.

(2) $p \underset{\circ}{\overset{\times}{\rightleftarrows}} q$ ⇨ $q\Longrightarrow p$, 즉 p는 q이기 위한 필요조건이다.

(3) $p \underset{\circ}{\overset{\circ}{\rightleftarrows}} q$ ⇨ $p\Longleftrightarrow q$, 즉 p는 q이기 위한 필요충분조건이다.

0248 대표

두 조건 p, q에 대하여 p가 q이기 위한 필요조건이지만 충분조건은 아닌 것은? (단, x, y는 실수이다.)

① p: $xy\ne 0$ $\quad$ q: $x\ne 0$이고 $y\ne 0$

② p: $-1<x<2$ $\quad$ q: $x\ge -1$

③ p: $x+y=0$ $\quad$ q: $x=0$이고 $y=0$

④ p: $x=y$ $\quad$ q: $x^2=y^2$

⑤ p: $x>0$이고 $y>0$ $\quad$ q: $xy=|xy|$

0249

두 조건 p, q에 대하여 p가 q이기 위한 필요충분조건인 것만을 **보기**에서 있는 대로 고르시오. (단, x, y, z는 실수이다.)

보기

ㄱ. p: x, y가 유리수이다. $\quad$ q: $x+y$가 유리수이다.

ㄴ. p: $x=y$ $\quad$ q: $xz=yz$

ㄷ. p: $x+y>0$이고 $xy>0$ $\quad$ q: $x>0$이고 $y>0$

ㄹ. p: $(x-y)(y-z)=0$ $\quad$ q: $x=y=z$

0250

a, b가 실수일 때, 세 조건

p: $ab=0$,

q: $a^2+b^2=0$,

r: $|a+b|=|a|+|b|$

에 대하여 항상 옳은 것만을 **보기**에서 있는 대로 고르시오.

보기

ㄱ. p는 q이기 위한 필요조건이다.

ㄴ. q는 r이기 위한 충분조건이다.

ㄷ. r는 p이기 위한 필요충분조건이다.

0251

0이 아닌 실수 a, b에 대하여 조건 p가

p: $|a|=a$, $|b|=-b$

일 때, 다음 조건 q 중 q가 p이기 위한 필요조건이 아닌 것은?

① q: $ab<0$ ② q: $|a-b|=a-b$

③ q: $\frac{a+b+|a-b|}{2}=a$ ④ q: $|a+b|=a+b$

⑤ q: $|a+b|<|a-b|$

유형 16 충분조건, 필요조건과 명제의 참, 거짓 개념 06-1

(1) p가 q이기 위한 충분조건 ⇨ 명제 $p \longrightarrow q$가 참이다.
⇨ $p \Longrightarrow q$

(2) p가 q이기 위한 필요조건 ⇨ 명제 $q \longrightarrow p$가 참이다.
⇨ $q \Longrightarrow p$

0252 대표

세 조건 p, q, r에 대하여 p는 $\sim q$이기 위한 충분조건이고 q는 r이기 위한 필요조건일 때, 다음 중 항상 참인 명제는?

① $p \longrightarrow \sim r$ ② $q \longrightarrow \sim r$ ③ $r \longrightarrow p$

④ $\sim p \longrightarrow q$ ⑤ $\sim r \longrightarrow p$

0253

세 조건 p, q, r에 대하여 두 명제 $p \longrightarrow q$, $\sim r \longrightarrow \sim q$가 모두 참일 때, 다음 중 옳지 않은 것은?

① p는 q이기 위한 충분조건이다.

② r는 q이기 위한 필요조건이다.

③ p는 r이기 위한 필요조건이다.

④ $\sim p$는 $\sim r$이기 위한 필요조건이다.

⑤ $\sim q$는 $\sim p$이기 위한 충분조건이다.

0254

네 조건 p, q, r, s에 대하여 p는 q이기 위한 충분조건, q는 r이기 위한 필요조건, r는 s이기 위한 필요조건, s는 q이기 위한 필요조건일 때, 항상 옳은 것만을 **보기**에서 있는 대로 고르시오.

보기

ㄱ. p는 s이기 위한 충분조건이다.

ㄴ. r는 p이기 위한 필요조건이다.

ㄷ. q는 s이기 위한 필요충분조건이다.

0255

네 조건 p, q, r, s가 다음을 만족시킬 때, 항상 참인 명제를 모두 고르면? (정답 2개)

(가) p는 q이기 위한 충분조건이다.

(나) r는 q이기 위한 필요조건이다.

(다) q 또는 $\sim s$는 $\sim r$이기 위한 필요조건이다.

① $p \longrightarrow s$ ② $p \longrightarrow r$ ③ $q \longrightarrow \sim r$

④ $\sim q \longrightarrow \sim s$ ⑤ $\sim r \longrightarrow \sim s$

바른답 · 알찬풀이 023쪽

유형 17 충분조건, 필요조건과 진리집합 사이의 관계

개념 06-2

두 조건 p, q의 진리집합을 각각 P, Q라 할 때

(1) p가 q이기 위한 충분조건이면

$p \Longrightarrow q \Rightarrow P \subset Q$

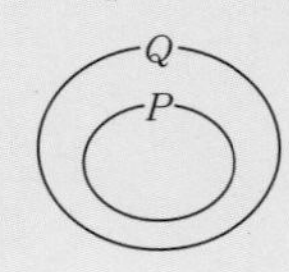

(2) p가 q이기 위한 필요조건이면

$q \Longrightarrow p \Rightarrow Q \subset P$

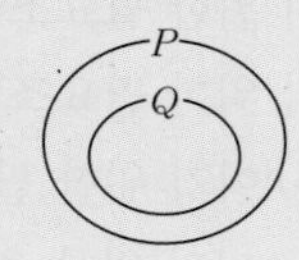

0256 대표

전체집합 U에 대하여 두 조건 p, q의 진리집합을 각각 P, Q라 하자. $\sim q$가 p이기 위한 필요조건일 때, 다음 중 항상 옳은 것은?

① $P \cup Q^C = U$　② $P \cap Q^C = Q^C$
③ $P \cap Q = \varnothing$　④ $P^C \cup Q = Q$
⑤ $P^C \cap Q^C = \varnothing$

0257

전체집합 U에 대하여 세 조건 p, q, r의 진리집합을 각각 P, Q, R라 할 때, 세 집합 P, Q, R 사이의 포함 관계는 오른쪽 벤다이어그램과 같다. 항상 옳은 것만을 **보기**에서 있는 대로 고르시오.

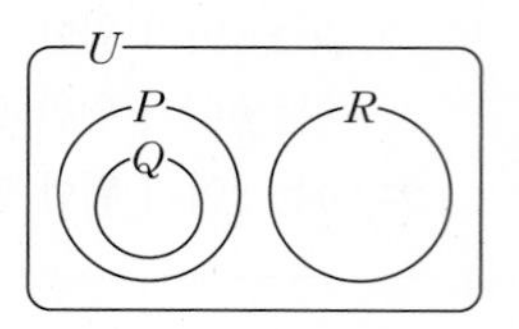

보기

ㄱ. p는 q이기 위한 필요조건이다.
ㄴ. r는 q이기 위한 충분조건이다.
ㄷ. p는 $\sim r$이기 위한 충분조건이다.

0258

전체집합 U에 대하여 세 조건 p, q, r의 진리집합을 각각 P, Q, R라 하자. p가 q이기 위한 필요조건, q가 r이기 위한 충분조건일 때, 다음 중 항상 옳은 것은?

① $P \subset (Q \cap R)$　② $R \subset (P \cap Q)$
③ $(P \cap Q) \subset R$　④ $(P \cap R) \subset Q$
⑤ $(P \cup Q) \subset R$

0259

전체집합 U에 대하여 세 조건 p, q, r의 진리집합을 각각 P, Q, R라 할 때, $R \subset (Q-P)$가 성립한다. 항상 옳은 것만을 **보기**에서 있는 대로 고른 것은?

(단, P, Q, R는 공집합이 아니다.)

보기

ㄱ. p는 r이기 위한 충분조건이다.
ㄴ. q는 r이기 위한 필요조건이다.
ㄷ. r는 $\sim p$이기 위한 충분조건이다.

① ㄱ　② ㄴ　③ ㄱ, ㄷ
④ ㄴ, ㄷ　⑤ ㄱ, ㄴ, ㄷ

유형 18 집합의 연산과 필요충분조건

개념 06-2

두 조건 p, q의 진리집합을 각각 P, Q라 할 때,
p가 q이기 위한 필요충분조건이면
$p \Longleftrightarrow q \Rightarrow P = Q$

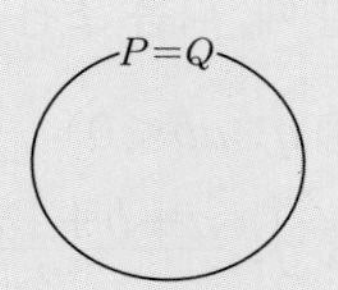

0260 대표

전체집합 U의 두 부분집합 A, B에 대하여

$(A \cup B) \cap (A^C \cup B^C) = B \cap A^C$

가 성립하기 위한 필요충분조건인 것은?

① $A \subset B$　② $B \subset A$　③ $A \cap B = \varnothing$
④ $B = U$　⑤ $A \cup B = U$

0261

전체집합 U의 두 부분집합 A, B에 대하여 $A^C \cap B = \varnothing$이기 위한 필요충분조건이 아닌 것은?

① $B \subset A$　② $A^C \cup B = U$　③ $A \cup B = A$
④ $A \cap B = B$　⑤ $A^C \subset B^C$

0262

전체집합 U의 두 부분집합 A, B에 대하여

$$(A\cap B)\cup(A^C\cap B^C)=U$$

가 성립하기 위한 필요충분조건인 것은?

① $A\subset B$ ② $B\subset A$ ③ $A=B$
④ $A\cup B=U$ ⑤ $A-B=A$

빈출

유형 19 충분조건, 필요조건이 되도록 하는 미지수 구하기 개념 06-2

(1) 조건이 부등식으로 주어지면
⇨ 진리집합 사이의 포함 관계를 이용한다.
(2) 조건에 '$\neq$'를 포함한 식이 주어지면
⇨ 주어진 조건을 $p \longrightarrow q$ 꼴로 나타내었을 때, $p \longrightarrow q$가 참이면 그 대우 $\sim q \longrightarrow \sim p$도 참임을 이용한다.

0263 대표

두 조건

$$p: 1<x<5,\ \ q: a<x-2<b$$

에 대하여 p가 q이기 위한 충분조건일 때, 실수 a의 최댓값과 실수 b의 최솟값의 합은?

① -4 ② -2 ③ 1
④ 2 ⑤ 4

0264

두 조건

$$p: x\le a,\ \ q: -3<x\le 4$$

에 대하여 p가 q이기 위한 필요조건일 때, 실수 a의 최솟값을 구하시오.

0265 〔서술형〕

두 조건

$$p: x^2-2x-8>0,$$
$$q: x^2-(a^2-3a+5)x+5(a^2-3a)<0$$

에 대하여 $\sim p$가 q이기 위한 충분조건이 되도록 하는 실수 a의 값의 범위를 구하시오.

0266

세 조건 p, q, r의 진리집합을 각각

$$P=\{3\},\ \ Q=\{0,\ a^2-1\},\ \ R=\{a,\ ab\}$$

라 하자. p는 q이기 위한 충분조건이고, r는 p이기 위한 필요조건일 때, $a+b$의 최솟값은? (단, a, b는 실수이다.)

① $-\frac{7}{2}$ ② -2 ③ $-\frac{1}{2}$
④ $\frac{1}{2}$ ⑤ 1

0267

세 조건

$$p: x\neq 3,$$
$$q: x^2+ax+6\neq 0,$$
$$r: x^2-2x+b\neq 0$$

에 대하여 p는 q이기 위한 필요조건이고, r는 p이기 위한 충분조건일 때, ab의 값은? (단, a, b는 실수이다.)

① 6 ② 12 ③ 15
④ 18 ⑤ 24

바른답 · 알찬풀이 025쪽

Lecture 07 절대부등식

기본 익히기

33쪽 | 개념 07-1, 2 |

0268 다음은 a, b가 실수일 때, 부등식 $a^2+ab+b^2\geq0$이 성립함을 증명하는 과정이다.

증명

$a^2+ab+b^2=\left(a+\frac{b}{2}\right)^2+$ (가)

그런데 $\left(a+\frac{b}{2}\right)^2\geq0$, (가) ≥0이므로

$a^2+ab+b^2\geq0$

여기서 등호는 $a+\frac{b}{2}=0$, $b=0$, 즉 (나) 일 때 성립한다.

위의 과정에서 (가), (나)에 알맞은 것을 각각 써넣으시오.

0269~0270 $x>0$일 때, 다음 식의 최솟값을 구하시오.

0269 $2x+\frac{2}{x}$

0270 $4x+\frac{9}{x}$

0271~0272 $a>0$, $b>0$일 때, 다음 물음에 답하시오.

0271 $ab=3$일 때, $a+3b$의 최솟값을 구하시오.

0272 $a+b=10$일 때, ab의 최댓값을 구하시오.

0273 실수 a, b, x, y에 대하여 $a^2+b^2=4$, $x^2+y^2=16$일 때, $ax+by$의 최댓값을 구하시오.

0274 실수 x, y에 대하여 $4x+3y=5$일 때, x^2+y^2의 최솟값을 구하시오.

유형 익히기

유형20 절대부등식의 증명

개념 07-1

부등식 $A\geq B$를 증명할 때

(1) A, B가 다항식이면

⇨ $A-B$를 완전제곱식으로 변형하여 $(\text{실수})^2\geq0$임을 이용한다.

(2) A, B가 절댓값 기호나 근호를 포함한 식이면

⇨ $A\geq B$의 양변을 제곱하여 $A^2-B^2\geq0$임을 보인다.

0275 대표

다음은 $a>0$, $b>0$일 때, 부등식 $\sqrt{a}+\sqrt{b}>\sqrt{a+b}$가 성립함을 증명하는 과정이다.

증명

$(\sqrt{a}+\sqrt{b})^2-(\sqrt{a+b})^2=$ (가) >0

$\therefore (\sqrt{a}+\sqrt{b})^2$ (나) $(\sqrt{a+b})^2$

그런데 $\sqrt{a}+\sqrt{b}>0$, $\sqrt{a+b}>0$이므로

$\sqrt{a}+\sqrt{b}$ (다) $\sqrt{a+b}$

위의 과정에서 (가), (나), (다)에 알맞은 것을 각각 써넣으시오.

0276

다음은 a, b, x, y가 실수일 때, 부등식 $(a^2+b^2)(x^2+y^2)\geq(ax+by)^2$이 성립함을 증명하는 과정이다.

증명

$(a^2+b^2)(x^2+y^2)-(ax+by)^2$

$=a^2x^2+a^2y^2+b^2x^2+b^2y^2-(a^2x^2+2abxy+b^2y^2)$

$=b^2x^2-2abxy+a^2y^2$

$=($ (가) $)^2$

그런데 $($ (가) $)^2\geq0$이므로

$(a^2+b^2)(x^2+y^2)\geq(ax+by)^2$

여기서 등호는 (나) 일 때 성립한다.

위의 과정에서 (가), (나)에 알맞은 것을 각각 써넣으시오.

0277

실수 a, b에 대하여 옳은 것만을 **보기**에서 있는 대로 고르시오.

보기
ㄱ. $|a+b| \geq |a-b|$
ㄴ. $|a|+|b| \geq |a-b|$
ㄷ. $a-b \geq |a|-|b|$

빈출

유형 21 산술평균과 기하평균의 관계; 합 또는 곱이 일정한 경우

개념 07-2

$a>0$, $b>0$일 때, $a+b \geq 2\sqrt{ab}$이므로 다음이 성립한다.
(1) $a+b$의 값이 일정 ⇨ ab는 $a=b$일 때 최댓값을 갖는다.
(2) ab의 값이 일정 ⇨ $a+b$는 $a=b$일 때 최솟값을 갖는다.

0278 대표

$a>0$, $b>0$이고 $2a+3b=12$일 때, ab의 최댓값을 α, 그때의 a, b의 값을 각각 β, γ라 하자. $\alpha+\beta+\gamma$의 값을 구하시오.

0279

$a>0$, $b>0$이고 $ab=4$일 때, $9a+16b$의 최솟값은?

① 30 ② 36 ③ 42
④ 48 ⑤ 54

0280 [서술형]

0이 아닌 실수 x, y에 대하여 $x^2+y^2=14$일 때, xy의 최댓값과 최솟값의 곱을 구하시오.

0281

양수 x, y에 대하여 $x+4y=8$일 때, $\frac{4}{x}+\frac{1}{y}$의 최솟값은?

① $\frac{1}{4}$ ② $\frac{1}{2}$ ③ 1
④ $\frac{3}{2}$ ⑤ 2

유형 22 산술평균과 기하평균의 관계; 식을 전개·변형하는 경우

개념 07-2

두 식의 곱이 상수가 되도록 주어진 식을
$\frac{b}{a}+\frac{a}{b}$ $(a>0, b>0)$ 또는 $f(x)+\frac{1}{f(x)}$ $(f(x)>0)$
꼴이 포함된 식으로 변형한 후, 산술평균과 기하평균의 관계를 이용한다.

0282 대표

양수 x, y에 대하여 $(8x+y)\left(\frac{2}{x}+\frac{1}{y}\right)$의 최솟값은?

① 18 ② 20 ③ 24
④ 25 ⑤ 28

0283

$a>0$일 때, $(3a^2-a)\left(\frac{3}{a}-\frac{1}{a^2}\right)$의 최솟값을 구하시오.

0284 [서술형]

$x>-1$일 때, $x+\frac{9}{x+1}$의 최솟값을 m, 그때의 x의 값을 n이라 하자. $m+n$의 값을 구하시오.

바른답·알찬풀이 026쪽

0285

$a>3$일 때, $\dfrac{a^2-3a+16}{a-3}$의 최솟값을 구하시오.

유형23 산술평균과 기하평균의 관계; 복잡한 식의 최대·최소 개념 07-2

$a>0$, $b>0$, $c>0$일 때

(1) $(a+b)(b+c)(c+a)\ge 2\sqrt{ab}\times 2\sqrt{bc}\times 2\sqrt{ca}=8abc$
(단, 등호는 $a=b=c$일 때 성립)

(2) $\dfrac{a}{b}+\dfrac{b}{a}+\dfrac{c}{b}+\dfrac{b}{c}\ge 2\sqrt{\dfrac{a}{b}\times\dfrac{b}{a}}+2\sqrt{\dfrac{c}{b}\times\dfrac{b}{c}}=4$
(단, 등호는 $a=b=c$일 때 성립)

0286 대표

$a>0$, $b>0$, $c>0$일 때,

$\left(\dfrac{2a}{b}+\dfrac{2b}{c}\right)\left(\dfrac{2b}{c}+\dfrac{2c}{a}\right)\left(\dfrac{2c}{a}+\dfrac{2a}{b}\right)$의 최솟값을 구하시오.

0287

양수 a, b, c에 대하여 $\dfrac{b+c}{a}+\dfrac{c+a}{b}+\dfrac{a+b}{c}$의 최솟값을 구하시오.

0288

$a>0$, $b>0$이고 $x=3a+\dfrac{1}{b}$, $y=3b+\dfrac{1}{a}$일 때, x^2+y^2의 최솟값을 α, 그때의 a, b의 값을 각각 β, γ라 하자. $\alpha\beta\gamma$의 값을 구하시오.

유형24 코시-슈바르츠의 부등식 개념 07-2

(1) a, b, x, y가 실수일 때
⇨ $(a^2+b^2)(x^2+y^2)\ge(ax+by)^2$ $\left(\text{단, 등호는 } \dfrac{x}{a}=\dfrac{y}{b}\text{일 때 성립}\right)$

(2) a, b, c, x, y, z가 실수일 때
⇨ $(a^2+b^2+c^2)(x^2+y^2+z^2)\ge(ax+by+cz)^2$
$\left(\text{단, 등호는 } \dfrac{x}{a}=\dfrac{y}{b}=\dfrac{z}{c}\text{일 때 성립}\right)$

0289 대표

실수 x, y에 대하여 $2x+3y=26$일 때, x^2+y^2의 최솟값을 α, 그때의 x, y의 값을 각각 β, γ라 하자. $\alpha+\beta+\gamma$의 값은?

① 52 ② 56 ③ 62 ④ 66 ⑤ 72

0290

실수 x, y가 $x^2+y^2=5$를 만족시킬 때, $x+3y$의 최댓값과 최솟값의 곱을 구하시오.

0291 [서술형]

$x^2+y^2=a$를 만족시키는 실수 x, y에 대하여 $\dfrac{x}{2}+y$의 최댓값과 최솟값의 차가 10일 때, 양수 a의 값을 구하시오.

0292

$x \geq 0$, $y \geq 0$, $z \geq 0$에 대하여 $x+y+z=29$일 때, $2\sqrt{x}+3\sqrt{y}+4\sqrt{z}$의 최댓값은?

① 16 ② 19 ③ 24
④ 27 ⑤ 29

0293

실수 a, b, c에 대하여

$$a+2b+c=3,\quad a^2+b^2+c^2=9$$

일 때, c의 최솟값은?

① -2 ② -1 ③ 1
④ 2 ⑤ 3

빈출
유형 25 절대부등식의 활용

개념 07-2

(1) 두 양수의 곱의 최댓값이나 합의 최솟값을 구할 때는
⇨ 산술평균과 기하평균의 관계를 이용한다.
(2) 일차식의 최댓값이나 제곱의 합의 최솟값을 구할 때는
⇨ 코시-슈바르츠의 부등식을 이용한다.

0294 대표

길이가 60 m인 줄을 겹치는 부분 없이 모두 사용하여 오른쪽 그림과 같이 6개의 작은 직사각형으로 이루어진 울타리를 만들려고 한다. 이때 울타리 내부의 전체 넓이의 최댓값을 구하시오.

(단, 줄의 두께는 무시한다.)

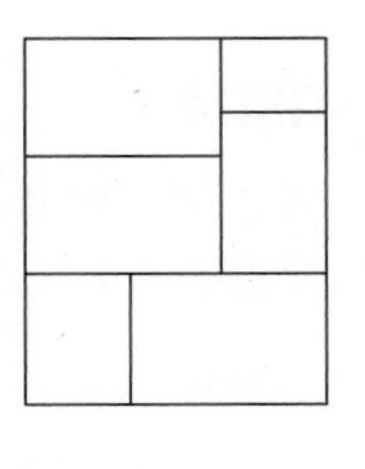

0295

오른쪽 그림과 같이 반지름의 길이가 6인 반원 O에 내접하는 직사각형 ABCD의 넓이의 최댓값은?

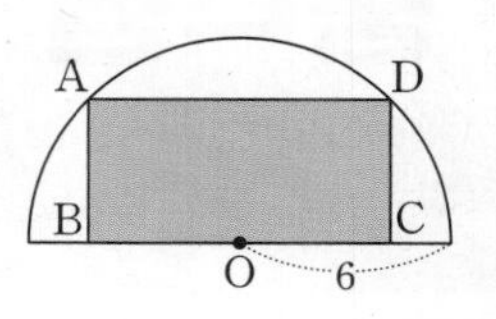

① 18 ② 24 ③ 30
④ 36 ⑤ 42

0296 [서술형]

오른쪽 그림과 같은 직육면체에서 대각선 AG의 길이가 $2\sqrt{3}$일 때, 모든 모서리의 길이의 합의 최댓값을 구하시오.

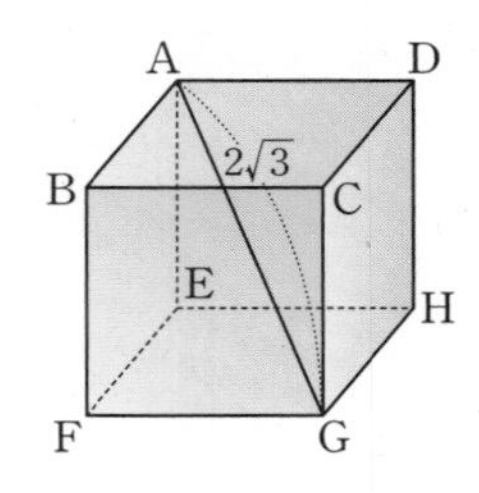

0297

오른쪽 그림과 같이 $\overline{AC}=2$, $\overline{BC}=3$, $\angle C=90^\circ$인 직각삼각형 ABC의 내부의 한 점 P에서 세 변 AB, BC, CA까지의 거리를 각각 x, y, z라 할 때, $x^2+y^2+z^2$의 최솟값을 구하시오.

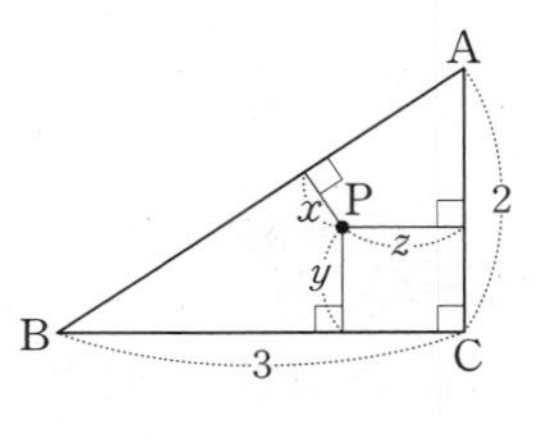

02 명제

바른답·알찬풀이 028쪽

중단원 마무리

09 일차

STEP1 실전 문제

0298 35쪽 유형 02

조건 p와 그 부정 $\sim p$가 바르게 연결된 것만을 **보기**에서 있는 대로 고르시오.

보기

ㄱ. p: $a=0$이고 $b=0$ $\qquad \sim p$: $ab\neq 0$
ㄴ. p: $|a|+|b|=0$ $\qquad \sim p$: $a\neq 0$ 또는 $b\neq 0$
ㄷ. p: $a\leq 0\leq b$ $\qquad \sim p$: $a>0$이고 $b<0$

0299 36쪽 유형 03

전체집합 $U=\{x|x$는 10 이하의 자연수$\}$에 대하여 두 조건 p, q가

p: x는 홀수이다., q: x는 소수이다.

일 때, 조건 '$\sim p$ 또는 $\sim q$'의 진리집합의 원소의 개수를 구하시오.

0300 중요! 36쪽 유형 04

다음 중 참인 명제는? (단, a, b, c, d는 실수이다.)

① $a^2=b^2$이면 $a=b$이다.
② $a>b$이면 $|a|>|b|$이다.
③ $ab>1$이면 $a>1$ 또는 $b>1$이다.
④ $a<b$, $c<d$이면 $ad+bc<ac+bd$이다.
⑤ $|a|+|b|\geq|a+b|$이면 $a\geq 0$이고 $b\geq 0$이다.

0301 38쪽 유형 06

전체집합 U에 대하여 두 조건 p, q의 진리집합이 각각 P, Q이고 명제 $p \longrightarrow \sim q$가 참일 때, 다음 중 항상 옳은 것은?

① $P\cap Q=Q$ ② $P\cup Q=P$ ③ $P\cap Q=P$
④ $P-Q=P$ ⑤ $P\cup Q=U$

0302 38쪽 유형 07

두 조건 p, q가 p: $-\frac{k}{3}\leq x\leq 6$, q: $x\leq -1$ 또는 $x\geq k$ 일 때, 명제 'p이면 $\sim q$이다.'의 역이 참이 되도록 하는 모든 정수 k의 값의 합을 구하시오. (단, $k\geq 0$)

0303 교육청 39쪽 유형 08

실수 x에 대한 조건

'모든 실수 x에 대하여 $x^2+4kx+3k^2\geq 2k-3$이다.'

가 참인 명제가 되도록 하는 실수 k의 최댓값을 M, 최솟값을 m이라 하자. $M-m$의 값은?

① 2 ② 4 ③ 6
④ 8 ⑤ 10

0304 40쪽 유형 09

역은 거짓이고 대우는 참인 명제만을 **보기**에서 있는 대로 고르시오.

보기

ㄱ. x가 실수일 때, $x^3=x$이면 $x=0$ 또는 $x=1$이다.
ㄴ. x, y가 모두 양수이면 xy도 양수이다.
ㄷ. x, y가 자연수일 때, x^2+y^2이 홀수이면 xy는 짝수이다.

0305 중요!

41쪽 유형 11

세 조건 p, q, r에 대하여 두 명제 $p \longrightarrow \sim q$, $r \longrightarrow q$가 모두 참일 때, 다음 중 항상 참인 명제를 모두 고르면? (정답 2개)

① $p \longrightarrow r$　② $q \longrightarrow \sim p$　③ $q \longrightarrow \sim r$
④ $r \longrightarrow \sim p$　⑤ $r \longrightarrow p$

0306

44쪽 유형 15

두 조건 p, q에 대하여 p가 q이기 위한 충분조건이지만 필요조건은 아닌 것만을 **보기**에서 있는 대로 고르시오. (단, a, b, c는 실수이다.)

보기

ㄱ. p: $ac=bc$　　q: $a=b$
ㄴ. p: $ab<0$　　q: $a<0$ 또는 $b<0$
ㄷ. p: $a^3-b^3=0$　　q: $a^2-b^2=0$

0307

46쪽 유형 17

전체집합 U에 대하여 세 조건 p, q, r의 진리집합을 각각 P, Q, R라 하자. p는 q이기 위한 필요조건, q는 $\sim r$이기 위한 필요충분조건일 때, 다음 중 항상 옳은 것은?

① $P \subset Q$　② $Q \subset R$　③ $P \subset R^C$
④ $Q \subset P^C$　⑤ $R^C \subset P$

0308

46쪽 유형 17 + 46쪽 유형 18

전체집합 U에 대하여 세 조건 p, q, r의 진리집합을 각각 P, Q, R라 하자. $(P-R) \cup (Q-R^C)=\varnothing$이 성립할 때, 다음 중 항상 옳은 것은? (단, P, Q, R는 공집합이 아니다.)

① p는 q이기 위한 충분조건이다.
② $\sim p$는 r이기 위한 필요조건이다.
③ q는 r이기 위한 충분조건이다.
④ $\sim q$는 p이기 위한 필요조건이다.
⑤ $\sim r$는 $\sim q$이기 위한 필요충분조건이다.

0309 수능

47쪽 유형 19

실수 x에 대한 두 조건

p: $(x-1)(x-4)=0$,　q: $1<2x \le a$

에 대하여 p가 q이기 위한 충분조건이 되도록 하는 자연수 a의 최솟값은?

① 4　② 5　③ 6
④ 7　⑤ 8

0310 중요!

49쪽 유형 21

$a>0$일 때, $4a+\dfrac{16}{a}+3$의 최솟값을 m, 그때의 a의 값을 n이라 하자. $m+n$의 값은?

① 17　② 19　③ 21
④ 23　⑤ 25

0311

49쪽 유형 22

$a>0$, $b>0$, $c>0$일 때, $(a+4b+c)\left(\dfrac{1}{a}+\dfrac{1}{4b+c}\right)$의 최솟값을 구하시오.

0312

50쪽 유형 24

$x^2+y^2=4$를 만족시키는 실수 x, y에 대하여 x^2+3x+y^2+4y의 최댓값을 M, 최솟값을 m이라 할 때, $M-m$의 값을 구하시오.

바른답 · 알찬풀이 030쪽

STEP2 실력 UP 문제

0313
38쪽 유형 07

세 조건 p, q, r가

$$p: x>5,\ \ q: x>6-2a,\ \ r: (x-a)(x+a)>0$$

일 때, 두 명제 $p \longrightarrow q$, $q \longrightarrow r$가 모두 참이 되도록 하는 실수 a의 값의 범위를 구하시오.

0314
39쪽 유형 08

명제 '$k-2 \le x \le k+1$인 어떤 실수 x에 대하여 $0 \le x \le 4$이다.'가 참이 되도록 하는 정수 k의 개수를 구하시오.

0315
40쪽 유형 09

한쪽 면에는 자연수가 쓰여 있고 그 뒷면에는 4개의 그림 ♣, ♥, ♠, ◆ 중 하나가 그려져 있는 카드를 만들려고 한다. 규칙 '카드의 한쪽 면에 ♣ 또는 ♠의 그림이 있으면 그 뒷면에는 짝수를 적는다.'에 따라 다음 그림과 같이 여섯 장의 카드를 만들었다. 이 규칙에 따라 만들어졌는지 알아보기 위해 반드시 뒷면을 확인해야 하는 카드의 개수를 구하시오.

0316
44쪽 유형 15

전체집합 U가 유한집합일 때, U의 두 부분집합을 A, B라 하자. 두 조건 p, q에 대하여 p가 q이기 위한 필요조건이지만 충분조건은 아닌 것만을 **보기**에서 있는 대로 고르시오.

(단, $n(A)$는 집합 A의 원소의 개수이다.)

보기

ㄱ. $p: n(A)=n(B)$, $q: A=B$

ㄴ. $p: n(A\cup B)=n(A)+n(B)$, $q: A-B=A$

ㄷ. $p: n(A-B)=n(A)-n(B)$, $q: A\cup B=A$

0317
49쪽 유형 22

한강의 두 지점 A, B를 운행하는 유람선의 단위 시간당 연료비는 유람선이 잔잔한 물 위에서 운행할 때의 속력의 제곱에 비례한다고 한다. 이 유람선이 B 지점에서 A 지점으로 연료비가 가장 적게 들도록 운행하려고 할 때, 유람선의 잔잔한 물 위에서의 속력을 구하시오. (단, 강물은 A 지점에서 B 지점으로 15 km/h로 흐르고 있다.)

0318 교육청
51쪽 유형 25

오른쪽 그림과 같이 양수 a에 대하여 이차함수 $f(x)=x^2-2ax$의 그래프와 직선 $g(x)=\frac{1}{a}x$가 두 점 O, A에서 만난다. 이차함수 $y=f(x)$의 그래프의 꼭짓점을 B라 하고 선분 AB의 중점을 C라 하자. 점 C에서 y축에 내린 수선의 발을 H라 할 때, 선분 CH의 길이의 최솟값은?

(단, O는 원점이다.)

① $\sqrt{3}$ ② 2 ③ $\sqrt{5}$ ④ $\sqrt{6}$ ⑤ $\sqrt{7}$

적중 서술형 문제

0319
36쪽 유형 03

세 조건 p, q, r의 진리집합을 각각 P, Q, R라 하자. 세 조건 p, q, r가 다음을 만족시킬 때, 조건 q의 진리집합 Q의 개수를 구하시오.

(가) 두 명제 $p \longrightarrow q$, $q \longrightarrow r$가 모두 참이다.
(나) 조건 p의 진리집합은 $P=\{1, 2\}$
(다) 조건 r의 진리집합은 $R=\{1, 2, 3, 4, 5\}$

0320
41쪽 유형 10

두 조건 p, q가

p: $|x-2| \geq 1$, q: $|x-k| \geq 3$

일 때, 명제 $q \longrightarrow p$가 참이 되도록 하는 정수 k의 개수를 구하시오.

0321
47쪽 유형 19

두 조건 p, q가

p: $x^2-3x-10 \neq 0$, q: $x-a \neq 0$

일 때, q가 p이기 위한 필요조건이 되도록 하는 실수 a의 값을 모두 구하시오.

0322
48쪽 유형 20

실수 a, b에 대하여 다음 부등식이 성립함을 증명하고, 등호가 성립하는 경우를 구하시오.

$$a^2+b^2+1 \geq ab+a+b$$

0323
49쪽 유형 22

이차방정식 $x^2+2x-k=0$이 허근을 가질 때,

$$f(k)=k^2-3k+5+\frac{4}{k^2-3k-4}$$

의 최솟값을 구하시오. (단, k는 실수이다.)

바른답 · 알찬풀이 032쪽

긍정 에너지 조성하기

2003년 미국 미시간 대학교의 킴 캐머런 교수는 긍정 에너지가 개인과 조직의 성과를 높이는 효과가 있다고 발표했습니다. 다음은 서로에게 긍정 에너지를 전하는 사례이자 방법입니다.

1. 긍정적인 분위기를 조성한다.

미국에서 숙박업을 하는 한 사업가는 매일 오전 객실을 다니며 베개 밑에 팁이 없는 침대에 1달러 지폐를 놓아두었습니다. 직원들의 즐거운 하루를 위한 배려였습니다. 이 일을 알게 된 직원들은 감동했고, 호텔도 번창했습니다.

2. 긍정적인 관계를 구축한다.

가까이에 있는 이들에게 진심 어린 감사, 축하와 위로 등을 전하는 것이 시작입니다. 이런 작은 일들이 인간 관계에 긍정적인 효과를 주는 건 당연하겠지요?

3. 긍정적인 의사소통을 전개한다.

먼저 상대방의 의견을 잘 들어야 합니다. 미국 제약 회사인 화이자의 회장이었던 제프리 킨들러는 10센트 동전 10개를 한쪽 바지 주머니에 넣고, 직원들의 의견을 잘 들었다고 생각할 때마다 동전 한 개를 반대쪽 주머니로 옮겼다고 합니다.

함수

03 함수
04 유리식과 유리함수
05 무리식과 무리함수

03 Ⅱ 함수

함수

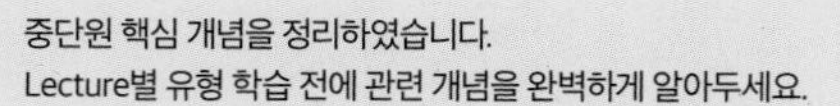
중단원 핵심 개념을 정리하였습니다.
Lecture별 유형 학습 전에 관련 개념을 완벽하게 알아두세요.

Lecture 08 함수

10일차

개념 08-1 함수

60~62쪽 | 유형 01~05 |

(1) 대응: 공집합이 아닌 두 집합 X, Y에 대하여 X의 원소에 Y의 원소를 짝 지어 주는 것을 X에서 Y로의 대응이라 한다. 이때 X의 원소 x에 Y의 원소 y가 대응하는 것을 기호 $x \longrightarrow y$로 나타낸다.

(2) 함수: 두 집합 X, Y에 대하여 X의 각 원소에 Y의 원소가 오직 하나씩 대응할 때, 이 대응을 X에서 Y로의 함수라 하고, 기호

$$f : X \longrightarrow Y$$

로 나타낸다.

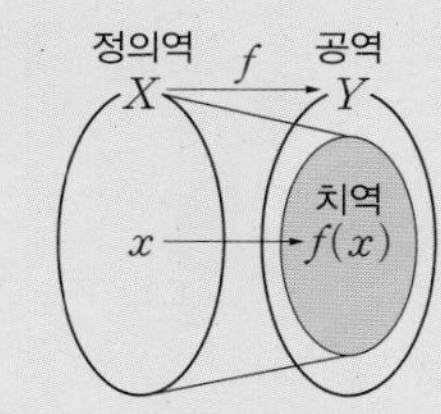

① 함수 f의 정의역: 집합 X

② 함수 f의 공역: 집합 Y

③ 함수 f의 치역: 함숫값 전체의 집합, 즉 $\{f(x) \mid x \in X\}$

└ 치역은 공역의 부분집합이다.

참고 함수 $y=f(x)$의 정의역이나 공역이 주어져 있지 않은 경우에 정의역은 함수 $f(x)$가 정의되는 실수 x의 값 전체의 집합으로, 공역은 실수 전체의 집합으로 생각한다.

(3) 서로 같은 함수: 두 함수 $f : X \longrightarrow Y$, $g : X \longrightarrow Y$에서 정의역의 모든 원소 x에 대하여 $f(x)=g(x)$일 때, 두 함수 f와 g는 서로 같다고 하고, 기호 $f=g$로 나타낸다.

(4) 함수의 그래프: 함수 $f : X \longrightarrow Y$에서 정의역 X의 원소 x와 이에 대응하는 함숫값 $f(x)$의 순서쌍 $(x, f(x))$ 전체의 집합 $\{(x, f(x)) \mid x \in X\}$를 함수 f의 그래프라 한다.

참고 함수의 정의에 의하여 함수 $f : X \longrightarrow Y$의 그래프는 정의역의 각 원소 a에 대하여 y축에 평행한 직선 $x=a$와 오직 한 점에서 만난다.

개념 08-2 여러 가지 함수

63~64쪽 | 유형 06~09 |

(1) 일대일함수: 함수 $f : X \longrightarrow Y$에서 정의역 X의 두 원소 x_1, x_2에 대하여 $x_1 \neq x_2$이면 $f(x_1) \neq f(x_2)$인 함수

(2) 일대일대응: 함수 $f : X \longrightarrow Y$가 일대일함수이고, 치역과 공역이 같은 함수

(3) 항등함수: 함수 $f : X \longrightarrow X$에서 정의역 X의 각 원소 x에 그 자신인 x가 대응하는 함수, 즉 $f(x)=x$인 함수

참고 항등함수는 일대일대응이다.

(4) 상수함수: 함수 $f : X \longrightarrow Y$에서 정의역 X의 모든 원소 x에 공역 Y의 단 하나의 원소 c가 대응하는 함수, 즉 $f(x)=c$ (c는 상수)인 함수

참고 상수함수의 치역은 원소가 한 개인 집합이다.

개념 08-3 절댓값 기호를 포함한 식의 그래프

65쪽 | 유형 10 |

절댓값 기호를 포함한 식의 그래프는 절댓값 기호 안의 식의 값이 0이 되는 x의 값을 구하여 그 값을 경계로 범위를 나눈 후, 절댓값 기호를 포함하지 않은 식으로 나타내어 각 범위에서 구한 식의 그래프를 그린다.

개념 CHECK

1 다음 대응 중 집합 X에서 집합 Y로의 함수인 것을 찾고, 함수인 것은 정의역, 공역, 치역을 각각 구하시오.

(1)

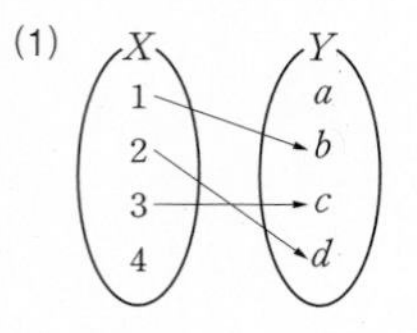

(2)

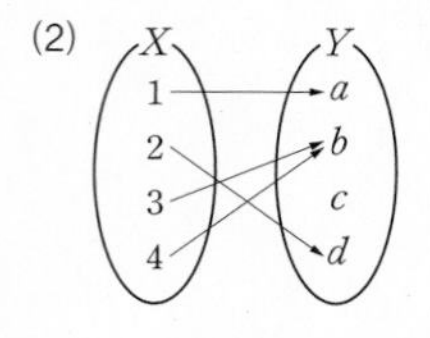

2 다음 함수의 정의역과 치역을 각각 구하시오.

(1) $y=x-2$ (2) $y=\dfrac{3}{x}$

3 집합 X에서 집합 Y로의 함수 중 다음에 해당하는 것만을 **보기**에서 있는 대로 고르시오.

보기

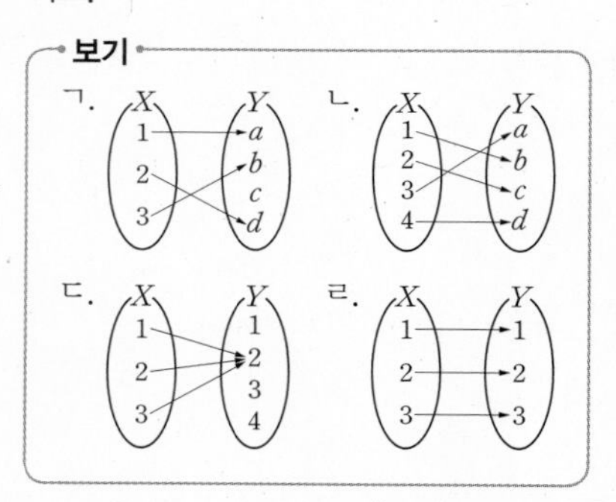

(1) 일대일함수 (2) 일대일대응

(3) 항등함수 (4) 상수함수

1 (2), 정의역: $\{1, 2, 3, 4\}$, 공역: $\{a, b, c, d\}$, 치역: $\{a, b, d\}$

2 (1) 정의역: $\{x \mid x$는 실수$\}$, 치역: $\{y \mid y$는 실수$\}$

(2) 정의역: $\{x \mid x \neq 0$인 실수$\}$, 치역: $\{y \mid y \neq 0$인 실수$\}$

3 (1) ㄱ, ㄴ, ㄹ (2) ㄴ, ㄹ (3) ㄹ (4) ㄷ

Lecture 09 합성함수

11 일차

개념 09-1 합성함수

66~69쪽 | 유형 11~16 |

세 집합 X, Y, Z에 대하여 두 함수 $f : X \longrightarrow Y$, $g : Y \longrightarrow Z$가 주어질 때, X의 각 원소 x에 Y의 원소 $f(x)$를 대응시키고, 다시 $f(x)$에 Z의 원소 $g(f(x))$를 대응시키는 함수를 f와 g의 합성함수라 하고, 기호 $\boldsymbol{g \circ f}$로 나타낸다.

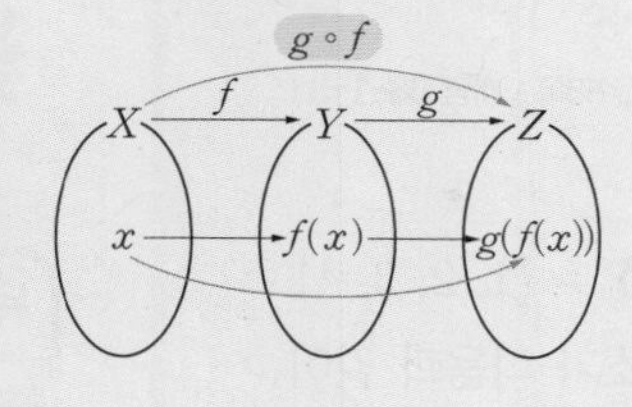

⇨ $\boldsymbol{g \circ f : X \longrightarrow Z,\ (g \circ f)(x) = g(f(x))}$

개념 09-2 합성함수의 성질

66~69쪽 | 유형 11~15 |

세 함수 f, g, h에 대하여

(1) $g \circ f \neq f \circ g$ ← 교환법칙이 성립하지 않는다.

(2) $h \circ (g \circ f) = (h \circ g) \circ f$ ← 결합법칙이 성립한다.

(3) $f : X \longrightarrow X$일 때, $f \circ I = I \circ f = f$ (단, I는 X에서의 항등함수이다.)

참고 결합법칙 $h \circ (g \circ f) = (h \circ g) \circ f$가 성립하므로 $h \circ g \circ f$로 표현할 수 있다.

Lecture 10 역함수

12 일차

개념 10-1 역함수

70~72쪽 | 유형 17~21 |

(1) 역함수: 함수 $f : X \longrightarrow Y$가 일대일대응일 때, 집합 Y의 각 원소 y에 대하여 $f(x) = y$인 집합 X의 원소 x를 대응시키는 함수를 f의 역함수라 하고, 기호 $\boldsymbol{f^{-1}}$로 나타낸다.

⇨ $f^{-1} : Y \longrightarrow X,\ x = f^{-1}(y)$

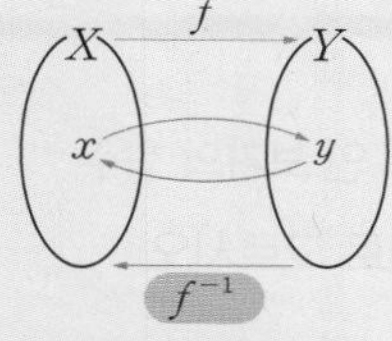

(2) 역함수 구하기: 함수 $y = f(x)$의 역함수 $y = f^{-1}(x)$는 다음과 같은 순서로 구한다.

❶ 함수 $y = f(x)$가 일대일대응인지 확인한다.

❷ $y = f(x)$를 x에 대하여 푼다. 즉, $x = f^{-1}(y)$ 꼴로 변형한다.

❸ $x = f^{-1}(y)$에서 x와 y를 서로 바꾸어 $y = f^{-1}(x)$로 나타낸다.

이때 함수 f의 치역은 역함수 f^{-1}의 정의역이 되고, f의 정의역은 f^{-1}의 치역이 된다.

주의 역함수의 정의역이 실수 전체의 집합이 아닌 경우에는 함수 f의 치역을 구하여 반드시 역함수 f^{-1}의 정의역을 나타내 주어야 한다.

개념 10-2 역함수와 역함수의 그래프의 성질

72~73쪽 | 유형 22~24 |

(1) 역함수의 성질: 함수 $f : X \longrightarrow Y$가 일대일대응이고 그 역함수가 f^{-1}일 때

① $(f^{-1} \circ f)(x) = x\ (x \in X)$, $(f \circ f^{-1})(y) = y\ (y \in Y)$

② $(f^{-1})^{-1}(x) = f(x)\ (x \in X)$ ← f^{-1}의 역함수는 f이다.

③ 함수 $g : Y \longrightarrow Z$가 일대일대응이고 그 역함수가 g^{-1}일 때,

$(g \circ f)^{-1} = f^{-1} \circ g^{-1}$

(2) 역함수의 그래프의 성질: 함수 $y = f(x)$의 그래프와 그 역함수 $y = f^{-1}(x)$의 그래프는 직선 $y = x$에 대하여 대칭이다.

개념 CHECK

4 두 함수 $f(x) = x + 1$, $g(x) = x^2$에 대하여 □ 안에 알맞은 수를 써넣으시오.

(1) $(g \circ f)(1) = g(f(1))$
$= g(□) = □$

(2) $(f \circ g)(-1) = f(g(-1))$
$= f(□) = □$

5 두 함수 $f(x) = 3x$, $g(x) = x - 2$에 대하여 다음을 구하시오.

(1) $(g \circ f)(x)$

(2) $(f \circ g)(x)$

6 다음은 함수 $y = -\frac{1}{5}x + 1$의 역함수를 구하는 과정이다. □ 안에 알맞은 것을 써넣으시오.

> $y = -\frac{1}{5}x + 1$을 x에 대하여 풀면
> $\frac{1}{5}x = -y + □$ $\therefore x = □$
> x와 y를 서로 바꾸면 구하는 역함수는
> $y = □$

7 함수 $f : X \longrightarrow Y$가 오른쪽 그림과 같을 때, 다음을 구하시오.

X: 1, 2, 3, 4 → Y: 3, 4, 5, 6

(1) $f^{-1}(6)$ (2) $(f^{-1})^{-1}(4)$

(3) $(f \circ f^{-1})(5)$ (4) $(f^{-1} \circ f)(3)$

---

4 (1) 2, 4 (2) 1, 2
5 (1) $(g \circ f)(x) = 3x - 2$
(2) $(f \circ g)(x) = 3x - 6$
6 1, $-5y + 5$, $-5x + 5$
7 (1) 1 (2) 5 (3) 5 (4) 3

Lecture 08 함수

기본 익히기

58쪽 | 개념 08-1~3 |

0324~0325 두 집합 $X=\{-1, 0, 1\}$, $Y=\{1, 2, 3, 4\}$에 대하여 X의 임의의 원소 x에 Y의 원소가 다음과 같이 대응할 때, 각 대응이 함수인지 아닌지 말하시오.

0324 $x \longrightarrow -x+3$　　**0325** $x \longrightarrow 2x^2$

0326~0327 다음 함수의 정의역과 치역을 각각 구하시오.

0326 $y=3x+1$　　**0327** $y=x^2-1$

0328~0329 다음 두 함수가 서로 같은 함수인지 아닌지 말하시오.

0328 정의역이 $\{-1, 0, 1\}$인 두 함수
$f(x)=x$, $g(x)=x^3$

0329 $f(x)=x+1$, $g(x)=\dfrac{x^2-1}{x-1}$

0330~0333 정의역과 공역이 $\{1, 2, 3, 4\}$인 **보기**의 함수의 그래프 중 다음에 해당하는 것만을 있는 대로 고르시오.

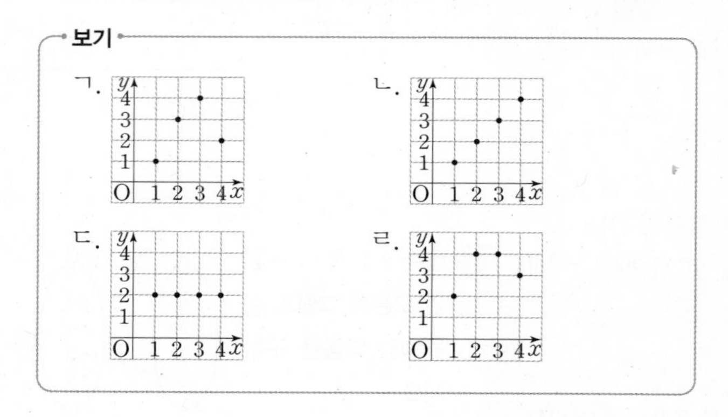

0330 일대일함수　　**0331** 일대일대응

0332 항등함수　　**0333** 상수함수

0334~0335 다음 함수의 그래프를 그리시오.

0334 $y=|x+2|$　　**0335** $y=|x|+2$

유형 익히기

유형 01 함수의 뜻

개념 08-1

집합 X의 각 원소에 대응하는 집합 Y의 원소가
(1) 오직 하나씩이면 ⇨ 함수이다.
(2) 없거나 2개 이상이면 ⇨ 함수가 아니다.

0336 대표

두 집합 $X=\{1, 2, 3\}$, $Y=\{0, 1, 2, 3\}$에 대하여 다음 중 X에서 Y로의 함수인 것을 모두 고르면? (정답 2개)

① $f(x)=3x-2$　　② $g(x)=|x-1|$
③ $h(x)=x^2-3$　　④ $i(x)=(x$의 양의 약수$)$
⑤ $j(x)=(x$를 4로 나누었을 때의 나머지$)$

0337

다음 중 함수의 그래프가 아닌 것은?

① 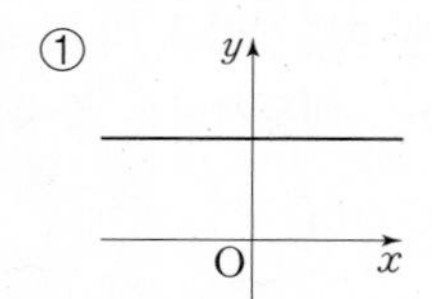
② 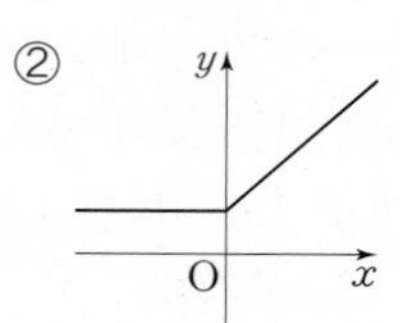
③ 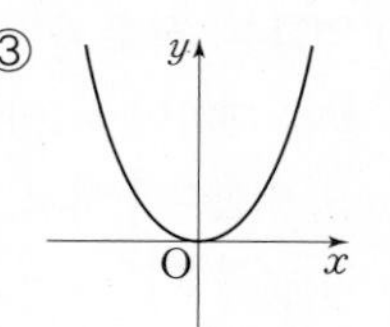
④ 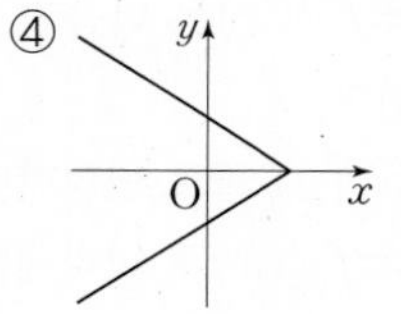
⑤ 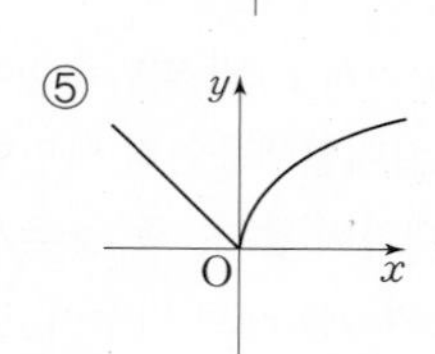

0338

두 집합 $X=\{x|-1\le x\le 1\}$, $Y=\{y|0\le y\le 2\}$에 대하여 X에서 Y로의 함수인 것만을 **보기**에서 있는 대로 고르시오.

보기
ㄱ. $f(x)=x+1$　　ㄴ. $g(x)=-2x$
ㄷ. $h(x)=|x|$　　ㄹ. $i(x)=x^2-1$

0339

두 집합 $X=\{x|-1\le x\le 3\}$, $Y=\{y|-5\le y\le 10\}$에 대하여 X에서 Y로의 함수 $f(x)=3x+k$가 정의되도록 하는 정수 k의 개수를 구하시오.

빈출
유형02 함숫값 구하기
∞ 개념 08-1

(1) 함수 $f(x)$에서 함숫값 $f(k)$는
⇨ $f(x)$의 x 대신 k를 대입하여 구한다.
(2) 함수 $f(ax+b)$에서 함숫값 $f(k)$는
⇨ $ax+b=k$를 만족시키는 x의 값을 구한 후, x 대신 그 값을 대입하여 구한다.

0340 대표

실수 전체의 집합에서 정의된 함수

$$f(x)=\begin{cases} 2x+1 & (x\ge 0) \\ x^2+1 & (x<0) \end{cases}$$

에 대하여 $f(4)+f(-1)$의 값을 구하시오.

0341

함수 $f(x)$에 대하여 $f\left(\frac{x+3}{2}\right)=2x-3$일 때, $f(4)$의 값을 구하시오.

0342 [서술형]

실수 전체의 집합에서 정의된 함수 f가

$$f(x)=\begin{cases} -x-1 & (x\text{는 유리수}) \\ x & (x\text{는 무리수}) \end{cases}$$

일 때, 이차방정식 $x^2-2x-4=0$의 두 근 α, β에 대하여 $f(\alpha)+f(\beta)-f(\alpha\beta)$의 값을 구하시오.

유형03 조건을 이용하여 함숫값 구하기
∞ 개념 08-1

$f(x+y)=f(x)f(y)$ 또는 $f(x+y)=f(x)+f(y)$ 등과 같은 조건이 주어졌을 때 함숫값 $f(k)$는
⇨ x, y에 적당한 값을 대입하고 $f(k)$의 값을 유도하여 구한다.

0343 대표

임의의 실수 x, y에 대하여 함수 f가

$$f(x+y)=x+f(y)$$

를 만족시키고 $f(0)=3$일 때, $f(5)$의 값을 구하시오.

0344

임의의 양수 x, y에 대하여 함수 f가

$$f(xy)=f(x)+f(y)$$

를 만족시키고 $f(2)=1$일 때, $f(16)$의 값은?

① 2　② 4　③ 6　④ 8　⑤ 10

0345

함수 $f(x)$에 대하여

$$f(x)-2f(1-x)=-3x$$

가 성립할 때, $f(0)$의 값을 구하시오.

0346

2 이상의 자연수로 이루어진 집합 X를 정의역으로 하는 함수 $f(x)$가 다음 조건을 만족시킬 때, $f(12)$의 값을 구하시오.

> (가) p가 소수이면 $f(p)=p+1$이다.
> (나) 정의역 X의 임의의 두 원소 a, b에 대하여
> $f(ab)=f(a)f(b)$

03 함수

바른답·알찬풀이 035쪽

유형04 함수의 정의역, 공역, 치역

개념 08-1

함수 $f: X \longrightarrow Y$에 대하여
(1) 정의역: 집합 X
(2) 공역: 집합 Y
(3) 치역: 함숫값 전체의 집합 ⇨ $\{f(x) \mid x \in X\}$

0347 대표

집합 $X=\{x \mid -3 \le x \le 2\}$에 대하여 X에서 X로의 함수 $f(x)=ax+b$의 공역과 치역이 서로 같다. 실수 a, b에 대하여 $a+b$의 값을 구하시오. (단, $ab \neq 0$)

0348

함수 $y=\dfrac{-x+1}{3}$의 치역이 $\{-1, 0, 2, 3\}$일 때, 다음 중 이 함수의 정의역의 원소가 아닌 것은?

① -8 ② -5 ③ -3
④ 1 ⑤ 4

0349

집합 $X=\{x \mid x$는 $2 \le x \le 8$인 자연수$\}$에 대하여 함수 $f: X \longrightarrow X$를

$f(x)=(x$의 양의 약수의 개수$)$

로 정의할 때, 함수 f의 치역을 구하시오.

0350 [서술형]

정의역이 $\{x \mid 0 \le x \le 2\}$인 함수 $f(x)=ax+1$의 공역이 $\{y \mid -3 \le y \le 7\}$일 때, 실수 a의 값의 범위를 구하시오.

유형05 서로 같은 함수

개념 08-1

두 함수 f, g가 서로 같은 함수, 즉 $f=g$이면
(1) 정의역과 공역이 각각 같다.
(2) 정의역의 모든 원소 x에 대하여 $f(x)=g(x)$

0351 대표

정의역이 $\{1, 4\}$인 두 함수

$f(x)=x+1$, $g(x)=x^2+ax+b$

에 대하여 $f=g$일 때, ab의 값은? (단, a, b는 상수이다.)

① -20 ② -10 ③ 0
④ 10 ⑤ 20

0352

집합 $X=\{-1, 0, 1\}$에 대하여 X에서 X로의 두 함수 f, g가 **보기**와 같을 때, $f=g$인 것만을 있는 대로 고르시오.

보기
ㄱ. $f(x)=x$, $g(x)=-x^2$
ㄴ. $f(x)=x^2$, $g(x)=x^3$
ㄷ. $f(x)=\sqrt{x^2}$, $g(x)=x^2$

0353

공집합이 아닌 집합 X를 정의역으로 하는 두 함수

$f(x)=x^2$, $g(x)=x+12$

에 대하여 다음 중 $f=g$가 되도록 하는 집합 X로 알맞은 것을 모두 고르면? (정답 2개)

① $\{-4\}$ ② $\{-3\}$ ③ $\{-3, 4\}$
④ $\{-4, 3\}$ ⑤ $\{3, 4\}$

유형 06 일대일함수와 일대일대응

개념 08-2

(1) 함수 $f : X \longrightarrow Y$가 일대일함수이면
⇨ 정의역의 임의의 두 원소 x_1, x_2에 대하여
$x_1 \neq x_2$이면 $f(x_1) \neq f(x_2)$
(2) 함수 $f : X \longrightarrow Y$가 일대일대응이면
⇨ 일대일함수이고 (치역)$=$(공역)

0354 대표

정의역과 공역이 모두 실수 전체의 집합인 다음 함수의 그래프 중 일대일대응인 것은?

①
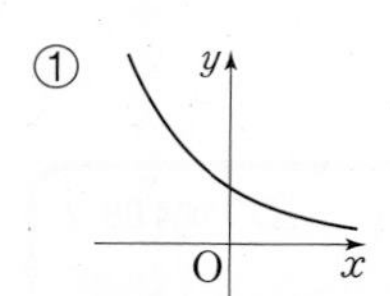
②
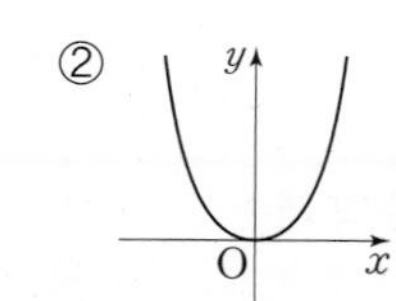
③
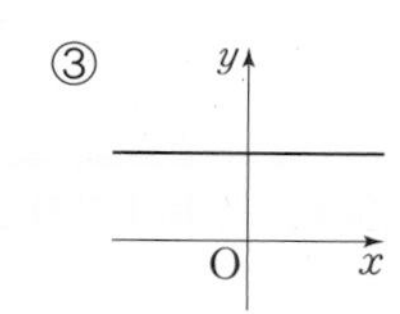
④
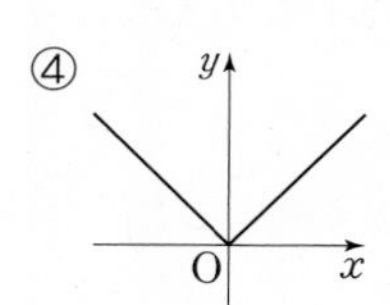
⑤
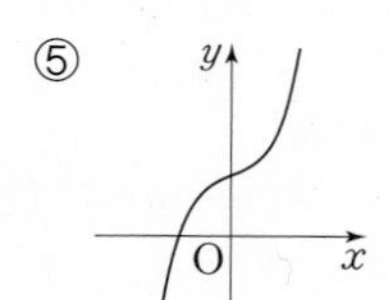

0355

정의역과 공역이 모두 실수 전체의 집합인 **보기**의 함수의 그래프 중 일대일함수이지만 일대일대응이 아닌 것만을 있는 대로 고르시오.

보기

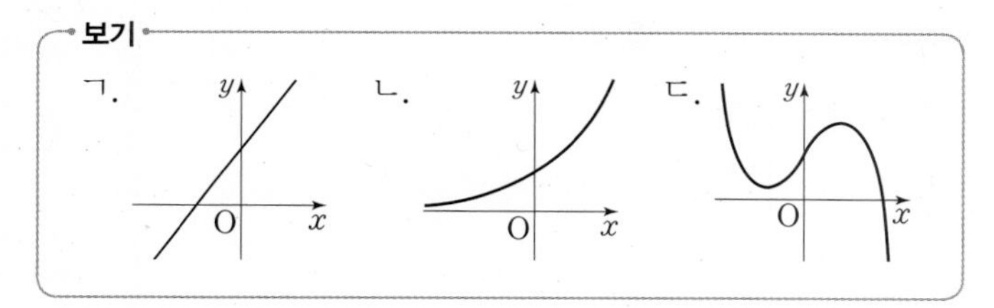

0356

실수 전체의 집합에서 정의된 **보기**의 함수 중 일대일대응인 것만을 있는 대로 고르시오.

보기

ㄱ. $y=-3$ ㄴ. $y=x+1$
ㄷ. $y=|x|-1$ ㄹ. $y=x^2+2$

빈출 유형 07 일대일대응이 되기 위한 조건

개념 08-2

함수 f가 일대일대응이려면
(1) x의 값이 증가할 때, $f(x)$의 값은 증가하거나 감소해야 한다.
(2) 정의역의 양 끝 값에 대한 함숫값이 공역의 양 끝 값과 같아야 한다.

0357 대표

두 집합 $X=\{x|-2\leq x\leq 2\}$, $Y=\{y|-3\leq y\leq 9\}$에 대하여 X에서 Y로의 함수 $f(x)=ax+b$ $(a>0)$가 일대일대응일 때, ab의 값을 구하시오. (단, a, b는 상수이다.)

0358

집합 $X=\{x|x\geq 1\}$에 대하여 X에서 X로의 함수 $f(x)=2x+k$가 일대일대응일 때, 상수 k의 값을 구하시오.

0359

두 집합 $X=\{x|x\leq 1\}$, $Y=\{y|y\geq 0\}$에 대하여 X에서 Y로의 함수 $f(x)=x^2-4x+a$가 일대일대응일 때, $f(-1)$의 값을 구하시오. (단, a는 상수이다.)

0360 [서술형]

실수 전체의 집합에서 정의된 함수

$$f(x)=\begin{cases} x+3 & (x\geq 2) \\ ax+b & (x<2) \end{cases}$$

가 일대일대응이 되도록 하는 정수 b의 최댓값을 구하시오.
(단, a는 상수이다.)

바른답·알찬풀이 036쪽

유형08 항등함수와 상수함수

개념 08-2

(1) 함수 $f: X \longrightarrow X$가 항등함수이면
⇨ 정의역의 각 원소 x에 대하여 $f(x)=x$

(2) 함수 $f: X \longrightarrow Y$가 상수함수이면
⇨ 정의역의 모든 원소 x에 대하여 $f(x)=c$ (단, c는 상수)

0361 대표

집합 $X=\{-1, 0, 1\}$에 대하여 다음 중 X에서 X로의 항등함수인 것은?

① $f(x)=-x$
② $g(x)=x^2$
③ $h(x)=x^3$
④ $i(x)=\sqrt{x^2}$
⑤ $j(x)=\begin{cases} |x-1| & (x\ge 0) \\ -1 & (x<0) \end{cases}$

0362

자연수 전체의 집합에서 정의된 함수 f는 상수함수이고 $f(4)=3$일 때, $f(1)+f(3)+f(5)+ \cdots +f(49)$의 값을 구하시오.

0363

집합 X를 정의역으로 하는 함수 $f(x)=x^2-20$이 항등함수가 되도록 하는 집합 X의 개수는? (단, $X\neq\varnothing$)

① 2 ② 3 ③ 4
④ 5 ⑤ 6

0364 [서술형]

집합 $X=\{1, 2, 4\}$에 대하여 X에서 X로의 세 함수 f, g, h는 각각 항등함수, 상수함수, 일대일대응이고

$$f(2)=g(1)=h(4),\quad h(1)<h(2)$$

일 때, $f(1)+g(4)+h(2)$의 값을 구하시오.

빈출 유형09 여러 가지 함수의 개수

개념 08-2

집합 X의 원소의 개수가 m, 집합 Y의 원소의 개수가 n일 때

(1) X에서 Y로의 함수의 개수 ⇨ n^m

(2) X에서 Y로의 일대일함수의 개수
⇨ $n(n-1)(n-2)\times \cdots \times(n-m+1)$ (단, $n\ge m$)

(3) X에서 Y로의 일대일대응의 개수
⇨ $n(n-1)(n-2)\times \cdots \times 2\times 1$ (단, $m=n$)

(4) X에서 Y로의 상수함수의 개수 ⇨ n

0365 대표

집합 $X=\{1, 2, 3\}$에 대하여 X에서 X로의 함수의 개수를 l, 일대일대응의 개수를 m, 항등함수의 개수를 n이라 할 때, $l-m+n$의 값은?

① 21 ② 22 ③ 23
④ 24 ⑤ 25

0366

집합 $X=\{-1, 1\}$에서 집합 Y로의 상수함수의 개수가 4일 때, X에서 Y로의 일대일함수의 개수는?

① 6 ② 8 ③ 10
④ 12 ⑤ 14

0367

두 집합 $X=\{0, 1, 2, 3\}$, $Y=\{p, q, r, s\}$에 대하여 X에서 Y로의 일대일대응 중 $f(0)=p$, $f(2)=s$를 만족시키는 함수 f의 개수를 구하시오.

0368

두 집합 $X=\{-3, 0, 3\}$, $Y=\{-2, -1, 0, 1, 2\}$에 대하여 다음 조건을 만족시키는 X에서 Y로의 함수 f의 개수를 구하시오.

> (가) $x_1 \in X$, $x_2 \in X$일 때, $x_1 \neq x_2$이면 $f(x_1) \neq f(x_2)$
> (나) $|f(x)| \leq 1$ (단, $x \in X$)

유형 10 절댓값 기호를 포함한 식의 그래프 (개념 08-3)

절댓값 기호를 포함한 식의 그래프는 다음과 같은 순서로 그린다.

❶ 절댓값 기호 안의 식의 값이 0이 되는 x의 값을 구한다.
❷ 구한 x의 값을 경계로 범위를 나누어 절댓값 기호를 포함하지 않은 식으로 나타낸다.
❸ 각 범위에서 구한 식의 그래프를 그린다.

0369 대표

다음 중 함수 $y=2|x-1|$의 그래프와 직선 $y=m(x+2)-3$이 만나도록 하는 상수 m의 값으로 적당하지 않은 것은?

① -3 ② -1 ③ 1
④ 3 ⑤ 5

0370

함수 $y=|x+1|-|x-3|$의 최댓값을 M, 최솟값을 m이라 할 때, $M+m$의 값을 구하시오.

0371 [서술형]

$|x|+2|y|=a$의 그래프가 나타내는 도형의 넓이가 64일 때, 양수 a의 값을 구하시오.

0372

함수 $y=f(x)$의 그래프가 오른쪽 그림과 같을 때, **보기**에서 $y=|f(x)|$와 $y=f(|x|)$의 그래프의 개형을 차례대로 고른 것은?

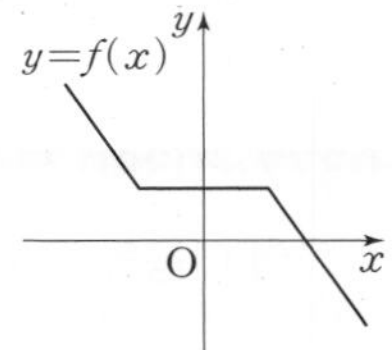

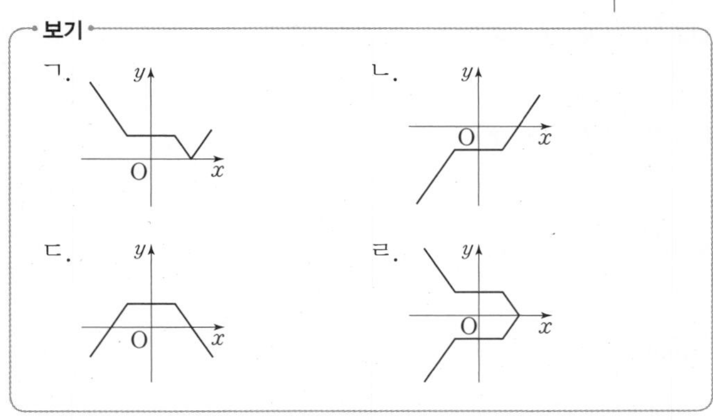

① ㄱ, ㄴ ② ㄱ, ㄷ ③ ㄴ, ㄷ
④ ㄴ, ㄹ ⑤ ㄷ, ㄹ

바른답·알찬풀이 038쪽

Lecture 09 합성함수

기본 익히기

59쪽 | 개념 09-1, 2 |

0373~0376 두 함수 $f : X \longrightarrow Y$, $g : Y \longrightarrow X$가 아래 그림과 같을 때, 다음을 구하시오.

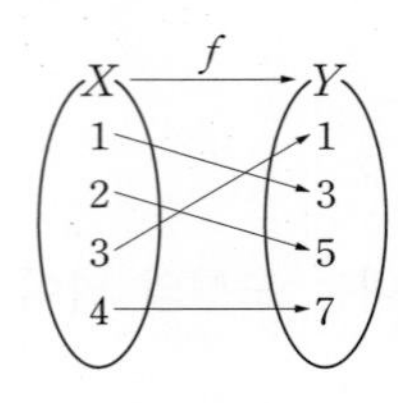

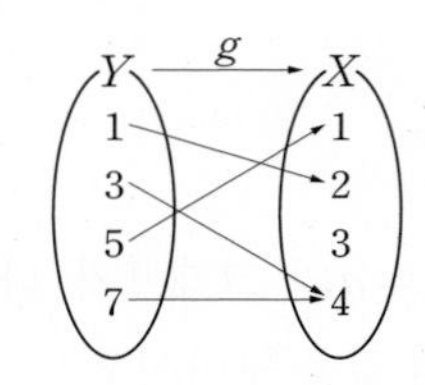

0373 $(g \circ f)(1)$

0374 $(g \circ f)(2)$

0375 $(f \circ g)(3)$

0376 $(f \circ g)(5)$

0377~0380 두 함수 $f(x)=2x-1$, $g(x)=x^2+3$에 대하여 다음을 구하시오.

0377 $(g \circ f)(x)$

0378 $(f \circ g)(x)$

0379 $(f \circ f)(x)$

0380 $(g \circ g)(x)$

0381~0382 세 함수 $f(x)=3x-2$, $g(x)=x^2-1$, $h(x)=x+3$에 대하여 다음을 구하시오.

0381 $((f \circ g) \circ h)(x)$

0382 $(f \circ (g \circ h))(x)$

유형 익히기

빈출

유형 11 합성함수의 함숫값

개념 09-1, 2

두 함수 f, g에 대하여 $(f \circ g)(a)$의 값은
⇨ $(f \circ g)(a)=f(g(a))$이므로 $g(a)$의 값을 구한 후, $f(x)$의 x 대신 대입한다.

0383 대표

두 함수 $f(x)=\begin{cases} x+3 & (x \geq 2) \\ 2x+1 & (x<2) \end{cases}$, $g(x)=-x^2+2$에 대하여 $(f \circ g)(1)-(g \circ f)(2)$의 값은?

① -23 ② -20 ③ 20
④ 23 ⑤ 26

0384

집합 $X=\{1, 2, 3, 4\}$에 대하여 함수 $f : X \longrightarrow X$가 오른쪽 그림과 같을 때, $(f \circ f)(4)+(f \circ f \circ f)(1)$의 값을 구하시오.

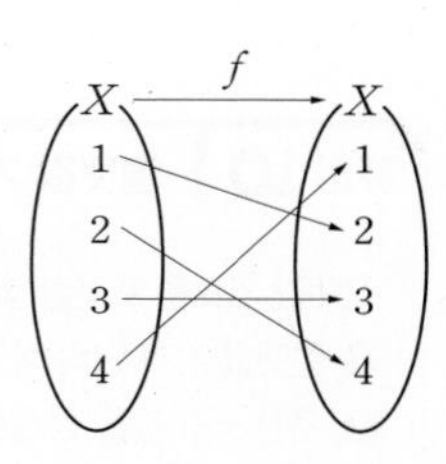

0385

두 함수 $f(x)=-2x+4$, $g(x)=x-3$에 대하여 $(g \circ f)(a)=5$가 성립할 때, 상수 a의 값은?

① -4 ② -2 ③ 0
④ 2 ⑤ 4

0386

세 함수 f, g, h에 대하여

$$f(x)=3x-7,\quad (h\circ g)(x)=-5x+2$$

일 때, $(h\circ(g\circ f))(3)$의 값을 구하시오.

0387

집합 $X=\{1, 2, 3\}$에 대하여 X에서 X로의 일대일대응인 두 함수 f, g가 다음 조건을 만족시킬 때, $f(3)+g(2)$의 값을 구하시오.

> (가) $f(2)=g(3)=1$
> (나) $(f\circ g)(3)=(g\circ f)(2)=3$

유형 12 | $f\circ g=g\circ f$인 경우 개념 09-1, 2

$f\circ g=g\circ f$이면

⇨ $f\circ g$와 $g\circ f$를 각각 구하여 동류항의 계수를 비교한다.

0388 대표

두 함수 $f(x)=-3x+k$, $g(x)=2x+4$에 대하여 $f\circ g=g\circ f$가 성립할 때, $f(-3)$의 값은?

(단, k는 상수이다.)

① -25 ② -16 ③ -7
④ 1 ⑤ 17

0389

두 함수 $f(x)=4x+a$, $g(x)=-x+b$에 대하여 $f(1)=7$이고 $f\circ g=g\circ f$가 성립할 때, $a-b$의 값을 구하시오.

(단, a, b는 상수이다.)

0390

집합 $X=\{1, 2, 3, 4, 5\}$에 대하여 두 함수 $f: X \longrightarrow X$, $g: X \longrightarrow X$가 $f(4)=1$, $g(1)=4$, $f\circ g=g\circ f$를 만족시킬 때, $(f\circ g)(4)+(g\circ f)(1)$의 값을 구하시오.

0391 [서술형]

두 함수 $f(x)=3x-2$, $g(x)=ax+b$가 $f\circ g=g\circ f$를 만족시킬 때, 함수 $y=g(x)$의 그래프는 a의 값에 관계없이 항상 점 (α, β)를 지난다. $\alpha+\beta$의 값을 구하시오.

(단, a, b는 상수이다.)

0392

두 함수 $f(x)=ax+3$, $g(x)=bx-1$에 대하여 $f\circ g=g\circ f$가 성립할 때, $3ab$의 최댓값을 구하시오.

(단, a, b는 양수이다.)

바른답 · 알찬풀이 039쪽

유형 13 $f \circ g$에 대한 조건이 주어진 경우

개념 09-1, 2

두 함수 $f(x)=ax+b$, $g(x)=cx+d$에 대하여

$$(f \circ g)(x)=f(g(x))=f(cx+d)$$
$$=a(cx+d)+b$$
$$=acx+ad+b$$

임을 이용하여 주어진 조건을 만족시키는 미지수의 값을 구한다.

0393 대표

두 함수 $f(x)=ax+1$, $g(x)=bx-c$에 대하여

$(g \circ f)(x)=6x+4$, $f(1)=3$

일 때, $a+b+c$의 값은? (단, a, b, c는 상수이다.)

① 2 ② 4 ③ 6
④ 8 ⑤ 10

0394

두 함수 $f(x)=2x-a$, $g(x)=x^2-1$에 대하여 $(g \circ f)(x)$가 $x-1$로 나누어떨어질 때, 모든 실수 a의 값의 합을 구하시오.

0395 [서술형]

함수 $f(x)=ax+b$ $(a \neq 0)$에 대하여

$(f \circ f)(x)=f(-x)$

일 때, $f(-2)$의 값을 구하시오. (단, a, b는 상수이다.)

유형 14 $f \circ g=h$를 만족시키는 함수 f 또는 g 구하기

개념 09-1, 2

세 함수 f, g, h가 $(f \circ g)(x)=h(x)$를 만족시킬 때

(1) $f(x)$, $h(x)$가 주어진 경우
⇨ $f(g(x))=h(x)$에서 $f(x)$의 x 대신 $g(x)$를 대입한다.

(2) $g(x)$, $h(x)$가 주어진 경우
⇨ $f(g(x))=h(x)$에서 $g(x)=t$로 치환하여 $f(t)$를 구한다.

0396 대표

두 함수 $f(x)=x+2$, $g(x)=3x-2$에 대하여 함수 $h(x)$가 $(g \circ h)(x)=f(x)$를 만족시킬 때, $h(5)$의 값은?

① 1 ② 3 ③ 5
④ 7 ⑤ 9

0397

두 함수 f, g에 대하여

$g(x)=2x+1$, $(f \circ g)(x)=6x+3$

을 만족시키는 함수 $f(x)$를 구하시오.

0398

세 함수 f, g, h에 대하여

$(h \circ g)(x)=2x-3$, $(h \circ (g \circ f))(x)=4x+7$

을 만족시키는 함수 $f(x)$를 구하시오.

0399

두 함수 $f(x)=-x+4$, $g(x)=3x+1$에 대하여 함수 $h(x)$가 $(h \circ f \circ g)(x)=f(x)$를 만족시킬 때, $h(-3)$의 값을 구하시오.

빈출

유형 15 f^n 꼴의 합성함수

개념 09-1, 2

함수 f에 대하여 $f^1=f$, $f^{n+1}=f\circ f^n$ (n은 자연수)으로 정의할 때, $f^n(a)$의 값은 다음과 같은 방법으로 구한다.

[방법 1] $f^2(x)$, $f^3(x)$, $f^4(x)$, …를 직접 구하여 $f^n(x)$를 추정한 후, x 대신 a를 대입한다.

[방법 2] $f(a)$, $f^2(a)$, $f^3(a)$, …의 값에서 규칙을 찾아 $f^n(a)$의 값을 구한다.

0400 대표

함수 $f(x)=x+1$에 대하여

$f^1=f$, $f^{n+1}=f\circ f^n$ (n은 자연수)

으로 정의할 때, $f^{10}(a)=7$을 만족시키는 실수 a의 값을 구하시오.

0401

함수 $f(x)=\begin{cases} 2-x & (x>1) \\ -x+1 & (x\le 1) \end{cases}$에 대하여

$f^1=f$, $f^{n+1}=f\circ f^n$ (n은 자연수)

으로 정의할 때, $f^{50}(2)$의 값을 구하시오.

0402

집합 $X=\{x\,|\,0\le x\le 1\}$에 대하여 X에서 X로의 함수 $y=f(x)$의 그래프가 오른쪽 그림과 같다.

$f^1=f$, $f^{n+1}=f\circ f^n$ (n은 자연수)

으로 정의할 때,

$f^{100}\left(\frac{1}{7}\right)+f^{101}\left(\frac{1}{7}\right)+f^{102}\left(\frac{1}{7}\right)$의 값을 구하시오.

유형 16 그래프를 이용하여 합성함수의 함숫값 구하기

개념 09-1

함수 $y=f(x)$의 그래프가 두 점 (a, b), (b, c)를 지나면
⇨ $(f\circ f)(a)=f(f(a))=f(b)=c$

0403 대표

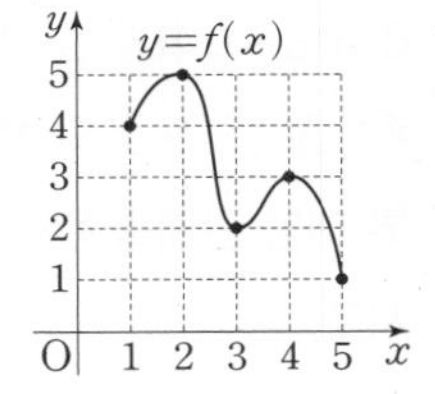

집합 $\{x\,|\,1\le x\le 5\}$를 정의역으로 하는 함수 $y=f(x)$의 그래프가 오른쪽 그림과 같을 때,

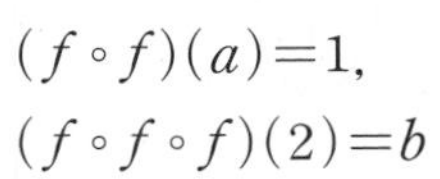

$(f\circ f)(a)=1$,

$(f\circ f\circ f)(2)=b$

를 만족시키는 실수 a, b에 대하여 $a+b$의 값을 구하시오.

0404

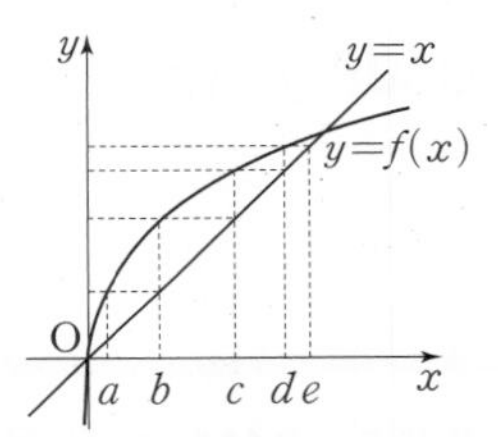

오른쪽 그림은 함수 $y=f(x)$의 그래프와 직선 $y=x$를 나타낸 것이다. $(f\circ f)(b)$의 값은? (단, 모든 점선은 x축 또는 y축에 평행하다.)

① a ② b
③ c ④ d
⑤ e

0405

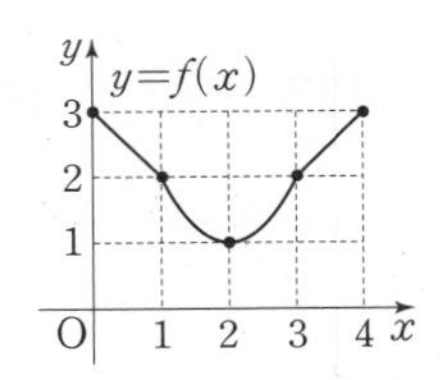

$0\le x\le 4$에서 정의된 함수 $y=f(x)$의 그래프가 오른쪽 그림과 같을 때, $(f\circ f)(k)=2$를 만족시키는 모든 실수 k의 값의 합을 구하시오.

03 함수

바른답 · 알찬풀이 040쪽

Lecture 10 역함수

기본 익히기

59쪽 | 개념 10-1, 2 |

0406~0407 오른쪽 그림에서 함수 $f : X \longrightarrow Y$의 역함수가 존재하도록 대응 관계를 완성하고, 다음을 구하시오.

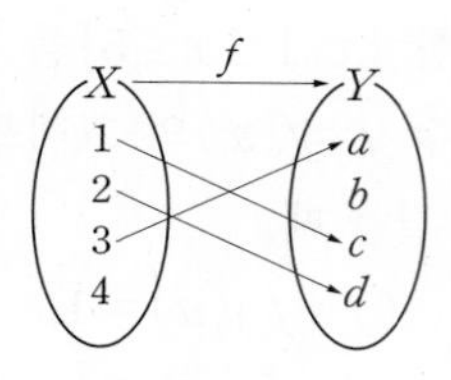

0406 $f(4)$

0407 $f^{-1}(b)$

0408~0409 함수 $f(x)=4x+2$에 대하여 다음을 만족시키는 상수 a의 값을 구하시오.

0408 $f^{-1}(a)=1$　　**0409** $f^{-1}(-2)=a$

0410~0411 다음 함수의 역함수를 구하시오.

0410 $y=3x-1$　　**0411** $y=\frac{1}{4}x+\frac{3}{4}$

0412~0413 함수 $f(x)=-x+5$에 대하여 다음을 구하시오.

0412 $(f^{-1})^{-1}(4)$

0413 $(f \circ f^{-1})(-1)$

0414~0415 다음 함수와 그 역함수의 그래프를 그리시오.

0414 $y=2x+3$　　**0415** $y=-\frac{1}{3}x+1$

유형 익히기

유형 17 역함수의 정의 개념 10-1

함수 f와 그 역함수 f^{-1}에 대하여
⇨ $f(a)=b \Longleftrightarrow f^{-1}(b)=a$

0416 대표

함수 $f(x)=ax+b$에 대하여 $f(2)=1$, $f^{-1}(-2)=1$일 때, $a-b$의 값을 구하시오. (단, a, b는 상수이다.)

0417

정의역이 $\{x|x\le 2\}$인 이차함수 $f(x)$에 대하여 $f(0)=0$, $f^{-1}(-3)=1$, $f^{-1}(-4)=2$일 때, $f(-1)$의 값을 구하시오.

0418

실수 전체의 집합에서 정의된 함수 f가 $f\left(\frac{2x-1}{3}\right)=x-1$을 만족시킬 때, $f^{-1}(4)$의 값을 구하시오.

0419

함수 $f(x)=\begin{cases} x^2+2 & (x\ge 0) \\ x+2 & (x<0) \end{cases}$의 역함수를 $g(x)$라 할 때, $g(6)+g(0)$의 값을 구하시오.

유형 18 역함수가 존재하기 위한 조건

개념 10-1

함수 f의 역함수 f^{-1}가 존재한다.
⇨ f가 일대일대응이다.
⇨ 정의역의 두 원소 x_1, x_2에 대하여 $x_1 \neq x_2$이면 $f(x_1) \neq f(x_2)$이고, 치역과 공역이 같다.

0420 대표

두 집합 $X=\{x|1\leq x\leq 4\}$, $Y=\{y|a\leq y\leq b\}$에 대하여 X에서 Y로의 함수 $f(x)=2x-3$의 역함수가 존재할 때, $a+b$의 값은? (단, a, b는 상수이다.)

① -6 ② -2 ③ 2
④ 4 ⑤ 6

0421 〔서술형〕

집합 $X=\{x|x\geq k\}$에 대하여 X에서 X로의 함수 $f(x)=x^2-4x$의 역함수가 존재할 때, 실수 k의 값을 구하시오.

0422

함수 $f(x)=ax+|2x-1|$의 역함수가 존재하도록 하는 실수 a의 값의 범위는?

① $-2<a<2$
② $-1<a<1$
③ $0<a<2$
④ $a<-1$ 또는 $a>1$
⑤ $a<-2$ 또는 $a>2$

유형 19 역함수 구하기

개념 10-1

일대일대응인 함수 $y=f(x)$의 역함수 $y=f^{-1}(x)$는 다음과 같은 순서로 구한다.
❶ x에 대하여 푼다. ⇨ $x=f^{-1}(y)$
❷ x와 y를 서로 바꾼다. ⇨ $y=f^{-1}(x)$

0423 대표

함수 $f(x)=-3x+a$의 역함수가 $f^{-1}(x)=bx+3$일 때, 상수 a, b에 대하여 ab의 값을 구하시오.

0424

두 함수 $f(x)=2x-4$, $g(x)=-x+5$에 대하여 함수 $h(x)=(f\circ g)(x)$의 역함수 $h^{-1}(x)$를 구하시오.

0425 〔서술형〕

실수 전체의 집합에서 정의된 함수 f에 대하여 $f(4x+1)=2x+7$이다. $f^{-1}(x)=ax+b$일 때, $a-b$의 값을 구하시오. (단, a, b는 상수이다.)

유형 20 $f=f^{-1}$인 함수

개념 10-1

함수 f와 그 역함수 f^{-1}에 대하여
⇨ $f=f^{-1} \Longleftrightarrow (f\circ f)(x)=x$

0426 대표

다음 중 $f(x)=f^{-1}(x)$를 만족시키는 함수는?

① $f(x)=3x$ ② $f(x)=2x-1$
③ $f(x)=x+1$ ④ $f(x)=-x+2$
⑤ $f(x)=x^2+1$ $(x\geq 0)$

바른답·알찬풀이 042쪽

0427

함수 $f(x)$의 역함수 $f^{-1}(x)$가 존재하고 $f^{-1}(4)=-5$, $(f\circ f)(x)=x$일 때, $f(4)+f^{-1}(-5)$의 값을 구하시오.

0428

실수 전체의 집합에서 정의된 함수 $f(x)=ax+b$가 $(f\circ f)(x)=x$이고 $f(-1)=6$일 때, $f(2)$의 값을 구하시오. (단, a, b는 상수이고, $a\neq0$이다.)

유형 21 합성함수와 역함수 개념 10-1

두 함수 f, g와 그 역함수 f^{-1}, g^{-1}에 대하여

(1) $(f^{-1}\circ g)(a)$의 값은

⇨ $f^{-1}(g(a))=k$로 놓고 $f(k)=g(a)$임을 이용하여 구한다.

(2) $(f\circ g^{-1})(a)$의 값은

⇨ $g^{-1}(a)=k$로 놓고 $g(k)=a$임을 이용하여 구한다.

0429 대표

두 함수 $f(x)=2x+5$, $g(x)=x+6$에 대하여 $(f^{-1}\circ g)(a)=3$을 만족시키는 상수 a의 값을 구하시오.

0430

두 함수 f, g를 오른쪽 그림과 같이 정의할 때,

$$(f^{-1}\circ g)(1)+(f\circ g^{-1})(2)$$

의 값을 구하시오.

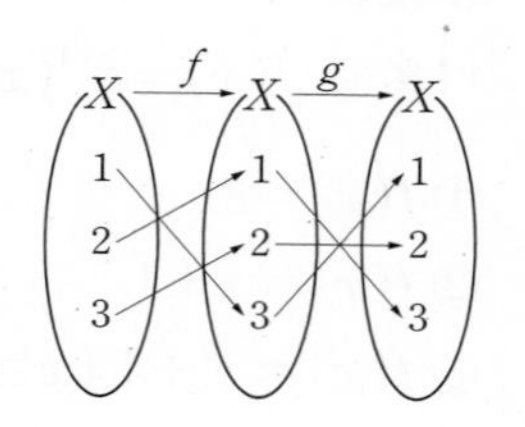

0431 [서술형]

두 함수 $f(x)=2x+a$, $g(x)=x-5$에 대하여 $(f\circ g)(x)=2x-3$일 때, $(f\circ g^{-1})(-1)$의 값을 구하시오. (단, a는 상수이다.)

빈출 유형 22 역함수의 성질 개념 10-2

두 함수 f, g와 그 역함수 f^{-1}, g^{-1}에 대하여

(1) $f^{-1}\circ f=I$, $f\circ f^{-1}=I$ (단, I는 항등함수)

(2) $(f^{-1})^{-1}=f$

(3) $(g\circ f)^{-1}=f^{-1}\circ g^{-1}$

0432 대표

두 함수 $f(x)=3x-5$, $g(x)=-4x+3$에 대하여 $(g\circ(g\circ f)^{-1}\circ g)(-2)$의 값을 구하시오.

0433

함수 $f(x)=\begin{cases} x^2-2 & (x\geq0) \\ 5x-2 & (x<0) \end{cases}$에 대하여 $(f\circ(f^{-1}\circ f)^{-1})(4)$의 값을 구하시오.

0434

두 함수 $f(x)=ax+b$, $g(x)=x+3$에 대하여 $(f^{-1}\circ g^{-1})(5)=2$, $(f\circ g^{-1})(4)=-3$일 때, $a-b$의 값을 구하시오. (단, a, b는 상수이고, $a\neq0$이다.)

유형23 그래프를 이용하여 역함수의 함숫값 구하기

개념 10-2

(1) 함수 $y=f(x)$의 그래프가 두 점 (a, b), (b, c)를 지나면
⇨ $(f\circ f)(a)=f(f(a))=f(b)=c$
(2) 함수 $y=f(x)$의 그래프가 점 (a, b)를 지나면 그 역함수 $y=f^{-1}(x)$의 그래프가 점 (b, a)를 지난다.
⇨ $f^{-1}(b)=a$

0435 대표

오른쪽 그림은 함수 $y=f(x)$의 그래프와 직선 $y=x$를 나타낸 것이다. $(f\circ f)^{-1}(a)$의 값은?
(단, 모든 점선은 x축 또는 y축에 평행하다.)

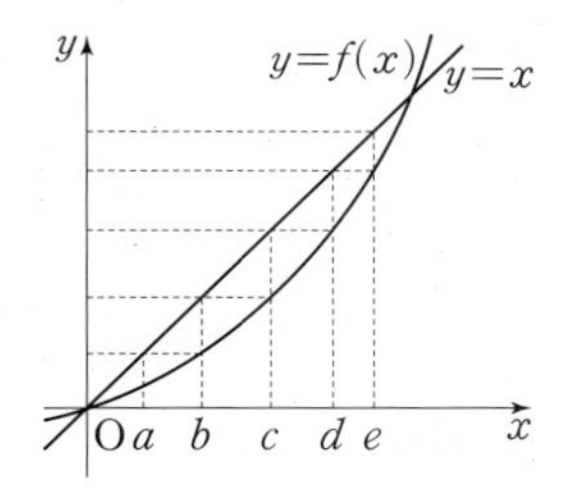

① a ② b
③ c ④ d
⑤ e

0436

오른쪽 그림은 집합 $X=\{1, 2, 3, 4, 5\}$에 대하여 함수 $f: X \longrightarrow X$의 그래프의 일부를 나타낸 것이다. 함수 $f(x)$의 역함수 $f^{-1}(x)$가 존재할 때, $f^{-1}(3)+f^{-1}(5)$의 값을 구하시오.

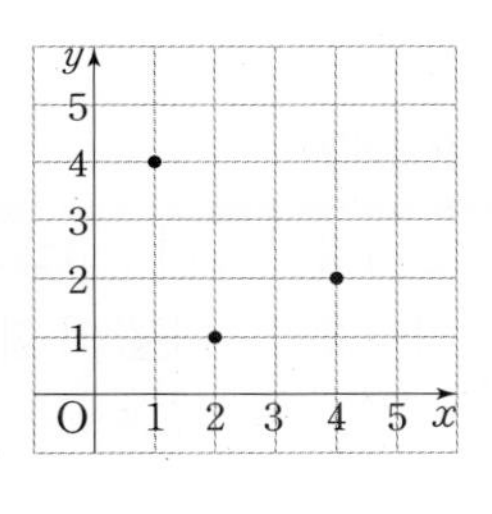

0437

오른쪽 그림은 두 함수 $y=f(x)$, $y=g(x)$의 그래프와 직선 $y=x$를 나타낸 것이다.
$(f\circ g^{-1}\circ f^{-1})(d)$의 값은?
(단, 모든 점선은 x축 또는 y축에 평행하다.)

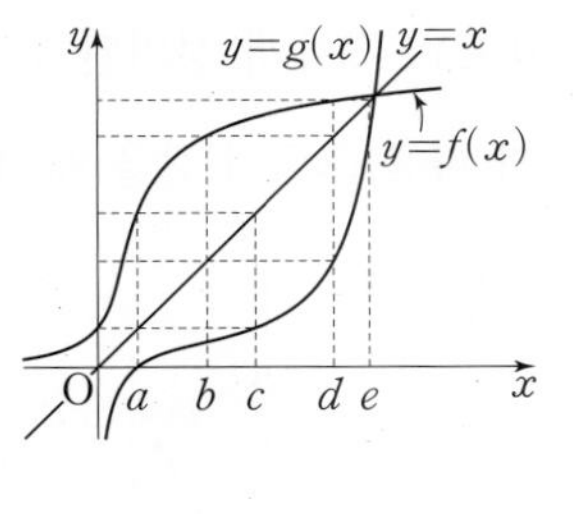

① a ② b ③ c
④ d ⑤ e

유형24 역함수의 그래프의 성질

개념 10-2

함수 f와 그 역함수 f^{-1}에 대하여
(1) 함수 $y=f(x)$의 그래프와 함수 $y=f^{-1}(x)$의 그래프는
⇨ 직선 $y=x$에 대하여 대칭이다.
(2) 함수 $y=f(x)$의 그래프와 함수 $y=f^{-1}(x)$의 그래프의 교점은
⇨ 함수 $y=f(x)$의 그래프와 직선 $y=x$의 교점과 같다.

0438 대표

정의역이 $\{x\,|\,x\geq 0\}$인 함수 $f(x)=x^2-6$의 그래프와 그 역함수 $y=f^{-1}(x)$의 그래프의 교점의 좌표가 (a, b)일 때, $a+b$의 값은?

① 2 ② 4 ③ 6
④ 8 ⑤ 10

0439

함수 $f(x)=2ax-6$의 그래프와 그 역함수 $y=f^{-1}(x)$의 그래프의 교점의 x좌표가 2일 때, $f(4)$의 값은?
(단, a는 상수이다.)

① 2 ② 6 ③ 8
④ 10 ⑤ 12

0440 [서술형]

함수 $f(x)=\frac{1}{2}x^2-4\ (x\geq 0)$의 그래프와 그 역함수 $y=f^{-1}(x)$의 그래프의 교점을 P라 할 때, 선분 OP의 길이를 구하시오. (단, O는 원점이다.)

바른답 · 알찬풀이 044쪽

중단원 마무리

13일차

STEP1 실전 문제

0441 60쪽 유형 01

두 집합 $X=\{-1, 0, 1\}$, $Y=\{0, 1, 2, 3\}$에 대하여 다음 중 X에서 Y로의 함수인 것은?

① $f(x)=x$ ② $g(x)=x^2$
③ $h(x)=x-1$ ④ $i(x)=|x|-1$
⑤ $j(x)=(x+1)^2$

0442 61쪽 유형 02

자연수 전체의 집합에서 정의된 함수 $f(x)$가 다음 조건을 만족시킬 때, $f(112)$의 값을 구하시오.

(가) $f(2x)=f(x)$ (나) $f(2x+1)=3x$

0443 62쪽 유형 04

실수 전체의 집합에서 정의된 함수

$$f(x)=[x-1]+[1-x]$$

의 치역은? (단, $[x]$는 x보다 크지 않은 최대의 정수이다.)

① $\{0\}$ ② $\{-1, 0\}$ ③ $\{0, 1\}$
④ $\{-1, 1\}$ ⑤ $\{-1, 0, 1\}$

0444 63쪽 유형 06

두 집합 $X=\{1, 2, 4\}$, $Y=\{1, 3, 5, 6\}$에 대하여 X에서 Y로의 함수 $f(x)$가 일대일함수이고 $f(1)=5$일 때, $f(2)+f(4)$의 최댓값을 구하시오.

0445 교육청 64쪽 유형 08

집합 $X=\{-3, 1\}$에 대하여 X에서 X로의 함수

$$f(x)=\begin{cases} 2x+a & (x<0) \\ x^2-2x+b & (x\ge 0) \end{cases}$$

가 항등함수일 때, ab의 값은? (단, a, b는 상수이다.)

① 4 ② 6 ③ 8
④ 10 ⑤ 12

0446 64쪽 유형 09

두 집합 $X=\{-1, 1\}$, $Y=\{1, 2, 3, 4\}$가 있다. X에서 Y로의 함수 중 X의 원소 x_1, x_2에 대하여 $x_1<x_2$이면 $f(x_1)<f(x_2)$를 만족시키는 함수 f의 개수를 구하시오.

0447 65쪽 유형 10

정의역이 $\{x|-3\le x\le 2\}$인 함수 $y=|2x+4|+|x|$의 최댓값과 최솟값의 합을 구하시오.

0448 중요! 66쪽 유형 11

$0\le x\le 3$에서 정의된 두 함수 $y=f(x)$, $y=g(x)$의 그래프가 다음 그림과 같을 때, $(f\circ g)\left(\frac{1}{2}\right)+(g\circ f)\left(\frac{5}{2}\right)$의 값을 구하시오.

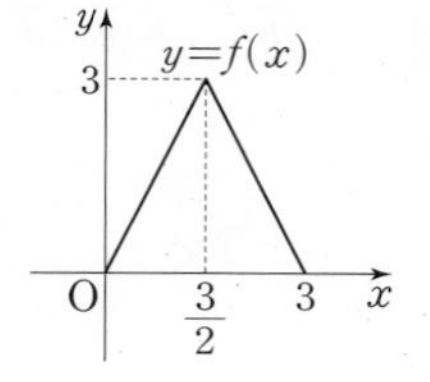

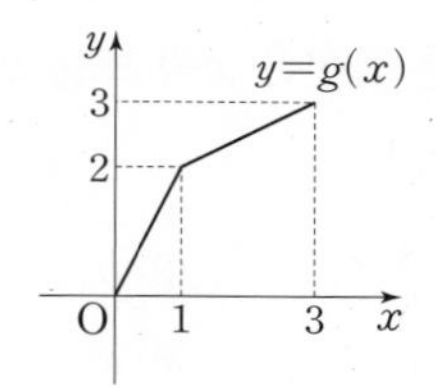

0449
68쪽 유형 13

두 함수 $f(x)=x+a$, $g(x)=2x-b$에 대하여

$$(g\circ f)(-1)=-2,\ (f\circ g)(2)=3$$

일 때, ab의 값을 구하시오. (단, a, b는 상수이다.)

0450 중요!
68쪽 유형 14

세 함수 f, g, h에 대하여

$$(g\circ h)(x)=2x-3,\ (g\circ(h\circ f))(x)=x^2-1$$

일 때, $f(-2)$의 값을 구하시오.

0451
69쪽 유형 15

$0\le x\le 2$에서 정의된 함수 $y=f(x)$의 그래프가 오른쪽 그림과 같다.

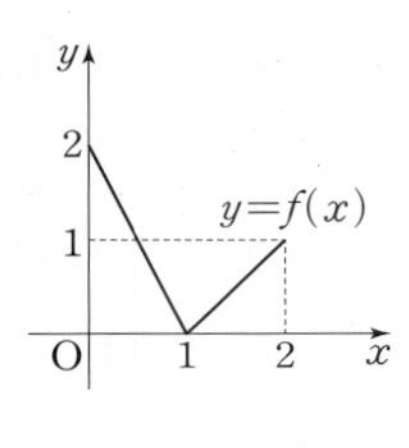

$f^1=f$, $f^{n+1}=f\circ f^n$ (n은 자연수)

으로 정의할 때, 옳은 것만을 **보기**에서 있는 대로 고르시오.

보기

ㄱ. $f^2\left(\frac{1}{3}\right)+f^2\left(\frac{1}{2}\right)=\frac{1}{3}$

ㄴ. $f^{40}\left(\frac{1}{3}\right)=\frac{4}{3}$

ㄷ. $f^{3n}\left(\frac{1}{2}\right)=2$

0452
70쪽 유형 17

실수 전체의 집합에서 정의된 함수 f에 대하여 $f\left(\frac{3x+4}{2}\right)=-3x-3$일 때, $f(7)+f^{-1}(7)$의 값을 구하시오.

0453 중요!
71쪽 유형 18

실수 전체의 집합에서 정의된 함수

$$f(x)=\begin{cases}2x+a & (x\ge 1)\\ ax+b & (x<1)\end{cases}$$

의 역함수가 존재하도록 하는 실수 a, b의 조건은?

① $a>0$, $b=-2$
② $a>0$, $b=-1$
③ $a>0$, $b=1$
④ $a>0$, $b=2$
⑤ $a<0$, $b=2$

0454
72쪽 유형 22

두 함수 $f(x)=2x$, $g(x)=x+1$에 대하여 함수 $h(x)$가 $(f^{-1}\circ g^{-1}\circ h)(x)=f(x)$를 만족시킬 때, $h(3)$의 값을 구하시오.

0455
73쪽 유형 23

오른쪽 그림은 함수 $y=f(x)$ $(x\ge 2)$의 그래프와 직선 $y=g(x)$를 나타낸 것이다.

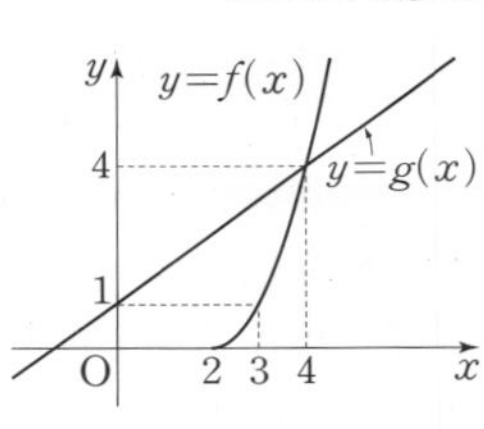

$(g^{-1}\circ f)(3)+(g\circ f^{-1})(4)$의 값을 구하시오.

0456 교육청
73쪽 유형 24

집합 $X=\{x|x\ge 1\}$에 대하여 $f: X\longrightarrow X$가

$$f(x)=x^2-2x+2$$

이다. 방정식 $f(x)=f^{-1}(x)$의 모든 근의 합은?

① 1
② 2
③ 3
④ 4
⑤ 5

바른답·알찬풀이 045쪽

STEP 2 실력 UP 문제

0457
61쪽 유형 03

실수 전체의 집합에서 정의된 함수 $f(x)$가 임의의 실수 x, y에 대하여 $f(x+y)=f(x)+f(y)$를 만족시킬 때, 옳은 것만을 **보기**에서 있는 대로 고르시오.

보기

ㄱ. $f(0)=0$

ㄴ. $f(x)=f(-x)$

ㄷ. $f(1)=1$이면 $f(10)=10$이다.

0458
63쪽 유형 07

집합 $X=\{1, 2, 3, 4, 5\}$에 대하여 X에서 X로의 함수 f는 일대일대응이다.

$f(2)-f(3)=f(4)-f(1)=f(5)$, $f(1)<f(2)<f(4)$

일 때, $f(5)$의 값을 구하시오.

0459
66쪽 유형 11

집합 $\{x|-3\le x\le 4\}$를 정의역으로 하는 함수 $y=f(x)$의 그래프가 오른쪽 그림과 같을 때, 옳은 것만을 **보기**에서 있는 대로 고른 것은?

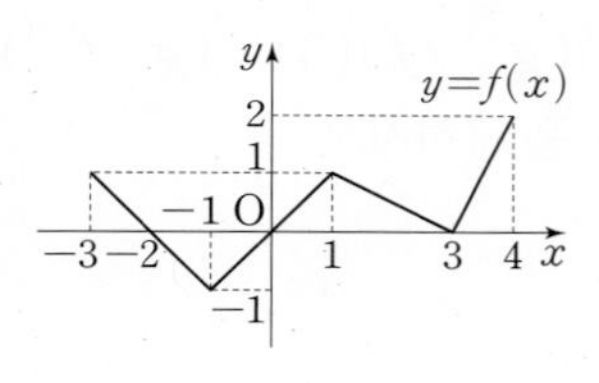

보기

ㄱ. $(f\circ f)(-3)=1$

ㄴ. 방정식 $f(x)=0$을 만족시키는 실근은 3개이다.

ㄷ. 방정식 $(f\circ f)(x)=0$을 만족시키는 모든 실근의 합은 1이다.

① ㄱ ② ㄱ, ㄴ ③ ㄱ, ㄷ
④ ㄴ, ㄷ ⑤ ㄱ, ㄴ, ㄷ

0460
64쪽 유형 08 + 72쪽 유형 22

집합 $X=\{a, b, c\}$에 대하여 X에서 X로의 두 함수 $f(x)$, $g(x)$가 $((g\circ f^{-1})^{-1}\circ g\circ f)(x)=x$를 만족시킬 때, 함수 f의 개수는?

① 1 ② 2 ③ 4
④ 6 ⑤ 8

0461
71쪽 유형 18 + 72쪽 유형 22

두 집합 $X=\{1, 2, 3, 4\}$, $Y=\{2, 4, 6, 8\}$에 대하여 $f: X \longrightarrow Y$가 다음 조건을 만족시킬 때, $f(2)\times f^{-1}(2)$의 값을 구하시오.

(가) 함수 f는 일대일대응이다.
(나) $f(1)\neq 2$
(다) 등식 $\frac{1}{2}f(a)=(f\circ f^{-1})(a)$를 만족시키는 a의 개수는 2이다.

0462
73쪽 유형 24

함수 $f(x)=\frac{2x-|x|}{2}+a$의 역함수를 $g(x)$라 할 때, 두 함수 $y=f(x)$, $y=g(x)$의 그래프로 둘러싸인 부분의 넓이가 36이다. 양수 a의 값을 구하시오.

적중 서술형 문제

0463
62쪽 유형 05

공집합이 아닌 집합 X를 정의역으로 하는 두 함수

$$f(x)=x^3-4x+5,\quad g(x)=2x^2+x-1$$

에 대하여 $f=g$가 되도록 하는 집합 X의 개수를 구하시오.

0464
63쪽 유형 07

실수 전체의 집합에서 정의된 함수

$$f(x)=\begin{cases}(a-1)x+a^2-3 & (x>0)\\ x^2+1 & (x\leq 0)\end{cases}$$

이 일대일대응일 때, 상수 a의 값을 구하시오.

0465
66쪽 유형 11

함수 $f(x)=-2x+k$에 대하여 함수 $g(x)=(f\circ f\circ f)(x)$일 때, $-3\leq x\leq 1$에서 함수 $g(x)$의 최댓값이 9이다. 다음 물음에 답하시오. (단, k는 상수이다.)

(1) 함수 $g(x)$를 구하시오.

(2) $-3\leq x\leq 1$에서 함수 $g(x)$의 최솟값을 구하시오.

0466
71쪽 유형 18

집합 $X=\{1, 2, 3, 4\}$에 대하여 X에서 X로의 함수 f가 오른쪽 그림과 같다. 함수 $g: X \longrightarrow X$의 역함수가 존재하고, $g(2)=3$, $g^{-1}(1)=3$, $(g\circ f)(2)=2$일 때, $(f\circ g)(1)+g^{-1}(4)$의 값을 구하시오.

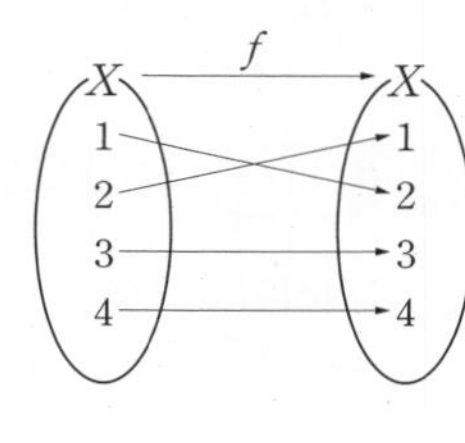

0467
72쪽 유형 21

두 함수 $f(x)=\begin{cases}x^2+3 & (x\geq 0)\\ 2x+3 & (x<0)\end{cases}$, $g(x)=x+8$에 대하여 $(f^{-1}\circ g)(4)$의 값을 구하시오.

03 함수

바른답 · 알찬풀이 047쪽

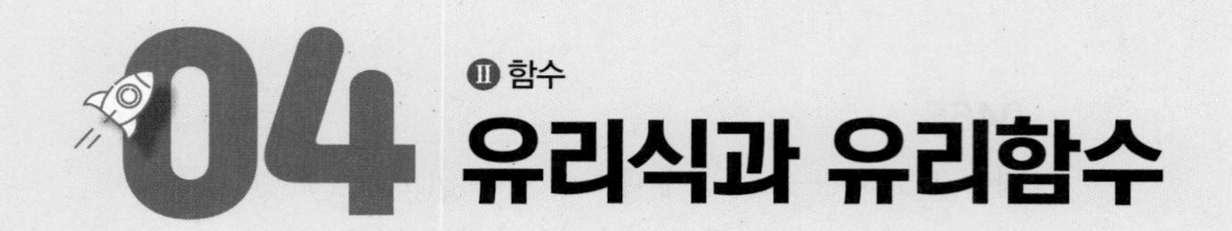

Ⅱ 함수

04 유리식과 유리함수

중단원 핵심 개념을 정리하였습니다.
Lecture별 유형 학습 전에 관련 개념을 완벽하게 알아두세요.

Lecture 11 유리식과 비례식

14 일차

개념 11-1 유리식

80~84쪽 | 유형 01~10 |

(1) 유리식과 분수식

① **유리식**: 두 다항식 A, B $(B\neq0)$에 대하여 $\dfrac{A}{B}$ 꼴로 나타낸 식

② **분수식**: 다항식이 아닌 유리식

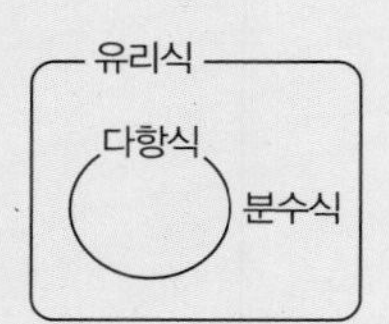

예 $\dfrac{1}{x}$, $\dfrac{x^2-1}{2}$, $\dfrac{4x+1}{x-5}$, $3x-2$는 모두 유리식이고, 이 중에서 $\dfrac{x^2-1}{2}$, $3x-2$는 다항식, $\dfrac{1}{x}$, $\dfrac{4x+1}{x-5}$은 분수식이다.

(2) 유리식의 성질

세 다항식 A, B, C $(B\neq0,\ C\neq0)$에 대하여

① $\dfrac{A}{B}=\dfrac{A\times C}{B\times C}$ ② $\dfrac{A}{B}=\dfrac{A\div C}{B\div C}$

개념 11-2 유리식의 계산

80~83쪽 | 유형 01~07 |

(1) 유리식의 사칙연산

네 다항식 A, B, C, D $(C\neq0,\ D\neq0)$에 대하여

① **덧셈과 뺄셈**: $\dfrac{A}{C}\pm\dfrac{B}{C}=\dfrac{A\pm B}{C}$, $\dfrac{A}{C}\pm\dfrac{B}{D}=\dfrac{AD\pm BC}{CD}$ (복부호 동순)

② **곱셈**: $\dfrac{A}{C}\times\dfrac{B}{D}=\dfrac{A\times B}{C\times D}=\dfrac{AB}{CD}$

③ **나눗셈**: $\dfrac{A}{C}\div\dfrac{B}{D}=\dfrac{A}{C}\times\dfrac{D}{B}=\dfrac{AD}{BC}$ (단, $B\neq0$) ← 나누는 식의 역수를 곱한다.

(2) 부분분수로의 변형

분수식의 분모가 두 개 이상의 인수의 곱으로 되어 있는 경우 다음과 같이 변형한다.

$$\frac{1}{AB}=\frac{1}{B-A}\left(\frac{1}{A}-\frac{1}{B}\right)\ (\text{단, } A\neq B)$$

(3) 번분수식의 계산

분자 또는 분모에 분수식을 포함하는 번분수식은 다음과 같이 분자에 분모의 역수를 곱하여 계산한다.

$$\frac{\frac{A}{B}}{\frac{C}{D}}=\frac{A}{B}\div\frac{C}{D}=\frac{A}{B}\times\frac{D}{C}=\frac{AD}{BC}\ (\text{단, } BCD\neq0)$$

개념 11-3 비례식의 성질

83~84쪽 | 유형 08~10 |

0이 아닌 실수 k에 대하여

(1) $a:b=c:d \Longleftrightarrow \dfrac{a}{b}=\dfrac{c}{d} \Longleftrightarrow a=bk,\ c=dk$

$a:b=c:d \Longleftrightarrow \dfrac{a}{c}=\dfrac{b}{d} \Longleftrightarrow a=ck,\ b=dk$

(2) $a:b:c=d:e:f \Longleftrightarrow \dfrac{a}{d}=\dfrac{b}{e}=\dfrac{c}{f} \Longleftrightarrow a=dk,\ b=ek,\ c=fk$

개념 CHECK

1 다음에 해당하는 것만을 **보기**에서 있는 대로 고르시오.

보기
ㄱ. $\dfrac{x}{2}$ ㄴ. $\dfrac{3x-1}{x}$
ㄷ. $-x+\dfrac{1}{6}$ ㄹ. $\dfrac{4}{x(x-1)}$

(1) 다항식

(2) 다항식이 아닌 유리식

2 다음 유리식을 약분하시오.

(1) $\dfrac{6x^5y^3}{3x^2y^4}$ (2) $\dfrac{x^2+x-6}{x^2-4}$

3 다음 식을 간단히 하시오.

(1) $\dfrac{1}{x}+\dfrac{2}{x(x+1)}$

(2) $\dfrac{1}{x-3}-\dfrac{1}{x+2}$

(3) $\dfrac{x-1}{4}\times\dfrac{1}{x^2-1}$

(4) $\dfrac{x^2-4x+3}{x-2}\div\dfrac{x-3}{x-2}$

4 $x:y=2:1$일 때, 다음 식의 값을 구하시오.

(1) $\dfrac{x}{y}+\dfrac{y}{x}$ (2) $\dfrac{3xy}{x^2+y^2}$

---

1 (1) ㄱ, ㄷ (2) ㄴ, ㄹ 2 (1) $\dfrac{2x^3}{y}$ (2) $\dfrac{x+3}{x+2}$
3 (1) $\dfrac{x+3}{x(x+1)}$ (2) $\dfrac{5}{(x-3)(x+2)}$ (3) $\dfrac{1}{4(x+1)}$ (4) $x-1$
4 (1) $\dfrac{5}{2}$ (2) $\dfrac{6}{5}$

Lecture 12 유리함수

개념 12-1 유리함수

85~90쪽 | 유형 11~22 |

(1) 유리함수와 다항함수

① **유리함수**: 함수 $y=f(x)$에서 $f(x)$가 x에 대한 유리식인 함수

② **다항함수**: 함수 $y=f(x)$에서 $f(x)$가 x에 대한 다항식인 함수

예 $y=\frac{3}{x}$, $y=\frac{1}{2}x^2$, $y=\frac{2x-1}{x+1}$은 모두 유리함수이고, 이 중에서 $y=\frac{1}{2}x^2$은 다항함수이다.

(2) 유리함수에서 정의역이 주어져 있지 않은 경우에는 분모가 0이 되지 않도록 하는 실수 전체의 집합을 정의역으로 한다.

참고 다항함수의 정의역은 실수 전체의 집합이다.

개념 12-2 유리함수 $y=\frac{k}{x}$ $(k\neq0)$의 그래프

85~90쪽 | 유형 11~22 |

(1) 곡선이 어떤 직선에 한없이 가까워질 때, 이 직선을 그 곡선의 **점근선**이라 한다.

(2) 유리함수 $y=\frac{k}{x}$ $(k\neq0)$의 그래프

① 정의역과 치역은 모두 0이 아닌 실수 전체의 집합이다.

② $k>0$이면 그래프는 제1사분면과 제3사분면에 있고,
$k<0$이면 그래프는 제2사분면과 제4사분면에 있다.

③ 원점에 대하여 대칭이다.

④ 점근선은 x축과 y축이다.

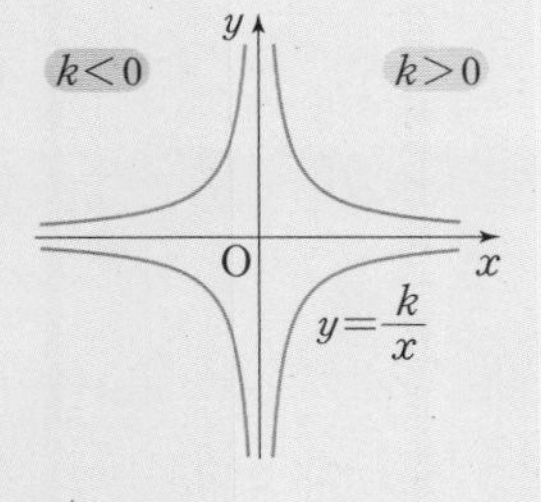

참고 함수 $y=\frac{k}{x}$ $(k\neq0)$의 그래프는 두 직선 $y=x$, $y=-x$에 대하여 대칭이다.

개념 12-3 유리함수 $y=\frac{k}{x-p}+q$ $(k\neq0)$의 그래프

85~90쪽 | 유형 11~22 |

(1) 유리함수 $y=\frac{k}{x-p}+q$ $(k\neq0)$의 그래프

① 유리함수 $y=\frac{k}{x}$의 그래프를 x축의 방향으로 p만큼, y축의 방향으로 q만큼 평행이동한 것이다.

② 정의역은 $\{x|x\neq p$인 실수$\}$, 치역은 $\{y|y\neq q$인 실수$\}$이다.

③ 점 (p, q)에 대하여 대칭이다.

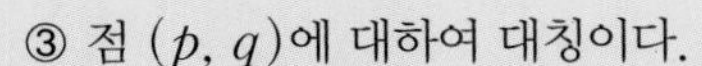

④ 점근선은 두 직선 $x=p$, $y=q$이다.

(2) 유리함수 $y=\frac{ax+b}{cx+d}$ $(ad-bc\neq0,\ c\neq0)$의 그래프는 $y=\frac{k}{x-p}+q$ $(k\neq0)$ 꼴로 변형하여 그린다.

예 $y=\frac{2x+3}{x+1}=\frac{2(x+1)+1}{x+1}=\frac{1}{x+1}+2$이므로

함수 $y=\frac{2x+3}{x+1}$의 그래프는 함수 $y=\frac{1}{x}$의 그래프를 x축의 방향으로 -1만큼, y축의 방향으로 2만큼 평행이동한 것이다.

(1) 정의역은 $\{x|x\neq-1$인 실수$\}$, 치역은 $\{y|y\neq2$인 실수$\}$이다.

(2) 점근선은 두 직선 $x=-1$, $y=2$이다.

개념 CHECK

5 다음 함수의 정의역을 구하시오.

(1) $y=\frac{x}{x+1}$

(2) $y=\frac{x-3}{2x-4}$

6 다음 함수의 점근선의 방정식을 구하시오.

(1) $y=\frac{1}{x}-2$

(2) $y=-\frac{4}{x-3}+1$

7 다음 함수의 식을 $y=\frac{k}{x-p}+q$ $(k\neq0)$ 꼴로 나타내시오. (단, p, q는 상수이다.)

(1) $y=\frac{2x+5}{x-2}$

(2) $y=\frac{-3x+1}{x-1}$

8 다음 □ 안에 알맞은 수를 써넣으시오.

> 함수 $y=\frac{-x+4}{x-1}$의 그래프는 함수 $y=\frac{3}{x}$의 그래프를 x축의 방향으로 □만큼, y축의 방향으로 □만큼 평행이동한 것이다.

---

5 (1) $\{x|x\neq-1$인 실수$\}$ (2) $\{x|x\neq2$인 실수$\}$
6 (1) $x=0$, $y=-2$ (2) $x=3$, $y=1$
7 (1) $y=\frac{9}{x-2}+2$ (2) $y=-\frac{2}{x-1}-3$
8 1, -1

04 유리식과 유리함수

Lecture 11 유리식과 비례식

기본 익히기

78쪽 | 개념 11-1~3 |

0468~0469 다음 유리식을 통분하시오.

0468 $\frac{1}{3x^2y}$, $\frac{1}{2xy^2}$

0469 $\frac{1}{x+1}$, $\frac{x+1}{x-1}$

0470~0471 다음 유리식을 약분하시오.

0470 $\frac{9x^3y^4z^2}{6x^4yz^3}$

0471 $\frac{x^3-1}{x^2-2x+1}$

0472~0475 다음 식을 간단히 하시오.

0472 $\frac{x}{x+3}+\frac{4x-9}{2x^2+5x-3}$

0473 $\frac{2}{x-2}-\frac{1}{x+1}$

0474 $\frac{3}{x+1}\times\frac{x^2-1}{6}$

0475 $\frac{x-3}{x^2-4}\div\frac{x^2-6x+9}{x+2}$

0476~0477 다음 식을 간단히 하시오.

0476 $\frac{1}{(x-2)(x-1)}+\frac{1}{x(x-1)}$

0477 $\dfrac{1+\frac{1}{x+2}}{\frac{x^2-9}{x^2-4}}$

0478 $x:y=3:5$일 때, 다음 식의 값을 구하시오.

(1) $\frac{x-y}{2x+y}$

(2) $\frac{x^2+y^2}{(x-y)^2}$

유형 익히기

유형 01 유리식의 사칙연산 개념 11-1, 2

네 다항식 A, B, C, D $(C\neq0, D\neq0)$에 대하여

(1) 덧셈과 뺄셈: $\frac{A}{C}\pm\frac{B}{D}=\frac{AD\pm BC}{CD}$ (복부호 동순)

(2) 곱셈: $\frac{A}{C}\times\frac{B}{D}=\frac{AB}{CD}$

(3) 나눗셈: $\frac{A}{C}\div\frac{B}{D}=\frac{A}{C}\times\frac{D}{B}=\frac{AD}{BC}$ (단, $B\neq0$)

0479 대표

$\frac{2}{x+1}+\frac{1}{x^2-1}-\frac{x-5}{x^2-2x-3}$를 간단히 하시오.

0480

$\frac{1}{x-1}+\frac{1}{x+1}+\frac{2x}{x^2+1}+\frac{4x^3}{x^4+1}$을 간단히 하시오.

0481

$\frac{x^2+2x}{x^3-1}\div\frac{x^3+1}{x^4+x^2+1}\times\frac{x^2-1}{x^2+5x+6}$을 간단히 하면?

① $\frac{x+1}{x-1}$ ② $\frac{x-1}{x+2}$ ③ $\frac{x}{x+3}$

④ $\frac{x}{x^2+x+1}$ ⑤ $\frac{x+2}{(x+1)(x+3)}$

0482

$x+y=2$, $x^2-xy+y^2=3$일 때, $\frac{x^3-y^3}{x^2-y^2} \div \frac{x^2+xy+y^2}{x^2-xy+y^2}$의 값을 구하시오.

빈출

유형02 유리식과 항등식

개념 11-1, 2

주어진 식이 유리식으로 이루어진 항등식이면 양변에 분모의 최소공배수를 곱하여 정리한 후, 동류항의 계수를 비교한다.

0483 대표

$x \neq -2$, $x \neq 1$인 모든 실수 x에 대하여

$$\frac{a}{x-1}+\frac{b}{x+2}=\frac{5x+4}{x^2+x-2}$$

가 성립할 때, $2a+b$의 값을 구하시오.

(단, a, b는 상수이다.)

0484

다음 식의 분모를 0으로 만들지 않는 모든 실수 x에 대하여

$$\frac{1}{x(x+1)^2}=\frac{a}{x}+\frac{b}{x+1}+\frac{c}{(x+1)^2}$$

가 성립할 때, abc의 값은? (단, a, b, c는 상수이다.)

① -3 ② -1 ③ 1
④ 3 ⑤ 5

0485

다음 식의 분모를 0으로 만들지 않는 모든 실수 x에 대하여

$$\frac{2x+5}{x^3+1}=\frac{a}{x+1}+\frac{bx+c}{x^2-x+1}$$

가 성립할 때, $a+b+c$의 값을 구하시오.

(단, a, b, c는 상수이다.)

0486 [서술형]

$x \neq 1$인 모든 실수 x에 대하여

$$\frac{x^7+1}{(x-1)^8}=\frac{a_1}{x-1}+\frac{a_2}{(x-1)^2}+\cdots+\frac{a_8}{(x-1)^8}$$

이 성립할 때, $a_2+a_4+a_6+a_8$의 값을 구하시오.

(단, a_1, a_2, $\cdots$, a_8은 상수이다.)

유형03 (분자의 차수)≥(분모의 차수)인 유리식

개념 11-1, 2

분자의 차수가 분모의 차수보다 크거나 같은 유리식은
⇨ 분자를 분모로 나누어 다항식과 분수식의 합으로 변형한다.

0487 대표

$\frac{x}{x+1}+\frac{2x-1}{x-1}-\frac{3x^2+4x+2}{x^2+x}$를 간단히 하시오.

0488

$\frac{x+2}{x+1}-\frac{x+3}{x+2}+\frac{x+2}{x+3}-\frac{x+3}{x+4}$을 간단히 하면 $\frac{f(x)}{(x+1)(x+2)(x+3)(x+4)}$가 될 때, $f(10)$의 값을 구하시오.

0489

$\frac{x^3}{x^2+x+1}+\frac{x^3}{x^2-x+1}-2x$를 간단히 하시오.

04 유리식과 유리함수

바른답 · 알찬풀이 049쪽

빈출

유형04 부분분수로의 변형

∞ 개념 11-1, 2

주어진 유리식의 분모가 두 인수의 곱으로 되어 있으면 다음을 이용하여 식을 변형한다.

⇨ $\frac{1}{AB}=\frac{1}{B-A}\left(\frac{1}{A}-\frac{1}{B}\right)$ (단, $A\neq B$)

0490 대표

다음 식의 분모를 0으로 만들지 않는 모든 실수 x에 대하여

$$\frac{1}{x(x+1)}+\frac{4}{(x+1)(x+5)}+\frac{5}{(x+5)(x+10)}$$
$$=\frac{a}{x(x+b)}$$

가 성립할 때, $a+b$의 값을 구하시오. (단, a, b는 상수이다.)

0491

$\frac{1}{x^2-1}+\frac{1}{x^2+4x+3}+\frac{1}{x^2+8x+15}$을 간단히 하시오.

0492

$\frac{1}{4\times6}+\frac{1}{6\times8}+\frac{1}{8\times10}+\cdots+\frac{1}{22\times24}$의 값을 구하시오.

0493 [서술형]

$f(x)=x^2+x$에 대하여

$$\frac{1}{f(1)}+\frac{1}{f(2)}+\frac{1}{f(3)}+\cdots+\frac{1}{f(30)}$$

의 값이 $\frac{a}{b}$일 때, $b-a$의 값을 구하시오.

(단, a, b는 서로소인 자연수이다.)

유형05 번분수식의 계산

∞ 개념 11-1, 2

(1) 번분수식: 분모 또는 분자가 분수식인 유리식

(2) 번분수식은 다음과 같이 분자에 분모의 역수를 곱하여 계산한다.

⇨ $\frac{\frac{A}{B}}{\frac{C}{D}}=\frac{A}{B}\div\frac{C}{D}=\frac{A}{B}\times\frac{D}{C}=\frac{AD}{BC}$ (단, $BCD\neq0$)

0494 대표

$\frac{1}{1-\frac{1}{1+\frac{1}{x}}}-x$를 간단히 하시오.

0495

다음 식의 분모를 0으로 만들지 않는 모든 실수 x에 대하여

$$\frac{1-\frac{1}{x+1}}{1+\frac{1}{x-1}}=\frac{ax-1}{x+b}$$

이 성립할 때, ab의 값을 구하시오. (단, a, b는 상수이다.)

0496

$\frac{\frac{1}{n}-\frac{1}{n+2}}{\frac{1}{n+2}-\frac{1}{n+4}}$이 자연수가 되도록 하는 모든 자연수 n의 값의 합을 구하시오.

0497

$\frac{49}{15}=a+\frac{1}{b+\frac{1}{c+\frac{1}{d}}}$을 만족시키는 자연수 a, b, c, d에 대하여 $a+b+c+d$의 값을 구하시오.

빈출

유형06 유리식의 값 구하기; $x\pm\frac{1}{x}$의 값 이용 개념 11-1, 2

주어진 식을 변형하여 $x+\frac{1}{x}$ 또는 $x-\frac{1}{x}$의 값을 구한 후, 곱셈 공식의 변형을 이용한다.

(1) $x^2+\frac{1}{x^2}=\left(x+\frac{1}{x}\right)^2-2=\left(x-\frac{1}{x}\right)^2+2$

(2) $\left(x+\frac{1}{x}\right)^2=\left(x-\frac{1}{x}\right)^2+4$

(3) $x^3+\frac{1}{x^3}=\left(x+\frac{1}{x}\right)^3-3\left(x+\frac{1}{x}\right)$

(4) $x^3-\frac{1}{x^3}=\left(x-\frac{1}{x}\right)^3+3\left(x-\frac{1}{x}\right)$

0498 대표

$x^2-x+1=0$일 때, $2x^2+5x-1+\frac{5}{x}+\frac{2}{x^2}$의 값은?

① -2　② -1　③ 0
④ 2　⑤ 3

0499

$x^2+\frac{1}{x^2}=8$일 때, $x^3+\frac{1}{x^3}$의 값은? (단, $x>0$)

① $3\sqrt{10}$　② $5\sqrt{10}$　③ $7\sqrt{10}$
④ $10\sqrt{10}$　⑤ $13\sqrt{10}$

0500 [서술형]

$x^2+x-1=0$일 때, $x^6-\frac{1}{x^6}$의 값을 구하시오. (단, $x>0$)

유형07 유리식의 값 구하기; $a+b+c=0$이 주어진 경우 개념 11-1, 2

(1) $a+b=-c$, $b+c=-a$, $c+a=-b$를 구하는 유리식에 대입한다.
(2) 구하는 유리식을 $a+b+c$를 포함한 식으로 변형한 후, $a+b+c=0$임을 이용한다.

0501 대표

$a+b+c=0$일 때, $a\left(\frac{1}{b}+\frac{1}{c}\right)+b\left(\frac{1}{c}+\frac{1}{a}\right)+c\left(\frac{1}{a}+\frac{1}{b}\right)$의 값을 구하시오. (단, $abc\neq0$)

0502

0이 아닌 실수 a, b, c에 대하여 $a+b-c=0$일 때, $\left(\frac{b}{a}+1\right)\left(\frac{c}{b}-1\right)\left(\frac{a}{c}-1\right)$의 값을 구하시오.

0503

0이 아닌 실수 a, b, c에 대하여 $\frac{1}{ab}+\frac{1}{bc}+\frac{1}{ca}=0$일 때, $\frac{a^3+b^3+c^3}{abc}$의 값을 구하시오.

빈출

유형08 유리식의 값 구하기; 비례식이 주어진 경우 개념 11-1, 3

$a:b:c=d:e:f \Longleftrightarrow \frac{a}{d}=\frac{b}{e}=\frac{c}{f}$
$\Longleftrightarrow a=dk,\ b=ek,\ c=fk$ (단, $k\neq0$)

0504 대표

$(x+y):(y+z):(z+x)=3:4:5$일 때, $\frac{xy}{x^2+2yz-z^2}$의 값을 구하시오. (단, $xyz\neq0$)

바른답·알찬풀이 051쪽

0505

0이 아닌 실수 a, b, c에 대하여 $a:b=2:1$, $b:c=2:3$일 때, $\frac{2a-b+3c}{a-2b+c}$의 값을 구하시오.

0506 〔서술형〕

실수 x, y, z가 $\frac{2x+y}{3}=\frac{2y+z}{5}=\frac{2z+x}{7}$를 만족시킬 때, $\frac{xy+yz+zx}{x^2+y^2+z^2}$의 값을 구하시오. (단, $xyz\neq0$)

유형 09 유리식의 값 구하기; 방정식이 주어진 경우

개념 11-1, 3

주어진 방정식을 이용하여 각 문자를 한 문자에 대한 식으로 나타낸 후, 구하는 유리식에 대입한다.

0507 대표

0이 아닌 실수 x, y, z에 대하여 $x+2y-z=0$, $x-y+5z=0$일 때, $\frac{x^2-yz}{xy+yz+zx}$의 값을 구하시오.

0508

실수 x, y에 대하여 $xy>0$, $x^2-3xy-4y^2=0$일 때, $\frac{4x-y}{x-y}$의 값을 구하시오.

0509

0이 아닌 실수 x, y, z에 대하여 $x-\frac{2}{z}=1$, $\frac{1}{x}-3y=1$일 때, $\frac{4}{xyz}$의 값을 구하시오.

유형 10 유리식의 활용

개념 11-1, 3

(1) ① a에서 x % 증가 ⇨ $a\left(1+\frac{x}{100}\right)$

② a에서 x % 감소 ⇨ $a\left(1-\frac{x}{100}\right)$

(2) $x:y=a:b$이면 ⇨ $x=ak$, $y=bk$ $(k\neq0)$로 놓는다.

0510 대표

어느 도시의 인구가 2017년에서 2018년까지는 x % 증가하였고, 2018년에서 2019년까지는 y % 증가하였을 때, 2017년에서 2019년까지의 인구 증가율은?

① $(x+y)$ %
② $\left(\frac{1}{x}+\frac{1}{y}\right)$ %
③ $\left(xy+\frac{xy}{100}\right)$ %
④ $\left(x+y+\frac{xy}{100}\right)$ %
⑤ $\left(x+y+\frac{x+y}{100}\right)$ %

0511 〔서술형〕

1학년, 2학년으로 구성된 어느 고등학교의 합창단에서 1학년의 남학생과 여학생의 비는 $2:3$이고 2학년의 남학생과 여학생의 비는 $2:1$이며, 합창단 전체의 남학생과 여학생의 비는 $6:7$이라 한다. 이 합창단의 전체 학생 수에 대한 1학년 학생 수의 비율을 구하시오.

Lecture 12 유리함수

기본 익히기

79쪽 | 개념 12-1~3 |

0512 다음에 해당하는 것만을 **보기**에서 있는 대로 고르시오.

보기

ㄱ. $y=\frac{1}{x-3}$　　ㄴ. $y=\frac{-x+3}{4}$

ㄷ. $y=\frac{2x+5}{x-1}$　　ㄹ. $y=x^2-7$

(1) 다항함수

(2) 다항함수가 아닌 유리함수

0513~0516 다음 함수의 정의역을 구하시오.

0513 $y=\frac{3}{2x+1}$　　**0514** $y=\frac{x+1}{x-2}$

0515 $y=\frac{x+2}{x^2-1}$　　**0516** $y=\frac{2x+4}{x^2+3}$

0517 함수 $y=\frac{3}{x}$의 그래프를 x축의 방향으로 2만큼, y축의 방향으로 -1만큼 평행이동한 그래프의 방정식을 구하시오.

0518~0519 다음 함수의 그래프를 그리고, 정의역과 치역을 각각 구하시오.

0518 $y=\frac{1}{x}+4$　　**0519** $y=-\frac{2}{x+3}-5$

0520~0521 다음 함수의 그래프를 그리고, 점근선의 방정식을 구하시오.

0520 $y=\frac{3x-5}{x-1}$　　**0521** $y=\frac{4-2x}{x+1}$

유형 익히기

유형 11 유리함수의 정의역과 치역 개념 12-1~3

유리함수 $y=\frac{ax+b}{cx+d}$ $(ad-bc\neq0,\ c\neq0)$의 정의역과 치역은 $y=\frac{k}{x-p}+q$ $(k\neq0)$ 꼴로 변형하여 그래프를 그린 후 구한다.

⇨ 정의역: $\{x|x\neq p$인 실수$\}$, 치역: $\{y|y\neq q$인 실수$\}$

0522 대표

함수 $y=\frac{-x+4}{x-3}$의 정의역이 $\{x|-1\leq x\leq 2\}$일 때, 치역을 구하시오.

0523

함수 $y=\frac{ax+1}{x+b}$의 정의역이 $\{x|x\neq2$인 실수$\}$, 치역이 $\{y|y\neq3$인 실수$\}$일 때, 상수 a, b에 대하여 $a-b$의 값은?

① -5　② -2　③ 0
④ 2　⑤ 5

0524 [서술형]

함수 $y=\frac{4x-1}{2x+3}$의 치역이 $\left\{y\middle|-\frac{3}{2}\leq y\leq 1\right\}$일 때, 정의역에 속하는 모든 정수의 합을 구하시오.

바른답·알찬풀이 053쪽

빈출
유형 12 유리함수의 그래프의 평행이동
개념 12-1~3

유리함수 $y=\frac{k}{x}$ $(k\neq0)$의 그래프를 x축의 방향으로 p만큼, y축의 방향으로 q만큼 평행이동하면

⇨ $y=\frac{k}{x-p}+q$

0525 대표

보기의 함수 중 그 그래프가 평행이동에 의하여 함수 $y=\frac{1}{x}$의 그래프와 겹쳐지는 것만을 있는 대로 고르시오.

보기

ㄱ. $y=\frac{x}{x+1}$　　ㄴ. $y=\frac{2-x}{x-1}$

ㄷ. $y=\frac{2x-3}{x-2}$　　ㄹ. $y=\frac{x+4}{2-x}$

0526

함수 $y=\frac{k}{x}$의 그래프를 x축의 방향으로 m만큼, y축의 방향으로 n만큼 평행이동하면 함수 $y=\frac{3x+1}{x-1}$의 그래프와 일치할 때, $k+m+n$의 값은? (단, k는 상수이다.)

① 5　② 6　③ 7　④ 8　⑤ 9

0527 〔서술형〕

함수 $y=\frac{bx+3}{x+a}$의 그래프를 x축의 방향으로 -2만큼, y축의 방향으로 3만큼 평행이동하면 함수 $y=-\frac{3}{x}$의 그래프와 일치할 때, 상수 a, b에 대하여 $a-b$의 값을 구하시오.

빈출
유형 13 유리함수의 그래프의 점근선
개념 12-1~3

유리함수 $y=\frac{ax+b}{cx+d}$ $(ad-bc\neq0,\ c\neq0)$의 그래프의 점근선의 방정식은 $y=\frac{k}{x-p}+q$ $(k\neq0)$ 꼴로 변형하여 구한다.

⇨ 점근선의 방정식: $x=p$, $y=q$

0528 대표

함수 $y=\frac{2x-1}{x+a}$의 그래프의 점근선의 방정식이 $x=-3$, $y=b$일 때, $a+b$의 값은? (단, a, b는 상수이다.)

① 1　② 2　③ 3　④ 4　⑤ 5

0529

함수 $y=\frac{3x+7}{x+2}$의 그래프의 점근선과 x축 및 y축으로 둘러싸인 부분의 넓이를 구하시오.

0530

두 함수 $y=\frac{-3x+2}{x-1}$, $y=\frac{ax+3}{2x+b}$의 그래프의 점근선이 같을 때, 상수 a, b에 대하여 $a-b$의 값을 구하시오.

0531

함수 $y=\frac{ax+b}{x-c}$의 그래프가 점 $(3,\ 5)$를 지나고 점근선의 방정식이 $x=2$, $y=1$일 때, 상수 a, b, c에 대하여 abc의 값을 구하시오.

유형 14 유리함수의 그래프가 지나는 사분면 — 개념 12-1~3

유리함수 $y=\frac{ax+b}{cx+d}$ $(ad-bc\neq0,\ c\neq0)$를 $y=\frac{k}{x-p}+q$ 꼴로 변형하여 그래프를 그린 후, 그래프가 지나는 사분면을 알아본다.

0532 대표

함수 $y=\frac{-2x+7}{x-3}$의 그래프가 지나지 않는 사분면은?

① 제1사분면 ② 제2사분면 ③ 제3사분면
④ 제4사분면 ⑤ 제2, 4사분면

0533

함수 $y=\frac{3x+k-2}{x+1}$의 그래프가 모든 사분면을 지나도록 하는 실수 k의 값의 범위를 구하시오. (단, $k\neq5$)

유형 15 유리함수의 그래프의 대칭성 — 개념 12-1~3

유리함수 $y=\frac{k}{x-p}+q$ $(k\neq0)$의 그래프는
(1) 점근선의 교점 $(p,\ q)$에 대하여 대칭이다.
(2) 점근선의 교점 $(p,\ q)$를 지나고 기울기가 1 또는 -1인 직선에 대하여 대칭이다.

0534 대표

함수 $y=\frac{ax+b}{x+c}$의 그래프가 점 $(-2,\ 4)$에 대하여 대칭이고, 점 $(0,\ 3)$을 지난다. 상수 $a,\ b,\ c$에 대하여 $a+b+c$의 값을 구하시오.

0535 [서술형]

함수 $y=\frac{2x+3}{x+4}$의 그래프는 점 $(p,\ q)$에 대하여 대칭이고, 직선 $y=-x+r$에 대하여 대칭일 때, $p+2q-r$의 값을 구하시오. (단, r는 상수이다.)

0536

함수 $y=\frac{ax-2}{3x-b}$의 그래프가 두 직선 $y=-x+1$, $y=x-3$에 대하여 대칭일 때, ab의 값을 구하시오. (단, $a,\ b$는 상수이다.)

유형 16 그래프를 이용하여 유리함수의 식 구하기 — 개념 12-1~3

주어진 그래프를 이용하여 유리함수의 식을 구할 때는 다음과 같은 순서로 구한다.
❶ 점근선의 방정식 $x=p,\ y=q$를 구한다.
❷ 함수의 식을 $y=\frac{k}{x-p}+q$ $(k\neq0)$로 놓는다.
❸ 그래프가 지나는 점의 좌표를 ❷의 식에 대입하여 k의 값을 구한다.

0537 대표

함수 $y=\frac{ax-b}{x+c}$의 그래프가 오른쪽 그림과 같을 때, 상수 $a,\ b,\ c$에 대하여 $a-b+c$의 값은?

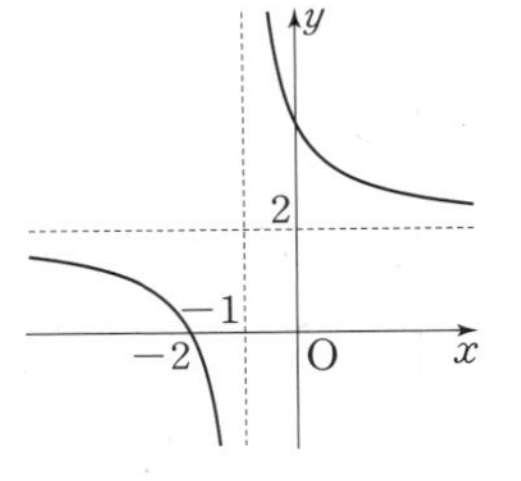

① -5 ② -1
③ 3 ④ 5
⑤ 7

04 유리식과 유리함수

바른답·알찬풀이 055쪽

0538

함수 $y=\frac{k}{x-p}+q$의 그래프가 오른쪽 그림과 같이 원점을 지날 때, 상수 k, p, q에 대하여 $k+p-q$의 값을 구하시오.

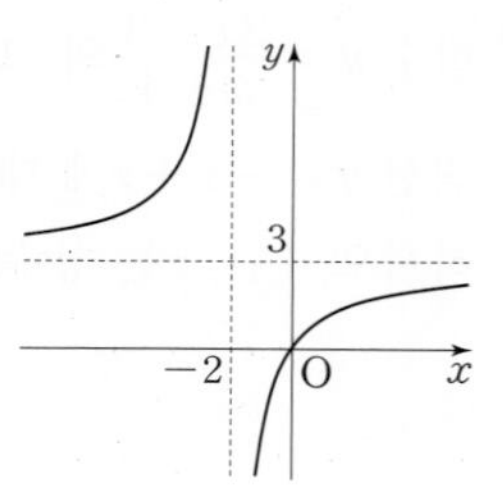

0539 〔서술형〕

일차식 $P(x)$에 대하여 함수 $y=\frac{P(x)}{x-a}$의 그래프가 오른쪽 그림과 같이 점 $(0, -4)$를 지날 때, $P(a)$의 값을 구하시오.

(단, a는 상수이다.)

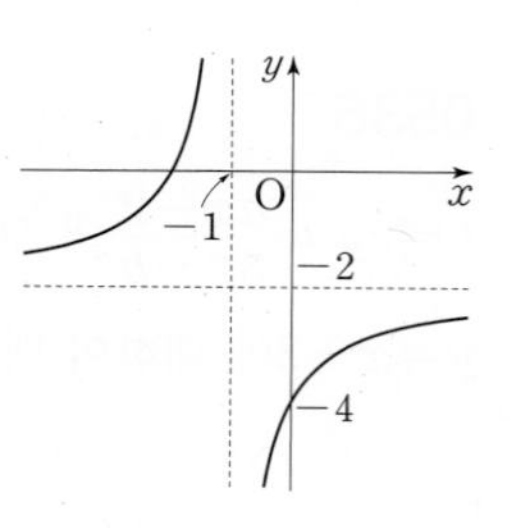

빈출

유형 17 유리함수의 그래프의 성질

개념 12-1~3

유리함수 $y=\frac{k}{x-p}+q\ (k\neq0)$의 그래프

(1) 함수 $y=\frac{k}{x}$의 그래프를 x축의 방향으로 p만큼, y축의 방향으로 q만큼 평행이동한 것이다.

(2) 정의역은 $\{x\mid x\neq p$인 실수$\}$, 치역은 $\{y\mid y\neq q$인 실수$\}$이다.

(3) 점근선의 방정식은 $x=p$, $y=q$이다.

(4) 점 (p, q)에 대하여 대칭이다.

0540 대표

함수 $y=\frac{3x+5}{x-1}$의 그래프에 대한 설명으로 옳은 것만을 **보기**에서 있는 대로 고르시오.

보기

ㄱ. 평행이동에 의하여 함수 $y=\frac{-2x+6}{x+1}$의 그래프와 겹쳐질 수 있다.

ㄴ. 제4사분면을 지나지 않는다.

ㄷ. 직선 $y=x+2$에 대하여 대칭이다.

0541

함수 $y=-\frac{1}{x-2}+2$의 그래프에 대한 다음 설명 중 옳지 않은 것은?

① 정의역과 치역은 각각 2를 제외한 실수 전체의 집합이다.

② x축과의 교점의 좌표는 $\left(\frac{5}{2}, 0\right)$이다.

③ 점근선의 방정식은 $x=2$, $y=2$이다.

④ 제2, 3, 4사분면을 지난다.

⑤ 함수 $y=-\frac{1}{x}$의 그래프를 평행이동한 것이다.

유형 18 유리함수의 최대·최소

개념 12-1~3

주어진 정의역에서 유리함수의 그래프를 그린 후, 함수의 최댓값과 최솟값을 구한다.

0542 대표

$2\leq x\leq 4$에서 함수 $y=\frac{2x-1}{x-1}$의 최댓값을 M, 최솟값을 m이라 할 때, Mm의 값을 구하시오.

0543

정의역이 $\{x\mid 3\leq x\leq a\}$인 함수 $y=\frac{-2x+1}{x-2}$의 최댓값이 -4, 최솟값이 b일 때, $2a+b$의 값을 구하시오.

유형 19 유리함수의 그래프와 직선의 위치 관계 개념 12-1~3

유리함수 $y=f(x)$의 그래프와 직선 $y=g(x)$의 위치 관계는
(1) 함수 $y=f(x)$의 그래프를 그리고 직선 $y=g(x)$가 항상 지나는 점을 이용하여 움직여 본다.
(2) 함수 $y=f(x)$의 그래프와 직선 $y=g(x)$가 한 점에서 만나는 경우
⇨ 방정식 $f(x)=g(x)$에서 얻은 이차방정식의 판별식을 D라 하면 $D=0$임을 이용한다.

0544 대표

함수 $y=-\frac{2x}{x-1}$의 그래프와 직선 $y=2x-k$가 한 점에서 만날 때, 양수 k의 값을 구하시오.

0545

함수 $y=\frac{x-3}{x}$의 그래프와 직선 $y=mx+2$가 만나도록 하는 실수 m의 최댓값을 구하시오.

0546

함수 $y=\frac{x+1}{x-2}$의 그래프와 직선 $y=mx+1$이 만나지 않도록 하는 실수 m의 값의 범위를 구하시오.

0547 서술형

두 집합 $A=\left\{(x, y) \middle| y=\frac{2x+4}{x+1},\ 0\le x\le 1\right\}$, $B=\{(x, y)\,|\,y=m(x+2)\}$에 대하여 $A\cap B\neq\varnothing$일 때, 실수 m의 최댓값과 최솟값의 합을 구하시오.

유형 20 유리함수의 합성 개념 12-1~3

함수 f에 대하여
$f^1=f,\ \ f^{n+1}=f\circ f^n$ (n은 자연수)
으로 정의할 때, $f^n(a)$의 값은 다음과 같은 방법으로 구한다.
[방법 1] $f^2(x), f^3(x), f^4(x), \cdots$를 구하여 $f^n(x)$를 추정한 후, x 대신 a를 대입한다.
[방법 2] $f(a), f^2(a), f^3(a), \cdots$의 값에서 규칙을 찾아 $f^n(a)$의 값을 구한다.

0548 대표

함수 $f(x)=\frac{x}{x-1}$에 대하여
$f^1=f,\ \ f^{n+1}=f\circ f^n$ (n은 자연수)
으로 정의할 때, $f^{2020}(3)+f^{2023}(3)$의 값을 구하시오.

0549

함수 $f(x)=\frac{1}{1-x}$에 대하여
$f^1=f,\ \ f^n=\underbrace{f\circ f\circ f\circ\cdots\circ f}_{n\text{개}}$ (n은 자연수)
로 정의할 때, $f^{70}(2)$의 값은?

① -2 ② -1 ③ $-\frac{1}{2}$
④ $\frac{1}{2}$ ⑤ 2

0550

함수 $y=f(x)$의 그래프는 오른쪽 그림과 같이 원점을 지난다.
$f^1=f,\ \ f^{n+1}=f\circ f^n$
으로 정의할 때, $f^2(10)+f^{10}(2)$의 값을 구하시오. (단, n은 자연수이다.)

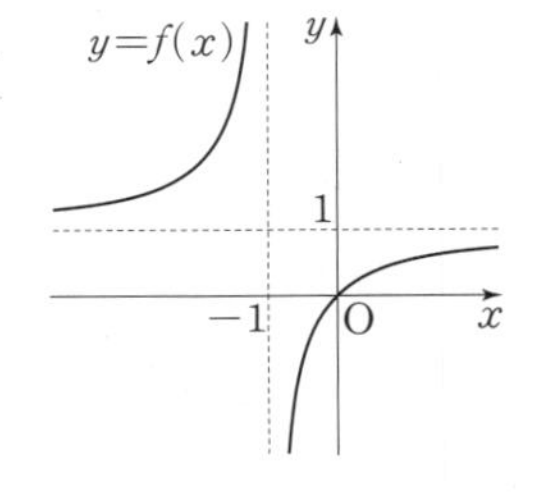

바른답 · 알찬풀이 057쪽

04 유리식과 유리함수

빈출

유형 21 유리함수의 역함수

개념 12-1~3

유리함수 $y=\frac{ax+b}{cx+d}$ $(ad-bc\neq0,\ c\neq0)$의 역함수는 다음과 같은 순서로 구한다.

❶ x에 대하여 푼다. ⇨ $x=\frac{-dy+b}{cy-a}$

❷ x와 y를 서로 바꾼다. ⇨ $y=\frac{-dx+b}{cx-a}$

0551 대표

함수 $f(x)=\frac{ax+2}{3x-2}$에 대하여 $f=f^{-1}$가 성립할 때, 상수 a의 값을 구하시오.

0552

두 함수 $y=\frac{2x+3}{x+4}$, $y=\frac{ax+b}{x+c}$의 그래프가 직선 $y=x$에 대하여 대칭일 때, $a+b+c$의 값은?

(단, a, b, c는 상수이다.)

① -3　　② -1　　③ 1
④ 3　　⑤ 5

0553 [서술형]

함수 $f(x)=\frac{ax-b}{x+2}$의 그래프와 그 역함수의 그래프가 모두 점 $(1,\ -3)$을 지날 때, 상수 a, b에 대하여 $a+b$의 값을 구하시오.

0554

함수 $y=\frac{b}{x+a}+c$가 다음 조건을 만족시킬 때, 상수 a, b, c에 대하여 $a+b+c$의 값을 구하시오.

(가) 그래프는 점 $(-2,\ 5)$에 대하여 대칭이다.
(나) 역함수의 그래프가 점 $(6,\ 1)$을 지난다.

유형 22 유리함수의 합성함수와 역함수

개념 12-1~3

두 함수 $f(x)$, $g(x)$와 그 역함수 $f^{-1}(x)$, $g^{-1}(x)$에 대하여
(1) $(g\circ f^{-1})(x)=g(f^{-1}(x))$
(2) $(g^{-1}\circ f)^{-1}(x)=(f^{-1}\circ g)(x)=f^{-1}(g(x))$

0555 대표

함수 $f(x)=\frac{3x+2}{x-1}$에 대하여 $(f\circ f^{-1}\circ f^{-1})(4)$의 값을 구하시오.

0556

두 함수 $f(x)=\frac{x+2}{2x-1}$, $g(x)=2x-3$에 대하여 $(g^{-1}\circ f)(a)=3$을 만족시키는 실수 a의 값을 구하시오.

0557

두 함수 $f(x)=\frac{x+1}{x-1}$, $g(x)=\frac{-3x-4}{2x+5}$에 대하여 $(g\circ(f\circ g)^{-1}\circ g)(-2)$의 값을 구하시오.

중단원 마무리

16 일차

STEP1 실전 문제

0558 80쪽 유형 01

$\dfrac{a^2-6a}{a^2+a-2} \times \dfrac{a^2+5a+6}{a+1} \div \dfrac{a^2-3a-18}{a-1}$을 간단히 하시오.

0559 81쪽 유형 02

다음 식의 분모를 0으로 만들지 않는 모든 실수 x에 대하여

$$\frac{x^2-5}{x^3+x^2-x-1}=\frac{a}{x-1}+\frac{b}{x+1}+\frac{c}{(x+1)^2}$$

가 성립할 때, abc의 값을 구하시오.

(단, a, b, c는 상수이다.)

0560 82쪽 유형 04

$$f(x)=\frac{1}{x(x+2)}+\frac{1}{(x+2)(x+4)}+\frac{1}{(x+4)(x+6)}+\cdots+\frac{1}{(x+18)(x+20)}$$

일 때, $f(10)$의 값을 구하시오.

0561 82쪽 유형 05

$f(x)=1-\dfrac{1}{1-\dfrac{1}{1-\dfrac{1}{x+1}}}$에 대하여 $f(a)=5$를 만족시키는 상수 a의 값을 구하시오.

0562 83쪽 유형 06

$x^2+2x-1=0$일 때, $x^3-4x+3+\dfrac{4}{x}-\dfrac{1}{x^3}$의 값은?

① -7　② -4　③ -3　④ 3　⑤ 9

0563 83쪽 유형 07

0이 아닌 실수 a, b, c에 대하여 $\dfrac{1}{a}+\dfrac{1}{b}+\dfrac{1}{c}=0$일 때,

$$\frac{a}{(a+b)(c+a)}+\frac{b}{(b+c)(a+b)}+\frac{c}{(c+a)(b+c)}$$

의 값을 구하시오.

0564 84쪽 유형 10

어느 도시의 공무원 시험에서 전체 지원자 중 2200명이 합격했다. 전체 지원자의 남녀의 비가 8 : 5, 합격자의 남녀의 비가 7 : 4, 불합격자의 남녀의 비가 3 : 2라 할 때, 전체 지원자 수를 구하시오.

0565 85쪽 유형 11 + 86쪽 유형 13

함수 $y=\dfrac{bx}{ax+1}$의 정의역과 치역이 같고, 두 점근선의 교점이 직선 $y=2x+\dfrac{1}{4}$ 위에 있을 때, 0이 아닌 상수 a, b에 대하여 $a+b$의 값은?

① 1　② 3　③ 5　④ 7　⑤ 9

바른답·알찬풀이 060쪽

0566

87쪽 유형 14

함수 $y=\dfrac{b}{x-a}-c$의 그래프가 오른쪽 그림과 같을 때, 옳은 것만을 **보기**에서 있는 대로 고르시오.

(단, a, b, c는 상수이다.)

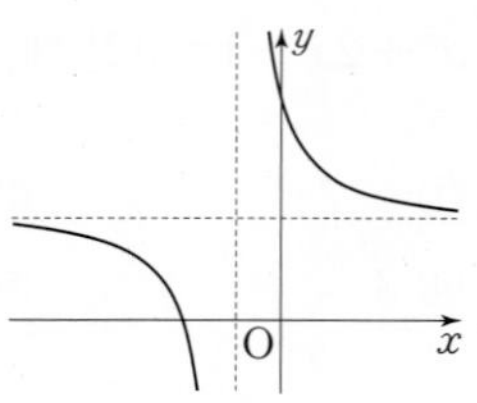

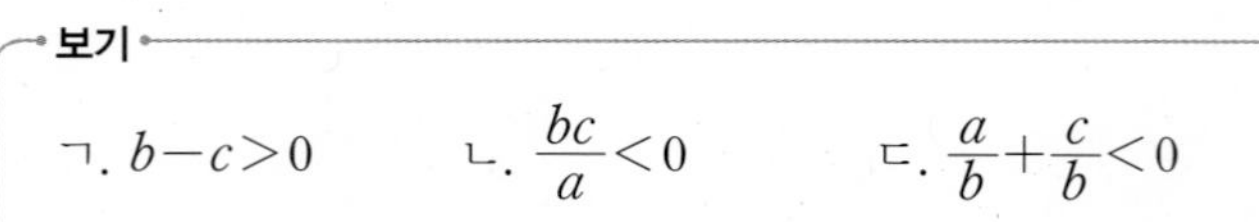

보기

ㄱ. $b-c>0$　　ㄴ. $\dfrac{bc}{a}<0$　　ㄷ. $\dfrac{a}{b}+\dfrac{c}{b}<0$

0567 교육청

87쪽 유형 15

함수 $y=f(x)$의 그래프는 곡선 $y=-\dfrac{2}{x}$를 평행이동한 것이고 직선 $y=x$에 대하여 대칭이다. 함수 $f(x)$의 정의역이 $\{x\,|\,x\neq-2$인 모든 실수$\}$일 때, $f(4)$의 값은?

① -3　　② $-\dfrac{7}{3}$　　③ $-\dfrac{5}{3}$

④ -1　　⑤ $-\dfrac{1}{3}$

0568

88쪽 유형 17

함수 $y=\dfrac{2x-2p+5}{x-p}$의 그래프에 대한 설명으로 옳은 것만을 **보기**에서 있는 대로 고르시오. (단, p는 상수이다.)

보기

ㄱ. 직선 $y=2$와 한 점에서 만난다.

ㄴ. 함수 $y=\dfrac{5}{x}$의 그래프를 평행이동한 것이다.

ㄷ. 제3사분면을 지나지 않도록 하는 정수 p의 최솟값은 3이다.

0569

89쪽 유형 19

정의역이 $\{x\,|\,3\leq x\leq 5\}$인 함수 $y=\dfrac{x+1}{x-2}$의 그래프와 직선 $y=mx-m-1$이 만나도록 하는 실수 m의 값의 범위를 구하시오.

0570

90쪽 유형 21

함수 $f(x)=\dfrac{bx+1}{ax-2}$과 그 역함수 $f^{-1}(x)$에 대하여 $f^{-1}(3)=1$, $(f\circ f)(1)=\dfrac{8}{5}$일 때, $f(-1)$의 값을 구하시오. (단, a, b는 상수이다.)

0571

89쪽 유형 20+90쪽 유형 21

함수 $y=f(x)$의 역함수 $y=f^{-1}(x)$의 그래프가 오른쪽 그림과 같을 때, $f^{100}(1)$의 값을 구하시오. (단, $f^1=f$, $f^{n+1}=f\circ f^n$, n은 자연수이다.)

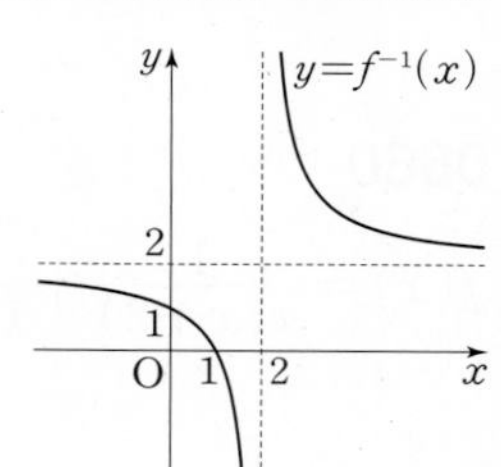

0572

90쪽 유형 22

두 함수 $f(x)=\dfrac{2x-5}{x+1}$, $g(x)=\dfrac{3x+1}{x-1}$에 대하여 $(f^{-1}\circ g)(-1)$의 값을 구하시오.

STEP 2 실력 UP 문제

0573
83쪽 유형 08

0이 아닌 실수 a, b, c에 대하여

$$\frac{3b+2c}{a}=\frac{2c+a}{3b}=\frac{a+3b}{2c}=k$$

를 만족시키는 모든 상수 k의 값의 합을 구하시오.

0574
89쪽 유형 19

함수 $y=\left|\frac{2x+1}{-x+3}\right|$의 그래프와 직선 $y=k$가 만나는 점의 개수를 $N(k)$라 할 때,

$$N(0)+N(1)+N(2)+\cdots+N(9)$$

의 값을 구하시오. (단, k는 상수이다.)

0575 교육청
90쪽 유형 21

유리함수 $f(x)=\frac{2x+b}{x-a}$가 다음 조건을 만족시킨다.

> (가) 2가 아닌 모든 실수 x에 대하여 $f^{-1}(x)=f(x-4)-4$이다.
>
> (나) 함수 $y=f(x)$의 그래프를 평행이동하면 함수 $y=\frac{3}{x}$의 그래프와 일치한다.

$a+b$의 값은? (단, a, b는 상수이다.)

① 1 ② 2 ③ 3
④ 4 ⑤ 5

적중 서술형 문제

0576
84쪽 유형 09

0이 아닌 실수 x, y, z에 대하여

$$x+y+z=-x-2y+z=3x+2y-3z$$

일 때, $\frac{x^2+y^2}{z^2}$의 값을 구하시오.

0577
88쪽 유형 18

$-1\leq x\leq 2$에서 함수 $y=\frac{ax-5}{x-3}$의 최솟값이 $\frac{3}{4}$일 때, 다음 물음에 답하시오. (단, a는 $a<0$인 상수)

(1) a의 값을 구하시오.

(2) $-1\leq x\leq 2$에서 이 함수의 최댓값을 구하시오.

0578
90쪽 유형 21

함수 $f(x)=\frac{ax+b}{x+c}$의 그래프는 점 $(1, 2)$를 지나고 두 점근선 중 하나가 직선 $y=1$이다. $f(x)$의 역함수 $f^{-1}(x)$에 대하여 $f^{-1}(0)=3$일 때, $f(4)$의 값을 구하시오.

(단, a, b, c는 상수이다.)

바른답 · 알찬풀이 062쪽

Ⅱ 함수

05 무리식과 무리함수

중단원 핵심 개념을 정리하였습니다.
Lecture별 유형 학습 전에 관련 개념을 완벽하게 알아두세요.

Lecture 13 무리식

17일차

개념 13-1 무리식

96~99쪽 | 유형 01~07 |

(1) 무리식: 근호 안에 문자가 포함되어 있는 식 중에서 유리식으로 나타낼 수 없는 식

예 $\sqrt{x}$, $\sqrt{2x+1}-1$, $\dfrac{x}{\sqrt{3-x}}$는 유리식으로 나타낼 수 없는 식이므로 무리식이다.

주의 $\sqrt{3}x$와 같은 식은 근호 안에 문자가 없으므로 무리식이 아니다.

(2) 무리식의 값이 실수가 되기 위한 조건

무리식의 값이 실수가 되려면 근호 안의 식의 값이 0 이상이어야 하고, 분모가 0이 아니어야 하므로 무리식을 계산할 때는

(근호 안에 있는 식의 값)≥ 0, (분모)$\neq 0$

이 되는 범위에서만 생각한다.

예 무리식 $\sqrt{x-1}$의 값이 실수가 되려면 ⇨ $x-1\geq 0$ $\quad\therefore x\geq 1$

무리식 $\dfrac{1}{\sqrt{x-2}}$의 값이 실수가 되려면 ⇨ $x-2>0$ $\quad\therefore x>2$

(분모가 0이 아니어야 하므로 $x-2\neq 0$)

개념 13-2 무리식의 계산

97~99쪽 | 유형 02~07 |

무리식의 계산은 무리수의 계산과 같은 방법으로 제곱근의 성질과 분모의 유리화 등을 이용한다.

(1) 제곱근의 성질

실수 a, b에 대하여

① $\sqrt{a^2}=|a|=\begin{cases} a & (a\geq 0) \\ -a & (a<0) \end{cases}$

② $(\sqrt{a})^2=a\ (a\geq 0)$

③ $\sqrt{a}\sqrt{b}=\sqrt{ab}\ (a>0,\ b>0)$

④ $\dfrac{\sqrt{a}}{\sqrt{b}}=\sqrt{\dfrac{a}{b}}\ (a>0,\ b>0)$

(2) 음수의 제곱근의 성질

① $a<0$, $b<0$일 때, $\sqrt{a}\sqrt{b}=-\sqrt{ab}$

② $a>0$, $b<0$일 때, $\dfrac{\sqrt{a}}{\sqrt{b}}=-\sqrt{\dfrac{a}{b}}$

(3) 분모의 유리화

$a>0$, $b>0$일 때

① $\dfrac{a}{\sqrt{b}}=\dfrac{a\sqrt{b}}{\sqrt{b}\sqrt{b}}=\dfrac{a\sqrt{b}}{b}$

② $\dfrac{c}{\sqrt{a}+\sqrt{b}}=\dfrac{c(\sqrt{a}-\sqrt{b})}{(\sqrt{a}+\sqrt{b})(\sqrt{a}-\sqrt{b})}=\dfrac{c(\sqrt{a}-\sqrt{b})}{a-b}$ (단, $a\neq b$)

참고 분모에 근호를 포함한 수 또는 식이 있을 때, 분자, 분모에 적당한 수 또는 식을 곱하여 분모에 근호가 포함되지 않도록 변형하는 것을 분모의 유리화라 한다.

예 $\dfrac{1}{\sqrt{x+1}-\sqrt{x}}$의 분모를 유리화하면

$$\frac{1}{\sqrt{x+1}-\sqrt{x}}=\frac{\sqrt{x+1}+\sqrt{x}}{(\sqrt{x+1}-\sqrt{x})(\sqrt{x+1}+\sqrt{x})}=\frac{\sqrt{x+1}+\sqrt{x}}{(\sqrt{x+1})^2-(\sqrt{x})^2}$$

$$=\frac{\sqrt{x+1}+\sqrt{x}}{x+1-x}=\sqrt{x+1}+\sqrt{x}$$

개념 CHECK

1 무리식인 것에는 ○표, 무리식이 아닌 것에는 ×표를 ( ) 안에 써넣으시오.

(1) $\sqrt{4x-1}$ ( )

(2) $\dfrac{\sqrt{2}}{x}$ ( )

(3) $1-\dfrac{1}{\sqrt{x}}$ ( )

(4) $\sqrt{x^2-x}$ ( )

2 다음 무리식의 값이 실수가 되도록 하는 실수 x의 값의 범위를 구하시오.

(1) $\sqrt{x+5}$

(2) $\dfrac{1}{\sqrt{2x-6}}$

3 다음 식의 분모를 유리화하시오.

(1) $\dfrac{1}{\sqrt{x+2}}$

(2) $\dfrac{3}{\sqrt{x}+\sqrt{x-3}}$

4 $x=\sqrt{3}+\sqrt{2}$, $y=\sqrt{3}-\sqrt{2}$일 때, $\dfrac{1}{x}+\dfrac{1}{y}$의 값을 구하시오.

1 (1) ○ (2) × (3) ○ (4) ○
2 (1) $x\geq -5$ (2) $x>3$
3 (1) $\dfrac{\sqrt{x+2}}{x+2}$ (2) $\sqrt{x}-\sqrt{x-3}$
4 $2\sqrt{3}$

Lecture 14 무리함수 18일차

개념 14-1 무리함수

100~104쪽 | 유형 08~16 |

(1) **무리함수**: 함수 $y=f(x)$에서 $f(x)$가 x에 대한 무리식인 함수

예 $y=\sqrt{2x-1}$, $y=\sqrt{1-3x}$는 모두 무리함수이다.

(2) 무리함수에서 정의역이 주어져 있지 않은 경우에는

(근호 안에 있는 식의 값)≥ 0

이 되도록 하는 실수 전체의 집합을 정의역으로 한다.

예 무리함수 $y=\sqrt{x-3}$의 정의역은 $x-3\geq 0$에서 $\{x|x\geq 3\}$이다.

개념 14-2 무리함수 $y=\pm\sqrt{ax}$ $(a\neq 0)$의 그래프

100~104쪽 | 유형 08~16 |

(1) **무리함수 $y=\sqrt{ax}$ $(a\neq 0)$의 그래프**

① $a>0$일 때,
정의역은 $\{x|x\geq 0\}$, 치역은 $\{y|y\geq 0\}$이다.

② $a<0$일 때,
정의역은 $\{x|x\leq 0\}$, 치역은 $\{y|y\geq 0\}$이다.

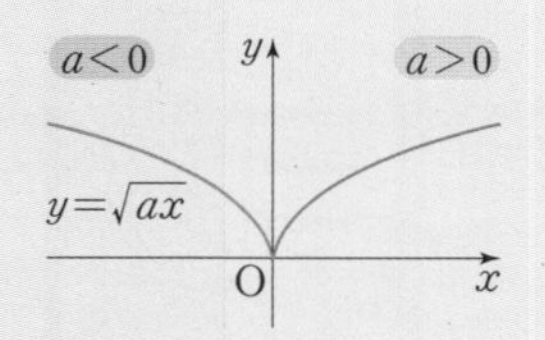

(2) **무리함수 $y=-\sqrt{ax}$ $(a\neq 0)$의 그래프**

① $a>0$일 때,
정의역은 $\{x|x\geq 0\}$, 치역은 $\{y|y\leq 0\}$이다.

② $a<0$일 때,
정의역은 $\{x|x\leq 0\}$, 치역은 $\{y|y\leq 0\}$이다.

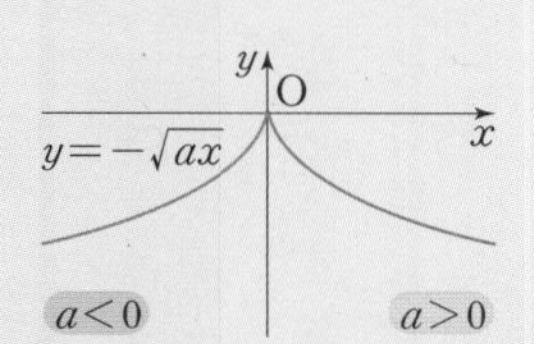

(3) $|a|$가 커질수록 그래프는 x축에서 멀어진다.

참고 함수 $y=-\sqrt{ax}$, $y=\sqrt{-ax}$, $y=-\sqrt{-ax}$의 그래프는 함수 $y=\sqrt{ax}$의 그래프를 각각 x축, y축, 원점에 대하여 대칭이동한 것과 같다.

개념 14-3 무리함수 $y=\sqrt{a(x-p)}+q$ $(a\neq 0)$의 그래프

100~104쪽 | 유형 08~16 |

(1) **무리함수 $y=\sqrt{a(x-p)}+q$ $(a\neq 0)$의 그래프**

① 무리함수 $y=\sqrt{ax}$의 그래프를 x축의 방향으로 p만큼, y축의 방향으로 q만큼 평행이동한 것이다.

② $a>0$일 때,
정의역은 $\{x|x\geq p\}$, 치역은 $\{y|y\geq q\}$이다.
$a<0$일 때,
정의역은 $\{x|x\leq p\}$, 치역은 $\{y|y\geq q\}$이다.

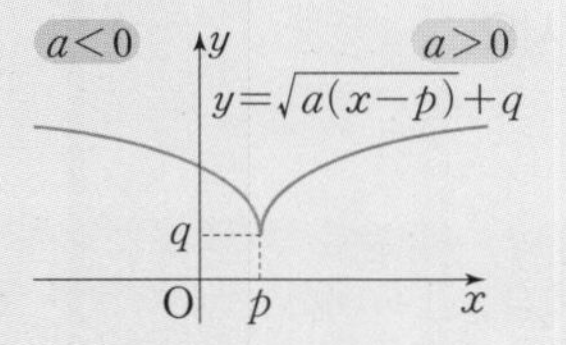

참고 함수 $y=-\sqrt{a(x-p)}+q$ $(a\neq 0)$에서
① $a>0$일 때, 정의역은 $\{x|x\geq p\}$, 치역은 $\{y|y\leq q\}$이다.
② $a<0$일 때, 정의역은 $\{x|x\leq p\}$, 치역은 $\{y|y\leq q\}$이다.

(2) 무리함수 $y=\sqrt{ax+b}+c$ $(a\neq 0)$의 그래프는 $y=\sqrt{a(x-p)}+q$ 꼴로 변형하여 그린다.

예 $y=\sqrt{2x-1}+1=\sqrt{2\left(x-\frac{1}{2}\right)}+1$이므로

함수 $y=\sqrt{2x-1}+1$의 그래프는 함수 $y=\sqrt{2x}$의 그래프를 x축의 방향으로 $\frac{1}{2}$만큼, y축의 방향으로 1만큼 평행이동한 것이다.

이때 정의역은 $\left\{x\middle|x\geq\frac{1}{2}\right\}$, 치역은 $\{y|y\geq 1\}$이다.

개념 CHECK

5 다음 함수의 정의역을 구하시오.

(1) $y=\sqrt{x+6}$

(2) $y=-\sqrt{5-4x}$

6 다음 함수의 그래프가 지나는 사분면을 구하시오.

(1) $y=\sqrt{2x}$

(2) $y=\sqrt{-2x}$

(3) $y=-\sqrt{2x}$

(4) $y=-\sqrt{-2x}$

7 다음 함수의 정의역과 치역을 각각 구하시오.

(1) $y=\sqrt{3(x+4)}-1$

(2) $y=-\sqrt{5x-5}+2$

8 다음 □ 안에 알맞은 수를 써넣으시오.

> 함수 $y=\sqrt{-3x-9}+1$의 그래프는 함수 $y=\sqrt{-3x}$의 그래프를 x축의 방향으로 □만큼, y축의 방향으로 □만큼 평행이동한 것이다.

---

5 (1) $\{x|x\geq -6\}$ (2) $\left\{x\middle|x\leq\frac{5}{4}\right\}$

6 (1) 제1사분면 (2) 제2사분면 (3) 제4사분면 (4) 제3사분면

7 (1) 정의역: $\{x|x\geq -4\}$, 치역: $\{y|y\geq -1\}$
(2) 정의역: $\{x|x\geq 1\}$, 치역: $\{y|y\leq 2\}$

8 -3, 1

무리식

기본 익히기

94쪽 | 개념 13-1, 2 |

0579~0582 다음 무리식의 값이 실수가 되도록 하는 실수 x의 값의 범위를 구하시오.

0579 $\sqrt{2-x}-x$

0580 $\sqrt{x+3}+\sqrt{x-3}$

0581 $\dfrac{x}{\sqrt{x-5}}$

0582 $\sqrt{x-2}+\dfrac{1}{\sqrt{4-x}}$

0583~0584 다음 식을 간단히 하시오.

0583 $(\sqrt{x+1}+\sqrt{x})(\sqrt{x+1}-\sqrt{x})$

0584 $(\sqrt{2}-\sqrt{5x-1})(\sqrt{2}+\sqrt{5x-1})$

0585~0586 다음 식의 분모를 유리화하시오.

0585 $\dfrac{2}{\sqrt{x-1}+\sqrt{x-3}}$

0586 $\dfrac{\sqrt{x}-\sqrt{x-1}}{\sqrt{x}+\sqrt{x-1}}$

0587~0588 다음 식을 간단히 하시오.

0587 $\dfrac{1}{\sqrt{x}+1}-\dfrac{1}{\sqrt{x}-1}$

0588 $\dfrac{\sqrt{x}-3}{\sqrt{x}+3}+\dfrac{\sqrt{x}+3}{\sqrt{x}-3}$

유형 익히기

유형 01 무리식의 값이 실수가 되기 위한 조건 개념 13-1

(1) $\sqrt{A}$의 값이 실수가 되려면 ⇨ $A\geq 0$

(2) $\dfrac{1}{\sqrt{A}}$의 값이 실수가 되려면 ⇨ $A>0$

0589 대표

$\sqrt{4-x^2}+\dfrac{1}{\sqrt{x+1}}$의 값이 실수가 되도록 하는 모든 정수 x의 값의 합은?

① 1　② 2　③ 3　④ 4　⑤ 5

0590

$\sqrt{6x^2-x-1}$의 값이 실수가 되도록 하는 실수 x의 값의 범위를 구하시오.

0591

$\dfrac{\sqrt{x-1}+\sqrt{10-3x}}{x-2}$의 값이 실수가 되도록 하는 자연수 x의 의 개수를 구하시오.

유형02 제곱근의 성질 (개념 13-1, 2)

a가 실수일 때

⇨ $\sqrt{a^2}=|a|=\begin{cases} a & (a\ge 0) \\ -a & (a<0) \end{cases}$

0592 대표

$-1<a<3$일 때, $\sqrt{a^2+2a+1}+\sqrt{a^2-6a+9}$를 간단히 하면?

① -4　② $-2a$　③ 0
④ $2a$　⑤ 4

0593

$x=1-\sqrt{2}$, $y=1-\sqrt{3}$일 때, $\sqrt{(x+y)^2}-\sqrt{(x-y)^2}$의 값은?

① $2\sqrt{3}-2$　② $2\sqrt{2}-2$　③ $2\sqrt{2}-2\sqrt{3}$
④ $2-2\sqrt{2}$　⑤ $2-2\sqrt{3}$

0594

$0<a<1$이고 $x=a+\dfrac{1}{a}$일 때, $\sqrt{x^2-4}+x$를 a에 대한 식으로 나타내시오.

0595 [서술형]

$\dfrac{\sqrt{1-a}}{\sqrt{a}}$의 값이 실수가 되도록 하는 실수 a에 대하여 $|a-3|-\sqrt{4a^2-12a+9}$를 간단히 하시오.

유형03 음수의 제곱근의 성질 (개념 13-1, 2)

실수 a, b에 대하여

(1) $\sqrt{a}\sqrt{b}=-\sqrt{ab}$이면
⇨ $a<0$, $b<0$ 또는 $a=0$ 또는 $b=0$

(2) $\dfrac{\sqrt{a}}{\sqrt{b}}=-\sqrt{\dfrac{a}{b}}$이면
⇨ $a>0$, $b<0$ 또는 $a=0$, $b\ne 0$

0596 대표

$\dfrac{\sqrt{x+2}}{\sqrt{x-4}}=-\sqrt{\dfrac{x+2}{x-4}}$를 만족시키는 실수 x에 대하여 $\sqrt{x^2-8x+16}+\sqrt{x^2+4x+4}$를 간단히 하시오.

(단, $x\ne 4$, $x\ne -2$)

0597

$a\ne 2$, $b\ne 1$인 실수 a, b에 대하여

$$\sqrt{2-a}\sqrt{b-1}=-\sqrt{(2-a)(b-1)}$$

일 때, $\sqrt{(b-2)^2}-\sqrt{(a-b)^2}$을 간단히 하면?

① $2-a$　② $a+2$　③ $2b-2$
④ $-a+2b-2$　⑤ $a-2b+2$

0598

0이 아닌 실수 a, b, c에 대하여

$$\frac{\sqrt{a}}{\sqrt{b}}=-\sqrt{\frac{a}{b}},\quad \sqrt{c^2}=-c$$

일 때, $\sqrt{(a-b)^2}-\sqrt{(b+c)^2}+\sqrt{(a-c)^2}$을 간단히 하면?

① $2a$　② $-2c$　③ $a-b$
④ $2a-2b$　⑤ $-2b+2c$

바른답·알찬풀이 065쪽

유형04 분모의 유리화

개념 13-1, 2

$a>0$, $b>0$일 때

(1) $\frac{\sqrt{a}}{\sqrt{b}}=\frac{\sqrt{a}\sqrt{b}}{\sqrt{b}\sqrt{b}}=\frac{\sqrt{ab}}{b}$

(2) $\frac{c}{\sqrt{a}+\sqrt{b}}=\frac{c(\sqrt{a}-\sqrt{b})}{(\sqrt{a}+\sqrt{b})(\sqrt{a}-\sqrt{b})}=\frac{c(\sqrt{a}-\sqrt{b})}{a-b}$ (단, $a\neq b$)

0599 대표

$\frac{4x}{1+\sqrt{2x+1}}+\frac{4x}{1-\sqrt{2x+1}}$를 간단히 하시오.

0600

$\frac{\sqrt{x}-\sqrt{x-1}}{\sqrt{x}+\sqrt{x-1}}+\frac{\sqrt{x}+\sqrt{x-1}}{\sqrt{x}-\sqrt{x-1}}$을 간단히 하시오.

0601

$\frac{1-\sqrt{5}+\sqrt{6}}{1+\sqrt{5}+\sqrt{6}}=\sqrt{a}-\sqrt{b}$일 때, 자연수 a, b에 대하여 ab의 값을 구하시오.

0602 〔서술형〕

양의 실수 x에 대하여 $f(x)=\frac{1}{\sqrt{x}+\sqrt{x+1}}$일 때,

$$f(1)+f(2)+f(3)+\cdots+f(35)$$

의 값을 구하시오.

빈출 유형05 무리식의 값 구하기

개념 13-1, 2

(1) 식을 간단히 할 수 있는 경우 ⇨ 분모를 유리화하여 식을 간단히 한 후, 수를 대입하여 식의 값을 구한다.

(2) 식을 간단히 할 수 없는 경우 ⇨ 주어진 수를 먼저 대입한 후, 식의 값을 구한다.

0603 대표

$x=\frac{\sqrt{2}}{3}$일 때, $\frac{\sqrt{3x-1}}{\sqrt{3x+1}}+\frac{\sqrt{3x+1}}{\sqrt{3x-1}}$의 값은?

① $\frac{\sqrt{2}}{3}$ ② $\frac{\sqrt{2}}{2}$ ③ 1
④ $\sqrt{2}$ ⑤ $2\sqrt{2}$

0604

$x=\sqrt{10}$일 때, $\frac{\sqrt{x+1}-\sqrt{x-1}}{\sqrt{x+1}+\sqrt{x-1}}$의 값은?

① $\sqrt{10}-3$ ② $\sqrt{10}-2\sqrt{2}$ ③ $\sqrt{10}-\sqrt{7}$
④ $\sqrt{10}-\sqrt{6}$ ⑤ $\sqrt{10}-\sqrt{5}$

0605

$\sqrt{2x+3}=\sqrt{7}$일 때, 다음 식의 값을 구하시오.

$$\sqrt{x}-\cfrac{1}{\sqrt{x}-\cfrac{1}{\sqrt{x}-\cfrac{1}{\sqrt{x}-1}}}$$

빈출

유형06 무리식의 값 구하기; $x=\sqrt{a}+\sqrt{b}$, $y=\sqrt{a}-\sqrt{b}$ 꼴

개념 13-1, 2

$x=\sqrt{a}+\sqrt{b}$, $y=\sqrt{a}-\sqrt{b}$ 꼴로 주어지면 다음과 같은 순서로 무리식의 값을 구한다.

❶ $x+y$, $x-y$, xy의 값을 구한다.

❷ ❶에서 구한 값을 이용할 수 있도록 주어진 식을 변형한다.

0606 대표

$x=\frac{2}{\sqrt{3}-1}$, $y=\frac{2}{\sqrt{3}+1}$일 때, $\frac{y}{x^2}+\frac{x}{y^2}$의 값을 구하시오.

0607

$x=\sqrt{5}+\sqrt{3}$, $y=\sqrt{5}-\sqrt{3}$일 때, x^2+xy+y^2의 값은?

① 12 ② 14 ③ 16 ④ 18 ⑤ 20

0608

$x=\frac{\sqrt{3}-\sqrt{2}}{\sqrt{3}+\sqrt{2}}$, $y=\frac{\sqrt{3}+\sqrt{2}}{\sqrt{3}-\sqrt{2}}$일 때, $\frac{\sqrt{x}}{\sqrt{y}}-\frac{\sqrt{y}}{\sqrt{x}}$의 값은?

① $-4\sqrt{6}$ ② $-2\sqrt{6}$ ③ 2 ④ $2\sqrt{6}$ ⑤ $4\sqrt{6}$

0609

$x=\frac{5+\sqrt{21}}{2}$, $y=\frac{5-\sqrt{21}}{2}$일 때, $\sqrt{2x}-\sqrt{2y}$의 값을 구하시오.

유형07 무리식의 값 구하기; $x=a\pm\sqrt{b}$ 꼴

개념 13-1, 2

$x=a\pm\sqrt{b}$ 꼴로 주어지면 다음과 같은 순서로 무리식의 값을 구한다.

❶ $x-a=\pm\sqrt{b}$ 꼴로 변형한 후, 양변을 제곱하여 식을 정리한다.

❷ ❶의 식을 이용할 수 있도록 주어진 식을 변형한다.

0610 대표

$x=3-\sqrt{2}$일 때, $(x-2)(x-4)(x^2-6x+3)$의 값을 구하시오.

0611

$x=\frac{1}{\sqrt{2}+1}$일 때, x^3+x^2-3x+5의 값을 구하시오.

0612 [서술형]

이차방정식 $x^2-2x-2=0$의 양의 실근을 α라 할 때, $\alpha^3-2\alpha^2-3\alpha+1$의 값을 구하시오.

0613

$x=\frac{\sqrt{3}+1}{2}$일 때, $\frac{4x^3-6x^2+5}{x^2-x}$의 값을 구하시오.

05 무리식과 무리함수

바른답·알찬풀이 066쪽

무리함수

기본 익히기

95쪽 | 개념 14-1~3 |

0614 **보기**에서 무리함수인 것만을 있는 대로 고르시오.

보기
ㄱ. $y=\sqrt{3x}$　　ㄴ. $y=\sqrt{2}x+1$
ㄷ. $y=\sqrt{4+x^2}$　　ㄹ. $y=\sqrt{x^2-6x+9}$

0615~0616 다음 함수의 정의역을 구하시오.

0615 $y=\sqrt{2x+3}$　　**0616** $y=\sqrt{1-x^2}$

0617~0619 함수 $y=\sqrt{-5x}$의 그래프를 다음과 같이 대칭이동한 그래프의 방정식을 구하시오.

0617 x축에 대하여 대칭이동

0618 y축에 대하여 대칭이동

0619 원점에 대하여 대칭이동

0620~0621 다음 함수의 그래프를 x축의 방향으로 -1만큼, y축의 방향으로 2만큼 평행이동한 그래프의 방정식을 구하시오.

0620 $y=\sqrt{6x}$　　**0621** $y=\sqrt{-3x}$

0622~0625 다음 함수의 그래프를 그리고, 정의역과 치역을 각각 구하시오.

0622 $y=\sqrt{2x+4}+3$　　**0623** $y=-\sqrt{3x+3}+2$

0624 $y=\sqrt{-x+2}+1$　　**0625** $y=-\sqrt{5-x}+1$

유형 익히기

유형 08 무리함수의 정의역과 치역

개념 14-1~3

무리함수 $y=\sqrt{ax+b}+c\ (a>0)$의 정의역과 치역은
$y=\sqrt{a\left(x+\frac{b}{a}\right)}+c$ 꼴로 변형하여 구한다.
⇨ 정의역: $\left\{x \middle| x\ge-\frac{b}{a}\right\}$, 치역: $\{y|y\ge c\}$

0626 대표

함수 $y=\sqrt{-2x+2}+1-b$의 정의역이 $\{x|x\le a\}$, 치역이 $\{y|y\ge-1\}$일 때, 상수 a, b에 대하여 $a+b$의 값을 구하시오.

0627

함수 $y=-\sqrt{3x+k}+1$의 그래프가 점 $(1, -2)$를 지나고, 정의역이 $\{x|x\ge a\}$일 때, 상수 a의 값을 구하시오.
(단, k는 상수이다.)

0628 [서술형]

함수 $y=\dfrac{bx+1}{x+a}$의 그래프의 점근선의 방정식이 $x=2$, $y=-2$일 때, 함수 $y=\sqrt{ax+b}$의 정의역을 구하시오.
(단, a, b는 상수이다.)

빈출

유형 09 무리함수의 그래프의 평행이동과 대칭이동

개념 14-1~3

무리함수 $y=\sqrt{ax+b}+c\ (a\neq0)$의 그래프를
(1) x축의 방향으로 p만큼, y축의 방향으로 q만큼 평행이동하면
⇨ $y=\sqrt{a(x-p)+b}+c+q$
(2) x축에 대하여 대칭이동하면 ⇨ $y=-\sqrt{ax+b}-c$
y축에 대하여 대칭이동하면 ⇨ $y=\sqrt{-ax+b}+c$
원점에 대하여 대칭이동하면 ⇨ $y=-\sqrt{-ax+b}-c$

0629 대표

함수 $y=3\sqrt{-x}$의 그래프를 x축의 방향으로 m만큼, y축의 방향으로 n만큼 평행이동하였더니 함수 $y=\sqrt{-9x+3}-1$의 그래프와 일치하였다. $3m-n$의 값을 구하시오.

0630

함수 $y=\sqrt{2x-3}+a+1$의 그래프는 함수 $y=\sqrt{2x-1}$의 그래프를 x축의 방향으로 b만큼, y축의 방향으로 3만큼 평행이동한 것이다. ab의 값은? (단, a는 상수이다.)

① -2 ② -1 ③ 0
④ 1 ⑤ 2

0631 [서술형]

함수 $y=-\sqrt{kx}$의 그래프를 y축에 대하여 대칭이동한 후 다시 x축의 방향으로 -1만큼 평행이동하면 점 $(-4, -3)$을 지날 때, 상수 k의 값을 구하시오.

0632

보기의 함수 중 그 그래프가 평행이동 또는 대칭이동에 의하여 함수 $y=-\sqrt{x}$의 그래프와 겹쳐지는 것만을 있는 대로 고르시오.

보기
ㄱ. $y=\sqrt{x}+1$
ㄴ. $y=\sqrt{-2x}$
ㄷ. $y=-\sqrt{5-x}+3$
ㄹ. $y=\frac{1}{3}\sqrt{-9x+6}-2$

유형 10 무리함수의 그래프가 지나는 사분면

개념 14-1~3

무리함수 $y=\sqrt{ax+b}+c\ (a\neq0)$를 $y=\sqrt{a(x-p)}+q$ 꼴로 변형하여 그래프를 그린 후, 그래프가 지나는 사분면을 알아본다.

0633 대표

함수 $y=\sqrt{3x+4}-2$의 그래프가 지나는 사분면을 모두 고른 것은?

① 제1, 2사분면 ② 제1, 3사분면
③ 제2, 4사분면 ④ 제1, 2, 3사분면
⑤ 제1, 3, 4사분면

0634

다음 함수 중 그 그래프가 제3사분면을 지나는 것을 모두 고르면? (정답 2개)

① $y=\sqrt{x}$ ② $y=-\sqrt{x+1}$
③ $y=\sqrt{-x}+1$ ④ $y=-\sqrt{x}-1$
⑤ $y=\sqrt{-(x+1)}-1$

0635

함수 $y=-\sqrt{-2x+n}+3$의 그래프가 제1, 2, 3사분면을 지나도록 하는 자연수 n의 개수를 구하시오.

바른답·알찬풀이 068쪽

빈출

유형 11 그래프를 이용하여 무리함수의 식 구하기

개념 14-1~3

주어진 그래프를 이용하여 무리함수의 식을 구할 때는 다음과 같은 순서로 구한다.

❶ 그래프가 시작하는 점의 좌표가 (p, q)이면 함수의 식을
$y=\pm\sqrt{a(x-p)}+q\ (a\neq0)$로 놓는다.

❷ 그래프가 지나는 점의 좌표를 ❶의 식에 대입하여 a의 값을 구한다.

0636 대표

함수 $y=\sqrt{ax+b}+c$의 그래프가 오른쪽 그림과 같을 때, 상수 a, b, c에 대하여 $a^2+b^2+c^2$의 값을 구하시오.

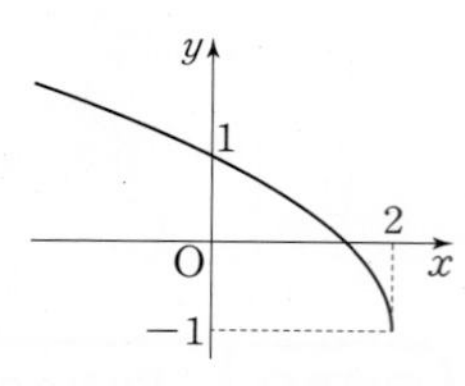

0637

함수 $y=-\sqrt{ax+b}+c$의 그래프가 오른쪽 그림과 같을 때, 상수 a, b, c에 대하여 $a+b+c$의 값은?

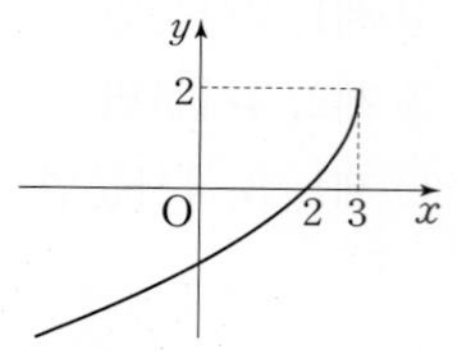

① 6 ② 8
③ 10 ④ 14
⑤ 18

0638

함수 $y=-\sqrt{ax-b}+c$의 그래프가 오른쪽 그림과 같을 때, 상수 a, b, c의 부호를 구하시오.

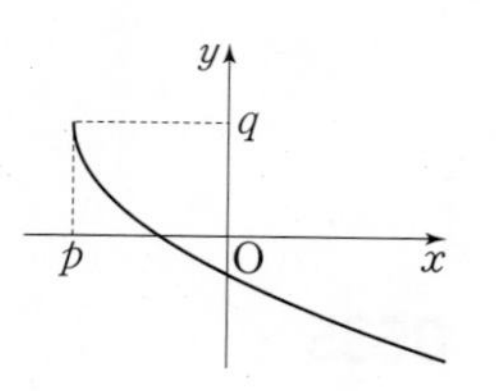

유형 12 무리함수의 그래프의 성질

개념 14-1~3

무리함수 $y=\sqrt{a(x-p)}+q\ (a\neq0)$의 그래프는

(1) 함수 $y=\sqrt{ax}$의 그래프를 x축의 방향으로 p만큼, y축의 방향으로 q만큼 평행이동한 것이다.

(2) $a>0$일 때, 정의역은 $\{x|x\geq p\}$, 치역은 $\{y|y\geq q\}$이다.
$a<0$일 때, 정의역은 $\{x|x\leq p\}$, 치역은 $\{y|y\geq q\}$이다.

0639 대표

함수 $y=3\sqrt{2-x}+4$에 대한 설명으로 옳지 않은 것은?

① 정의역은 $\{x|x\leq2\}$이다.
② 치역은 $\{y|y\geq4\}$이다.
③ 그래프는 점 $(-2, 10)$을 지난다.
④ 그래프는 제1사분면과 제2사분면을 지난다.
⑤ 그래프를 평행이동하면 함수 $y=\sqrt{-x}$의 그래프와 겹쳐질 수 있다.

0640

함수 $y=-\sqrt{ax}$에 대한 설명으로 옳은 것만을 **보기**에서 있는 대로 고르시오. (단, a는 $a\neq0$인 상수이다.)

보기

ㄱ. $a>0$이면 정의역은 $\{x|x\leq0\}$이다.
ㄴ. $a<0$이면 그래프는 제3사분면을 지난다.
ㄷ. 그래프는 $y=\sqrt{ax}$의 그래프와 y축에 대하여 대칭이다.

0641

함수 $y=\sqrt{2x+6}-1$에 대한 설명으로 옳은 것만을 **보기**에서 있는 대로 고르시오.

보기

ㄱ. 치역은 $\{y|y\geq-1\}$이다.
ㄴ. 그래프는 x축과 점 $\left(-\frac{5}{2}, 0\right)$에서 만난다.
ㄷ. 그래프는 함수 $y=-\sqrt{2x+6}-1$의 그래프와 x축에 대하여 대칭이다.
ㄹ. 그래프는 제4사분면을 지나지 않는다.

빈출
유형 13 무리함수의 최대·최소
개념 14-1~3

주어진 정의역에서 무리함수의 그래프를 그린 후, 함수의 최댓값과 최솟값을 구한다.
정의역이 $\{x|p\le x\le q\}$인 무리함수 $f(x)=\sqrt{ax+b}+c$에 대하여
(1) $a>0$일 때 ⇨ 최댓값: $f(q)$, 최솟값: $f(p)$
(2) $a<0$일 때 ⇨ 최댓값: $f(p)$, 최솟값: $f(q)$

0642 대표

$-1\le x\le 4$에서 함수 $y=\sqrt{3x+4}+2$의 최댓값을 M, 최솟값을 m이라 할 때, $M-m$의 값을 구하시오.

0643

함수 $y=\sqrt{5-2x}+a$의 최솟값이 -1이고, 이 함수의 그래프가 점 $(b, 2)$를 지날 때, $a+b$의 값을 구하시오.
(단, a는 상수이다.)

0644 [서술형]

$a\le x\le 11$에서 함수 $y=\sqrt{2x+3}-3$의 최댓값이 b, 최솟값이 -2일 때, a^2+b^2의 값을 구하시오.

0645

$-4\le x\le 2$에서 함수 $y=-\sqrt{-x+k}+2$의 최솟값이 -1일 때, 최댓값을 구하시오. (단, $k\ge 2$)

빈출
유형 14 무리함수의 그래프와 직선의 위치 관계
개념 14-1~3

무리함수 $y=f(x)$의 그래프와 직선 $y=g(x)$의 위치 관계는
(1) 함수 $y=f(x)$의 그래프와 직선 $y=g(x)$를 그려 보고 판단한다.
(2) 함수 $y=f(x)$의 그래프와 직선 $y=g(x)$가 한 점에서 만나는 경우
⇨ 방정식 $\{f(x)\}^2=\{g(x)\}^2$에서 얻은 이차방정식의 판별식을 D라 하면 $D=0$임을 이용한다.

0646 대표

함수 $y=\sqrt{3-x}$의 그래프와 직선 $y=-\frac{1}{2}x+k$가 서로 다른 두 점에서 만날 때, 실수 k의 값의 범위는?

① $k\ge\frac{3}{2}$　② $k<2$　③ $\frac{1}{2}<k<2$
④ $1<k\le\frac{3}{2}$　⑤ $\frac{3}{2}\le k<2$

0647

함수 $y=-\sqrt{2x-1}$의 그래프와 직선 $y=2x+k$가 한 점에서 만나도록 하는 실수 k의 값이 아닌 것은?

① $-\frac{5}{2}$　② -2　③ $-\frac{3}{2}$
④ -1　⑤ $-\frac{1}{2}$

0648

두 집합

$A=\{(x, y)\,|\,y=\sqrt{1-4x}\}$,
$B=\{(x, y)\,|\,y=-x+k\}$

에 대하여 $n(A\cap B)=0$일 때, 실수 k의 값의 범위를 구하시오. (단, $n(A)$는 집합 A의 원소의 개수이다.)

바른답·알찬풀이 069쪽

유형 15 무리함수의 역함수

∞ 개념 14-1~3

무리함수 $y=\sqrt{ax+b}+c\ (a\neq0)$의 역함수는 다음과 같은 순서로 구한다.

❶ x에 대하여 푼다. ⇨ $x=\frac{1}{a}\{(y-c)^2-b\}$

❷ x와 y를 서로 바꾼다. ⇨ $y=\frac{1}{a}\{(x-c)^2-b\}$

❸ $y=\sqrt{ax+b}+c$의 치역이 $\{y|y\geq c\}$이므로 역함수의 정의역은 ⇨ $\{x|x\geq c\}$

0649 대표

함수 $y=\sqrt{ax+b}$의 그래프와 그 역함수의 그래프가 모두 점 $(3, 2)$를 지날 때, 상수 a, b에 대하여 $a+b$의 값을 구하시오.

0650

함수 $y=\sqrt{x+1}-2$의 역함수가 $y=x^2+ax+b\ (x\geq c)$일 때, 상수 a, b, c에 대하여 abc의 값을 구하시오.

0651 [서술형]

두 함수 $y=\sqrt{4x-8}+2$, $x=\sqrt{4y-8}+2$의 그래프가 서로 다른 두 점 P, Q에서 만날 때, 선분 PQ의 길이를 구하시오.

0652

함수 $y=-\sqrt{-2x+3}-1$의 그래프를 x축의 방향으로 k만큼 평행이동한 그래프의 식을 $y=f(x)$라 하자. 함수 $y=f(x)$의 그래프와 그 역함수 $y=f^{-1}(x)$의 그래프가 접할 때, k의 값을 구하시오.

빈출 유형 16 무리함수의 합성함수와 역함수

∞ 개념 14-1~3

두 함수 $f(x)$, $g(x)$와 그 역함수 $f^{-1}(x)$, $g^{-1}(x)$에 대하여

(1) $(g\circ f^{-1})(x)=g(f^{-1}(x))$

(2) $(g^{-1}\circ f)^{-1}(x)=(f^{-1}\circ g)(x)=f^{-1}(g(x))$

0653 대표

정의역이 $\{x|x\geq2\}$인 두 함수

$$f(x)=x^2-1,\quad g(x)=\sqrt{2x+3}$$

에 대하여 $(f\circ(g\circ f)^{-1}\circ f)(2)$의 값은?

① 1　② 2　③ 3　④ 4　⑤ 5

0654

함수 $f(x)=\sqrt{3x-5}$에 대하여 함수 $g(x)$가 $(f\circ g)(x)=x$를 만족시킬 때, $(f\circ g^{-1})(3)$의 값을 구하시오.

0655

정의역이 $\{x|x>1\}$인 두 함수

$$f(x)=\frac{2}{x-1}+1,\quad g(x)=\sqrt{3x-2}$$

에 대하여 $(g\circ f^{-1})^{-1}(a)=3$일 때, 상수 a의 값을 구하시오.

0656

함수 $f(x)=\begin{cases}1-\sqrt{x-1} & (x\geq1)\\ \sqrt{1-x}+1 & (x<1)\end{cases}$에 대하여

$(f^{-1}\circ f^{-1})(a)=17$을 만족시키는 상수 a의 값을 구하시오.

중단원 마무리

19 일차

STEP1 실전 문제

0657
96쪽 유형 01

$\sqrt{3-x}+\dfrac{1}{\sqrt{2x+4}}$의 값이 실수가 되도록 하는 정수 x의 개수는?

① 1 ② 2 ③ 3 ④ 4 ⑤ 5

0658
97쪽 유형 03

0이 아닌 실수 a, b에 대하여 $\dfrac{\sqrt{b}}{\sqrt{a}}=-\sqrt{\dfrac{b}{a}}$일 때, $\sqrt{(a-b)^2}-|-a|$를 간단히 하면?

① $-2a$ ② a ③ b ④ $-2a+b$ ⑤ $2a+b$

0659
98쪽 유형 04

$\dfrac{1}{\sqrt{x+1}+\sqrt{x}}+\dfrac{1}{\sqrt{x+1}-\sqrt{x}}$을 간단히 하시오.

0660 중요!
99쪽 유형 06

$x=2+\sqrt{3}$, $y=2-\sqrt{3}$일 때,
$\dfrac{1}{3+\sqrt{x}+\sqrt{y}}+\dfrac{1}{3-\sqrt{x}-\sqrt{y}}$의 값을 구하시오.

0661
99쪽 유형 07

$x=1-\sqrt{5}$일 때, $\dfrac{x+1}{x}+\dfrac{x^2-3x}{x-2}=p+q\sqrt{5}$를 만족시키는 유리수 p, q에 대하여 $p-q$의 값을 구하시오.

0662
100쪽 유형 08

함수 $y=\sqrt{ax+b}+c$의 그래프가 점 $(1, 3)$을 지나고, 정의역이 $\{x|x\le2\}$, 치역이 $\{y|y\ge2\}$일 때, 상수 a, b, c에 대하여 abc의 값을 구하시오.

0663 평가원
101쪽 유형 09

함수 $y=a\sqrt{x}+4$의 그래프를 x축의 방향으로 m만큼, y축의 방향으로 n만큼 평행이동하였더니 함수 $y=\sqrt{9x-18}$의 그래프와 일치하였다. $a+m+n$의 값은?

(단, a, m, n은 상수이다.)

① 1 ② 2 ③ 3 ④ 4 ⑤ 5

0664
101쪽 유형 09

두 함수 $f(x)=\sqrt{2x+4}-3$, $g(x)=\sqrt{-2x+4}+3$에 대하여 $y=f(x)$, $y=g(x)$의 그래프와 두 직선 $x=-2$, $x=2$로 둘러싸인 부분의 넓이는?

① 16 ② 24 ③ 32 ④ 48 ⑤ 54

05 무리식과 무리함수

바른답·알찬풀이 071쪽

0665

102쪽 유형 11

함수 $y=a\sqrt{x+b}+c$의 그래프가 오른쪽 그림과 같을 때, 함수 $y=\dfrac{ax+b}{x+c}$의 그래프의 점근선의 교점의 좌표를 구하시오. (단, a, b, c는 상수이다.)

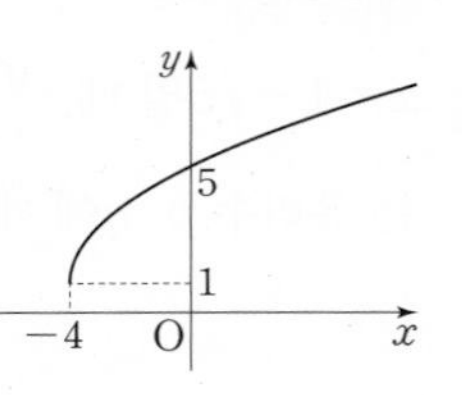

0666

102쪽 유형 12

함수 $y=\sqrt{ax-1}+b$에 대한 설명으로 옳은 것만을 **보기**에서 있는 대로 고른 것은? (단, a, b는 상수이고, $a\neq0$이다.)

보기

ㄱ. $a<0$, $b>0$이면 그래프는 제2사분면과 제3사분면을 지난다.

ㄴ. 치역은 $\{y\mid y\geq b\}$이다.

ㄷ. 그래프는 함수 $y=-\sqrt{-ax-1}$의 그래프를 평행이동하여 겹치게 할 수 있다.

① ㄱ ② ㄴ ③ ㄱ, ㄴ

④ ㄴ, ㄷ ⑤ ㄱ, ㄴ, ㄷ

0667

103쪽 유형 13

$-3\leq x\leq -1$에서 함수 $y=\dfrac{kx-3}{x}$의 최댓값이 5일 때, $-3\leq x\leq -1$에서 함수 $y=\sqrt{k-5x}$의 최솟값을 구하시오.

(단, k는 상수이다.)

0668 중요!

103쪽 유형 14

함수 $y=-\sqrt{1-x}$의 그래프와 직선 $y=x+k$가 만나도록 하는 실수 k의 최솟값을 구하시오.

0669

104쪽 유형 15

함수 $f(x)=-\sqrt{3x+7}+4$의 역함수를 $f^{-1}(x)$라 할 때, $f^{-1}(-1)$의 값을 구하시오.

0670 교육청

104쪽 유형 15

두 함수 $f(x)=\dfrac{1}{5}x^2+\dfrac{1}{5}k\ (x\geq0)$, $g(x)=\sqrt{5x-k}$에 대하여 $y=f(x)$, $y=g(x)$의 그래프가 서로 다른 두 점에서 만나도록 하는 모든 정수 k의 개수는?

① 5 ② 7 ③ 9

④ 11 ⑤ 13

0671

104쪽 유형 16

정의역이 $\{x\mid x\leq3\}$인 두 함수

$$f(x)=\sqrt{7-2x}+2,\quad g(x)=x^2-6x+8$$

에 대하여 $(f\circ g^{-1})^{-1}(3)$의 값을 구하시오.

STEP2 실력 UP 문제

0672 교육청

100쪽 유형 08

두 함수 $f(x)$, $g(x)$가

$$f(x)=\sqrt{x+1},\quad g(x)=\frac{p}{x-1}+q\ (p>0,\ q>0)$$

이다. 두 집합 $A=\{f(x)\mid -1\le x\le 0\}$과 $B=\{g(x)\mid -1\le x\le 0\}$이 서로 같을 때, 상수 p, q에 대하여 $p+q$의 값은?

① 1 ② 2 ③ 3
④ 4 ⑤ 5

0673

103쪽 유형 14

함수 $y=\sqrt{x-1+|x-1|}$의 그래프와 직선 $y=x+k$가 서로 다른 두 점에서 만나도록 하는 모든 상수 k의 값의 합을 구하시오.

0674

104쪽 유형 15

함수 $f(x)=\sqrt{x-2}$의 그래프와 그 역함수 $y=f^{-1}(x)$의 그래프가 직선 $y=-x+k$와 만나는 서로 다른 두 점을 각각 P, Q라 하자. 선분 PQ의 길이가 최소일 때, 상수 k의 값을 구하시오.

적중 서술형 문제

0675

97쪽 유형 02

$\sqrt{x+2}-\sqrt{1-2x}$의 값이 실수가 되도록 하는 실수 x에 대하여 $|2x-3|-\sqrt{x^2+4x+4}$를 간단히 하시오.

0676

101쪽 유형 10

함수 $y=\sqrt{9-2x}-1$의 그래프와 함수 $y=\sqrt{x+a}$의 그래프가 제2사분면에서 만날 때, 정수 a의 최솟값을 구하시오.

0677

104쪽 유형 15

함수 $f(x)=\sqrt{7x+k}-1$에 대하여 함수 $y=f(x)$의 그래프와 그 역함수 $y=f^{-1}(x)$의 그래프가 서로 다른 두 점 A, B에서 만난다. $\overline{\mathrm{AB}}=3\sqrt{2}$일 때, 상수 k의 값을 구하시오.

바른답·알찬풀이 073쪽

화를 푸는 건강한 방법

글 / 그림 우쿠쥐

경우의 수

06 경우의 수

06 경우의 수

Ⅲ 경우의 수

중단원 핵심 개념을 정리하였습니다.
Lecture별 유형 학습 전에 관련 개념을 완벽하게 알아두세요.

Lecture 15 경우의 수

개념 15-1 합의 법칙

112~115쪽 | 유형 01, 02, 05~08 |

두 사건 A, B가 동시에 일어나지 않을 때, 사건 A와 사건 B가 일어나는 경우의 수가 각각 m, n이면

(사건 A 또는 사건 B가 일어나는 경우의 수)$=m+n$

참고 합의 법칙은 어느 두 사건도 동시에 일어나지 않는 셋 이상의 사건에 대해서도 성립한다.

주의 두 사건 A, B가 일어나는 경우의 수가 각각 m, n이고, 두 사건 A, B가 동시에 일어나는 경우의 수가 l이면

(사건 A 또는 사건 B가 일어나는 경우의 수)$=m+n-l$

예 빨간 공 2개, 파란 공 5개가 들어 있는 주머니에서 한 개의 공을 꺼낼 때, 빨간 공 또는 파란 공이 나오는 경우의 수는

$2+5=7$

개념 15-2 곱의 법칙

113~115쪽 | 유형 03~08 |

두 사건 A, B에 대하여 사건 A가 일어나는 경우의 수가 m이고 그 각각에 대하여 사건 B가 일어나는 경우의 수가 n이면

(두 사건 A, B가 동시에 일어나는 경우의 수)$=m\times n$

참고 곱의 법칙은 동시에 일어나는 셋 이상의 사건에 대해서도 성립한다.

예 오른쪽 그림에서

A 지점에서 B 지점으로 가는 방법은 3가지,

B 지점에서 C 지점으로 가는 방법은 2가지

따라서 A 지점에서 B 지점을 거쳐 C 지점으로 가는 방법의 수는

$3\times2=6$

A B C

Lecture 16 순열

21
일차

개념 16-1 순열

116~120쪽 | 유형 09~17 |

(1) 순열: 서로 다른 n개에서 r $(0<r\le n)$개를 택하여 일렬로 나열하는 것을 n개에서 r개를 택하는 **순열**이라 하고, 기호 $_{n}\mathrm{P}_{r}$로 나타낸다.

$_{n}\mathrm{P}_{r}$ — 서로 다른 것의 개수(n), 택하는 것의 개수(r)

(2) 순열의 수: 서로 다른 n개에서 r개를 택하는 순열의 수는

$$_{n}\mathrm{P}_{r}=\underbrace{n(n-1)(n-2)\times\cdots\times(n-r+1)}_{r\text{개}}\quad(\text{단, }0<r\le n)$$

(n부터 1씩 작아지는 r개의 자연수의 곱)

참고 서로 다른 n개에서 r $(0<r\le n)$개를 택하는 순열에서 첫 번째, 두 번째, 세 번째, $\cdots$, r번째 자리에 올 수 있는 것은 각각 n가지, $(n-1)$가지, $(n-2)$가지, $\cdots$, $(n-r+1)$가지이므로 곱의 법칙에 의하여

$_{n}\mathrm{P}_{r}=n(n-1)(n-2)\times\cdots\times(n-r+1)$

예 (1) $_{3}\mathrm{P}_{2}=3\times2=6$ (2) $_{5}\mathrm{P}_{1}=5$

(3) $_{4}\mathrm{P}_{4}=4\times3\times2\times1=24$

개념 CHECK

1 1부터 10까지의 자연수가 각각 하나씩 적힌 10장의 카드에서 1장의 카드를 뽑을 때, 다음을 구하시오.

(1) 6의 약수가 적힌 카드가 나오는 경우의 수

(2) 5의 배수가 적힌 카드가 나오는 경우의 수

(3) 6의 약수 또는 5의 배수가 적힌 카드가 나오는 경우의 수

2 두 개의 주사위 A, B가 있을 때, 다음을 구하시오.

(1) 주사위 A를 한 번 던질 때, 나오는 눈의 수가 짝수인 경우의 수

(2) 주사위 B를 한 번 던질 때, 나오는 눈의 수가 3의 배수인 경우의 수

(3) 두 개의 주사위를 동시에 던질 때, 나오는 눈의 수가 주사위 A에는 짝수, 주사위 B에는 3의 배수인 경우의 수

3 다음 값을 구하시오.

(1) $_{4}\mathrm{P}_{2}$ (2) $_{5}\mathrm{P}_{5}$

(3) $_{6}\mathrm{P}_{1}$ (4) $_{7}\mathrm{P}_{0}$

4 다음을 만족시키는 자연수 n 또는 r의 값을 구하시오.

(1) $_{n}\mathrm{P}_{2}=20$ (2) $_{8}\mathrm{P}_{r}=56$

1 (1) 4 (2) 2 (3) 6 **2** (1) 3 (2) 2 (3) 6
3 (1) 12 (2) 120 (3) 6 (4) 1 **4** (1) 5 (2) 2

개념 16-2 계승과 순열의 수

116~120쪽 | 유형 09~17 |

(1) 계승: 1부터 n까지의 자연수를 차례대로 곱한 것을 n의 **계승**이라 하며, 기호 $\boldsymbol{n!}$로 나타낸다.

⇨ $n!=n(n-1)(n-2)\times\cdots\times3\times2\times1$

참고 $n!$은 'n의 계승' 또는 'n 팩토리얼(factorial)'이라 읽는다.

(2) $n!$을 이용한 순열의 수

① $_{n}\mathrm{P}_{r}=\dfrac{n!}{(n-r)!}$ (단, $0\le r\le n$)

② $_{n}\mathrm{P}_{n}=n!$, $0!=1$, $_{n}\mathrm{P}_{0}=1$

예 (1) $_{5}\mathrm{P}_{2}=\dfrac{5!}{(5-2)!}=\dfrac{5!}{3!}=\dfrac{5\times4\times3\times2\times1}{3\times2\times1}=20$

(2) $_{3}\mathrm{P}_{3}=3!=3\times2\times1=6$ (3) $_{6}\mathrm{P}_{0}=1$

Lecture 17 조합

22일차

개념 17-1 조합

121~126쪽 | 유형 18~27 |

(1) 조합: 서로 다른 n개에서 순서를 생각하지 않고 $r\,(0<r\le n)$개를 택하는 것을 n개에서 r개를 택하는 **조합**이라 하고, 기호 $\boldsymbol{_{n}\mathrm{C}_{r}}$로 나타낸다.

$_{n}\mathrm{C}_{r}$
서로 다른 것의 개수 (n)
택하는 것의 개수 (r)

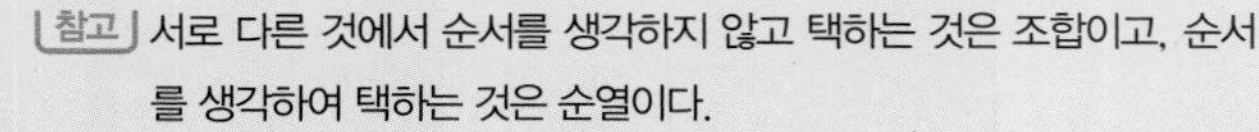

참고 서로 다른 것에서 순서를 생각하지 않고 택하는 것은 조합이고, 순서를 생각하여 택하는 것은 순열이다.

(2) 조합의 수: 서로 다른 n개에서 r개를 택하는 조합의 수는

① $_{n}\mathrm{C}_{r}=\dfrac{_{n}\mathrm{P}_{r}}{r!}=\dfrac{n!}{r!(n-r)!}$ (단, $0\le r\le n$)

② $_{n}\mathrm{C}_{0}=1$, $_{n}\mathrm{C}_{n}=1$ ← $_{n}\mathrm{C}_{n}=\dfrac{n!}{n!(n-n)!}=\dfrac{n!}{n!0!}=1$

(3) 조합의 수의 성질

① $_{n}\mathrm{C}_{r}={}_{n}\mathrm{C}_{n-r}$ (단, $0\le r\le n$)

② $_{n}\mathrm{C}_{r}={}_{n-1}\mathrm{C}_{r}+{}_{n-1}\mathrm{C}_{r-1}$ (단, $1\le r<n$)

예 (1) $_{5}\mathrm{C}_{3}=\dfrac{_{5}\mathrm{P}_{3}}{3!}=\dfrac{5\times4\times3}{3\times2\times1}=10$ (2) $_{7}\mathrm{C}_{5}={}_{7}\mathrm{C}_{2}=\dfrac{7\times6}{2\times1}=21$

개념 17-2 분할과 분배

126~127쪽 | 유형 28~30 |

(1) 분할의 수: 서로 다른 n개의 물건을 p개, q개, r개 $(p+q+r=n)$의 세 묶음으로 나누는 방법의 수는

① p, q, r가 모두 다른 수일 때, $_{n}\mathrm{C}_{p}\times{}_{n-p}\mathrm{C}_{q}\times{}_{r}\mathrm{C}_{r}$

② p, q, r 중 어느 두 수가 같을 때, $_{n}\mathrm{C}_{p}\times{}_{n-p}\mathrm{C}_{q}\times{}_{r}\mathrm{C}_{r}\times\dfrac{1}{2!}$

③ p, q, r가 모두 같은 수일 때, $_{n}\mathrm{C}_{p}\times{}_{n-p}\mathrm{C}_{q}\times{}_{r}\mathrm{C}_{r}\times\dfrac{1}{3!}$

(2) 분배의 수: n묶음으로 나누어 n명에게 나누어 주는 방법의 수는

(n묶음으로 나누는 방법의 수) $\times\,n!$

참고 ① 분할: 여러 개의 물건을 몇 개의 묶음으로 나누는 것

② 분배: 분할된 묶음을 일렬로 배열하는 것

개념 CHECK

5 다음 값을 구하시오.

(1) $4!$

(2) $5!\times0!$

6 다음 □ 안에 알맞은 수를 써넣으시오.

(1) $_{10}\mathrm{P}_{4}=\dfrac{10!}{\square!}$

(2) $_{6}\mathrm{P}_{\square}=\dfrac{6!}{2!}$

7 다음을 구하시오.

(1) 6명의 학생을 일렬로 세우는 방법의 수

(2) 서로 다른 7개의 인형 중 3개를 뽑아 일렬로 나열하는 방법의 수

8 다음 값을 구하시오.

(1) $_{6}\mathrm{C}_{2}$ (2) $_{8}\mathrm{C}_{5}$

(3) $_{7}\mathrm{C}_{0}$ (4) $_{9}\mathrm{C}_{9}$

9 10명의 학생 중 대표 2명을 뽑는 방법의 수를 구하시오.

---

5 (1) 24 (2) 120 6 (1) 6 (2) 4
7 (1) 720 (2) 210
8 (1) 15 (2) 56 (3) 1 (4) 1 9 45

경우의 수

기본 익히기

110쪽 | 개념 15-1, 2 |

0678~0679 서로 다른 두 개의 주사위를 동시에 던질 때, 다음을 구하시오.

0678 나오는 눈의 수의 차가 4인 경우의 수

0679 나오는 눈의 수의 합이 10 이상인 경우의 수

0680~0681 1부터 50까지의 자연수가 각각 하나씩 적힌 50개의 공이 들어 있는 주머니에서 한 개의 공을 꺼낼 때, 다음을 구하시오.

0680 5의 배수 또는 12의 배수가 적힌 공이 나오는 경우의 수

0681 4의 배수 또는 9의 배수가 적힌 공이 나오는 경우의 수

0682~0683 두 지점 A, B 사이에는 4개의 버스 노선과 3개의 지하철 노선이 있다. A 지점에서 출발하여 B 지점으로 갔다가 다시 A 지점으로 돌아올 때, 다음을 구하시오.

0682 갈 때는 버스를, 올 때는 지하철을 이용하는 방법의 수

0683 갈 때와 올 때 모두 지하철을 이용하는 방법의 수

0684~0685 다음을 구하시오.

0684 한 개의 주사위를 두 번 던질 때, 나오는 눈의 수가 첫 번째에는 6의 약수, 두 번째에는 소수가 나오는 경우의 수

0685 5종류의 과일, 3종류의 떡, 2종류의 음료수 중 과일, 떡, 음료수를 각각 하나씩 주문하는 방법의 수

유형 익히기

유형 01 합의 법칙

개념 15-1

사건 A와 사건 B가 일어나는 경우의 수가 각각 m, n이면
사건 A 또는 사건 B가 일어나는 경우의 수는
(1) 두 사건 A, B가 동시에 일어나지 않을 때 ⇨ $m+n$
(2) 두 사건 A, B가 동시에 일어나는 경우의 수가 l일 때 ⇨ $m+n-l$

0686 대표

서로 다른 두 개의 주사위를 동시에 던질 때, 나오는 눈의 수의 합이 6의 배수인 경우의 수는?

① 5 ② 6 ③ 7
④ 8 ⑤ 9

0687

1부터 7까지의 자연수가 각각 하나씩 적힌 7장의 카드가 들어 있는 주머니에서 3장의 카드를 동시에 뽑을 때, 뽑힌 카드에 적힌 세 수의 합이 10 또는 12인 경우의 수를 구하시오.

0688 〔서술형〕

1부터 100까지의 자연수 중 15와 서로소인 수의 개수를 구하시오.

빈출

유형02 합의 법칙의 활용; 방정식과 부등식의 해의 개수

개념 15-1

(1) 방정식 $ax+by+cz=d$를 만족시키는 순서쌍 (x, y, z)의 개수
⇨ x, y, z 중 계수의 절댓값이 큰 것부터 수를 대입하여 구한다.
이때 x, y, z가 음이 아닌 정수인지 자연수인지 확인한다.
(2) 부등식 $ax+by\le c$를 만족시키는 순서쌍 (x, y)의 개수
⇨ 주어진 x, y의 값의 조건을 이용하여 부등식이 성립하는 $ax+by=d$ 꼴의 방정식을 만들어 이 방정식의 해의 개수를 구한다.

0689 대표

음이 아닌 정수 x, y, z에 대하여 방정식 $3x+2y+z=12$를 만족시키는 순서쌍 (x, y, z)의 개수를 구하시오.

0690

자연수 x, y에 대하여 부등식 $2x+y<8$을 만족시키는 순서쌍 (x, y)의 개수는?

① 3 ② 5 ③ 7
④ 9 ⑤ 11

0691

한 개의 가격이 각각 200원, 600원, 1000원인 세 종류의 초콜릿이 있다. 이 세 종류의 초콜릿을 각각 적어도 하나씩 포함하여 3000원어치 사는 방법의 수는?

① 4 ② 5 ③ 6
④ 7 ⑤ 8

유형03 곱의 법칙

개념 15-2

사건 A가 일어나는 경우의 수가 m이고 그 각각에 대하여 사건 B가 일어나는 경우의 수가 n이면
두 사건 A, B가 동시에 일어나는 경우의 수 ⇨ $m\times n$

0692 대표

500보다 작은 세 자리 자연수 중 일의 자리의 숫자가 소수인 세 자리 자연수의 개수를 구하시오.

0693

두 집합 $A=\{1, 2\}$, $B=\{1, 3, 5, 7\}$에 대하여 집합 $X=\{(a, b)\mid a\in A, b\in B\}$일 때, $n(X)$를 구하시오.

0694

다항식 $(a+b+c)(x+y)^2$을 전개하였을 때, 항의 개수는?

① 5 ② 6 ③ 7
④ 8 ⑤ 9

유형04 곱의 법칙의 활용; 약수의 개수

개념 15-2

자연수 N이
$N=p^lq^mr^n$ (p, q, r는 서로 다른 소수, l, m, n은 자연수)
꼴로 소인수분해될 때, N의 양의 약수의 개수
⇨ $(l+1)(m+1)(n+1)$

0695 대표

36의 양의 약수의 개수를 a, 60의 양의 약수의 개수를 b라 할 때, $b-a$의 값을 구하시오.

바른답 · 알찬풀이 076쪽

0696

540과 900의 양의 공약수의 개수를 구하시오.

0697 〔서술형〕

504의 양의 약수 중 짝수의 개수를 m, 7의 배수의 개수를 n이라 할 때, $m+n$의 값을 구하시오.

유형 05 수형도를 이용하는 경우의 수

∞ 개념 15-1, 2

규칙성을 찾기 어려운 경우의 수를 구할 때는 수형도를 이용한다.
이때 중복되거나 빠진 것이 없도록 주의한다.

0698 대표

4명의 학생 A, B, C, D가 각자 독후감을 작성한 후 바꾸어 읽기로 했다. 자신이 작성한 독후감은 읽지 않을 때, 독후감을 바꾸어 읽는 방법의 수를 구하시오.

0699

5개의 숫자 1, 2, 3, 4, 5를 한 번씩만 사용하여 50000보다 큰 다섯 자리 자연수를 만들 때, 백의 자리에는 2, 십의 자리에는 3, 일의 자리에는 4가 오지 않는 자연수의 개수를 구하시오.

0700

오른쪽 그림과 같은 육면체의 꼭짓점 A에서 출발하여 모서리를 따라 움직여 꼭짓점 E에 도착하는 방법의 수를 구하시오. (단, 한 번 지나간 꼭짓점은 다시 지나지 않는다.)

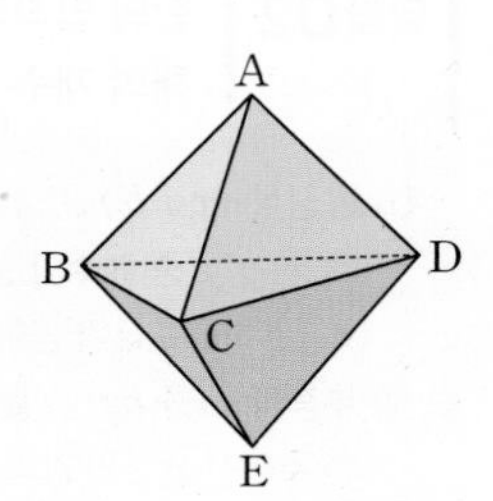

유형 06 지불 방법의 수와 지불 금액의 수

∞ 개념 15-1, 2

(1) 지불 방법의 수: a원짜리 화폐 l개, b원짜리 화폐 m개, c원짜리 화폐 n개가 있는 경우 (단, 0원을 지불하는 경우는 제외)
⇨ $(l+1)(m+1)(n+1)-1$

(2) 지불 금액의 수: 금액이 중복되는 경우에는 큰 단위의 화폐를 작은 단위의 화폐로 바꾸어 생각한다.

0701 대표

100원짜리 동전 2개, 50원짜리 동전 2개, 10원짜리 동전 3개의 일부 또는 전부를 사용하여 지불할 수 있는 방법의 수를 a, 지불할 수 있는 금액의 수를 b라 할 때, $a+b$의 값을 구하시오. (단, 0원을 지불하는 경우는 제외한다.)

0702

10000원짜리 지폐 1장, 5000원짜리 지폐 3장, 1000원짜리 지폐 6장의 일부 또는 전부를 사용하여 지불할 수 있는 금액의 수를 구하시오. (단, 0원을 지불하는 경우는 제외한다.)

빈출

유형 07 도로망에서의 방법의 수

개념 15-1, 2

(1) 동시에 갈 수 없는 길이면 ⇨ 합의 법칙을 이용한다.
(2) 동시에 갈 수 있거나 이어지는 길이면 ⇨ 곱의 법칙을 이용한다.

0703 대표

오른쪽 그림과 같이 네 지역 A, B, C, D를 연결하는 도로망이 있을 때, A 지역에서 출발하여 C 지역으로 가는 방법의 수를 구하시오. (단, 같은 지역을 두 번 이상 지나지 않는다.)

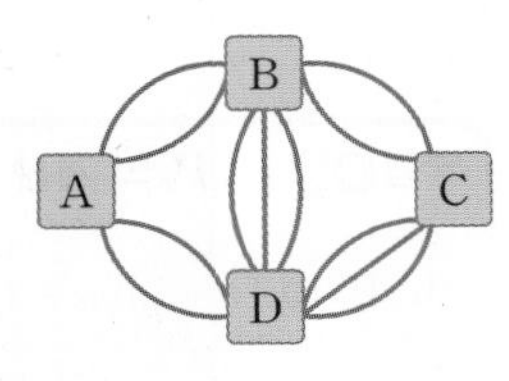

0704

오른쪽 그림과 같이 매표소, 쉼터, 약수터, 정상을 연결하는 등산로가 있을 때, 매표소에서 출발하여 쉼터 또는 약수터를 거쳐 정상까지 갔다가 다시 매표소로 돌아오는 방법의 수를 구하시오. (단, 같은 지점을 두 번 이상 지나지 않는다.)

0705

오른쪽 그림과 같이 네 지점 P, Q, R, S를 연결하는 길이 있을 때, Q 지점과 S 지점 사이에 길을 추가하여 P 지점에서 출발하여 R 지점으로 가는 방법의 수가 60이 되도록 하려고 한다. 추가해야 하는 길의 개수를 구하시오. (단, 같은 지점을 두 번 이상 지나지 않고, 길끼리는 서로 만나지 않는다.)

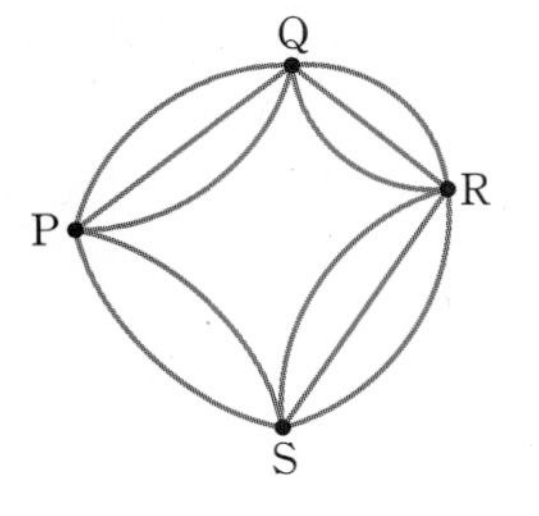

유형 08 색칠하는 방법의 수

개념 15-1, 2

각 영역을 칠하는 방법의 수를 구한 후, 곱의 법칙을 이용하여 칠하는 모든 방법의 수를 구한다. 이때
(1) 인접한 영역이 가장 많은 영역에 칠하는 방법의 수를 먼저 구한다.
(2) 서로 같은 색을 칠할 수 있는 영역은 같은 색을 칠하는 경우와 다른 색을 칠하는 경우로 나누어 생각한다.

0706 대표

오른쪽 그림과 같은 4개의 영역 A, B, C, D를 서로 다른 4가지 색을 사용하여 칠하려고 한다. 한 가지 색을 여러 번 사용해도 좋으나 인접한 영역은 서로 다른 색으로 칠하여 구분할 때, 칠하는 방법의 수는?

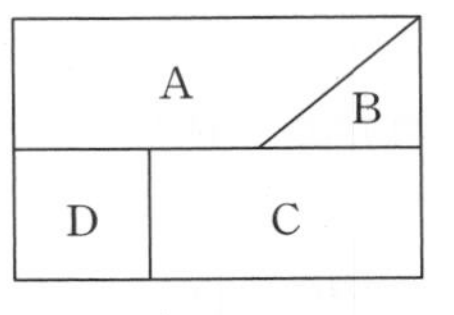

① 36 ② 39 ③ 42
④ 45 ⑤ 48

0707 [서술형]

오른쪽 그림과 같은 4개의 영역 A, B, C, D를 서로 다른 4가지 색을 사용하여 칠하려고 한다. 한 가지 색을 여러 번 사용해도 좋으나 인접한 영역은 서로 다른 색으로 칠하여 구분할 때, 칠하는 방법의 수를 구하시오.

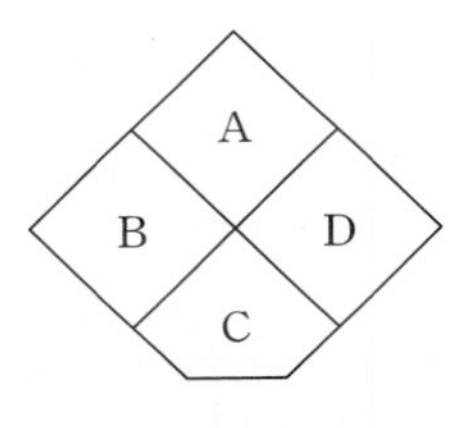

0708

오른쪽 그림과 같은 5개의 영역 A, B, C, D, E를 서로 다른 5가지 색을 사용하여 칠하려고 한다. 한 가지 색을 여러 번 사용해도 좋으나 인접한 영역은 서로 다른 색으로 칠하여 구분할 때, 칠하는 방법의 수를 구하시오.

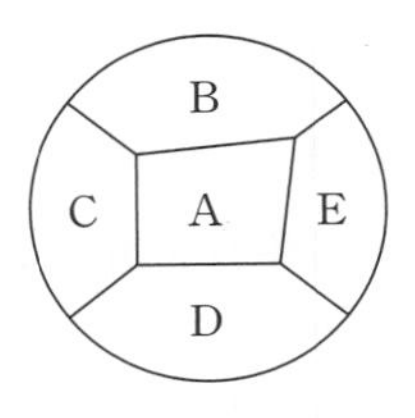

바른답 · 알찬풀이 077쪽

순열

기본 익히기

110~111쪽 | 개념 16-1, 2 |

0709~0712 다음을 만족시키는 자연수 n 또는 r의 값을 구하시오.

0709 ${}_{n}\mathrm{P}_{2}=4n$

0710 ${}_{5}\mathrm{P}_{r}\times 3!=360$

0711 ${}_{8}\mathrm{P}_{r}=\frac{8!}{5!}$

0712 ${}_{n}\mathrm{P}_{n}=24$

0713 6명의 학생 중 대표 1명, 부대표 1명을 뽑는 방법의 수를 구하시오.

0714~0716 부모를 포함한 5명의 가족을 일렬로 세울 때, 다음을 구하시오.

0714 5명의 가족을 일렬로 세우는 방법의 수

0715 아버지를 맨 앞에 세우는 방법의 수

0716 부모를 이웃하게 세우는 방법의 수

0717~0718 4개의 숫자 1, 2, 3, 4 중 서로 다른 3개의 숫자를 택하여 세 자리 자연수를 만들려고 한다. 다음을 구하시오.

0717 세 자리 자연수의 개수

0718 짝수의 개수

유형 익히기

유형 09 ${}_{n}\mathrm{P}_{r}$의 계산 개념 16-1, 2

(1) ${}_{n}\mathrm{P}_{r}=n(n-1)(n-2)\times\cdots\times(n-r+1)$ (단, $0<r\le n$)

$=\frac{n!}{(n-r)!}$ (단, $0\le r\le n$)

(2) ${}_{n}\mathrm{P}_{n}=n!$, $0!=1$, ${}_{n}\mathrm{P}_{0}=1$

0719 대표

${}_{n}\mathrm{P}_{2}+(n-1)\times{}_{n}\mathrm{P}_{1}=84$를 만족시키는 자연수 n의 값을 구하시오.

0720

$\frac{{}_{10}\mathrm{P}_{r}}{5!}=6$을 만족시키는 자연수 r의 값은?

① 3 ② 4 ③ 5
④ 6 ⑤ 7

0721

${}_{9}\mathrm{P}_{5}+5\times{}_{9}\mathrm{P}_{4}={}_{n}\mathrm{P}_{r}$를 만족시키는 자연수 n, r에 대하여 $n+r$의 값을 구하시오. (단, $n>r$)

0722

${}_{2n}\mathrm{P}_{3}=28\times{}_{n}\mathrm{P}_{2}$를 만족시키는 자연수 n의 값을 구하시오.

유형 10 순열의 수

개념 16-1, 2

(1) 서로 다른 n개에서 $r\ (0<r\le n)$개를 택하는 순열의 수 ⇨ ${}_n\mathrm{P}_r$
(2) 서로 다른 n개를 모두 택하는 순열의 수 ⇨ ${}_n\mathrm{P}_n=n!$

0723 대표

어느 동아리 회원 7명 중 회장 1명, 부회장 1명, 총무 1명을 뽑는 방법의 수는?

① 120 ② 150 ③ 180
④ 210 ⑤ 240

0724

5명의 학생이 한 조가 되어 장애물 달리기를 하려고 한다. 이 5명이 달리는 순서를 정하는 방법의 수를 구하시오.

0725

4명의 학생에게 서로 다른 6개의 사탕을 1개씩 나누어 주는 방법의 수는?

① 120 ② 240 ③ 360
④ 540 ⑤ 720

0726

합창 대회에 참가할 n명의 학생 중 지휘자 1명, 반주자 1명을 정하는 방법의 수가 380일 때, n의 값을 구하시오.

빈출 유형 11 이웃하는 순열의 수

개념 16-1, 2

이웃하는 것이 있는 순열의 수는 다음과 같은 순서로 구한다.
❶ 이웃하는 것을 한 묶음으로 생각하여 일렬로 나열하는 방법의 수를 구한다.
❷ 한 묶음 안에서 자리를 바꾸는 방법의 수를 구한다.
❸ ❶과 ❷에서 구한 방법의 수를 곱한다.

0727 대표

5개의 문자 a, b, c, d, e를 일렬로 나열할 때, a와 e가 이웃하도록 나열하는 방법의 수는?

① 24 ② 32 ③ 40
④ 48 ⑤ 56

0728

A 팀 3명과 B 팀 4명을 일렬로 세울 때, 같은 팀끼리 이웃하게 세우는 방법의 수를 구하시오.

0729 [서술형]

할아버지, 할머니, 아버지, 어머니, 아들, 딸로 구성된 6명의 가족이 콘서트 공연장에 갔다. 다음 그림과 같은 6개의 좌석에 일렬로 앉을 때, 할아버지와 할머니, 아버지와 어머니, 아들과 딸끼리 각각 이웃하여 앉는 방법의 수를 구하시오.

바른답 · 알찬풀이 079쪽

0730

어른 n명과 어린이 4명을 일렬로 세울 때, 어린이끼리 이웃하게 세우는 방법의 수는 576이다. n의 값을 구하시오.

유형 12 이웃하지 않는 순열의 수

개념 16-1, 2

이웃하지 않는 것이 있는 순열의 수는 다음과 같은 순서로 구한다.

❶ 이웃해도 되는 것을 일렬로 나열하는 방법의 수를 구한다.

❷ 이웃해도 되는 것의 사이사이와 양 끝에 이웃하지 않는 것을 나열하는 방법의 수를 구한다.

❸ ❶과 ❷에서 구한 방법의 수를 곱한다.

0731 대표

남학생 3명과 여학생 3명을 일렬로 세울 때, 여학생끼리 이웃하지 않게 세우는 방법의 수는?

① 96 ② 108 ③ 120
④ 132 ⑤ 144

0732

english의 7개의 문자를 일렬로 나열할 때, 모음끼리는 이웃하지 않도록 나열하는 방법의 수를 구하시오.

0733

일렬로 놓여 있는 7개의 똑같은 의자에 3명의 학생이 앉을 때, 어느 두 명도 이웃하지 않게 앉는 방법의 수를 구하시오.

빈출 유형 13 자리에 대한 조건이 있는 순열의 수

개념 16-1, 2

(1) 특정한 자리에 대한 조건이 있는 경우
⇨ 특정한 자리에 오는 것을 먼저 나열하고 나머지를 나열한다.

(2) 두 집단의 구성원이 교대로 일렬로 서는 방법의 수
① 두 집단의 구성원의 수가 각각 n이면 ⇨ $2\times n!\times n!$
② 두 집단의 구성원의 수가 각각 n, $n-1$이면 ⇨ $n!\times(n-1)!$

0734 대표

어느 산악회의 남자 회원 3명과 여자 회원 4명이 일렬로 서서 설악산을 등반할 때, 양 끝에 남자 회원이 서는 방법의 수를 구하시오.

0735

서로 다른 수학책 4권과 서로 다른 과학책 3권을 책꽂이에 일렬로 꽂으려고 한다. 수학책과 과학책을 교대로 꽂는 방법의 수를 구하시오.

0736

어느 회사의 신입 사원 모집을 위한 면접시험에 남자 4명과 여자 4명이 응시하였다. 남자 응시자와 여자 응시자가 교대로 면접시험을 보도록 순서를 정하는 방법의 수를 구하시오.

0737 [서술형]

korean의 6개의 문자를 일렬로 나열할 때, k와 o 사이에 3개의 문자가 들어가도록 나열하는 방법의 수를 구하시오.

유형 14 '적어도'의 조건이 있는 순열의 수 (개념 16-1, 2)

(사건 A가 적어도 한 번 일어나는 경우의 수)
⇨ (모든 경우의 수) − (사건 A가 일어나지 않는 경우의 수)

0738 대표

남학생 2명과 여학생 3명을 일렬로 세울 때, 적어도 한쪽 끝에 남학생이 오도록 세우는 방법의 수는?

① 36 ② 48 ③ 60
④ 72 ⑤ 84

0739

3개의 숫자 1, 2, 3과 3개의 특수 문자 @, #, $를 한 번씩만 사용하여 네 자리의 암호를 만들 때, 특수 문자가 적어도 2개 이상 사용된 암호의 개수는?

① 256 ② 264 ③ 272
④ 280 ⑤ 288

0740

remain의 6개의 문자를 일렬로 나열할 때, 적어도 2개의 모음이 이웃하도록 나열하는 방법의 수는?

① 504 ② 528 ③ 552
④ 576 ⑤ 600

빈출 유형 15 순열을 이용한 자연수의 개수 (개념 16-1, 2)

주어진 조건에 따라 기준이 되는 자리를 먼저 나열하고 나머지 자리에 남은 숫자를 나열한다. 이때 맨 앞자리에는 0이 올 수 없음에 주의한다.
⇨ 서로 다른 n개의 숫자를 한 번씩만 사용하여 만든 r자리 자연수의 개수
(1) n개의 숫자에 0이 없는 경우 ⇨ ${}_{n}\mathrm{P}_{r}$
(2) n개의 숫자에 0이 있는 경우 ⇨ $(n-1)\times{}_{n-1}\mathrm{P}_{r-1}$

0741 대표

6개의 숫자 0, 1, 2, 3, 4, 5에서 서로 다른 4개의 숫자를 택하여 만든 네 자리 자연수 중 홀수의 개수는?

① 108 ② 117 ③ 126
④ 135 ⑤ 144

0742 [서술형]

5개의 숫자 1, 2, 3, 4, 5에서 서로 다른 3개의 숫자를 택하여 만든 세 자리 자연수 중 3의 배수의 개수를 구하시오.

0743

5개의 숫자 0, 1, 2, 3, 4에서 서로 다른 4개의 숫자를 택하여 만든 네 자리 자연수 중 천의 자리 또는 일의 자리의 숫자가 짝수인 자연수의 개수는?

① 76 ② 80 ③ 84
④ 88 ⑤ 92

바른답·알찬풀이 081쪽

빈출 유형 16 사전식으로 배열하는 경우의 수 ∞ 개념 16-1, 2

문자를 사전식으로 배열하거나 숫자를 크기순으로 나열하는 방법의 수는 다음과 같은 순서로 구한다.

❶ 기준이 되는 문자열 또는 수의 꼴을 확인한 후, 먼저 자리를 정할 수 있는 자리에 문자 또는 숫자를 배열한다.

❷ 순열의 수를 이용하여 나머지 자리에 올 수 있는 것을 배열하는 방법의 수를 구한다.

0744 대표

4개의 숫자 0, 1, 3, 5에서 서로 다른 3개의 숫자를 택하여 세 자리 자연수를 만들 때, 130보다 큰 수의 개수를 구하시오.

0745

5개의 문자 a, b, c, d, e를 모두 한 번씩만 사용하여 사전식으로 abcde에서 edcba까지 배열할 때, cbeda는 n번째에 오는 문자열이다. n의 값을 구하시오.

0746

silver의 6개의 문자를 모두 한 번씩만 사용하여 사전식으로 배열할 때, 271번째에 오는 문자열은?

① leirsv　② leirvs　③ lerisv　④ liresv　⑤ lirsve

0747 [서술형]

5개의 숫자 0, 1, 2, 3, 4를 한 번씩만 사용하여 만든 다섯 자리 자연수를 작은 수부터 차례대로 나열하였을 때, 64번째인 수의 일의 자리의 숫자를 구하시오.

유형 17 일대일함수와 일대일대응인 함수의 개수 ∞ 개념 16-1, 2

두 집합 X, Y의 원소의 개수가 각각 m, n $(m \le n)$일 때

(1) 함수 $f: X \longrightarrow Y$ 중 일대일함수 f의 개수

⇨ ${}_n\mathrm{P}_m$

(2) 함수 $f: X \longrightarrow X$ 중 일대일대응인 함수 f의 개수

⇨ ${}_m\mathrm{P}_m = m!$

0748 대표

집합 $X=\{1, 2, 3, 4, 5\}$에 대하여 함수 $f: X \longrightarrow X$ 중 $f(1) \ne 5$이고 일대일대응인 함수 f의 개수는?

① 24　② 48　③ 72　④ 96　⑤ 120

0749

두 집합 $X=\{a, b, c, d\}$, $Y=\{a, b, c, d, e\}$에 대하여 함수 $f: X \longrightarrow Y$ 중 일대일함수 f의 개수는?

① 60　② 80　③ 120　④ 240　⑤ 360

0750

집합 $X=\{1, 2, 3, 4, 5, 6\}$에 대하여 다음 조건을 만족시키는 함수 $f: X \longrightarrow X$의 개수를 구하시오.

(가) $f(1)=1$, $f(3)=3$
(나) 집합 X의 임의의 원소 x_1, x_2에 대하여 $x_1 \ne x_2$이면 $f(x_1) \ne f(x_2)$이다.
(다) 치역과 공역이 일치한다.

Lecture 17 조합

기본 익히기

111쪽 | 개념 17-1, 2 |

0751~0754 다음을 만족시키는 자연수 n 또는 r의 값을 구하시오.

0751 ${}_{n}C_{3}=35$

0752 ${}_{2n+1}C_{2}=10$

0753 ${}_{n}C_{4}={}_{n}C_{2}$

0754 ${}_{10}C_{r}={}_{10}C_{r-4}$

0755~0756 3명의 남학생과 2명의 여학생에 대하여 다음을 구하시오.

0755 3명의 학생을 뽑는 방법의 수

0756 남학생 1명과 여학생 2명을 뽑는 방법의 수

0757~0758 1부터 9까지의 자연수가 각각 하나씩 적힌 9장의 카드가 들어 있는 상자에서 4장의 카드를 동시에 뽑을 때, 다음을 구하시오.

0757 7이 적힌 카드를 포함하여 뽑는 방법의 수

0758 9의 약수가 적힌 카드는 모두 포함되고 4의 배수가 적힌 카드는 포함되지 않도록 뽑는 방법의 수

0759 서로 다른 연필 2자루와 서로 다른 볼펜 4자루가 들어 있는 필통에서 3자루를 꺼낼 때, 연필이 적어도 1자루 포함되도록 꺼내는 방법의 수를 구하시오.

유형 익히기

유형 18 ${}_{n}C_{r}$의 계산

개념 17-1

(1) ${}_{n}C_{r}=\dfrac{{}_{n}P_{r}}{r!}=\dfrac{n!}{r!(n-r)!}$ (단, $0\le r\le n$)

(2) ${}_{n}C_{0}=1$, ${}_{n}C_{n}=1$

(3) ${}_{n}C_{r}={}_{n}C_{n-r}$ (단, $0\le r\le n$)

(4) ${}_{n}C_{r}={}_{n-1}C_{r}+{}_{n-1}C_{r-1}$ (단, $1\le r<n$)

0760 대표

자연수 n에 대하여 ${}_{8-n}C_{2}=10$일 때, ${}_{n}C_{2}+n\times{}_{n}P_{2}$의 값은?

① 12 ② 15 ③ 18 ④ 21 ⑤ 24

0761

${}_{22}C_{r^2}={}_{22}C_{3r+4}$를 만족시키는 모든 자연수 r의 값의 합은?

① 3 ② 4 ③ 5 ④ 6 ⑤ 7

0762 〔서술형〕

x에 대한 이차방정식 ${}_{n}C_{2}x^2-{}_{n}C_{4}x-{}_{n}C_{5}=0$의 두 근을 α, β라 하자. $\alpha\beta=-1$일 때, $\alpha+\beta$의 값을 구하시오.

(단, n은 자연수이다.)

바른답 · 알찬풀이 083쪽

유형 19 ${}_{n}C_{r}$를 이용한 증명

개념 17-1

조합의 수와 관련된 식을 이용하여 주어진 등식이 성립함을 증명한다.

(1) ${}_{n}C_{r}=\frac{n!}{r!(n-r)!}$ (단, $0\le r\le n$)

(2) $n!=n(n-1)(n-2)\times\cdots\times3\times2\times1=n\times(n-1)!$

0763 대표

다음은 $1\le r<n$일 때, 등식 ${}_{n}C_{r}={}_{n-1}C_{r}+{}_{n-1}C_{r-1}$이 성립함을 증명하는 과정이다.

증명

$${}_{n-1}C_{r}+{}_{n-1}C_{r-1}$$
$$=\frac{(n-1)!}{r!(n-r-1)!}+\frac{(n-1)!}{(r-1)!(n-r)!}$$
$$=\frac{(\boxed{\text{(가)}})\times(n-1)!}{r!(n-r)!}+\frac{\boxed{\text{(나)}}\times(n-1)!}{r!(n-r)!}$$
$$=\frac{\boxed{\text{(다)}}}{r!(n-r)!}$$
$$={}_{n}C_{r}$$
$$\therefore {}_{n}C_{r}={}_{n-1}C_{r}+{}_{n-1}C_{r-1}$$

위의 과정에서 (가), (나), (다)에 알맞은 것을 각각 써넣으시오.

0764

다음은 $1\le r\le n$일 때, 등식 $r\times{}_{n}C_{r}=n\times{}_{n-1}C_{r-1}$이 성립함을 증명하는 과정이다.

증명

$$n\times{}_{n-1}C_{r-1}=n\times\frac{(n-1)!}{(r-1)!\times\boxed{\text{(가)}}}$$
$$=\frac{\boxed{\text{(나)}}}{(r-1)!(n-r)!}$$
$$=r\times\frac{n!}{\boxed{\text{(다)}}\times(n-r)!}$$
$$=r\times{}_{n}C_{r}$$
$$\therefore r\times{}_{n}C_{r}=n\times{}_{n-1}C_{r-1}$$

위의 과정에서 (가), (나), (다)에 알맞은 것을 각각 써넣으시오.

빈출 유형 20 조합의 수

개념 17-1

서로 다른 n개에서 순서를 생각하지 않고 r $(0<r\le n)$개를 택하는 조합의 수 ⇨ ${}_{n}C_{r}$

0765 대표

서로 다른 4개의 과자와 서로 다른 5개의 젤리가 있다. 이 중 2개의 과자와 3개의 젤리를 택하여 한 상자에 담는 방법의 수는?

① 44 ② 48 ③ 52
④ 56 ⑤ 60

0766

어느 탁구 동아리의 모든 학생이 서로 한 번씩 경기를 했더니 전체 경기 수가 78이었다. 이 탁구 동아리의 학생 수를 구하시오.

0767

1부터 15까지의 자연수 중 서로 다른 두 수를 택할 때, 두 수의 합이 짝수인 경우의 수를 구하시오.

0768 [서술형]

서로 다른 노란색 카드 6장과 서로 다른 파란색 카드 n장이 들어 있는 상자에서 3장의 카드를 동시에 뽑을 때, 뽑힌 카드의 색이 같은 경우의 수가 76이다. n의 값을 구하시오.

빈출

유형 21 특정한 것을 포함하거나 포함하지 않는 조합의 수
개념 17-1

(1) 서로 다른 n개에서 특정한 k개를 포함하여 r개를 택하는 방법의 수는 $(n-k)$개에서 $(r-k)$개를 택하는 조합의 수와 같다.
⇨ ${}_{n-k}\mathrm{C}_{r-k}$

(2) 서로 다른 n개에서 특정한 k개를 포함하지 않고 r개를 택하는 방법의 수는 $(n-k)$개에서 r개를 택하는 조합의 수와 같다.
⇨ ${}_{n-k}\mathrm{C}_{r}$

0769 대표
A, B를 포함한 8명의 축구 선수 중 4명을 뽑을 때, A, B가 모두 뽑히는 방법의 수는?

① 12 ② 15 ③ 18
④ 21 ⑤ 24

0770
사과, 배, 수박을 포함한 서로 다른 7개의 과일 중 3개의 과일을 택할 때, 사과와 배는 포함하지 않고, 수박은 포함하여 택하는 방법의 수는?

① 2 ② 4 ③ 6
④ 8 ⑤ 10

0771
1부터 9까지의 자연수가 각각 하나씩 적힌 9개의 공이 들어 있는 주머니에서 3개의 공을 동시에 꺼낼 때, 2 이하의 자연수가 적힌 공이 한 개만 포함되도록 꺼내는 경우의 수를 구하시오.

유형 22 '적어도'의 조건이 있는 조합의 수
개념 17-1

(사건 A가 적어도 한 번 일어나는 경우의 수)
⇨ (모든 경우의 수) − (사건 A가 일어나지 않는 경우의 수)

0772 대표
남학생 5명과 여학생 6명으로 구성된 로봇 동아리에서 로봇 경진 대회에 참가할 4명의 학생을 뽑을 때, 남학생과 여학생을 각각 적어도 1명씩 포함하여 뽑는 방법의 수는?

① 270 ② 280 ③ 290
④ 300 ⑤ 310

0773
집합 $A=\{x|x$는 9 이하의 자연수$\}$의 부분집합 중 원소의 개수가 3이고 적어도 한 개의 짝수를 원소로 갖는 집합의 개수를 구하시오.

0774
빨간색 꽃 4송이와 노란색 꽃 4송이 중 4송이를 택하여 꽃다발을 만들 때, 빨간색 꽃이 적어도 2송이 포함되도록 꽃다발을 만드는 방법의 수를 구하시오.
(단, 꽃의 종류는 모두 다르다.)

0775 [서술형]
어느 회사에서 올해 입사한 직원 10명 중 해외 지사로 파견할 3명의 직원을 뽑으려고 한다. 남자 직원을 적어도 1명 포함하여 뽑는 방법의 수가 100일 때, 올해 입사한 남자 직원 수를 구하시오.

바른답 · 알찬풀이 085쪽

빈출 유형 23 뽑아서 나열하는 방법의 수 (개념 17-1)

뽑는 방법의 수는 조합, 일렬로 나열하는 방법의 수는 순열을 이용한다.

(1) 서로 다른 n개 중 r개를 뽑아 일렬로 나열하는 방법의 수

⇨ ${}_{n}\mathrm{C}_{r} \times r! = {}_{n}\mathrm{P}_{r}$

(2) m개 중 r개, n개 중 s개를 뽑아 일렬로 나열하는 방법의 수

⇨ ${}_{m}\mathrm{C}_{r} \times {}_{n}\mathrm{C}_{s} \times (r+s)!$

0776 대표

배구 선수 6명과 농구 선수 5명 중 배구 선수 2명과 농구 선수 1명을 뽑아 일렬로 세우는 방법의 수는?

① 300 ② 350 ③ 400
④ 450 ⑤ 500

0777

부모를 포함한 가족 6명 중 부모를 포함하여 4명을 뽑아 일렬로 세우는 방법의 수를 구하시오.

0778

다은이와 서준이를 포함한 10명의 학생 중 4명을 뽑아 일렬로 세우려고 한다. 다은이와 서준이를 모두 포함하면서 이들이 서로 이웃하도록 세우는 방법의 수는?

① 320 ② 328 ③ 336
④ 342 ⑤ 350

0779 [서술형]

1부터 n까지의 n개의 자연수 중 서로 다른 4개의 숫자를 택하여 네 자리 자연수를 만들 때, 1, 2를 모두 포함하는 자연수의 개수가 360이다. 자연수 n의 값을 구하시오.

유형 24 함수의 개수 (개념 17-1)

두 집합 X, Y의 원소의 개수가 각각 m, n $(m \le n)$일 때,
함수 $f: X \longrightarrow Y$ 중 $a \in X$, $b \in X$에 대하여
$a < b$이면 $f(a) < f(b)$를 만족시키는 함수 f의 개수 ⇨ ${}_{n}\mathrm{C}_{m}$
(순서가 정해져 있으므로 뽑기만 하면 된다.)

0780 대표

두 집합 $X=\{1, 2, 3, 4\}$, $Y=\{1, 2, 3, 4, 5, 6\}$에 대하여 함수 $f: X \longrightarrow Y$ 중 다음 조건을 만족시키는 함수 f의 개수를 구하시오.

> $x_1 \in X$, $x_2 \in X$일 때, $x_1 < x_2$이면 $f(x_1) < f(x_2)$

0781

두 집합 $A=\{-1, 0, 1, 2\}$, $B=\{-1, 0, 1\}$에 대하여 치역과 공역이 일치하는 A에서 B로의 함수의 개수는?

① 32 ② 36 ③ 40
④ 44 ⑤ 48

0782

두 집합 $X=\{1, 2, 3, 4, 5\}$, $Y=\{1, 2, 3, 4, 5, 6\}$에 대하여 다음 조건을 만족시키는 함수 $f: X \longrightarrow Y$의 개수는?

> (가) 함수 f는 일대일함수이다.
> (나) $f(3)=4$
> (다) $f(1) < f(2) < f(3)$

① 10 ② 12 ③ 14
④ 16 ⑤ 18

빈출

유형 25 직선과 대각선의 개수

∞ 개념 17-1

(1) 어느 세 점도 일직선 위에 있지 않은 서로 다른 n개의 점으로 만들 수 있는 서로 다른 직선의 개수 ⇨ ${}_{n}C_{2}$

(2) n각형의 대각선의 개수는 n개의 꼭짓점 중 2개를 택하여 만들 수 있는 선분의 개수에서 n각형의 변의 개수를 뺀 것과 같다.
⇨ ${}_{n}C_{2}-n$

참고 | 일직선 위에 있는 서로 다른 n개의 점으로 만들 수 있는 직선은 1개이다.

0783 대표

한 평면 위에 있는 서로 다른 10개의 점 중 어느 세 점도 일직선 위에 있지 않다. 이 중 두 점을 이어서 만들 수 있는 서로 다른 직선의 개수를 구하시오.

0784

오른쪽 그림과 같은 정십이각형에서 대각선의 개수를 구하시오.

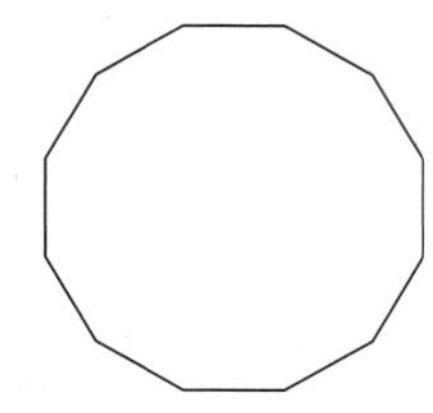

0785

오른쪽 그림과 같이 삼각형의 변 위에 9개의 점이 있다. 이 중 두 점을 이어서 만들 수 있는 서로 다른 직선의 개수는?

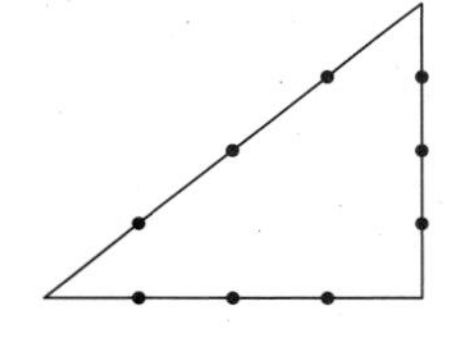

① 28 ② 30
③ 32 ④ 34
⑤ 36

0786

대각선의 개수가 35인 다각형의 꼭짓점의 개수를 구하시오.

유형 26 다각형의 개수

∞ 개념 17-1

(1) 어느 세 점도 일직선 위에 있지 않은 서로 다른 n개의 점 중
① 세 점을 꼭짓점으로 하는 삼각형의 개수 ⇨ ${}_{n}C_{3}$
② 네 점을 꼭짓점으로 하는 사각형의 개수 ⇨ ${}_{n}C_{4}$

(2) 일직선 위에 있는 서로 다른 n개의 점으로 만들 수 있는 다각형은 없다.

0787 대표

오른쪽 그림과 같이 반원 위에 9개의 점이 있다. 이 중 세 점을 꼭짓점으로 하는 삼각형의 개수가 a, 네 점을 꼭짓점으로 하는 사각형의 개수가 b일 때, $a+b$의 값은?

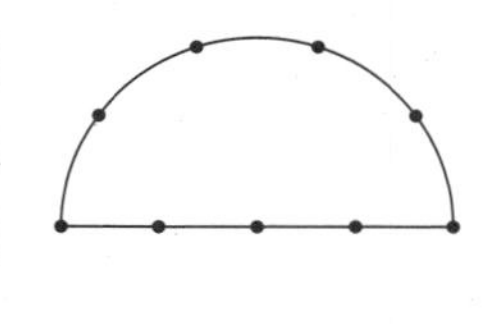

① 125 ② 135 ③ 145
④ 155 ⑤ 165

0788

오른쪽 그림과 같이 평행한 두 직선 l, m 위에 각각 5개, 3개의 점이 있을 때, 이 중 네 점을 꼭짓점으로 하는 사각형의 개수를 구하시오.

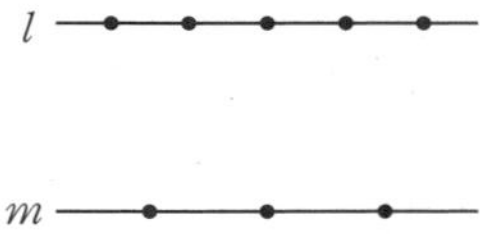

0789 [서술형]

오른쪽 그림과 같이 12개의 점이 같은 간격으로 놓여 있다. 이 중 세 점을 꼭짓점으로 하는 삼각형의 개수를 구하시오.

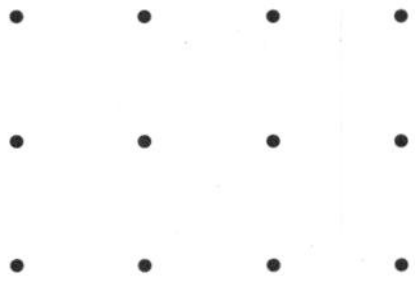

바른답 · 알찬풀이 086쪽

유형 27 평행사변형의 개수

ꝏ 개념 17-1

m개의 평행한 직선과 n개의 평행한 직선이 만날 때, 이 직선으로 만들어지는 평행사변형의 개수는 m개의 직선 중 2개를 택하고 n개의 직선 중 2개를 택하는 방법의 수와 같다.

⇨ ${}_{m}C_{2} \times {}_{n}C_{2}$

0790 대표

오른쪽 그림과 같이 4개의 평행한 직선과 5개의 평행한 직선이 서로 만날 때, 이 평행한 직선으로 만들어지는 평행사변형의 개수를 구하시오.

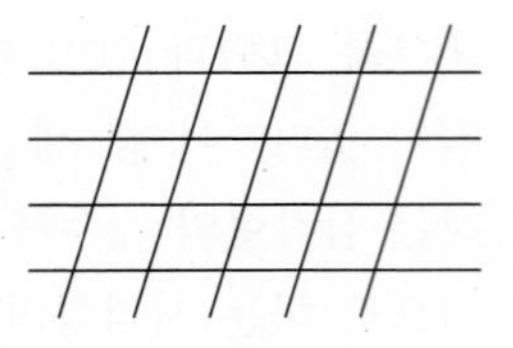

0791

오른쪽 그림은 16개의 정사각형으로 이루어진 도형이다. 이 도형의 선들로 만들어지는 사각형 중 정사각형이 아닌 직사각형의 개수를 구하시오.

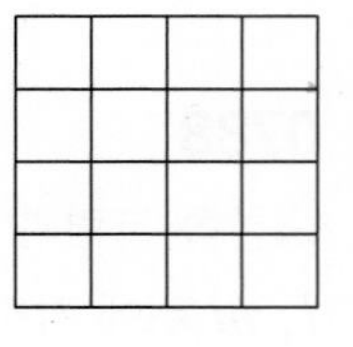

0792

오른쪽 그림과 같이 2개, 3개, 5개의 평행한 직선이 서로 만날 때, 이 평행한 직선들로 만들어지는 평행사변형의 개수는?

① 40　② 43　③ 46　④ 49　⑤ 52

유형 28 분할하는 방법의 수

ꝏ 개념 17-2

서로 다른 n개를 p개, q개, r개$(p+q+r=n)$로 분할하는 방법의 수는

(1) p, q, r가 모두 다른 수일 때 ⇨ ${}_{n}C_{p} \times {}_{n-p}C_{q} \times {}_{r}C_{r}$

(2) p, q, r 중 어느 두 수가 같을 때 ⇨ ${}_{n}C_{p} \times {}_{n-p}C_{q} \times {}_{r}C_{r} \times \frac{1}{2!}$

(3) p, q, r가 모두 같은 수일 때 ⇨ ${}_{n}C_{p} \times {}_{n-p}C_{q} \times {}_{r}C_{r} \times \frac{1}{3!}$

0793 대표

서로 다른 7개의 사탕을 똑같은 접시 3개에 빈 접시가 없도록 나누어 담는 방법의 수를 구하시오.

0794

서로 다른 종류의 과자 6개를 1개, 2개, 3개로 나누는 방법의 수를 구하시오.

0795

남학생 9명과 여학생 3명을 6명씩 두 조로 나눌 때, 여학생 3명이 같은 조에 속하도록 조를 나누는 방법의 수는?

① 56　② 63　③ 70　④ 77　⑤ 84

0796 [서술형]

의사 3명과 간호사 7명을 5명씩 두 조로 나누어 의료 봉사 활동을 가려고 한다. 각 조에 적어도 한 명의 의사가 포함되도록 조를 나누는 방법의 수를 구하시오.

빈출 유형29 분할한 후 분배하는 방법의 수 개념 17-2

n묶음으로 분할한 후, n명에게 분배하는 방법의 수는
⇨ (n묶음으로 분할하는 방법의 수) $\times n!$

0797 대표

쇼트트랙, 컬링, 스켈레톤이 진행되고 있는 3개의 경기장에 8명의 학생을 3명, 3명, 2명의 세 조로 나누어 관람하도록 하는 방법의 수는?

① 280 ② 560 ③ 840
④ 1400 ⑤ 1680

0798 [서술형]

6층짜리 건물의 1층에서 7명이 엘리베이터를 함께 타고 6층까지 올라간다. 3개의 층에서 각각 3명, 2명, 2명이 내리는 방법의 수를 구하시오.

(단, 올라가는 동안 새로 타는 사람은 없다.)

0799

사과, 배, 감, 귤, 자두가 각각 1개씩 있다. 3명의 학생에게 5개의 과일을 나누어 줄 때, 한 사람이 적어도 1개의 과일을 가지도록 나누어 주는 방법의 수를 구하시오.

유형30 대진표 작성하기 개념 17-2

대진표를 작성하는 방법의 수는
⇨ 그림을 보고 몇 개의 조로 나눌 것인지 인원수가 같은 조는 몇 개인지 생각한 후, 조합의 수를 이용한다.

0800 대표

체육 대회에 참가한 6개의 학급이 오른쪽 그림과 같은 토너먼트 방식으로 줄다리기 시합을 할 때, 대진표를 작성하는 방법의 수는?

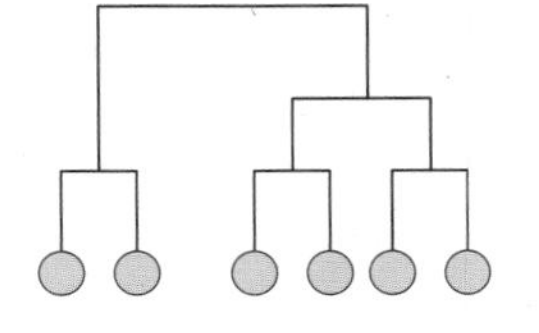

① 30 ② 45 ③ 60
④ 90 ⑤ 180

0801

6명의 태권도 선수가 오른쪽 그림과 같은 토너먼트 방식으로 시합을 할 때, 대진표를 작성하는 방법의 수를 구하시오.

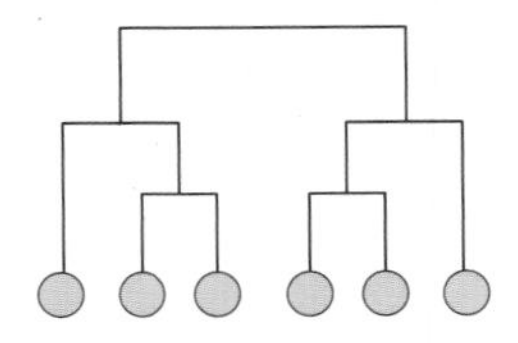

0802

야구 대회에 참가한 7개의 팀이 오른쪽 그림과 같은 토너먼트 방식으로 시합을 할 때, 대진표를 작성하는 방법의 수를 구하시오.

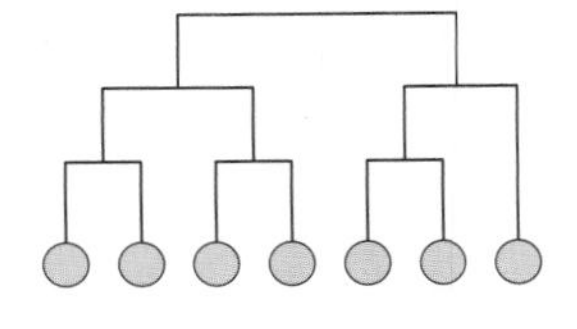

06 경우의 수

바른답 · 알찬풀이 087쪽

중단원 마무리

23 일차

STEP1 실전 문제

0803 112쪽 유형 01

1부터 6까지의 자연수가 각각 하나씩 적힌 6개의 공이 들어 있는 주머니에서 3개의 공을 동시에 꺼낼 때, 꺼낸 공에 적힌 수 중 가장 작은 수와 가장 큰 수의 합이 7이 되는 경우의 수를 구하시오.

0804 113쪽 유형 02

한 개의 주사위를 두 번 던질 때, 나오는 눈의 수를 차례대로 a, b라 하자. 부등식 $|-2a+b+1|<4$를 만족시키는 순서쌍 (a, b)의 개수를 구하시오.

0805 113쪽 유형 04

350의 양의 약수 중 홀수의 개수를 구하시오.

0806 중요! 115쪽 유형 07

오른쪽 그림은 성민이네 집, 공원, 학교, 서점을 연결하는 길을 나타낸 것이다. 집에서 출발하여 학교로 가는 방법의 수를 구하시오.
(단, 같은 지점을 두 번 이상 지나지 않는다.)

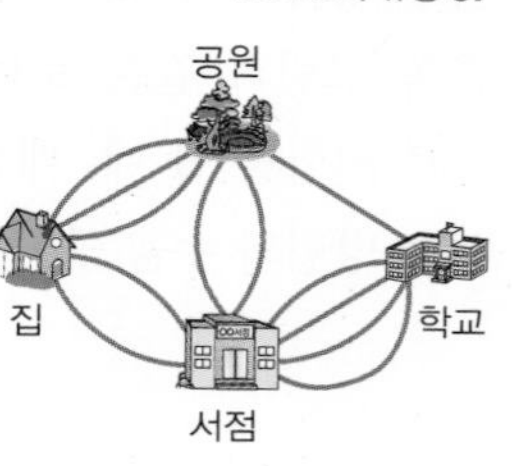

0807 115쪽 유형 08

오른쪽 그림과 같은 3개의 영역 A, B, C를 서로 다른 n가지 색을 사용하여 칠하려고 한다. 한 가지 색을 여러 번 사용해도 좋으나 인접한 영역은 서로 다른 색으로 칠하여 구분할 때, 칠할 수 있는 방법의 수가 150이다. n의 값을 구하시오.

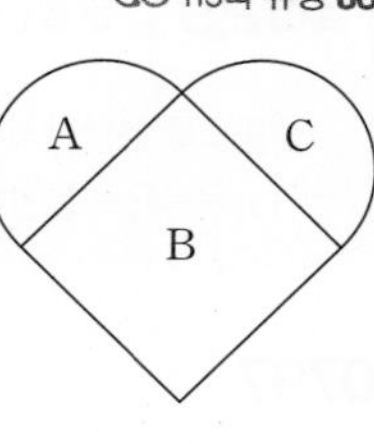

0808 교육청 117쪽 유형 10

다음 그림과 같이 한 줄에 3개씩 모두 6개의 좌석이 있는 케이블카가 있다. 두 학생 A, B를 포함한 5명의 학생이 이 케이블카에 탑승하여 A, B는 같은 줄의 좌석에 앉고 나머지 세 명은 맞은편 줄의 좌석에 앉는 경우의 수는?

① 48 ② 54 ③ 60
④ 66 ⑤ 72

0809 중요! 119쪽 유형 14

A, B, C를 포함한 6명을 일렬로 세울 때, A, B, C 중 적어도 한 사람이 한쪽 끝에 서는 방법의 수를 구하시오.

0810 120쪽 유형 16

5개의 숫자 1, 2, 3, 4, 5를 한 번씩만 사용하여 만든 다섯 자리 자연수 중 24000보다 작은 홀수의 개수를 구하시오.

0811

120쪽 유형 17

집합 $X=\{-2, -1, 0, 1, 2\}$에 대하여 다음 조건을 만족시키는 함수 $f: X \longrightarrow X$의 개수를 구하시오.

> (가) 함수 f는 일대일대응이다.
> (나) $f(0)=0$
> (다) $x \in X$일 때, $f(x)+f(-x)=0$이다.

0812

121쪽 유형 18

${}_n\mathrm{P}_2 : {}_n\mathrm{C}_3=10 : n$을 만족시키는 자연수 n의 값을 구하시오.

0813

122쪽 유형 20

5명의 학생이 자신의 이름표를 상자에 1개씩 넣은 후 동시에 각각 1개씩 뽑았다. 이때 5명 중 2명은 자신의 이름표를 뽑고, 나머지 3명은 다른 학생의 이름표를 뽑는 방법의 수를 구하시오.

0814 수능

123쪽 유형 22

1에서 10까지의 자연수 중에서 서로 다른 두 수를 임의로 선택할 때, 선택된 두 수의 곱이 짝수가 되는 경우의 수는?

① 20 ② 25 ③ 30
④ 35 ⑤ 40

0815 중요!

123쪽 유형 21

전체집합 $U=\{x|x$는 8 이하의 자연수$\}$에 대하여 다음 조건을 만족시키는 U의 부분집합 A의 개수를 구하시오.

> (가) $3 \le n(A) \le 4$
> (나) 집합 A의 원소 중 가장 큰 원소는 7이다.

0816

124쪽 유형 23

철민, 승환, 규민이를 포함한 8명의 학생 중 철민이와 승환이를 포함하여 5명을 뽑아 일렬로 세우려고 한다. 규민이는 포함되지 않고 철민이와 승환이가 서로 이웃하지 않도록 세우는 방법의 수를 구하시오.

0817

125쪽 유형 26

오른쪽 그림과 같이 원 위에 같은 간격으로 놓인 8개의 점이 있다. 이 중 세 점을 꼭짓점으로 하는 삼각형을 만들려고 할 때, 직각삼각형이 아닌 삼각형의 개수를 구하시오.

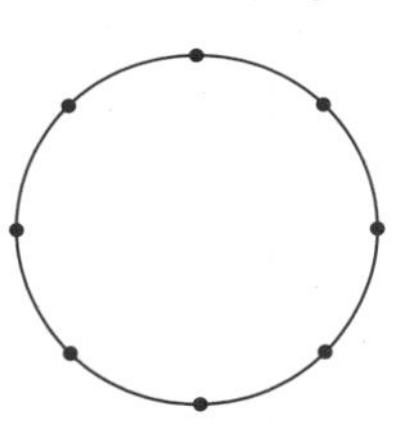

0818

127쪽 유형 29

두 지역 A, B에 답사를 가려고 한다. 남학생 4명과 여학생 4명 중 남학생 1명과 여학생 2명을 한 조씩 두 조로 편성하여 두 지역 A, B에 답사를 보내는 방법의 수를 구하시오.

바른답 · 알찬풀이 089쪽

0819

115쪽 유형 07

오른쪽 그림과 같이 세 도시 A, B, C를 연결하는 도로망이 있을 때, 새로운 D 도시를 건설하여 A 도시와 D 도시, D 도시와 C 도시를 연결하는 도로를 추가하려고 한다. A 도시에서 출발하여 C 도시로 가는 방법의 수가 21이 되도록 하려고 할 때, 추가해야 하는 도로의 개수의 최솟값을 구하시오. (단, 같은 도시를 두 번 이상 지나지 않고, 도로끼리는 서로 만나지 않는다.)

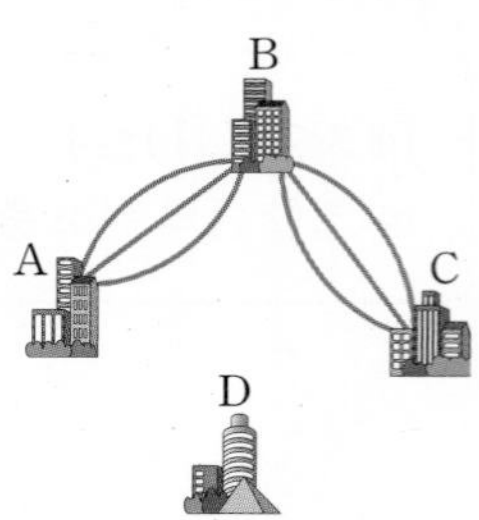

0820

117쪽 유형 10

두 학생 A, B가 10개의 숫자 0, 1, 2, 3, 4, 5, 6, 7, 8, 9에서 각각 서로 다른 두 수를 택한다. A, B가 택한 수는 모두 다르고 각자 택한 두 수의 합이 5 이상 8 이하일 때, A가 택한 두 수의 합과 B가 택한 두 수의 합이 같은 경우의 수를 구하시오.

0821 평가원

122쪽 유형 20

오른쪽 그림과 같이 경계가 구분된 6개 지역의 인구 조사를 조사원 5명이 담당하려고 한다. 5명 중 1명은 서로 이웃한 2개 지역을, 나머지 4명은 남은 4개 지역을 각각 1개씩 담당한다. 이 조사원 5명의 담당 지역을 정하는 방법의 수는? (단, 경계가 일부라도 닿은 두 지역은 서로 이웃한 지역으로 본다.)

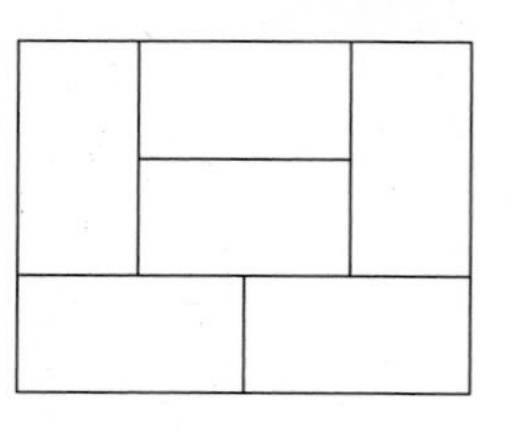

① 720 ② 840 ③ 960
④ 1080 ⑤ 1200

0822

123쪽 유형 21 + 유형 22

1부터 9까지의 자연수가 각각 하나씩 적힌 9개의 공이 주머니에 들어 있다. 이 주머니에서 3개의 공을 동시에 꺼낼 때, 꺼낸 공에 적힌 세 수 a, b, c $(a<b<c)$가 다음 조건을 만족시키는 경우의 수를 구하시오.

> (가) $a+b+c$는 홀수이다.
> (나) $a\times b\times c$는 3의 배수이다.

0823 평가원

125쪽 유형 26

좌표평면 위에 9개의 점 (i, j) $(i=0,\ 4,\ 8,\ j=0,\ 4,\ 8)$이 있다. 이 9개의 점 중 네 점을 꼭짓점으로 하는 사각형 중에서 내부에 세 점 $(1, 1)$, $(1, 3)$, $(3, 1)$을 꼭짓점으로 하는 삼각형을 포함하는 사각형의 개수는?

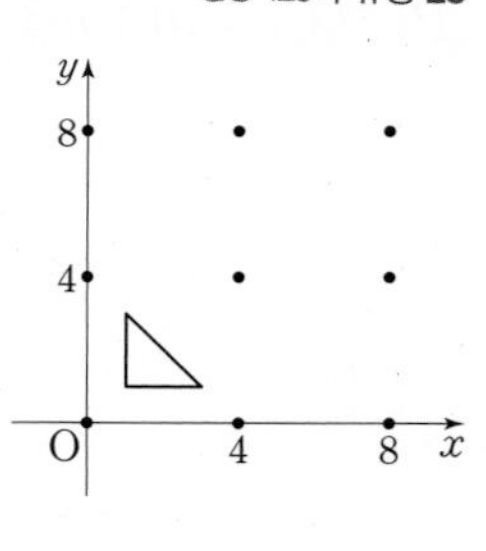

① 13 ② 15 ③ 17
④ 19 ⑤ 21

0824

127쪽 유형 29

서로 다른 4개의 사탕과 서로 같은 3개의 초콜릿을 다음 조건에 따라 남김없이 3명의 학생에게 나누어 주는 방법의 수를 구하시오.
(단, 사탕과 초콜릿을 나누어 주는 순서는 생각하지 않는다.)

> (가) 3명의 학생에게 적어도 각각 1개의 사탕을 나누어 준다.
> (나) 초콜릿을 받지 않는 학생이 있을 수 있다.

적중 서술형 문제

0825
113쪽 유형 02 + 114쪽 유형 06

1000원짜리 지폐 1장, 500원짜리 동전 5개, 100원짜리 동전 10개의 일부 또는 전부를 사용하여 지불할 때, 다음 물음에 답하시오. (단, 0원을 지불하는 경우는 제외한다.)

(1) 지불할 수 있는 방법의 수를 a, 지불할 수 있는 금액의 수를 b라 할 때, $a-b$의 값을 구하시오.

(2) 2500원을 지불하는 방법의 수를 구하시오.

0826
117쪽 유형 11 + 118쪽 유형 12

A, B, C, D, E, F 6명을 일렬로 세울 때, A와 C는 이웃하고 E와 F는 이웃하지 않도록 세우는 방법의 수를 구하시오.

0827
119쪽 유형 15

0, 1, 2, 3, 4, 5의 숫자가 각각 하나씩 적힌 6장의 카드에서 서로 다른 4장을 뽑아 만든 네 자리 자연수 중 5의 배수의 개수를 구하시오.

0828
122쪽 유형 20

서로 다른 8켤레의 운동화 16짝 중 4짝을 택할 때, 한 켤레만 짝이 맞는 경우의 수를 구하시오.

0829
124쪽 유형 24

두 집합 $X=\{1, 2, 3, 4\}$, $Y=\{1, 2, 3, 4, 5, 6, 7, 8\}$에 대하여 다음 조건을 만족시키는 X에서 Y로의 함수 f의 개수를 구하시오.

(가) $f(1)\leq 3$
(나) $x_1\in X$, $x_2\in X$일 때, $x_1<x_2$이면 $f(x_1)<f(x_2)$

바른답·알찬풀이 091쪽

빠른답 체크 Speed Check

0001 $\not\subset$ **0002** $\in$ **0003** 예 $\{x|x$는 11 이하의 소수$\}$ **0004** $\{8, 16, 24\}$ **0005** 유한집합 **0006** 무한집합 **0007** $A \subset B$ **0008** $A=B$
0009 (1) $\varnothing$, $\{1\}$, $\{7\}$, $\{1, 7\}$ (2) $\varnothing$, $\{1\}$, $\{7\}$ **0010** (1) 64 (2) 63 **0011** ④ **0012** ㄱ, ㄹ **0013** ② **0014** ② **0015** ③
0016 ② **0017** $C=\{-1, 1, 3, 5\}$ **0018** ④, ⑤ **0019** ㄱ, ㄷ **0020** 22 **0021** 6 **0022** ⑤ **0023** 6 **0024** 8
0025 ②, ④ **0026** ④ **0027** ③ **0028** ① **0029** $A \subset C \subset B$ **0030** ③, ⑤ **0031** 4 **0032** ㄱ, ㄷ
0033 $-4 \le a \le 1$ **0034** 4 **0035** -3 **0036** 2 **0037** ④ **0038** ④ **0039** 31 **0040** 1 **0041** 31
0042 8 **0043** 7 **0044** 24 **0045** 9 **0046** ③ **0047** 11 **0048** 14
0049 $A \cup B=\{1, 2, 3, 5, 10\}$, $A \cap B=\{2, 5\}$ **0050** $A \cup B=\{1, 3, 5, 6, 7, 9, 11, 13\}$, $A \cap B=\{3, 9\}$ **0051** 서로소이다.
0052 서로소가 아니다. **0053** $\{2, 5, 6, 7\}$ **0054** $\{1, 4, 6, 7\}$ **0055** $\{1, 4\}$ **0056** $\{2, 5\}$ **0057** $\{6, 7\}$
0058 $\{1, 2, 4, 5, 6, 7\}$ **0059** ㄴ, ㄷ **0060** 15 **0061** ⑤ **0062** 27 **0063** ⑤ **0064** ㄱ, ㄷ **0065** ② **0066** 2
0067 $\{8, 10, 11\}$ **0068** ⑤ **0069** ③ **0070** 7 **0071** $\{2, 3, 5, 6, 8\}$ **0072** $\{2, 4\}$ **0073** ③ **0074** ①
0075 ⑤ **0076** ㄴ, ㄷ **0077** ④ **0078** 1 **0079** 8 **0080** $\{-2, 1, 4\}$ **0081** 2 **0082** ⑤ **0083** ③, ⑤
0084 ⑤ **0085** ④ **0086** ㄱ, ㄴ, ㄷ **0087** ③ **0088** ㄱ, ㄷ **0089** 4 **0090** 16 **0091** 8 **0092** 8 **0093** 16
0094 32 **0095** $\{1, 4, 7\}$ **0096** $\{1, 3, 5, 6\}$ **0097** (1) $\{4, 6, 7, 8, 9\}$ (2) $\{4, 6, 7, 8, 9\}$ (3) $\{1, 3, 4, 6, 7, 8, 9, 10\}$ (4) $\{1, 3, 4, 6, 7, 8, 9, 10\}$
0098 (가): 드모르간의 법칙, (나): 결합법칙 **0099** 3 **0100** 8

0101 9 **0102** 4 **0103** 4 **0104** 17 **0105** $\{1, 2, 5, 6, 7\}$ **0106** ② **0107** $\{2, 5, 7, 8\}$ **0108** ③
0109 (가): A, (나): $A \cup B$ **0110** ㄱ, ㄴ **0111** ② **0112** ⑤ **0113** ③ **0114** 16 **0115** ④ **0116** ㄱ, ㄷ **0117** 28
0118 1 **0119** $\{2, 3\}$ **0120** $\{-2, 1, 2, 4\}$ **0121** $0 \le k \le 3$ **0122** 5 **0123** ㄴ, ㄹ **0124** ③ **0125** 16 **0126** ③
0127 ② **0128** 15 **0129** 28 **0130** ① **0131** 최댓값: 36, 최솟값: 10 **0132** 80 **0133** 11 **0134** 3 **0135** ③
0136 19 **0137** 최댓값: 44, 최솟값: 9 **0138** ⑤ **0139** ㄱ, ㄴ, ㄹ **0140** ②, ③ **0141** 3 **0142** ③ **0143** ⑤ **0144** 8
0145 $\{0, 1, 2, 3\}$ **0146** 128 **0147** 12 **0148** ㄴ, ㄷ **0149** 33 **0150** 3 **0151** ⑤ **0152** 24 **0153** 2
0154 19 **0155** $\{1, 2, 3, 7\}$ **0156** $\frac{7}{3}$ **0157** 56 **0158** ⑤ **0159** 2 **0160** (1) $\{2, 3, 4, 5, 8\}$ (2) 16 **0161** -1
0162 26 **0163** 23 **0164** 명제, 참 **0165** 조건 **0166** 명제, 거짓 **0167** $\{5, 10, 15\}$ **0168** $\{3\}$
0169 부정: x는 8의 약수가 아니다., 진리집합: $\{6, 10\}$ **0170** 부정: $x^2-10x+16 \ne 0$, 진리집합: $\{4, 6, 10\}$ **0171** $x=0$ 또는 $y=0$
0172 $-3 \le x \le 2$ **0173** $x<-2$ 또는 $x>1$ **0174** 가정: x가 홀수이다., 결론: x^2은 홀수이다. **0175** 가정: $a<0$이다., 결론: $-a>0$이다.
0176 가정: $x=1$이다., 결론: $2x+1=3$이다. **0177** 참 **0178** 거짓 **0179** 거짓 **0180** 참 **0181** 어떤 실수 x에 대하여 $x^2<0$이다.
0182 모든 실수 x에 대하여 $x^2 \ne -1$이다. **0183** ④ **0184** ③ **0185** ㄱ, ㄷ **0186** ㄱ, ㄴ **0187** $x \ge 2$ **0188** ④ **0189** ④
0190 $\{1, 4, 6, 8, 9, 10, 12\}$ **0191** ⑤ **0192** $\{1, 3, 5, 7, 9, 11\}$ **0193** 11 **0194** ㄴ, ㄹ **0195** ⑤ **0196** ⑤ **0197** c, d
0198 ① **0199** ② **0200** ②

0201 ③ **0202** ⑤ **0203** ②, ④ **0204** ㄴ, ㄹ **0205** $-1<a \le 2$ **0206** ④ **0207** 3 **0208** -5 **0209** ㄴ
0210 ③ **0211** ㄴ, ㄹ **0212** ④ **0213** (1) 역 (2) 대우 **0214** 역: $x^2=4$이면 $x=2$이다. (거짓), 대우: $x^2 \ne 4$이면 $x \ne 2$이다. (참)
0215 역: $x>3$이면 $x>1$이다. (참), 대우: $x \le 3$이면 $x \le 1$이다. (거짓) **0216** ㄱ, ㄷ, ㄹ **0217** (가): $k+l$, (나): 짝수 **0218** ㄷ **0219** ③
0220 ④ **0221** ② **0222** 7 **0223** ③ **0224** ⑤ **0225** 6 **0226** ④ **0227** ③ **0228** ⑤ **0229** ④
0230 ④ **0231** ⑤ **0232** 7 **0233** (1) n이 짝수이면 n^2도 짝수이다. (2) 풀이 참조 **0234** 풀이 참조 **0235** ④
0236 (1) $\sqrt{3}$은 유리수이다. (2) 풀이 참조 **0237** 풀이 참조 **0238** 충분조건 **0239** 필요조건 **0240** 필요충분조건 **0241** 필요조건
0242 필요충분조건 **0243** 충분조건 **0244** 필요충분조건 **0245** 충분조건 **0246** 필요조건
0247 (1) $P=\{-2, -1, 0, 1, 2\}$, $Q=\{-1, 0, 1\}$, $R=\{-2, -1, 0, 1, 2\}$ (2) 필요조건 (3) 충분조건 (4) 필요충분조건 **0248** ③ **0249** ㄷ
0250 ㄱ, ㄴ **0251** ④ **0252** ① **0253** ③ **0254** ㄱ, ㄴ, ㄷ **0255** ②, ⑤ **0256** ③ **0257** ㄱ, ㄷ **0258** ③ **0259** ④
0260 ① **0261** ② **0262** ③ **0263** ④ **0264** 4 **0265** $1<a<2$ **0266** ① **0267** ③ **0268** (가): $\frac{3}{4}b^2$, (나): $a=b=0$
0269 4 **0270** 12 **0271** 6 **0272** 25 **0273** 8 **0274** 1 **0275** (가): $2\sqrt{ab}$, (나): $>$, (다): $>$
0276 (가): $bx-ay$, (나): $\frac{x}{a}=\frac{y}{b}$ **0277** ㄴ **0278** 11 **0279** ④ **0280** -49 **0281** ⑤ **0282** ④ **0283** 0 **0284** 7

0285 11　0286 64　0287 6　0288 8　0289 ③　0290 -50　0291 20　0292 ⑤　0293 ①　0294 75 m^2

0295 ④　0296 24　0297 $\frac{18}{13}$　0298 ㄴ　0299 7　0300 ④

0301 ④　0302 18　0303 ②　0304 ㄴ, ㄷ　0305 ②, ④　0306 ㄴ, ㄷ　0307 ⑤　0308 ④　0309 ⑤　0310 ③

0311 4　0312 20　0313 $\frac{1}{2} \le a \le 2$　0314 8　0315 4　0316 ㄱ　0317 30 km/h　0318 ①

0319 8　0320 5　0321 -2, 5　0322 풀이 참조　0323 13　0324 함수이다.　0325 함수가 아니다.

0326 정의역: $\{x \mid x$는 실수$\}$, 치역: $\{y \mid y$는 실수$\}$　0327 정의역: $\{x \mid x$는 실수$\}$, 치역: $\{y \mid y \ge -1\}$

0328 서로 같은 함수이다.　0329 서로 같은 함수가 아니다.　0330 ㄱ, ㄴ　0331 ㄱ, ㄴ　0332 ㄴ　0333 ㄷ　0334 풀이 참조

0335 풀이 참조　0336 ②, ⑤　0337 ④　0338 ㄱ, ㄷ　0339 4　0340 11　0341 7　0342 -1　0343 8　0344 ②

0345 2　0346 36　0347 -2　0348 ③　0349 $\{2, 3, 4\}$　0350 $-2 \le a \le 3$　0351 ①　0352 ㄷ　0353 ②, ③

0354 ⑤　0355 ㄴ　0356 ㄴ　0357 9　0358 -1　0359 8　0360 4　0361 ③　0362 75　0363 ②

0364 7　0365 ②　0366 ④　0367 2　0368 6　0369 ②　0370 0　0371 8　0372 ②　0373 4

0374 1　0375 7　0376 3　0377 $(g \circ f)(x) = 4x^2 - 4x + 4$　0378 $(f \circ g)(x) = 2x^2 + 5$　0379 $(f \circ f)(x) = 4x - 3$

0380 $(g \circ g)(x) = x^4 + 6x^2 + 12$　0381 $((f \circ g) \circ h)(x) = 3x^2 + 18x + 22$　0382 $(f \circ (g \circ h))(x) = 3x^2 + 18x + 22$

0383 ⑤　0384 3　0385 ②　0386 -8　0387 4　0388 ③　0389 5　0390 5　0391 2　0392 4

0393 ②　0394 4　0395 2　0396 ②　0397 $f(x) = 3x$　0398 $f(x) = 2x + 5$　0399 2　0400 -3

0401 1　0402 $\frac{12}{7}$　0403 6　0404 ④　0405 6　0406 b　0407 4　0408 6　0409 -1

0410 $y = \frac{1}{3}x + \frac{1}{3}$　0411 $y = 4x - 3$　0412 1　0413 -1　0414 풀이 참조　0415 풀이 참조　0416 8　0417 5

0418 3　0419 0　0420 ④　0421 5　0422 ⑤　0423 -3　0424 $h^{-1}(x) = -\frac{1}{2}x + 3$　0425 15　0426 ④

0427 -1　0428 3　0429 5　0430 2　0431 15　0432 -1　0433 14　0434 13　0435 ③　0436 8

0437 ⑤　0438 ③　0439 ④　0440 $4\sqrt{2}$　0441 ②　0442 9　0443 ②　0444 9　0445 ②　0446 6

0447 12　0448 4　0449 2　0450 3　0451 ㄱ, ㄷ　0452 -16　0453 ④　0454 13　0455 4　0456 ③

0457 ㄱ, ㄷ　0458 3　0459 ⑤　0460 ③　0461 12　0462 3　0463 7　0464 -2

0465 (1) $g(x) = -8x - 15$ (2) -23　0466 5　0467 3　0468 $\frac{2y}{6x^2y^2}, \frac{3x}{6x^2y^2}$　0469 $\frac{x-1}{(x+1)(x-1)}, \frac{(x+1)^2}{(x+1)(x-1)}$

0470 $\frac{3y^3}{2xz}$　0471 $\frac{x^2+x+1}{x-1}$　0472 $\frac{2x-3}{2x-1}$　0473 $\frac{x+4}{(x-2)(x+1)}$　0474 $\frac{x-1}{2}$　0475 $\frac{1}{(x-2)(x-3)}$

0476 $\frac{2}{x(x-2)}$　0477 $\frac{x-2}{x-3}$　0478 (1) $-\frac{2}{11}$ (2) $\frac{17}{2}$　0479 $\frac{x-2}{(x-1)(x-3)}$　0480 $\frac{8x^7}{x^8-1}$　0481 ③　0482 $\frac{3}{2}$

0483 8　0484 ③　0485 4　0486 65　0487 $\frac{-x+2}{x(x-1)}$　0488 50　0489 $\frac{-2x}{x^4+x^2+1}$　0490 20

0491 $\frac{3}{(x-1)(x+5)}$　0492 $\frac{5}{48}$　0493 1　0494 1　0495 1　0496 7　0497 10　0498 ④　0499 ③

0500 $-8\sqrt{5}$

0501 -3　0502 -1　0503 3　0504 2　0505 5　0506 $\frac{7}{11}$　0507 -1　0508 5　0509 -6

0510 ④　0511 $\frac{10}{13}$　0512 (1) ㄴ, ㄹ (2) ㄱ, ㄷ　0513 $\left\{x \,\middle|\, x \ne -\frac{1}{2}\right.$인 실수$\left.\right\}$　0514 $\{x \mid x \ne 2$인 실수$\}$

0515 $\{x \mid x \ne -1, x \ne 1$인 실수$\}$　0516 $\{x \mid x$는 실수$\}$　0517 $y = \frac{3}{x-2} - 1$

0518 그래프는 풀이 참조, 정의역: $\{x \mid x \ne 0$인 실수$\}$, 치역: $\{y \mid y \ne 4$인 실수$\}$　0519 그래프는 풀이 참조, 정의역: $\{x \mid x \ne -3$인 실수$\}$, 치역: $\{y \mid y \ne -5$인 실수$\}$

0520 그래프는 풀이 참조, $x=1$, $y=3$　0521 그래프는 풀이 참조, $x=-1$, $y=-2$　0522 $\left\{y \,\middle|\, -2 \le y \le -\frac{5}{4}\right\}$　0523 ⑤　0524 3

0525 ㄴ, ㄷ　0526 ④　0527 1　0528 ⑤　0529 6　0530 -4　0531 4　0532 ②　0533 $k<2$　0534 12
0535 2　0536 -18　0537 ⑤　0538 -11　0539 -2　0540 ㄱ, ㄷ　0541 ④　0542 7　0543 2　0544 8
0545 $\frac{1}{12}$　0546 $-3<m\le 0$　0547 3　0548 $\frac{9}{2}$　0549 ②　0550 $\frac{4}{7}$　0551 2　0552 ①　0553 5
0554 10　0555 6　0556 1　0557 3　0558 $\frac{a}{a+1}$　0559 -4　0560 $\frac{1}{30}$　0561 4　0562 ③　0563 0
0564 5200　0565 ②　0566 ㄱ, ㄷ　0567 ②　0568 ㄴ, ㄷ　0569 $\frac{3}{4}\le m\le\frac{5}{2}$　0570 $\frac{2}{3}$　0571 1　0572 6
0573 1　0574 18　0575 ⑤　0576 13　0577 (1) -2　(2) 9　0578 $\frac{1}{2}$　0579 $x\le 2$　0580 $x\ge 3$　0581 $x>5$
0582 $2\le x<4$　0583 1　0584 $-5x+3$　0585 $\sqrt{x-1}-\sqrt{x-3}$　0586 $2x-1-2\sqrt{x(x-1)}$　0587 $\frac{-2}{x-1}$　0588 $\frac{2(x+9)}{x-9}$
0589 ③　0590 $x\le-\frac{1}{3}$ 또는 $x\ge\frac{1}{2}$　0591 2　0592 ⑤　0593 ②　0594 $\frac{2}{a}$　0595 a　0596 6　0597 ①
0598 ①　0599 -4　0600 $4x-2$

0601 30　0602 5　0603 ⑤　0604 ①　0605 1　0606 $3\sqrt{3}$　0607 ④　0608 ①　0609 $\sqrt{6}$　0610 -4
0611 4　0612 $-\sqrt{3}$　0613 8　0614 ㄱ, ㄷ　0615 $\left\{x \middle| x\ge-\frac{3}{2}\right\}$　0616 $\{x|-1\le x\le 1\}$　0617 $y=-\sqrt{-5x}$
0618 $y=\sqrt{5x}$　0619 $y=-\sqrt{5x}$　0620 $y=\sqrt{6(x+1)}+2$　0621 $y=\sqrt{-3(x+1)}+2$
0622 그래프는 풀이 참조, 정의역: $\{x|x\ge-2\}$, 치역: $\{y|y\ge 3\}$　0623 그래프는 풀이 참조, 정의역: $\{x|x\ge-1\}$, 치역: $\{y|y\le 2\}$
0624 그래프는 풀이 참조, 정의역: $\{x|x\le 2\}$, 치역: $\{y|y\ge 1\}$　0625 그래프는 풀이 참조, 정의역: $\{x|x\le 5\}$, 치역: $\{y|y\le 1\}$　0626 3　0627 -2
0628 $\{x|x\le-1\}$　0629 2　0630 ⑤　0631 3　0632 ㄱ, ㄷ, ㄹ　0633 ②　0634 ②, ⑤　0635 8　0636 21
0637 ③　0638 $a>0$, $b<0$, $c>0$　0639 ⑤　0640 ㄴ　0641 ㄱ, ㄴ, ㄹ　0642 3　0643 -3　0644 5　0645 $2-\sqrt{3}$
0646 ⑤　0647 ⑤　0648 $k>\frac{5}{4}$　0649 14　0650 -24　0651 $4\sqrt{2}$　0652 -3　0653 ③　0654 1　0655 2
0656 3　0657 ⑤　0658 ③　0659 $2\sqrt{x+1}$　0660 2　0661 1　0662 -4　0663 ①　0664 ②
0665 $(-1, 2)$　0666 ②　0667 $\sqrt{7}$　0668 $-\frac{5}{4}$　0669 6　0670 ②　0671 -1　0672 ④　0673 $-\frac{3}{2}$　0674 $\frac{11}{4}$
0675 $-3x+1$　0676 5　0677 -3　0678 4　0679 6　0680 14　0681 16　0682 12　0683 9　0684 12
0685 30　0686 ②　0687 9　0688 53　0689 19　0690 ④　0691 ①　0692 160　0693 8　0694 ⑤
0695 3　0696 18　0697 30　0698 9　0699 11　0700 15

0701 62　0702 31　0703 40　0704 22　0705 3　0706 ⑤　0707 84　0708 420　0709 5　0710 3
0711 3　0712 4　0713 30　0714 120　0715 24　0716 48　0717 24　0718 12　0719 7　0720 ①
0721 15　0722 4　0723 ④　0724 120　0725 ③　0726 20　0727 ④　0728 288　0729 48　0730 3
0731 ⑤　0732 3600　0733 60　0734 720　0735 144　0736 1152　0737 96　0738 ⑤　0739 ⑤　0740 ④
0741 ⑤　0742 24　0743 ③　0744 15　0745 60　0746 ④　0747 0　0748 ④　0749 ③　0750 24
0751 7　0752 2　0753 6　0754 7　0755 10　0756 3　0757 56　0758 4　0759 16　0760 ④
0761 ⑤　0762 $\frac{5}{3}$　0763 (가): $n-r$, (나): r, (다): $n!$　0764 (가): $(n-r)!$, (나): $n!$, (다): $r!$　0765 ⑤　0766 13　0767 49
0768 8　0769 ②　0770 ③　0771 42　0772 ⑤　0773 74　0774 53　0775 4　0776 ④　0777 144
0778 ③　0779 8　0780 15　0781 ②　0782 ⑤　0783 45　0784 54　0785 ②　0786 10　0787 ④
0788 30　0789 200　0790 60　0791 70　0792 ②　0793 301　0794 60　0795 ⑤　0796 105　0797 ⑤
0798 6300　0799 150　0800 ②

0801 90　0802 315　0803 6　0804 19　0805 6　0806 39　0807 6　0808 ⑤　0809 576　0810 20
0811 8　0812 5　0813 20　0814 ④　0815 35　0816 720　0817 32　0818 72　0819 7　0820 36
0821 ⑤　0822 30　0823 ②　0824 360　0825 (1) 86　(2) 6　0826 144　0827 108　0828 672　0829 65

Memo

Memo

미래엔 에듀

수학 도서안내

1등급 달성을 위한 필수 코스

개념 기본서

수학중심

고등 수학(상), 고등 수학(하)
수학 I, 수학 II, 확률과 통계, 미적분, 기하

- 교과 내용에 맞춰 개념과 유형을 균형 있게 학습
- 주제별 개념과 유형을 필요한 만큼 충분하게 완벽 훈련
- 시험 출제율이 높은 문제와 수준별·단계별 문제로 실전 대비

문제 기본서

유형중심

고등 수학(상), 고등 수학(하)
수학 I, 수학 II, 확률과 통계, 미적분

- 학습 주제별 구성으로 주제별 완벽한 유형 학습
- 수준별 학습으로 기본부터 실력까지 완전 학습
- 최신 기출(수능, 평가원, 교육청) 문제로 자신 있는 실전 대비

기출 분석 문제집

1등급 만들기

고등 수학(상), 고등 수학(하)
수학 I, 수학 II, 확률과 통계, 미적분, 기하

- 1200여 학교의 기출에서 뽑은 고빈출 유형 학습
- 시험에 꼭 나오는 핵심 개념과 단계별 문제로 실력 향상
- 1등급 달성을 위한 고난도 문제와 마무리 문제로 자신감 강화

유형중심

고등 수학(하)

실전에서
완벽하게
중심을 잡는
문제 기본서

바른답·알찬풀이

Mirae N 에듀

바른답·알찬풀이

STUDY POINT

알찬풀이 정확하고 자세하며 명쾌한 풀이로 이해하기 쉽습니다.

해결 전략 문제 해결 방향을 잡는 전략을 세울 수 있습니다.

도움 개념 문제 해결에 도움이 되는 이전 학습 내용을 확인할 수 있습니다.

바른답·알찬풀이

고등 수학(하)

Ⅰ

집합과 명제

01 집합 2

02 명제 17

Ⅱ

함수

03 함수 35

04 유리식과 유리함수 49

05 무리식과 무리함수 65

Ⅲ

경우의 수

06 경우의 수 76

01 집합

Lecture
» 10~15쪽

집합의 뜻과 표현

0001 답 $\not\in$

0002 답 $\in$

0003 답 예 $\{x|x$는 11 이하의 소수$\}$

0004 답 $\{8, 16, 24\}$

0005 답 유한집합

0006 답 무한집합

0007 답 $A\subset B$

0008 답 $A=B$

0009 답 (1) $\varnothing$, $\{1\}$, $\{7\}$, $\{1, 7\}$ (2) $\varnothing$, $\{1\}$, $\{7\}$
7의 양의 약수는 1, 7이므로
$\{x|x$는 7의 양의 약수$\}=\{1, 7\}$
(1) 집합 $\{1, 7\}$의 부분집합은
$\varnothing$, $\{1\}$, $\{7\}$, $\{1, 7\}$
(2) 집합 $\{1, 7\}$의 진부분집합은
$\varnothing$, $\{1\}$, $\{7\}$

0010 답 (1) 64 (2) 63
$n(A)=6$이므로
(1) 부분집합의 개수는 $2^6=64$
(2) 진부분집합의 개수는 $2^6-1=63$

하 **0011** 답 ④
① 우리나라의 고등학교 학생의 모임은 그 대상을 분명하게 정할 수 있으므로 집합이다.
② 50보다 작은 홀수인 자연수의 모임은 1, 3, …, 49이므로 집합이다.
③ 4의 양의 배수의 모임은 4, 8, 12, …이므로 집합이다.
④ '소질이 있는'은 기준이 명확하지 않아 그 대상을 분명하게 정할 수 없으므로 집합이 아니다.
⑤ 우리 학교에서 생일이 3월에 있는 학생의 모임은 그 대상을 분명하게 정할 수 있으므로 집합이다.
따라서 집합이 아닌 것은 ④이다.

하 **0012** 답 ㄱ, ㄹ
집합 A의 원소는 1, 2, 4, 5, 10, 20이므로
ㄴ. $5\in A$
ㄷ. $12\not\in A$

중 **0013** 답 ②
① 0은 자연수가 아니므로 $0\not\in N$
② $\sqrt{9}=3$이므로 $\sqrt{9}\in Z$
③ $\frac{1}{i}=\frac{i}{i\times i}=\frac{i}{i^2}=\frac{i}{-1}=-i$이므로 $-i\not\in Q$
④ $\sqrt{2}$는 무리수이므로 $1+\sqrt{2}$도 무리수이다.
$\therefore 1+\sqrt{2}\in P$
⑤ π는 무리수이고, 무리수는 실수에 포함되므로 $\pi\in R$
따라서 옳은 것은 ②이다.

중 **0014** 답 ②
$x^2+x-6\le 0$에서 $(x+3)(x-2)\le 0$
$\therefore -3\le x\le 2$
즉, 집합 A의 원소는 -3, -2, -1, 0, 1, 2이다.
$x^2-4x+3=0$에서 $(x-1)(x-3)=0$
$\therefore x=1$ 또는 $x=3$
즉, 집합 B의 원소는 1, 3이다.
① -6은 집합 A의 원소가 아니므로 $-6\not\in A$
② -3은 집합 B의 원소가 아니므로 $-3\not\in B$
③ 0은 집합 A의 원소이므로 $0\in A$
④ 1은 집합 B의 원소이므로 $1\in B$
⑤ 3은 집합 A의 원소가 아니므로 $3\not\in A$
따라서 옳지 않은 것은 ②이다.

하 **0015** 답 ③
① $A=\{2, 3, 5, 7, 11, \cdots\}$
② $A=\{1, 2, 3, 4, 5, \cdots\}$
③ $A=\{2, 3, 5, 7\}$
④ $A=\{1, 3, 5, 7\}$
⑤ $A=\{1, 3, 5, 7\}$
따라서 집합 A를 조건제시법으로 바르게 나타낸 것은 ③이다.

중 **0016** 답 ②
소인수분해했을 때 소인수가 2와 3뿐이면 집합 A의 원소이다.
① $12=2^2\times 3$
② $28=2^2\times 7$
③ $36=2^2\times 3^2$
④ $54=2\times 3^3$
⑤ $72=2^3\times 3^2$
따라서 집합 A의 원소가 아닌 것은 ②이다.

중 **0017** 답 $C=\{-1, 1, 3, 5\}$
$a\in A$, $b\in B$인 a, b에 대하여 $a-b$의 값을 구하면 다음 표와 같다.

a \ b	1	3
2	1	-1
4	3	1
6	5	3

$\therefore C=\{-1, 1, 3, 5\}$

중 **0018** 답 ④, ⑤
① $A=\{1, 4, 7, 10, \cdots\}$이므로 집합 A는 무한집합이다.
② $B=\{3, 6, 9, 12, \cdots\}$이므로 집합 B는 무한집합이다.

③ $C=\{3, 5, 7, 9, \cdots\}$이므로 집합 C는 무한집합이다.

④ $0<x<1$을 만족시키는 자연수 x는 존재하지 않으므로 집합 D는 공집합이다. 즉, 집합 D는 유한집합이다.

⑤ $x^2-6x+8=0$에서 $(x-2)(x-4)=0$

$\therefore x=2$ 또는 $x=4$

$\therefore E=\{2, 4\}$

즉, 집합 E는 유한집합이다.

따라서 유한집합인 것은 ④, ⑤이다.

중 0019 답 ㄱ, ㄷ

ㄱ. $A=\{23, 29, 31, 37, \cdots\}$이므로 집합 A는 무한집합이다.

ㄴ. $B=\{0, 1, 2\}$이므로 집합 B는 유한집합이다.

ㄷ. $3<x<4$인 유리수 x는 무수히 많으므로 집합 C는 무한집합이다.

ㄹ. $x^2-3=0$에서 $(x+\sqrt{3})(x-\sqrt{3})=0$

$\therefore x=-\sqrt{3}$ 또는 $x=\sqrt{3}$

$\therefore D=\{-\sqrt{3}, \sqrt{3}\}$

즉, 집합 D는 유한집합이다.

이상에서 무한집합인 것은 ㄱ, ㄷ이다.

중 0020 답 22

[문제 이해] 4의 양의 약수는 1, 2, 4이므로 집합 A가 공집합이 되려면 $1\notin A$, $2\notin A$, $4\notin A$이어야 한다. ◀ 60 %

[답 구하기] 따라서 k의 값이 될 수 있는 자연수는 4, 5, 6, 7이므로 구하는 합은

$4+5+6+7=22$ ◀ 40 %

중 0021 답 6

$A=\{0, 1, 2, \cdots, 9\}$이므로 $n(A)=10$

$\sqrt{x}$가 정수이려면 x는 집합 A의 원소 중 0 또는 제곱수이어야 하므로

$x=0$ 또는 $x=1$ 또는 $x=4$ 또는 $x=9$

$\sqrt{0}=0$, $\sqrt{1}=1$, $\sqrt{4}=2$, $\sqrt{9}=3$이므로

$B=\{0, 1, 2, 3\}$ $\quad\therefore n(B)=4$

$\therefore n(A)-n(B)=6$

중 0022 답 ⑤

③ $n(\{-1\})=n(\{1\})=1$

④ $n(\{2, 3, 4\})-n(\{3, 4\})=3-2=1$

⑤ $n(\{\varnothing\})=1$, $n(\{2\})=1$이므로

$n(\{\varnothing\})=n(\{2\})$

중 0023 답 6

$A=\{1, 3\}$, $B=\{3, 5, 7\}$

$x\in A$, $y\in B$인 x, y에 대하여 xy의 값을 구하면 다음 표와 같다.

x \ y	3	5	7
1	3	5	7
3	9	15	21

따라서 $C=\{3, 5, 7, 9, 15, 21\}$이므로 $n(C)=6$

중 0024 답 8

[해결 과정] $A=\{(1, 6), (3, 3)\}$이므로 $n(A)=2$

$B=\{1, 2, 3, \cdots, k\}$이므로 $n(B)=k$ ◀ 70 %

[답 구하기] 이때 $n(A)+n(B)=10$이므로

$2+k=10$ $\quad\therefore k=8$ ◀ 30 %

중 0025 답 ②, ④

② $\{1, 2\}$는 집합 A의 원소이므로 $\{1, 2\}\in A$

④ $\varnothing$은 집합 A의 원소이므로 $\varnothing\in A$

하 0026 답 ④

$A=\{1, 3, 9\}$, $B=\{1, 3, 5, 9\}$

① 5는 집합 A의 원소가 아니므로 $5\notin A$

② 3은 집합 B의 원소이므로 $3\in B$

③ $1\in A$, $3\in A$이므로 $\{1, 3\}\subset A$

④ $3\in B$, $9\in B$이므로 $\{3, 9\}\subset B$

⑤ $1\in B$, $3\in B$, $5\in B$, $9\in B$이므로 $\{1, 3, 5, 9\}\subset B$

따라서 옳지 않은 것은 ④이다.

중 0027 답 ③

$A=\{-1, 0, 1\}$, $B=\{-1, 1\}$, $C=\{-2, -1, 0, 1, 2\}$이므로

$B\subset A\subset C$

하 0028 답 ①

모든 정수는 유리수이고 모든 유리수는 실수이므로

$Z\subset Q\subset R$

중 0029 답 $A\subset C\subset B$

[해결 과정] $x\in A$, $y\in A$인 x, y에 대하여 $x+y$, xy의 값을 구하면 각각 다음 표와 같다.

x \ y	0	1	2
0	0	1	2
1	1	2	3
2	2	3	4

$[x+y]$

x \ y	0	1	2
0	0	0	0
1	0	1	2
2	0	2	4

$[xy]$ ◀ 60 %

[답 구하기] 따라서 $A=\{0, 1, 2\}$, $B=\{0, 1, 2, 3, 4\}$,

$C=\{0, 1, 2, 4\}$이므로

$A\subset C\subset B$ ◀ 40 %

중 0030 답 ③, ⑤

$x^3-x=0$에서 $x(x^2-1)=0$

$x(x+1)(x-1)=0$ $\quad\therefore x=0$ 또는 $x=-1$ 또는 $x=1$

$\therefore A=\{-1, 0, 1\}$

① 공집합은 모든 집합의 부분집합이므로 집합 A의 부분집합이다.

② 집합 A의 원소가 3개이므로 $n(A)=3$이다.

③ $\{-1, 0, 1\}=A$이므로 집합 $\{-1, 0, 1\}$은 집합 A의 진부분집합이 아니다.

④ 1을 원소로 갖는 집합 A의 부분집합은 $\{1\}$, $\{-1, 1\}$, $\{0, 1\}$, $\{-1, 0, 1\}$의 4개이다.

⑤ 원소가 2개인 집합 A의 부분집합은 $\{-1, 0\}$, $\{-1, 1\}$, $\{0, 1\}$의 3개이다.

따라서 옳지 않은 것은 ③, ⑤이다.

중 0031 답 4

$A=\{2, 3, 5, 7\}$에 대하여 집합 B는 집합 A의 부분집합 중 원소가 3개인 집합이다.

따라서 집합 B는

$\{2, 3, 5\}$, $\{2, 3, 7\}$, $\{2, 5, 7\}$, $\{3, 5, 7\}$

의 4개이다.

중 0032 답 ㄱ, ㄷ

ㄱ. $A=\{1, 3, 5, 7, 9\}$, $B=\{1, 3, 5, 7, 9\}$이므로 $A=B$

ㄴ. $A=\{2, 4\}$

$x^2+2x-8=0$에서

$(x+4)(x-2)=0$

$\therefore x=-4$ 또는 $x=2$

즉, $B=\{-4, 2\}$이므로 $A\neq B$

ㄷ. $A=\varnothing$, $B=\varnothing$이므로 $A=B$

ㄹ. $A=\{-2, 0, 2\}$

$|x|\leq 2$에서 $-2\leq x\leq 2$

$\therefore B=\{-2, -1, 0, 1, 2\}$

$\therefore A\subset B$

이상에서 $A=B$인 것은 ㄱ, ㄷ이다.

중 0033 답 $-4\leq a\leq 1$

$A\subset B$가 성립하도록 두 집합 A, B를 수직선 위에 나타내면 오른쪽 그림과 같다.

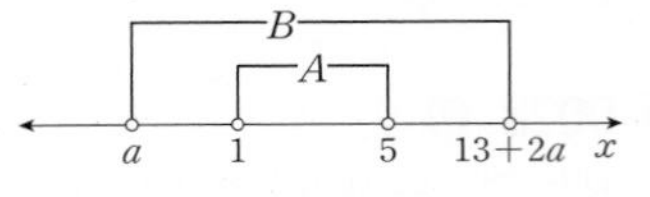

$\therefore a\leq 1$, $5\leq 13+2a$

$5\leq 13+2a$에서 $2a\geq -8$ $\quad\therefore a\geq -4$

$\therefore -4\leq a\leq 1$

중 0034 답 4

$C=\{x|2x+1>1\}=\{x|x>0\}$이므로

$A\subset B\subset C$가 성립하도록 세 집합 A, B, C를 수직선 위에 나타내면 오른쪽 그림과 같다.

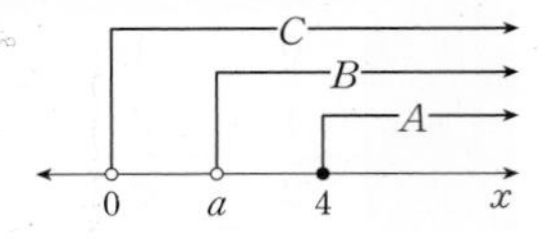

$\therefore 0\leq a<4$

따라서 정수 a는 0, 1, 2, 3의 4개이다.

중 0035 답 -3

해결 과정 $A\subset B$이고 $1\in A$이므로 $1\in B$

즉, $2-a=1$ 또는 $a+4=1$이므로

$a=1$ 또는 $a=-3$ ◀ 40 %

(i) $a=1$일 때,

$A=\{-3, 1\}$, $B=\{-2, 1, 5\}$이므로 $A\not\subset B$

(ii) $a=-3$일 때,

$A=\{1, 5\}$, $B=\{-2, 1, 5\}$이므로 $A\subset B$ ◀ 40 %

답 구하기 (i), (ii)에서 $a=-3$ ◀ 20 %

중 0036 답 2

$A=B$이고 $5\in B$이므로 $5\in A$

즉, $a^2+1=5$에서

$a^2=4$ $\quad\therefore a=\pm 2$

(i) $a=-2$일 때,

$A=\{2, 4, 5\}$, $B=\{-8, -2, 5\}$이므로 $A\neq B$

(ii) $a=2$일 때,

$A=\{2, 4, 5\}$, $B=\{2, 4, 5\}$이므로 $A=B$

(i), (ii)에서 $a=2$

하 0037 답 ④

$A=B$이고 $2\in A$, $6\in B$이므로 $6\in A$, $2\in B$

즉, $a+2b=6$, $2a-b=2$

두 식을 연립하여 풀면

$a=2$, $b=2$

$\therefore ab=4$

중 0038 답 ④

$A\subset B$이고 $B\subset A$이므로 $A=B$

$-2\in B$에서 $-2\in A$이므로

$x=-2$를 $x^2+ax-14=0$에 대입하면

$(-2)^2+a\times(-2)-14=0$

$-2a=10$ $\quad\therefore a=-5$

$x^2-5x-14=0$에서

$(x+2)(x-7)=0$

$\therefore x=-2$ 또는 $x=7$

즉, $A=B=\{-2, 7\}$이므로 $b=7$

$\therefore a+b=2$

하 0039 답 31

$A=\{7, 14, 21, 28\}$이므로

집합 A의 부분집합의 개수는

$2^4=16$ $\quad\therefore a=16$

집합 A의 진부분집합의 개수는

$2^4-1=15$ $\quad\therefore b=15$

$\therefore a+b=31$

중 0040 답 1

두 집합 A, B의 원소의 개수를 각각 a, b라 하면

$2^a=128$, $2^b-1=63$

$2^a=128=2^7$에서 $a=7$

$2^b-1=63$에서

$2^b=64=2^6$이므로 $b=6$

$\therefore n(A)-n(B)=a-b=1$

중 0041 답 31

$A=\{1, 2, 3, \cdots, 10\}$이므로 집합 A의 부분집합 중 모든 원소가 12의 약수로만 이루어진 부분집합은 집합 $\{1, 2, 3, 4, 6\}$의 부분집합에서 공집합을 제외하면 된다.

따라서 구하는 집합의 개수는

$2^5-1=31$

중 0042 답 8

집합 X는 집합 A의 부분집합 중 2, 3을 반드시 원소로 갖고, 6을 원소로 갖지 않는 집합이다.

따라서 집합 X의 개수는

$2^{6-2-1}=2^3=8$

중 0043 답 7

$A=\{2, 3, 5, 7\}$이고

집합 X는 집합 A의 진부분집합이다.

따라서 집합 X 중 2를 반드시 원소로 갖는 집합의 개수는

$2^{4-1}-1=2^3-1=7$

중 **0044** 답 24

구하는 집합의 개수는 전체 부분집합의 개수에서 2, 4를 원소로 갖지 않는 부분집합의 개수를 뺀 것과 같으므로

$2^5-2^{5-2}=2^5-2^3=24$

참고 (특정한 원소 k개 중 적어도 한 개를 원소로 갖는 부분집합의 개수)
=(전체 부분집합의 개수)
−(특정한 원소 k개를 원소로 갖지 않는 부분집합의 개수)

중 **0045** 답 9

$A=\{1, 2, 3, \cdots, k\}$에서 $n(A)=k$

집합 A의 부분집합 중 1, 2를 반드시 원소로 갖고, 5를 원소로 갖지 않는 집합의 개수가 64이므로

$2^{k-2-1}=64=2^6$, $k-3=6$

$\therefore k=9$

중 **0046** 답 ③

$A=\{1, 2, 4\}$, $B=\{1, 2, 3, 4, 6, 8, 12, 24\}$이므로

$A\subset X\subset B$를 만족시키는 집합 X는 집합 B의 부분집합 중 1, 2, 4를 반드시 원소로 갖는 집합이다.

따라서 집합 X의 개수는

$2^{8-3}=2^5=32$

중 **0047** 답 11

$A=\{1, 2, 3, \cdots, n\}$에서 $n(A)=n$

집합 X의 개수, 즉 집합 A의 부분집합 중 1, 2, 3을 반드시 원소로 갖는 집합의 개수가 256이므로

$2^{n-3}=256=2^8$, $n-3=8$

$\therefore n=11$

상 **0048** 답 14

[해결 과정] $x^2-4x+3=0$에서

$(x-1)(x-3)=0$ $\therefore x=1$ 또는 $x=3$

$\therefore A=\{1, 3\}$

또, $B=\{1, 2, 3, 4, 6, 12\}$ ◀ 30 %

$A\subset X\subset B$이고 $X\neq A$, $X\neq B$를 만족시키는 집합 X는 집합 B의 부분집합 중 1, 3을 반드시 원소로 갖는 집합에서 두 집합 A, B를 제외한 것과 같다. ◀ 40 %

[답 구하기] 따라서 집합 X의 개수는

$2^{6-2}-2=2^4-2=14$ ◀ 30 %

Lecture

≫ 16~21쪽

02 집합의 연산

0049 답 $A\cup B=\{1, 2, 3, 5, 10\}$, $A\cap B=\{2, 5\}$

0050 답 $A\cup B=\{1, 3, 5, 6, 7, 9, 11, 13\}$, $A\cap B=\{3, 9\}$

$A=\{1, 3, 5, 7, 9, 11, 13\}$, $B=\{3, 6, 9\}$이므로

$A\cup B=\{1, 3, 5, 6, 7, 9, 11, 13\}$, $A\cap B=\{3, 9\}$

0051 답 서로소이다.

0052 답 서로소가 아니다.

$A=\{2, 3, 5, 7\}$

$x^2-11x+28=0$에서 $(x-4)(x-7)=0$

$\therefore x=4$ 또는 $x=7$

$\therefore B=\{4, 7\}$

따라서 $A\cap B=\{7\}$이므로 두 집합 A, B는 서로소가 아니다.

0053 답 $\{2, 5, 6, 7\}$

0054 답 $\{1, 4, 6, 7\}$

0055 답 $\{1, 4\}$

0056 답 $\{2, 5\}$

0057 답 $\{6, 7\}$

0058 답 $\{1, 2, 4, 5, 6, 7\}$

0059 답 ㄴ, ㄷ

$A\subset B$이므로

ㄱ. $A\cup B=B$

ㄹ. $B^C\subset A^C$

하 **0060** 답 15

$A=\{1, 2, 3, 4\}$, $B=\{1, 2, 4, 8, 16\}$, $C=\{2, 3, 5\}$이므로

$(A\cap B)\cup C=\{1, 2, 4\}\cup\{2, 3, 5\}$

$=\{1, 2, 3, 4, 5\}$

따라서 집합 $(A\cap B)\cup C$의 모든 원소의 합은

$1+2+3+4+5=15$

중 **0061** 답 ⑤

집합 B는 4, 8을 반드시 원소로 갖고, 1, 2, 6을 원소로 갖지 않아야 한다.

중 **0062** 답 27

[해결 과정] $A=\{1, 2, 3, 4, 6, 12\}$이므로 $A\cap B=\{1, 3\}$이려면 k는 20보다 작은 자연수 중 2를 약수로 갖지 않는 3의 배수이어야 한다. ◀ 50 %

$\therefore k=3$ 또는 $k=9$ 또는 $k=15$ ◀ 30 %

[답 구하기] 따라서 모든 자연수 k의 값의 합은

$3+9+15=27$ ◀ 20 %

중 **0063** 답 ⑤

① $A\cap B=\{3\}$

② $x^2+2x=0$에서 $x(x+2)=0$

$\therefore x=0$ 또는 $x=-2$

$B=\{-2, 0\}$이므로 $A\cap B=\{-2, 0\}$

③ $A\cap B=\{2\}$

④ $A=\{1, 2, 3, 4, 6, 9, 12, 18, 36\}$, $B=\{3, 9, 27, 81, \cdots\}$ 이므로 $A\cap B=\{3, 9\}$

⑤ $A=\{1, 2\}$, $B=\{0, -1, -2, \cdots\}$이므로 $A\cap B=\varnothing$

따라서 서로소인 것은 ⑤이다.

중 **0064** 답 ㄱ, ㄷ

$\{x|x$는 8의 양의 약수$\}=\{1, 2, 4, 8\}$

ㄱ. $A=\{3, 5, 7, \cdots\}$

ㄴ. $x^2-5x+6=0$에서 $(x-2)(x-3)=0$

$\therefore x=2$ 또는 $x=3$

$\therefore B=\{2, 3\}$

ㄷ. $C=\varnothing$

ㄹ. $D=\{4, 8, 12\}$

이상에서 주어진 집합과 서로소인 집합은 ㄱ, ㄷ이다.

중 **0065** 답 ②

집합 $A=\{a, b, c, d, e\}$의 부분집합 중 집합 $\{a, c\}$와 서로소인 집합은 a, c를 원소로 갖지 않는 집합이다.

따라서 구하는 집합의 개수는 $2^{5-2}=2^3=8$

중 **0066** 답 2

$A\cap B=\varnothing$이 성립하도록 두 집합 A, B를 수직선 위에 나타내면 다음 그림과 같다.

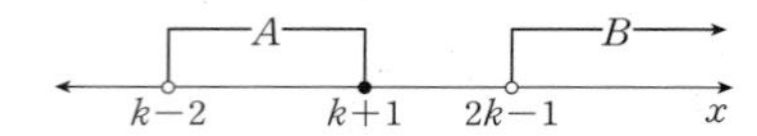

따라서 $k+1\le 2k-1$, 즉 $k\ge 2$이어야 하므로 정수 k의 최솟값은 2이다.

중 **0067** 답 $\{8, 10, 11\}$

전체집합 $U=\{1, 2, 3, 4, 5, 6, 7, 8, 9, 10, 11, 12\}$에 대하여

$A=\{1, 2, 3, 4, 6, 12\}$, $B=\{1, 3, 5, 7, 9\}$

이때 $A^C=\{5, 7, 8, 9, 10, 11\}$이므로

$A^C-B=\{8, 10, 11\}$

중 **0068** 답 ⑤

$A^C=\{2, 4, 5, 6\}$, $B^C=\{1, 5, 6\}$,

$A\cup B=\{1, 2, 3, 4\}$, $A\cap B=\{3\}$

⑤ $B-A=\{2, 4\}$이므로 $(B-A)^C=\{1, 3, 5, 6\}$

중 **0069** 답 ③

전체집합 $U=\{1, 2, 3, 4, 5, 6, 7, 8, 9\}$에 대하여

$A^C=\{2, 4, 6, 8\}$, $B=\{4, 8\}$

이때 $A=\{1, 3, 5, 7, 9\}$이므로

$A\cup B=\{1, 3, 4, 5, 7, 8, 9\}$

$\therefore (A\cup B)^C=\{2, 6\}$

따라서 집합 $(A\cup B)^C$의 모든 원소의 합은

$2+6=8$

상 **0070** 답 7

[해결 과정] 두 집합 A, B를 수직선 위에 나타내면 오른쪽 그림과 같으므로

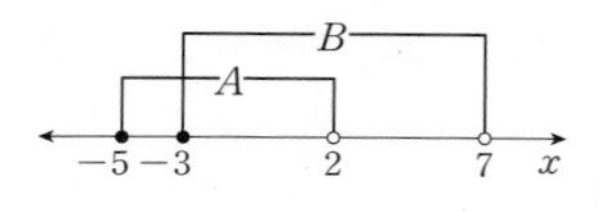

$A\cup B=\{x|-5\le x<7\}$,

$A\cap B=\{x|-3\le x<2\}$ ◀ 40 %

$\therefore (A\cup B)-(A\cap B)=\{x|-5\le x<-3$ 또는 $2\le x<7\}$

◀ 40 %

[답 구하기] 따라서 집합 $(A\cup B)-(A\cap B)$의 원소 중 정수는 -5, -4, 2, 3, 4, 5, 6의 7개이다. ◀ 20 %

중 **0071** 답 $\{2, 3, 5, 6, 8\}$

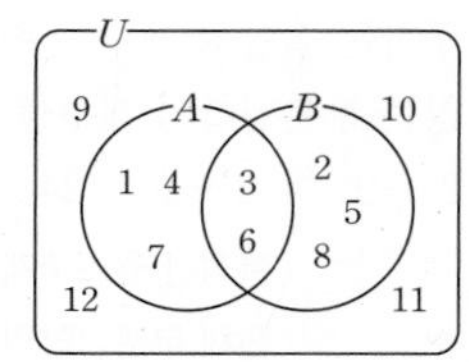

전체집합 $U=\{1, 2, 3, \cdots, 12\}$에 대하여 주어진 조건을 만족시키도록 두 집합 A, B를 벤다이어그램으로 나타내면 오른쪽 그림과 같다.

$\therefore B=\{2, 3, 5, 6, 8\}$

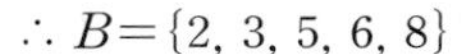

하 **0072** 답 $\{2, 4\}$

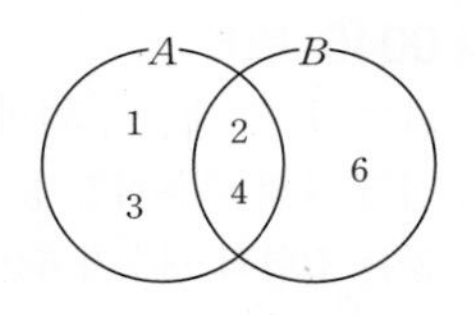

주어진 조건을 만족시키도록 두 집합 A, B를 벤다이어그램으로 나타내면 오른쪽 그림과 같다.

$\therefore A\cap B=\{2, 4\}$

중 **0073** 답 ③

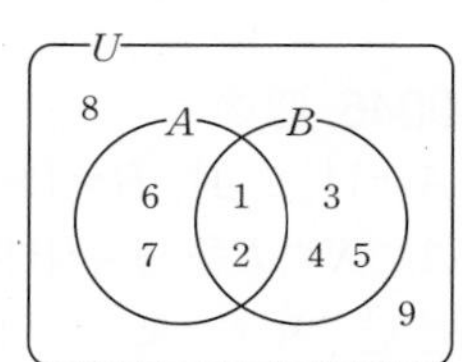

전체집합 $U=\{1, 2, 3, \cdots, 9\}$에 대하여 주어진 조건을 만족시키도록 두 집합 A, B를 벤다이어그램으로 나타내면 오른쪽 그림과 같다.

$\therefore A-B=\{6, 7\}$

따라서 구하는 모든 원소의 합은

$6+7=13$

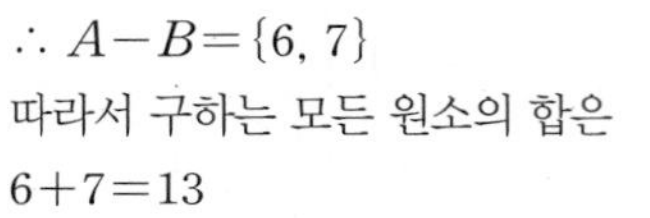

상 **0074** 답 ①

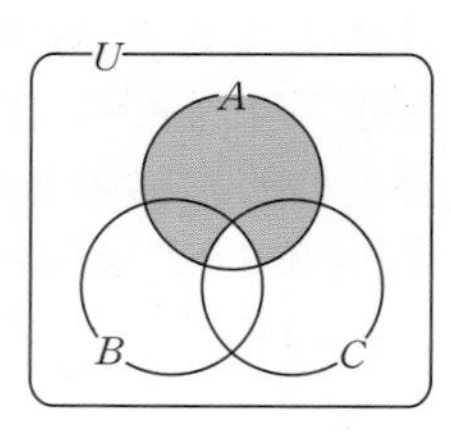

조건 (가)에서

$A=\{1, 2, 3, 4, 6, 12\}$

또, 조건 (나)에서 집합 $(A-B)\cup(A-C)$는 오른쪽 벤다이어그램의 색칠한 부분과 같으므로 집합 $B\cap C$의 원소가 될 수 없는 것은 1, 2, 3, 6이다.

중 **0075** 답 ⑤

①
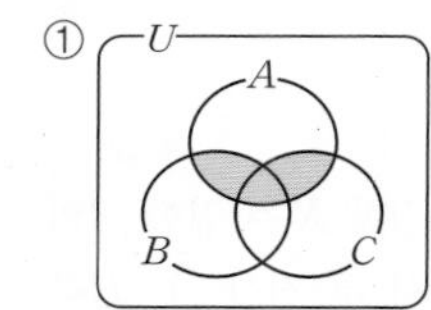

②
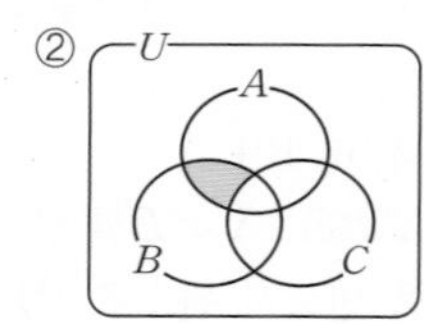

③
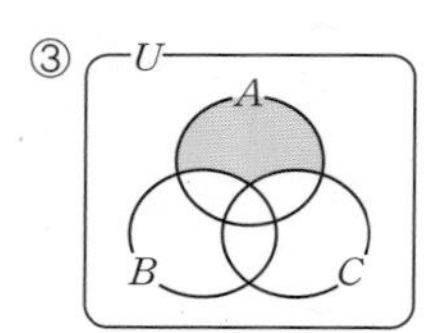

④
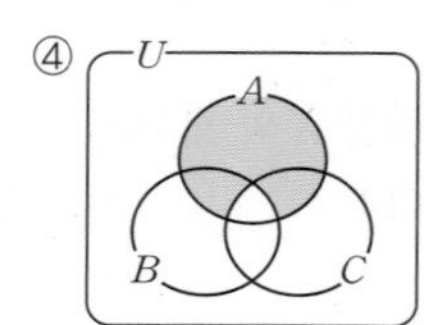

중 **0076** 답 ㄴ, ㄷ

ㄱ.
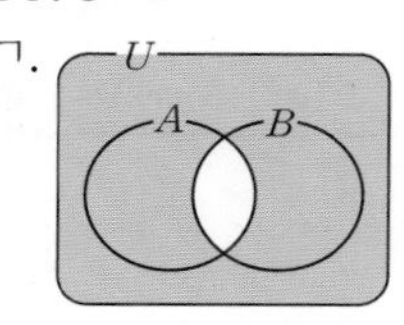

ㄹ.
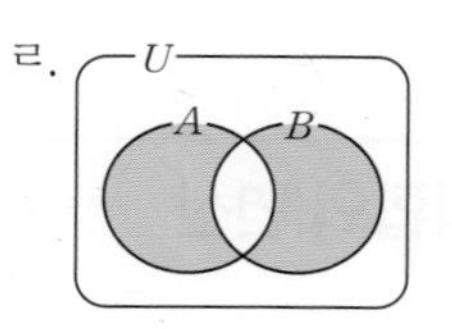

중 **0077** 답 ④

①
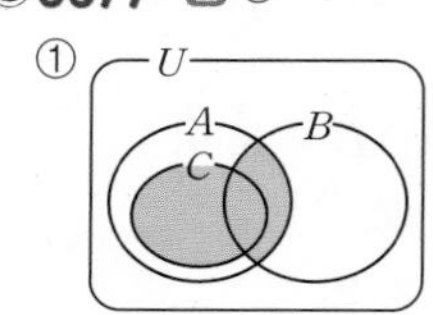

②
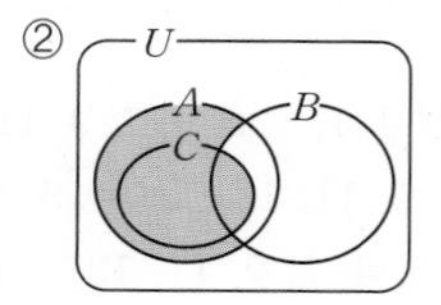

③ 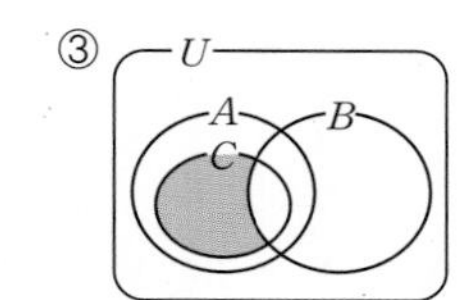

⑤ 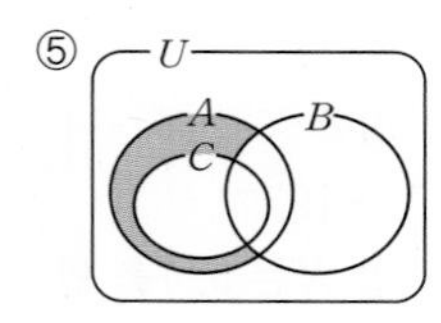

중 0078 답 1

$A\cap B=\{2, 5\}$이므로 $5\in A$

즉, $a^2+4=5$에서 $a^2=1$

$\therefore a=-1$ 또는 $a=1$

(i) $a=-1$일 때,

$A=\{2, 3, 5\}$, $B=\{0, 1, 4\}$이므로

$A\cap B=\varnothing$

따라서 주어진 조건을 만족시키지 않는다.

(ii) $a=1$일 때,

$A=\{2, 3, 5\}$, $B=\{2, 4, 5\}$이므로

$A\cap B=\{2, 5\}$

(i), (ii)에서 $a=1$

중 0079 답 8

$A-B=\{2\}$이므로 $2\in A$, $6\in B$

즉, $a-b=2$, $a+b=6$

두 식을 연립하여 풀면

$a=4$, $b=2$

$\therefore ab=8$

중 0080 답 $\{-2, 1, 4\}$

$A=\{1, 4, a\}$, $A\cup B=\{-2, 1, 2, 4\}$이므로

$a=-2$ 또는 $a=2$

(i) $a=-2$일 때,

$A=\{-2, 1, 4\}$, $B=\{1, 2, 4\}$이므로

$A\cup B=\{-2, 1, 2, 4\}$

(ii) $a=2$일 때,

$A=\{1, 2, 4\}$, $B=\{1, 4, 6\}$이므로

$A\cup B=\{1, 2, 4, 6\}$

따라서 주어진 조건을 만족시키지 않는다.

(i), (ii)에서 $A=\{-2, 1, 4\}$

상 0081 답 2

[문제 이해] $n(A)=3$, $n(B)=2$이고 $n(A-B)=1$이므로

$B\subset A$ $\therefore 1\in A$ ◀ 20 %

[해결 과정] $a^2-3=1$에서 $a^2=4$

$\therefore a=-2$ 또는 $a=2$ ◀ 20 %

(i) $a=-2$일 때,

$A=\{1, 5, 7\}$, $B=\{-1, 1\}$이므로

$A-B=\{5, 7\}$

$\therefore n(A-B)=2$

따라서 주어진 조건을 만족시키지 않는다.

(ii) $a=2$일 때,

$A=\{1, 5, 7\}$, $B=\{1, 7\}$이므로

$A-B=\{5\}$

$\therefore n(A-B)=1$ ◀ 50 %

[답 구하기] (i), (ii)에서 $a=2$ ◀ 10 %

중 0082 답 ⑤

① $A\cup U=U$

② $U^C=\varnothing$이므로 $U^C\subset A$

③ $A\cap A^C=\varnothing$

④ $A-B=A\cap B^C$

⑤ $A\cup(A\cap B)=A$

따라서 항상 옳은 것은 ⑤이다.

중 0083 답 ③, ⑤

③ $A^C\cap\varnothing=\varnothing$

④ $A\cap(B\cup U)=A\cap U=A$

⑤ $U-A^C=U\cap(A^C)^C=U\cap A=A$

중 0084 답 ⑤

① $A-B^C=A\cap(B^C)^C=A\cap B$

② $B-A^C=B\cap(A^C)^C=B\cap A=A\cap B$

③ $U-B^C=U\cap(B^C)^C=U\cap B=B$이므로

$A\cap(U-B^C)=A\cap B$

④ $(A\cap B)\cap(B\cup B^C)=(A\cap B)\cap U=A\cap B$

⑤ $(U-A)\cap B=A^C\cap B$

따라서 나머지 넷과 다른 하나는 ⑤이다.

중 0085 답 ④

$A\cap B=A$이면 $A\subset B$이므로 두 집합 A, B를 벤다이어그램으로 나타내면 오른쪽 그림과 같다.

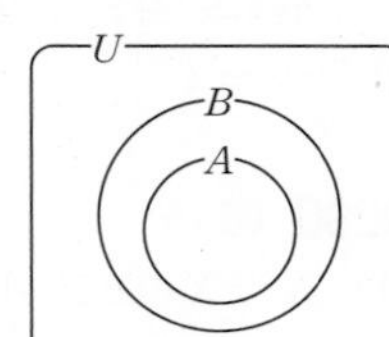

① $A\neq B$이므로 $B-A\neq\varnothing$

② $A\cup B=B$

③ $A\cup B^C\neq U$

④ $A\cap B=A$이므로 $A\subset(A\cap B)$

⑤ $B^C\subset A^C$이므로 $A^C\cap B^C=B^C$

따라서 항상 옳은 것은 ④이다.

중 0086 답 ㄱ, ㄴ, ㄷ

두 집합 A, B가 서로소이므로 $A\cap B=\varnothing$

ㄱ. $(A\cap B)^C=\varnothing^C=U$

ㄴ. $A\subset B^C$이므로 $A\cap B^C=A$

ㄷ. $B\subset A^C$이므로 $A^C\cup B=A^C$

ㄹ. $A^C\cap B=B$, $A-B=A$이므로

$A^C\cap B\neq A-B$

이상에서 항상 옳은 것은 ㄱ, ㄴ, ㄷ이다.

중 0087 답 ③

$A^C\subset B^C$이면 $B\subset A$이므로 두 집합 A, B를 벤다이어그램으로 나타내면 오른쪽 그림과 같다.

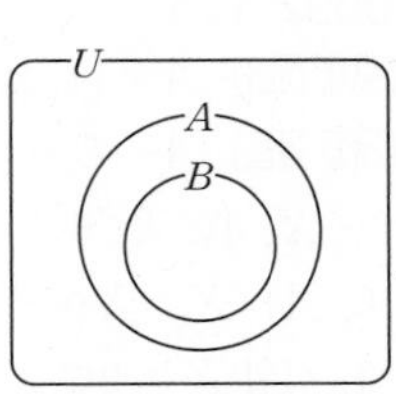

① $B-A=\varnothing$

② $A^C-B^C=A^C\cap(B^C)^C=A^C\cap B=\varnothing$

③ $A\neq B$이므로 $A^C\cup B\neq U$

④ $(A\cap B)\cup B^C=B\cup B^C=U$

⑤ $(A\cup B)-A=A-A=\varnothing$

따라서 옳지 않은 것은 ③이다.

㊤**0088** 답 ㄱ, ㄷ

$A^C \cap B = B - A = \varnothing$이므로

$B \subset A$

또, $A \cap C = \varnothing$이므로 A와 C는 서로소이다.

따라서 세 집합 A, B, C를 벤다이어그램으로 나타내면 오른쪽 그림과 같다.

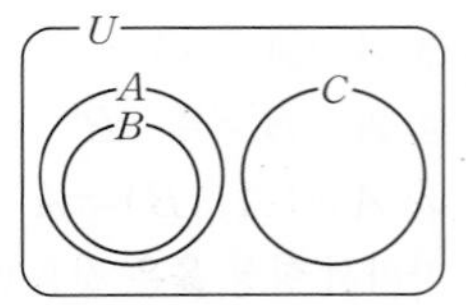

ㄱ. A와 C는 서로소이고 $B \subset A$이므로 B와 C는 서로소이다.

ㄴ. $A - (B \cap C) = A - \varnothing = A$

ㄷ. $(A \cap B) \cap (B - C)^C = (A \cap B) - (B - C)$

$= B - B = \varnothing$

이상에서 항상 옳은 것은 ㄱ, ㄷ이다.

㊥**0089** 답 4

조건 ㈎에서 $A \cap X = X$이므로

$X \subset A$

또, 조건 ㈏에서 $(A - B) \cup X = X$이므로

$(A - B) \subset X$

$\therefore (A - B) \subset X \subset A$

이때 $A - B = \{1, 4, 6\}$이므로

$\{1, 4, 6\} \subset X \subset \{1, 2, 4, 5, 6\}$

따라서 집합 X는 집합 $\{1, 2, 4, 5, 6\}$의 부분집합 중 1, 4, 6을 반드시 원소로 갖는 집합이므로 집합 X의 개수는

$2^{5-3} = 2^2 = 4$

㊦**0090** 답 16

$A \cup X = X$이므로 $A \subset X$

또, $B \cap X = X$이므로 $X \subset B$

$\therefore A \subset X \subset B$

$\therefore \{1, 2, 5\} \subset X \subset \{1, 2, 3, 4, 5, 6, 7\}$

따라서 집합 X는 집합 $\{1, 2, 3, 4, 5, 6, 7\}$의 부분집합 중 1, 2, 5를 반드시 원소로 갖는 집합이므로 집합 X의 개수는

$2^{7-3} = 2^4 = 16$

㊥**0091** 답 8

$A \cup X = U$이므로 $A^C \subset X \subset U$

이때 $A^C = \{2, 4, 12\}$이므로

$\{2, 4, 12\} \subset X \subset \{1, 2, 3, 4, 6, 12\}$

따라서 집합 X는 집합 $\{1, 2, 3, 4, 6, 12\}$의 부분집합 중 2, 4, 12를 반드시 원소로 갖는 집합이므로 집합 X의 개수는

$2^{6-3} = 2^3 = 8$

㊥**0092** 답 8

문제 이해 $A = \{1, 2, 3, 4, 5, 6\}$, $B = \{1, 3, 5, 7\}$ ◀ 20 %

해결 과정 $A - B = \{2, 4, 6\}$이고 $(A - B) \cap X = \varnothing$이므로

$2 \notin X$, $4 \notin X$, $6 \notin X$

또, $A \cap X = X$이므로 $X \subset A$

즉, 집합 X는 $2 \notin X$, $4 \notin X$, $6 \notin X$인 집합 A의 부분집합이다. ◀ 50 %

답 구하기 따라서 집합 X는 집합 $\{1, 2, 3, 4, 5, 6\}$의 부분집합 중 2, 4, 6을 원소로 갖지 않는 집합이므로 집합 X의 개수는

$2^{6-3} = 2^3 = 8$ ◀ 30 %

㊥**0093** 답 16

전체집합 U의 부분집합 X가 $X \cup A = X - B$, 즉

$X \cup \{1, 2, 3\} = X - \{5, 7\}$

을 만족시키려면 집합 X는 5, 7을 원소로 갖지 않고, 1, 2, 3을 반드시 원소로 가져야 한다.

따라서 집합 X의 개수는

$2^{9-2-3} = 2^4 = 16$

㊤**0094** 답 32

전체집합 U의 부분집합 X가 $A \cup X = B \cup X$, 즉

$\{3, 6, 9\} \cup X = \{2, 4, 6, 8\} \cup X$

를 만족시키려면 집합 X는 두 집합 A, B의 공통인 원소 6을 제외한 2, 3, 4, 8, 9를 반드시 원소로 가져야 한다.

따라서 집합 X의 개수는

$2^{10-5} = 2^5 = 32$

Lecture

» 22~27쪽

03 집합의 연산 법칙

0095 답 $\{1, 4, 7\}$

$A \cap (B \cup C) = (A \cap B) \cup (A \cap C)$

$= \{1, 4\} \cup \{4, 7\}$

$= \{1, 4, 7\}$

0096 답 $\{1, 3, 5, 6\}$

$(A \cup B) \cap (A \cup C) = A \cup (B \cap C)$

$= \{1, 3, 6\} \cup \{5, 6\}$

$= \{1, 3, 5, 6\}$

0097 답 (1) $\{4, 6, 7, 8, 9\}$ (2) $\{4, 6, 7, 8, 9\}$ (3) $\{1, 3, 4, 6, 7, 8, 9, 10\}$ (4) $\{1, 3, 4, 6, 7, 8, 9, 10\}$

$U = \{1, 2, 3, \cdots, 10\}$, $A = \{1, 2, 5, 10\}$, $B = \{2, 3, 5\}$에 대하여

$A \cap B = \{2, 5\}$, $A \cup B = \{1, 2, 3, 5, 10\}$이므로

(1) $(A \cup B)^C = \{4, 6, 7, 8, 9\}$

(2) $A^C \cap B^C = (A \cup B)^C = \{4, 6, 7, 8, 9\}$

(3) $(A \cap B)^C = \{1, 3, 4, 6, 7, 8, 9, 10\}$

(4) $A^C \cup B^C = (A \cap B)^C = \{1, 3, 4, 6, 7, 8, 9, 10\}$

0098 답 ㈎: 드모르간의 법칙, ㈏: 결합법칙

0099 답 3

$n(A \cup B) = n(A) + n(B) - n(A \cap B)$에서

$16 = 12 + 7 - n(A \cap B)$

$\therefore n(A \cap B) = 3$

0100 답 8

$n(A^C) = n(U) - n(A)$

$= 20 - 12 = 8$

0101 답 9

$n(A-B)=n(A)-n(A\cap B)$
$=12-3=9$

0102 답 4

$n(B\cap A^C)=n(B-A)=n(B)-n(A\cap B)$
$=7-3=4$

0103 답 4

$n((A\cup B)^C)=n(U)-n(A\cup B)$
$=20-16=4$

0104 답 17

$n((A\cap B)^C)=n(U)-n(A\cap B)$
$=20-3=17$

중 **0105** 답 {1, 2, 5, 6, 7}

$(A\cup B)\cap(A^C\cup B^C)=(A\cup B)\cap(A\cap B)^C$
$=(A\cup B)-(A\cap B)$
$=\{1, 2, 3, 5, 6, 7\}-\{3\}$
$=\{1, 2, 5, 6, 7\}$

중 **0106** 답 ②

전체집합 $U=\{1, 3, 5, 7, 9\}$에 대하여
$A^C\cap B^C=(A\cup B)^C=\{1\}$
이므로 주어진 조건을 만족시키도록 두 집합 A, B를 벤다이어그램으로 나타내면 오른쪽 그림과 같다.

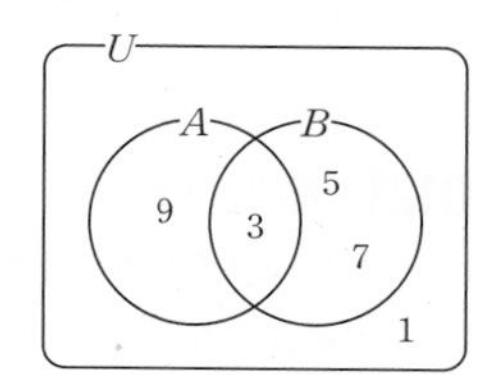

$\therefore A=\{3, 9\}$

중 **0107** 답 {2, 5, 7, 8}

해결 과정 $(A-B)\cup A^C=(A\cap B^C)\cup A^C$
$=(A\cup A^C)\cap(B^C\cup A^C)$
$=U\cap(A\cap B)^C$
$=(A\cap B)^C$
$=\{1, 2, 3, 4, 6, 7\}$ ◀ 50 %

이므로 주어진 조건을 만족시키도록 두 집합 A, B를 벤다이어그램으로 나타내면 오른쪽 그림과 같다. ◀ 30 %

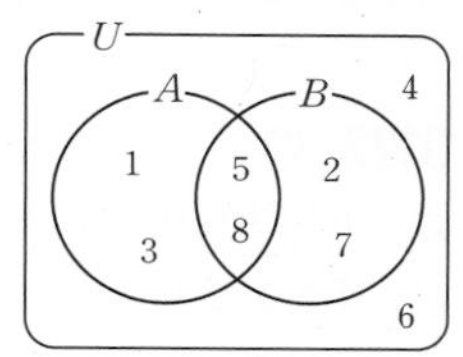

답 구하기 $\therefore B=\{2, 5, 7, 8\}$ ◀ 20 %

중 **0108** 답 ③

$A-(B-A^C)^C=A-(B\cap A)^C$
$=A\cap(B\cap A)$
$=A\cap B$

하 **0109** 답 (가): A, (나): $A\cup B$

$(A\cap B)\cup(A\cap B^C)\cup(A^C\cap B)$
$=\{\boxed{A}\cap(B\cup B^C)\}\cup(A^C\cap B)$
$=(A\cap U)\cup(A^C\cap B)$
$=\boxed{A}\cup(A^C\cap B)$
$=(A\cup A^C)\cap(A\cup B)$
$=U\cap(\boxed{A\cup B})=\boxed{A\cup B}$

중 **0110** 답 ㄱ, ㄴ

ㄱ. $(A\cup B)\cap(A^C\cap B^C)=(A\cup B)\cap(A\cup B)^C$
$=\varnothing$

ㄴ. $A-(B\cup C)=A\cap(B\cup C)^C$
$=A\cap(B^C\cap C^C)$
$=(A\cap B^C)\cap C^C$
$=(A-B)-C$

ㄷ. $(A-B)^C-B^C=(A\cap B^C)^C\cap B$
$=(A^C\cup B)\cap B$
$=(A^C\cap B)\cup(B\cap B)$
$=(B-A)\cup B$
$=B$

이상에서 항상 옳은 것은 ㄱ, ㄴ이다.

중 **0111** 답 ②

$\{(A-B)\cup(A\cap B)\}\cap B=\{(A\cap B^C)\cup(A\cap B)\}\cap B$
$=\{A\cap(B^C\cup B)\}\cap B$
$=(A\cap U)\cap B$
$=A\cap B$

따라서 $A\cap B=B$이므로
$B\subset A$

중 **0112** 답 ⑤

$\{(A-B^C)\cup(A-B)\}\cup(B-A)$
$=\{(A\cap B)\cup(A\cap B^C)\}\cup(B\cap A^C)$
$=\{A\cap(B\cup B^C)\}\cup(B\cap A^C)$
$=(A\cap U)\cup(B\cap A^C)$
$=A\cup(B\cap A^C)$
$=(A\cup B)\cap(A\cup A^C)$
$=(A\cup B)\cap U$
$=A\cup B$

즉, $A\cup B=B$이므로
$A\subset B$

따라서 두 집합 A, B 사이의 포함 관계를 벤다이어그램으로 바르게 나타낸 것은 ⑤이다.

중 **0113** 답 ③

$(A^C\cup B)^C\cup(A\cup B^C)^C=(A\cap B^C)\cup(A^C\cap B)$
$=(A-B)\cup(B-A)$

즉, $(A-B)\cup(B-A)=\varnothing$이므로
$A-B=\varnothing$이고 $B-A=\varnothing$
따라서 $A\subset B$이고 $B\subset A$이므로
$A=B$

중 **0114** 답 16

$A_6\cup(A_3\cap A_8)=A_6\cup A_{24}$
이때 24는 6의 배수이므로
$A_{24}\subset A_6$
$\therefore A_6\cup(A_3\cap A_8)=A_6\cup A_{24}$
$=A_6$

전체집합 U의 원소 중 6의 배수는 16개이므로 구하는 원소의 개수는 16이다.

도움 개념 **배수와 약수의 집합**

자연수 m, n에 대하여

(1) 자연수 p의 양의 배수의 집합을 A_p라 할 때, m이 n의 배수이면

⇨ $A_m \subset A_n$

⇨ $A_m \cap A_n = A_m$, $A_m \cup A_n = A_n$

(2) 자연수 q의 양의 약수의 집합을 B_q라 할 때, m이 n의 약수이면

⇨ $B_m \subset B_n$

⇨ $B_m \cap B_n = B_m$, $B_m \cup B_n = B_n$

중 0115 답 ④

$A_{16} \cap A_{24} \cap A_{40} = (A_{16} \cap A_{24}) \cap A_{40}$

$= A_8 \cap A_{40}$

$= A_8$

$= \{1, 2, 4, 8\}$

따라서 집합 $A_{16} \cap A_{24} \cap A_{40}$에 속하는 원소가 아닌 것은 ④이다.

중 0116 답 ㄱ, ㄷ

ㄱ. $A_4 \cup A_6 = \{4, 6, 8, 12, \cdots\}$이므로 $(A_4 \cup A_6) \subset A_2$

ㄴ. $A_{12} \cap (A_6 \cup A_8) = (A_{12} \cap A_6) \cup (A_{12} \cap A_8)$

$= A_{12} \cup A_{24} = A_{12}$

ㄷ. $(A_{18} \cup A_{36}) \cap (A_{36} \cup A_{24}) = A_{36} \cup (A_{18} \cap A_{24})$

$= A_{36} \cup A_{72} = A_{36}$

이상에서 옳은 것은 ㄱ, ㄷ이다.

상 0117 답 28

[해결 과정] $A_p \subset (A_6 \cap A_8)$에서

$A_6 \cap A_8 = A_{24}$이므로 $A_p \subset A_{24}$

즉, p는 24의 배수이므로 자연수 p의 최솟값은 24이다.

$\therefore a = 24$ ◀ 40 %

$(A_8 \cup A_{12}) \subset A_q$를 만족시키는 q는 8과 12의 공약수이므로 자연수 q의 최댓값은 4이다.

$\therefore b = 4$ ◀ 40 %

[답 구하기] $\therefore a + b = 28$ ◀ 20 %

중 0118 답 1

$x^2 + x - 6 \le 0$에서 $(x+3)(x-2) \le 0$

$\therefore -3 \le x \le 2$

$\therefore A = \{x \mid -3 \le x \le 2\}$

$A \cap B = \{x \mid -1 < x \le 2\}$,

$A \cup B = \{x \mid -3 \le x < 5\}$를 만족시키려면 오른쪽 그림에서

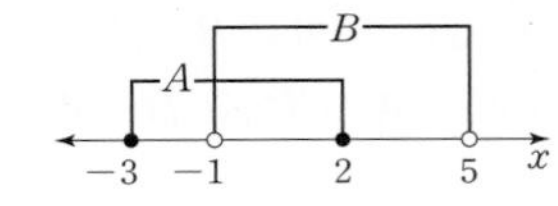

$B = \{x \mid -1 < x < 5\}$

$= \{x \mid (x+1)(x-5) < 0\}$

$= \{x \mid x^2 - 4x - 5 < 0\}$

따라서 $a = -4$, $b = -5$이므로

$a - b = 1$

중 0119 답 $\{2, 3\}$

$A \cap B = \{3\}$이므로 $3 \in A$, $3 \in B$

$x^2 - 2ax + a^2 = 0$의 한 근이 3이므로

$9 - 6a + a^2 = 0$, $(a-3)^2 = 0$ $\therefore a = 3$

또, $x^2 - 5x + b = 0$의 한 근이 3이므로

$9 - 15 + b = 0$ $\therefore b = 6$

즉, $x^2 - 5x + 6 = 0$에서 $(x-2)(x-3) = 0$

$\therefore x = 2$ 또는 $x = 3$

$\therefore B = \{2, 3\}$

중 0120 답 $\{-2, 1, 2, 4\}$

[문제 이해] $x^3 - x^2 - 4x + 4 = 0$에서

$(x+2)(x-1)(x-2) = 0$

$\therefore x = -2$ 또는 $x = 1$ 또는 $x = 2$

$\therefore A = \{-2, 1, 2\}$

$A \cap B^C = A - B = \{-2, 1\}$이므로

$2 \in B$ ◀ 30 %

[해결 과정] $x^2 + ax + 8 = 0$의 한 근이 2이므로

$4 + 2a + 8 = 0$, $2a = -12$ $\therefore a = -6$ ◀ 20 %

즉, $x^2 - 6x + 8 = 0$에서

$(x-2)(x-4) = 0$

$\therefore x = 2$ 또는 $x = 4$

$\therefore B = \{2, 4\}$ ◀ 30 %

[답 구하기] $\therefore A \cup B = \{-2, 1, 2\} \cup \{2, 4\}$

$= \{-2, 1, 2, 4\}$ ◀ 20 %

중 0121 답 $0 \le k \le 3$

$x^2 - 3x - 10 < 0$에서 $(x+2)(x-5) < 0$

$\therefore -2 < x < 5$

$\therefore A = \{x \mid -2 < x < 5\}$

$|x - k| < 2$에서 $-2 < x - k < 2$

$\therefore k - 2 < x < k + 2$

$\therefore B = \{x \mid k-2 < x < k+2\}$

이때 $A \cap B = B$에서 $B \subset A$이므로

오른쪽 그림에서

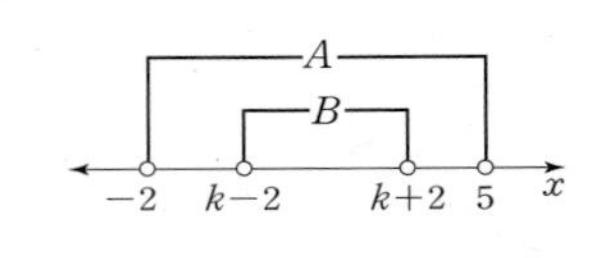

$-2 \le k - 2$, $k + 2 \le 5$

$\therefore 0 \le k \le 3$

중 0122 답 5

$x^2 + x - 20 \le 0$에서 $(x+5)(x-4) \le 0$

$\therefore -5 \le x \le 4$

$\therefore A = \{x \mid -5 \le x \le 4\}$

$B = \{x \mid 2 < x < a\}$이므로

$B^C = \{x \mid x \le 2$ 또는 $x \ge a\}$

이때 $A - B = A \cap B^C = \{x \mid -5 \le x \le 2\}$이므로

오른쪽 그림에서 $a > 4$

따라서 정수 a의 최솟값은 5이다.

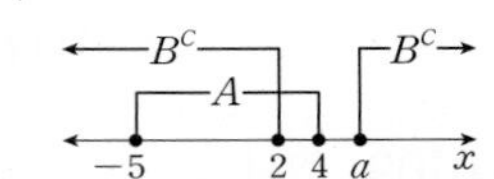

중 0123 답 ㄴ, ㄹ

ㄱ. $A \triangle U = (A - U) \cup (U - A)$

$= \varnothing \cup A^C = A^C$

ㄴ. $A \triangle B = (A - B) \cup (B - A)$

$= (B - A) \cup (A - B)$

$= B \triangle A$

ㄷ. $A^C \triangle A=(A^C-A)\cup(A-A^C)$
$=A^C\cup A$
$=U$

ㄹ. $A^C \triangle B^C=(A^C-B^C)\cup(B^C-A^C)$
$=\{A^C\cap(B^C)^C\}\cup\{B^C\cap(A^C)^C\}$
$=(A^C\cap B)\cup(B^C\cap A)$
$=(B-A)\cup(A-B)$
$=(A-B)\cup(B-A)$
$=A\triangle B$

이상에서 항상 옳은 것은 ㄴ, ㄹ이다.

중 0124 답 ③

$A*B=(A^C\cup B)\cap(A\cup B)$
$=(A^C\cap A)\cup B$
$=\varnothing\cup B=B$
$\therefore (A*B)*C=B*C=C$

상 0125 답 16

$B\diamond A=(B\cup A)\cap(B\cap A)^C$
$=(B\cup A)-(B\cap A)$
$=(A\cup B)-(A\cap B)$

이므로 오른쪽 벤다이어그램의 색칠한 부분과 같다.

$A-(B\diamond A)=A\cap B$이므로
$A\cap B=\{1, 3, 5, 7\}-\{2, 3, 5, 6\}$
$=\{1, 7\}$ …… ㉠
또, $(B\diamond A)-A=B-A$이므로
$B-A=\{2, 3, 5, 6\}-\{1, 3, 5, 7\}$
$=\{2, 6\}$ …… ㉡
㉠, ㉡에서 $B=\{1, 2, 6, 7\}$
따라서 집합 B의 모든 원소의 합은
$1+2+6+7=16$

중 0126 답 ③

$n(A\cap B^C)=n(A-B)=16$
또, $n(A^C\cap B^C)=n((A\cup B)^C)=n(U)-n(A\cup B)$
이므로
$8=64-n(A\cup B)$
$\therefore n(A\cup B)=56$
$\therefore n(B)=n(A\cup B)-n(A-B)$
$=56-16$
$=40$

중 0127 답 ②

$B\subset A^C$이므로 $A\cap B=\varnothing$
$\therefore n(A\cap B)=0$
$\therefore n(A)=n(A\cup B)-n(B)$
$=25-16$
$=9$

중 0128 답 15

주어진 벤다이어그램에서 색칠한 부분이 나타내는 집합은
$(A\cup B)^C\cup(A\cap B)$
이다. 이때
$n((A\cup B)^C)=n(U)-n(A\cup B)$
$=35-27=8$
$n(A\cup B)=n(A)+n(B)-n(A\cap B)$에서
$n(A\cap B)=n(A)+n(B)-n(A\cup B)$
$=20+14-27=7$
따라서 구하는 원소의 개수는
$n((A\cup B)^C\cup(A\cap B))=n((A\cup B)^C)+n(A\cap B)$
$=8+7=15$

다른 풀이
주어진 벤다이어그램에서 색칠한 부분이 나타내는 집합은
$\{(A-B)\cup(B-A)\}^C$
이다. 이때
$n(A-B)=n(A\cup B)-n(B)$
$=27-14=13$
$n(B-A)=n(A\cup B)-n(A)$
$=27-20=7$
따라서 구하는 원소의 개수는
$n(\{(A-B)\cup(B-A)\}^C)=n(U)-\{n(A-B)+n(B-A)\}$
$=35-(13+7)=15$

상 0129 답 28

[해결 과정] $n(A\cup B)=n(A)+n(B)-n(A\cap B)$에서
$n(A\cap B)=n(A)+n(B)-n(A\cup B)$
$=6+10-14=2$ ◀ 30 %
또, $n(A\cup C)=n(A)+n(C)-n(A\cap C)$에서
$n(A\cap C)=n(A)+n(C)-n(A\cup C)$
$=6+15-20=1$ ◀ 30 %
한편, $B\cap C=\varnothing$이므로
$A\cap B\cap C=A\cap(B\cap C)=A\cap\varnothing=\varnothing$
$\therefore n(B\cap C)=0,\ n(A\cap B\cap C)=0$ ◀ 20 %
[답 구하기] $\therefore n(A\cup B\cup C)$
$=n(A)+n(B)+n(C)-n(A\cap B)-n(B\cap C)$
$-n(C\cap A)+n(A\cap B\cap C)$
$=6+10+15-2-0-1+0=28$ ◀ 20 %

중 0130 답 ①

$n(A\cup B)=n(A)+n(B)-n(A\cap B)$에서
$n(A\cap B)=n(A)+n(B)-n(A\cup B)$
$=32+17-n(A\cup B)$
$=49-n(A\cup B)$

(i) $n(A\cap B)$가 최대인 경우는 $n(A\cup B)$가 최소일 때이므로 $B\subset A$일 때이다.
$n(A\cup B)\ge n(A)=32$이므로
$n(A\cup B)=32$일 때, $n(A\cap B)$의 최댓값은
$49-32=17$

(ii) $n(A\cap B)$가 최소인 경우는 $n(A\cup B)$가 최대일 때이므로 $A\cup B=U$일 때이다.
$n(A\cup B)\le n(U)=42$이므로
$n(A\cup B)=42$일 때, $n(A\cap B)$의 최솟값은
$49-42=7$

(i), (ii)에서 $M=17$, $m=7$이므로
$M-m=10$

중 **0131** 답 최댓값: 36, 최솟값: 10
$n(A\cup B)=n(A)+n(B)-n(A\cap B)$에서
$n(B)=n(A\cup B)-n(A)+n(A\cap B)$
$=n(A\cup B)-24+10$
$=n(A\cup B)-14$
(i) $n(B)$가 최대인 경우는 $n(A\cup B)$가 최대일 때이므로
$A\cup B=U$일 때이다.
$n(A\cup B)\le n(U)=50$이므로
$n(A\cup B)=50$일 때, $n(B)$의 최댓값은
$50-14=36$
(ii) $n(B)$가 최소인 경우는 $n(A\cup B)$가 최소일 때이므로
$B\subset A$일 때이다.
$n(A\cup B)\ge n(A)=24$이므로
$n(A\cup B)=24$일 때, $n(B)$의 최솟값은
$24-14=10$
(i), (ii)에서 $n(B)$의 최댓값은 36, 최솟값은 10이다.

중 **0132** 답 80
$n(A\cap B)$가 최대인 경우는 $B\subset A$일 때이므로
$n(A\cap B)\le n(B)=16$
이때 $n(A\cap B)\ge 8$이므로
$8\le n(A\cap B)\le 16$
즉, $n(A\cup B)=n(A)+n(B)-n(A\cap B)$에서
$36+16-16\le n(A\cup B)\le 36+16-8$
$\therefore 36\le n(A\cup B)\le 44$
따라서 $n(A\cup B)$의 최댓값은 44, 최솟값은 36이므로 그 합은
$44+36=80$

중 **0133** 답 11
회원 전체의 집합을 U, A에 가 본 적이 있는 회원의 집합을 A, B에 가 본 적이 있는 회원의 집합을 B라 하면
$n(U)=50$, $n(A)=28$, $n(B)=20$
A와 B 중 어느 한 곳도 가 본 적이 없는 회원의 집합은
$A^C\cap B^C$, 즉 $(A\cup B)^C$이므로
$n(A^C\cap B^C)=n((A\cup B)^C)=13$
$\therefore n(A\cup B)=n(U)-n((A\cup B)^C)$
$=50-13=37$
A와 B에 모두 가 본 적이 있는 회원의 집합은 $A\cap B$이므로
$n(A\cup B)=n(A)+n(B)-n(A\cap B)$에서
$n(A\cap B)=n(A)+n(B)-n(A\cup B)$
$=28+20-37=11$
따라서 A와 B에 모두 가 본 적이 있는 회원은 11명이다.

중 **0134** 답 3
학생 전체의 집합을 U, 야구를 좋아하는 학생의 집합을 A, 축구를 좋아하는 학생의 집합을 B라 하면
$n(U)=40$, $n(A)=27$, $n(B)=25$
야구와 축구를 모두 좋아하는 학생의 집합은 $A\cap B$이므로
$n(A\cap B)=15$
$\therefore n(A\cup B)=n(A)+n(B)-n(A\cap B)$
$=27+25-15=37$
두 종목 중 어느 것도 좋아하지 않는 학생의 집합은 $A^C\cap B^C$이므로
$n(A^C\cap B^C)=n((A\cup B)^C)$
$=n(U)-n(A\cup B)$
$=40-37=3$
따라서 두 종목 중 어느 것도 좋아하지 않는 학생은 3명이다.

중 **0135** 답 ③
영어를 신청한 학생의 집합을 A, 수학을 신청한 학생의 집합을 B라 하면
$n(A)=13$, $n(B)=15$
영어와 수학 중 적어도 한 과목을 신청한 학생의 집합은
$A\cup B$이므로
$n(A\cup B)=21$
즉, $n(A\cup B)=n(A)+n(B)-n(A\cap B)$에서
$n(A\cap B)=n(A)+n(B)-n(A\cup B)$
$=13+15-21=7$
수학만 신청한 학생의 집합은 $B-A$이므로
$n(B-A)=n(B)-n(A\cap B)$
$=15-7=8$
따라서 수학만 신청한 학생은 8명이다.
참고 $n(B-A)=n(A\cup B)-n(A)=21-13=8$과 같이 구할 수도 있다.

상 **0136** 답 19
학생 전체의 집합을 U, A 영화를 관람한 학생의 집합을 A, B 영화를 관람한 학생의 집합을 B, C 영화를 관람한 학생의 집합을 C라 하면
$n(U)=90$, $n(A)=53$, $n(B)=46$, $n(C)=50$
또, 세 편의 영화를 모두 관람한 학생은 21명, 한 편의 영화도 관람하지 않은 학생은 2명이므로
$n(A\cap B\cap C)=21$, $n((A\cup B\cup C)^C)=2$
$\therefore n(A\cup B\cup C)=n(U)-n((A\cup B\cup C)^C)$
$=90-2=88$
이때 세 편의 영화 중 두 편의 영화만 관람한 학생 수를 오른쪽 벤다이어그램과 같이 각각 x, y, z라 하면

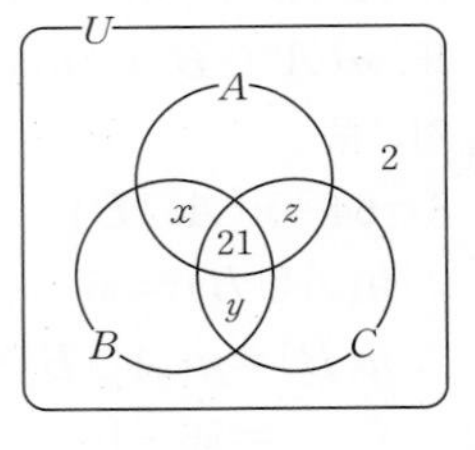

$n(A\cup B\cup C)$
$=n(A)+n(B)+n(C)-n(A\cap B)$
$-n(B\cap C)-n(C\cap A)$
$+n(A\cap B\cap C)$
에서
$88=53+46+50-(x+21)-(y+21)-(z+21)+21$
$88=149-(x+y+z)-42$
$\therefore x+y+z=19$
따라서 세 편의 영화 중 두 편의 영화만 관람한 학생은 19명이다.

상 **0137** 답 최댓값: 44, 최솟값: 9
문제 이해 학생 전체의 집합을 U, 스마트폰을 갖고 있는 학생의 집합을 A, 태블릿을 갖고 있는 학생의 집합을 B라 하면
$n(U)=134$, $n(A)=90$, $n(B)=35$ ◀ 20 %

해결 과정 스마트폰과 태블릿 중 어느 것도 갖고 있지 않은 학생의 집합은 $A^C\cap B^C$이므로

$n(A^C\cap B^C)=n((A\cup B)^C)$
$=n(U)-n(A\cup B)$
$=134-n(A\cup B)$

(i) $n(A^C\cap B^C)$가 최대인 경우는 $n(A\cup B)$가 최소일 때이므로 $B\subset A$일 때이다.
$n(A\cup B)\geq n(A)=90$이므로
$n(A\cup B)=90$일 때, $n(A^C\cap B^C)$의 최댓값은
$134-90=44$ ◀ 30 %

(ii) $n(A^C\cap B^C)$가 최소인 경우는 $n(A\cup B)$가 최대일 때이므로 $A\cap B=\varnothing$일 때이다.
$n(A\cup B)\leq n(A)+n(B)=90+35=125$이므로
$n(A\cup B)=125$일 때, $n(A^C\cap B^C)$의 최솟값은
$134-125=9$ ◀ 30 %

답 구하기 (i), (ii)에서 스마트폰과 태블릿 중 어느 것도 갖고 있지 않은 학생 수의 최댓값은 44, 최솟값은 9이다. ◀ 20 %

≫ 28~31쪽

중단원 마무리

0138 답 ⑤

① 태양계 행성은 수성, 금성, 지구, 화성, 목성, 토성, 천왕성, 해왕성이므로 집합이다.
② 혈액형이 O형인 사람의 모임은 그 대상을 분명하게 정할 수 있으므로 집합이다.
③ 사물놀이에 사용되는 악기는 북, 장구, 꽹과리, 징이므로 집합이다.
④ 1보다 작은 자연수는 없으므로 공집합이다. 즉, 집합이다.
⑤ '가까운'은 기준이 명확하지 않아 그 대상을 분명하게 정할 수 없으므로 집합이 아니다.

따라서 집합이 아닌 것은 ⑤이다.

0139 답 ㄱ, ㄴ, ㄹ

ㄱ. $x^2<0$을 만족시키는 실수 x는 존재하지 않으므로 공집합이다.
ㄴ. $x^2+5x+4<0$에서 $(x+4)(x+1)<0$
$\therefore -4<x<-1$
이때 $-4<x<-1$을 만족시키는 자연수 x는 존재하지 않으므로 공집합이다.
ㄷ. $\{x|x$는 짝수인 소수$\}=\{2\}$이므로 공집합이 아니다.
ㄹ. 이차방정식 $2x^2-3x+5=0$의 판별식을 D라 하면
$D=(-3)^2-4\times2\times5=-31<0$이므로 서로 다른 두 허근을 갖는다.
즉, $2x^2-3x+5=0$을 만족시키는 실수 x는 존재하지 않으므로 공집합이다.

이상에서 공집합인 것은 ㄱ, ㄴ, ㄹ이다.

0140 답 ②, ③

① 1은 집합 $\{0, 1, 2\}$의 원소이므로 $1\in\{0, 1, 2\}$
② $\{0, 1\}$은 집합 $\{0, \{0, 1\}\}$의 원소이므로 $\{0, 1\}\in\{0, \{0, 1\}\}$
③ $n(\{\varnothing\})=1$
④ $n(\{0, 1, 2, 3\})-n(\{0, 1, 2\})=4-3=1$
⑤ $n\left(\left\{x \middle| x=\frac{10}{n},\ x,\ n\text{은 자연수}\right\}\right)=n(\{1, 2, 5, 10\})=4$

따라서 옳지 않은 것은 ②, ③이다.

0141 답 3

$B\subset A$가 성립하도록 두 집합 A, B를 수직선 위에 나타내면 오른쪽 그림과 같다.

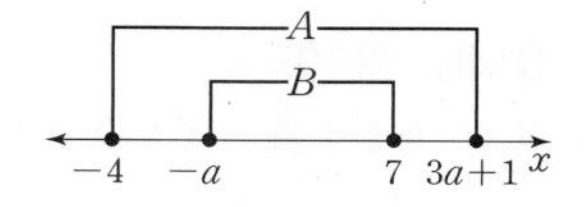

$\therefore -4\leq -a,\ 7\leq 3a+1$
$-4\leq -a$에서 $a\leq 4$
$7\leq 3a+1$에서 $3a\geq 6$ $\quad\therefore a\geq 2$
$\therefore 2\leq a\leq 4$

따라서 정수 a는 2, 3, 4의 3개이다.

0142 답 ③

$A=\{1, 2, 3, 4, 5, 6, 7\}$, $B=\{1, 2, 3\}$
이므로 집합 X는 집합 A의 부분집합 중 1, 2, 3을 반드시 원소로 갖고, 7을 원소로 갖지 않는 집합이다.
따라서 집합 X의 개수는
$2^{7-3-1}=2^3=8$

0143 답 ⑤

$U=\{1, 2, 3, 4, 5, 6, 7, 8, 9, 10\}$,
$A=\{1, 2, 3, 6\}$, $B=\{2, 3, 5, 7\}$에 대하여
ㄱ. $A\cap B=\{2, 3\}$이므로
$5\notin A\cap B$
ㄴ. $B-A=\{5, 7\}$이므로
$n(B-A)=2$
ㄷ. 전체집합 U의 부분집합 중 집합 $A\cup B$와 서로소인 집합은 $(A\cup B)^C$의 부분집합이다.
$A\cup B=\{1, 2, 3, 5, 6, 7\}$이므로 $(A\cup B)^C=\{4, 8, 9, 10\}$
따라서 집합 $A\cup B$와 서로소인 집합의 개수는
$2^4=16$

이상에서 ㄱ, ㄴ, ㄷ 모두 옳다.

0144 답 8

$A^C\cap B=B-A=\{5, 7\}$이고 전체집합 $U=\{1, 2, 3, 4, 5, 6, 7, 8, 9\}$에 대하여 주어진 조건을 만족시키도록 두 집합 A, B를 벤다이어그램으로 나타내면 오른쪽 그림과 같다.

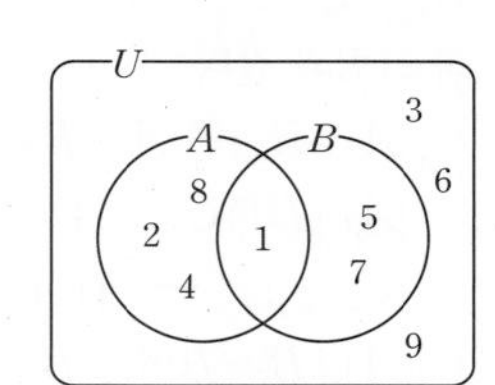

$\therefore A=\{1, 2, 4, 8\}$

따라서 집합 A의 원소 중 가장 큰 수는 8이다.

0145 답 $\{0, 1, 2, 3\}$

$A\cap B=\{1, 3\}$이므로 $3\in A$
즉, $a^2+2=3$에서 $a^2=1$
$\therefore a=-1$ 또는 $a=1$
(i) $a=-1$일 때,
$A=\{1, 2, 3\}$, $B=\{-2, -1, 3\}$이므로
$A\cap B=\{3\}$

따라서 주어진 조건을 만족시키지 않는다.

(ii) $a=1$일 때,

$A=\{1, 2, 3\}$, $B=\{0, 1, 3\}$이므로

$A\cap B=\{1, 3\}$

(i), (ii)에서 $A=\{1, 2, 3\}$, $B=\{0, 1, 3\}$이므로

$A\cup B=\{0, 1, 2, 3\}$

0146 답 128

조건 (가)에서 $A\cup X=X$이므로 $A\subset X$

$\therefore 1\in X,\ 2\in X$

또, 조건 (나)에서 $(B-A)\cap X=\{5, 7\}$이므로

$\{3, 5, 7\}\cap X=\{5, 7\}$

$\therefore 5\in X,\ 7\in X,\ 3\notin X$

즉, 집합 X는 전체집합 U의 부분집합 중 1, 2, 5, 7을 반드시 원소로 갖고, 3을 원소로 갖지 않는 집합이다.

따라서 집합 X의 개수는

$2^{12-4-1}=2^7=128$

0147 답 12

전체집합 $U=\{1, 2, 3, 4, 5, 6, 7, 8\}$에 대하여 주어진 조건을 만족시키도록 두 집합 A, B를 벤다이어그램으로 나타내면 오른쪽 그림과 같다.

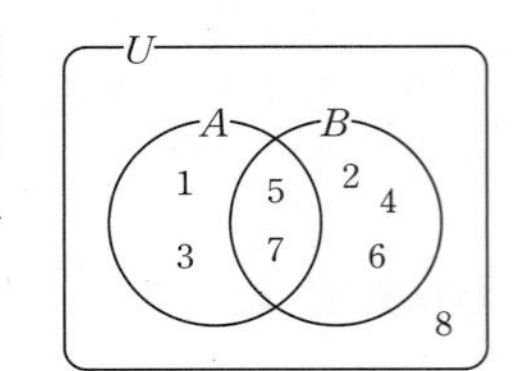

$\{(A\cap B)\cup(A-B)\}\cap B$

$=\{(A\cap B)\cup(A\cap B^C)\}\cap B$

$=\{A\cap(B\cup B^C)\}\cap B$

$=(A\cap U)\cap B$

$=A\cap B$

$=\{5, 7\}$

따라서 구하는 모든 원소의 합은

$5+7=12$

0148 답 ㄴ, ㄷ

$A-B=\varnothing$이면 $A\subset B$,

$C-B=\varnothing$이면 $C\subset B$

이므로 전체집합 U에 대하여 세 집합 A, B, C를 벤다이어그램으로 나타내면 오른쪽 그림과 같다.

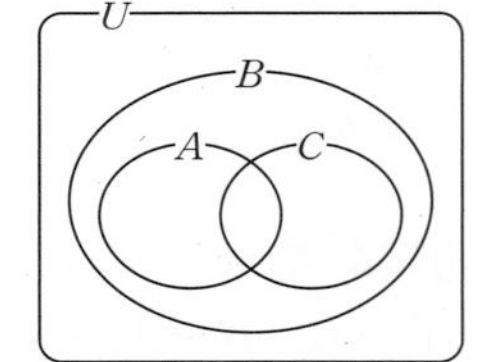

ㄱ. $A\subset B$이면 $A\cap B=A$이므로

$A\cap B\cap C=(A\cap B)\cap C$

$=A\cap C$

ㄴ. $A\cup B=B$이고 $B\cup C=B$이므로

$A\cup B\cup C=(A\cup B)\cup C$

$=B\cup C=B$

ㄷ. $(A\cup C)\subset B$이므로

$(A\cup C)-B=\varnothing$

이상에서 항상 옳은 것은 ㄴ, ㄷ이다.

참고 ㄷ. $(A\cup C)-B=(A\cup C)\cap B^C$

$=(A\cap B^C)\cup(C\cap B^C)$

$=(A-B)\cup(C-B)$

$=\varnothing\cup\varnothing=\varnothing$

이와 같이 집합의 연산 법칙을 이용하여 식을 간단히 하여 확인할 수도 있다.

0149 답 33

$A_p\subset(A_8\cap A_{12})$에서

$A_8\cap A_{12}=A_{24}$이므로 $A_p\subset A_{24}$

즉, p는 24의 배수이므로 자연수 p의 최솟값은 24

또, $B_q\subset(B_{18}\cap B_{27})$에서

$B_{18}\cap B_{27}=B_9$이므로 $B_q\subset B_9$

즉, q는 9의 약수이므로 자연수 q의 최댓값은 9

따라서 구하는 합은 $24+9=33$

0150 답 3

$|x-1|<a$에서 $-a<x-1<a$

$\therefore -a+1<x<a+1$

$\therefore A=\{x\,|\,-a+1<x<a+1\}$

또, $x^2-x-12\le 0$에서 $(x+3)(x-4)\le 0$

$\therefore -3\le x\le 4$

$\therefore B=\{x\,|\,-3\le x\le 4\}$

$A\cap B=A$, 즉 $A\subset B$이므로

오른쪽 그림에서

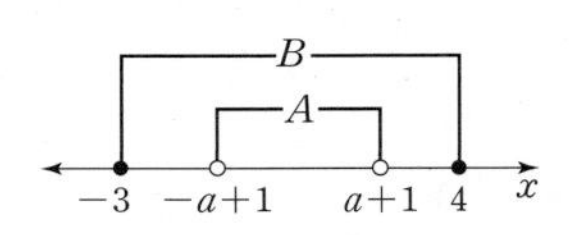

$-3\le -a+1,\ a+1\le 4$

$\therefore 0<a\le 3$ ($\because a>0$)

따라서 양수 a의 최댓값은 3이다.

0151 답 ⑤

① $n(A\cup B)=n(U)-n((A\cup B)^C)$

$=60-10=50$

② $n(A\cap B)=n(A)+n(B)-n(A\cup B)$

$=34+28-50=12$

③ $n(A^C)=n(U)-n(A)$

$=60-34=26$

④ $n(A-B)=n(A)-n(A\cap B)$

$=34-12=22$

⑤ $n(B^C)=n(U)-n(B)$

$=60-28=32$

이므로

$n(A\cup B^C)=n(A)+n(B^C)-n(A\cap B^C)$

$=n(A)+n(B^C)-n(A-B)$

$=34+32-22=44$

따라서 옳지 않은 것은 ⑤이다.

0152 답 24

학생 전체의 집합을 U, 봉사 활동 A를 신청한 학생의 집합을 A, 봉사 활동 B를 신청한 학생의 집합을 B라 하면

$n(U)=30$, $n(A)+n(B)=36$

두 봉사 활동 A, B를 모두 신청한 학생의 집합은 $A\cap B$이므로

$n(A\cup B)=n(A)+n(B)-n(A\cap B)$에서

$n(A\cap B)=n(A)+n(B)-n(A\cup B)$

$=36-n(A\cup B)$

(i) $n(A\cap B)$가 최대인 경우는 $n(A\cup B)$가 최소일 때이다.

$n(A\cap B)\le n(A\cup B)$이므로

$36-n(A\cup B)\le n(A\cup B)$

$\therefore n(A\cup B)\ge 18$

$n(A\cup B)=18$일 때, $n(A\cap B)$의 최댓값은 $36-18=18$

(ii) $n(A\cap B)$가 최소인 경우는 $n(A\cup B)$가 최대일 때이다.
$n(A\cup B)\le n(U)=30$이므로
$n(A\cup B)=30$일 때, $n(A\cap B)$의 최솟값은
$36-30=6$
(i), (ii)에서 $M=18$, $m=6$이므로
$M+m=24$

0153 답 2

전략 허수단위 i의 거듭제곱을 이용하여 집합 A를 구하고 이를 이용하여 집합 B를 구한다.

자연수 k는 $4n+1$, $4n+2$, $4n+3$, $4n+4$ (n은 음이 아닌 정수)로 나눌 수 있고
$i^{4n+1}=i$, $i^{4n+2}=-1$, $i^{4n+3}=-i$, $i^{4n+4}=1$이므로
$A=\{i, -1, -i, 1\}$
이때 $i^2=(-i)^2=-1$, $(-1)^2=1^2=1$이므로
$z\in A$에 대하여 $z^2=-1$ 또는 $z^2=1$
즉, $z_1\in A$, $z_2\in A$에 대하여
$z_1{}^2+z_2{}^2=-2$ 또는 $z_1{}^2+z_2{}^2=0$ 또는 $z_1{}^2+z_2{}^2=2$
$\therefore B=\{|z_1{}^2+z_2{}^2| \mid z_1\in A, z_2\in A\}=\{0, 2\}$
따라서 집합 B의 모든 원소의 합은 $0+2=2$

도움 개념 허수단위 i의 거듭제곱
n이 음이 아닌 정수일 때,
$i^{4n+1}=i$, $i^{4n+2}=-1$, $i^{4n+3}=-i$, $i^{4n+4}=1$

0154 답 19

전략 주어진 조건을 이용하여 집합 X에 속하는 원소와 속하지 않는 원소를 파악한 후, 집합 X의 모든 원소의 합이 최대가 되는 경우를 찾는다.

조건 (가)에서 $X\cap\{1, 2, 3\}=\{2\}$이므로
$1\notin X$, $2\in X$, $3\notin X$
또, 조건 (나)에서 $S(X)$의 값이 홀수이므로 집합 X는 집합 A의 원소 중 홀수인 1, 3, 5, 7 중에서 1개 또는 3개를 원소로 갖는다.
이때 $1\notin X$, $3\notin X$이므로 집합 X는 5, 7 중 1개만을 원소로 갖는다.
따라서 $2\in X$이고 $S(X)$의 값이 최대가 되는 경우는 집합 A의 원소 중 짝수인 4, 6을 모두 원소로 갖고, 홀수 중 7을 원소로 가질 때이다.
즉, $X=\{2, 4, 6, 7\}$일 때 $S(X)$의 값이 최대이므로 $S(X)$의 최댓값은
$2+4+6+7=19$

0155 답 $\{1, 2, 3, 7\}$

전략 주어진 조건을 만족시키도록 세 집합 A, B, C를 벤다이어그램으로 나타낸다.

$A\cap B=B$에서 $B\subset A$
전체집합 $U=\{1, 2, 3, 4, 5, 6, 7, 8\}$에 대하여 주어진 조건을 만족시키도록 세 집합 A, B, C를 벤다이어그램으로 나타내면 다음 그림과 같이 두 가지 중 하나이고, 구하는 집합은 색칠한 부분과 같다.

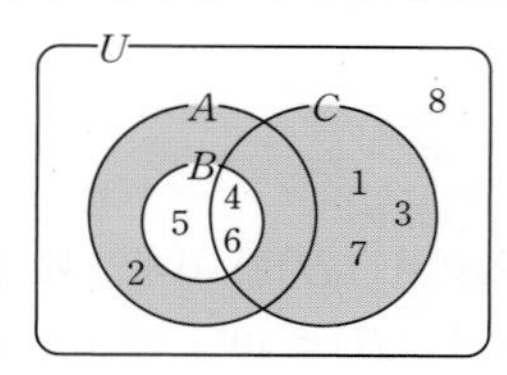

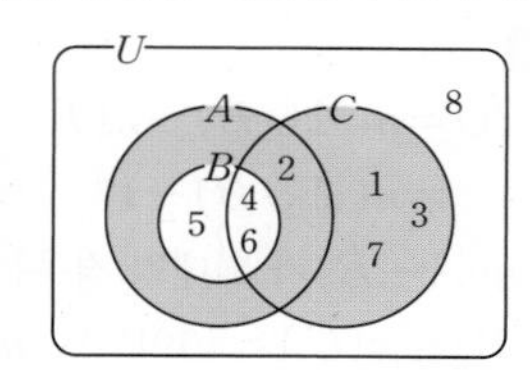

$\therefore (A\cup C)\cap B^C=\{1, 2, 3, 7\}$

0156 답 $\frac{7}{3}$

전략 집합 B가 공집합일 때와 공집합이 아닐 때의 경우로 나누어 $A\cup B=A$를 만족시키는 실수 k의 값을 구한다.

$A\cup B=A$이므로 $B\subset A$
(i) $B=\varnothing$일 때,
방정식 $kx-1=x$, 즉 $(k-1)x=1$의 해가 존재하지 않아야 하므로
$k=1$
(ii) $B\neq\varnothing$일 때,
$B=\{-1\}$ 또는 $B=\{3\}$이어야 한다.
방정식 $kx-1=x$의 해가 $x=-1$일 때,
$-k-1=-1$에서 $k=0$
또, 방정식 $kx-1=x$의 해가 $x=3$일 때,
$3k-1=3$에서 $k=\frac{4}{3}$
(i), (ii)에서 $k=1$ 또는 $k=0$ 또는 $k=\frac{4}{3}$이므로 모든 실수 k의 값의 합은
$1+0+\frac{4}{3}=\frac{7}{3}$

0157 답 56

전략 집합의 연산의 성질을 이용하여 연산 ◉를 파악하고
$n(A\cup B\cup C)=n(A)+n(B)+n(C)-n(A\cap B)-n(B\cap C)-n(C\cap A)+n(A\cap B\cap C)$
임을 이용하여 원소의 개수를 구한다.

$X◉Y=(X\cap Y^C)\cup(X^C\cap Y)=(X-Y)\cup(Y-X)$에서
$n(X◉Y)=n(X)+n(Y)-2\times n(X\cap Y)$이므로
$n(A◉B)=33$에서
$n(A)+n(B)-2\times n(A\cap B)=33$ …… ㉠
$n(B◉C)=42$에서
$n(B)+n(C)-2\times n(B\cap C)=42$ …… ㉡
$n(C◉A)=37$에서
$n(C)+n(A)-2\times n(C\cap A)=37$ …… ㉢
㉠+㉡+㉢을 하면
$112=2\times n(A)+2\times n(B)+2\times n(C)-2\times n(A\cap B)-2\times n(B\cap C)-2\times n(C\cap A)$
$\therefore n(A)+n(B)+n(C)-n(A\cap B)-n(B\cap C)-n(C\cap A)=56$
이때
$n(A\cup B\cup C)$
$=n(A)+n(B)+n(C)-n(A\cap B)-n(B\cap C)-n(C\cap A)+n(A\cap B\cap C)$
이고 $n(A\cup B\cup C)=112$이므로
$112=56+n(A\cap B\cap C)$
$\therefore n(A\cap B\cap C)=56$

0158 답 ⑤

전략 주어진 조건을 집합으로 나타낸 후, 집합의 원소의 개수 사이의 관계식을 이용하여 해당 집합의 원소의 개수를 구한다.

등 번호가 2의 배수인 선수의 집합을 A, 등 번호가 3의 배수인 선수의 집합을 B라 하면 등 번호가 2의 배수 또는 3의 배수인 선수가 25명이므로

$n(A\cup B)=25$

등 번호가 2의 배수인 선수의 수와 등 번호가 3의 배수인 선수의 수가 같으므로

$n(A)=n(B)$

등 번호가 6의 배수인 선수가 3명이고, 6의 배수는 2의 배수인 동시에 3의 배수인 수이므로

$n(A\cap B)=3$

$n(A\cup B)=n(A)+n(B)-n(A\cap B)$

$=n(A)+n(A)-n(A\cap B)$

$=2\times n(A)-n(A\cap B)$

에서 $25=2\times n(A)-3$

$\therefore n(A)=14$

따라서 등 번호가 2의 배수인 선수는 14명이다.

0159 답 2

[문제 이해] $A=B$에서 $3\in A$이므로 $3\in B$

즉, $a+1=3$ 또는 $3-a=3$ 또는 $2a+1=3$이므로

$a=2$ 또는 $a=0$ 또는 $a=1$ ◀ 30 %

[해결 과정] (i) $a=2$일 때,

$A=\{1, 3, 5\}$, $B=\{1, 3, 5\}$이므로 $A=B$

(ii) $a=0$일 때,

$A=\{-1, 1, 3\}$, $B=\{1, 3\}$이므로 $A\neq B$

(iii) $a=1$일 때,

$A=\{0, 2, 3\}$, $B=\{2, 3\}$이므로 $A\neq B$ ◀ 60 %

[답 구하기] 이상에서 $a=2$ ◀ 10 %

0160 답 (1) $\{2, 3, 4, 5, 8\}$ (2) 16

(1) $A=\{1, 3, 5\}$, $B=\{1, 2, 4, 8\}$에 대하여

$A\cup B=\{1, 2, 3, 4, 5, 8\}$, $A\cap B=\{1\}$

$\therefore P=(A\cup B)\cap(A\cap B)^C$

$=(A\cup B)-(A\cap B)$

$=\{2, 3, 4, 5, 8\}$ ◀ 40 %

(2) $P\subset X\subset U$를 만족시키는 집합 X는 전체집합 U의 부분집합 중 2, 3, 4, 5, 8을 반드시 원소로 갖는 집합이다. ◀ 40 %

따라서 집합 X의 개수는

$2^{9-5}=2^4=16$ ◀ 20 %

0161 답 -1

[문제 이해] $x^2-x-6=0$에서

$(x+2)(x-3)=0$ $\therefore x=-2$ 또는 $x=3$

$\therefore A=\{-2, 3\}$

이때 $B\neq\varnothing$이므로

$B=\{-2\}$ 또는 $B=\{3\}$ ($\because A\neq B$) ◀ 40 %

[해결 과정] (i) $B=\{-2\}$이면

$x^2+2kx-k+6=0$은 중근 -2를 가지므로

$(-2)^2+2k\times(-2)-k+6=0$

$-5k=-10$ $\therefore k=2$

(ii) $B=\{3\}$이면

$x^2+2kx-k+6=0$은 중근 3을 가지므로

$3^2+2k\times3-k+6=0$

$5k=-15$ $\therefore k=-3$

(i), (ii)에서 $k=-3$ 또는 $k=2$ ◀ 50 %

[답 구하기] 따라서 모든 실수 k의 값의 합은

$-3+2=-1$ ◀ 10 %

[참고] (i) $k=2$일 때,

$x^2+2kx-k+6=0$에서

$x^2+4x+4=0$, $(x+2)^2=0$ $\therefore x=-2$

$\therefore B=\{-2\}$

(ii) $k=-3$일 때,

$x^2+2kx-k+6=0$에서

$x^2-6x+9=0$, $(x-3)^2=0$ $\therefore x=3$

$\therefore B=\{3\}$

(i), (ii)에서 $n(B)=1$이고 $B\subset A$이므로 $k=2$ 또는 $k=-3$일 때, 주어진 조건을 만족시킨다.

0162 답 26

[해결 과정] $n(C\cap A^C)=n(C-A)=n(C)-n(C\cap A)$에서

$n(C\cap A)=n(C)-n(C\cap A^C)$

$=10-7=3$ ◀ 30 %

또, $n(B\cup C)=n(B)+n(C)-n(B\cap C)$에서

$n(B\cap C)=n(B)+n(C)-n(B\cup C)$

$=15+10-20=5$ ◀ 20 %

한편, $A\cap B=\varnothing$이므로

$A\cap B\cap C=(A\cap B)\cap C=\varnothing\cap C=\varnothing$

$\therefore n(A\cap B)=0$, $n(A\cap B\cap C)=0$ ◀ 20 %

[답 구하기] $\therefore n(A\cup B\cup C)$

$=n(A)+n(B)+n(C)-n(A\cap B)-n(B\cap C)$

$-n(C\cap A)+n(A\cap B\cap C)$

$=9+15+10-0-5-3+0$

$=26$ ◀ 30 %

0163 답 23

[문제 이해] $n(A-B)=n(A)-n(A\cap B)$

$=28-n(A\cap B)$ …… ㉠

이므로 $n(A-B)$가 최대인 경우는 $n(A\cap B)$가 최소일 때이다. ◀ 20 %

[해결 과정] $n(A\cup B)=n(A)+n(B)-n(A\cap B)$에서

$n(A\cap B)=n(A)+n(B)-n(A\cup B)$

$=28+17-n(A\cup B)$

$=45-n(A\cup B)$

이므로 $n(A\cap B)$가 최소인 경우는 $n(A\cup B)$가 최대일 때이다. ◀ 40 %

$n(A\cup B)\leq n(U)=40$이므로

$n(A\cup B)=40$일 때, $n(A\cap B)$의 최솟값은

$45-40=5$ ◀ 30 %

[답 구하기] 따라서 $n(A\cap B)=5$를 ㉠에 대입하면 $n(A-B)$의 최댓값은

$28-5=23$ ◀ 10 %

다른 풀이

$n(A-B)=n(A\cup B)-n(B)$

$=n(A\cup B)-17$

이므로 $n(A-B)$가 최대인 경우는 $n(A\cup B)$가 최대일 때이다.

$n(A\cup B)\leq n(U)=40$이므로 $n(A\cup B)=40$일 때, $n(A-B)$의 최댓값은 $40-17=23$

02 명제

Lecture ≫ 34~39쪽

04 명제

0164 답 명제, 참

0165 답 조건

0166 답 명제, 거짓
51의 양의 약수는 1, 3, 17, 51이므로 거짓인 명제이다.

0167 답 $\{5, 10, 15\}$

0168 답 $\{3\}$
p: $x^2+4x-21=0$에서
$(x+7)(x-3)=0$
$\therefore x=-7$ 또는 $x=3$
따라서 조건 p의 진리집합은 $\{3\}$

0169 답 부정: x는 8의 약수가 아니다., 진리집합: $\{6, 10\}$
$\sim p$: x는 8의 약수가 아니다.
조건 p의 진리집합을 P라 하면 $P=\{2, 4, 8\}$이므로
$\sim p$의 진리집합은 $P^C=\{6, 10\}$

0170 답 부정: $x^2-10x+16\neq0$, 진리집합: $\{4, 6, 10\}$
$\sim p$: $x^2-10x+16\neq0$
조건 p의 진리집합을 P라 하면
p: $x^2-10x+16=0$에서
$(x-2)(x-8)=0$ $\therefore x=2$ 또는 $x=8$
따라서 $P=\{2, 8\}$이므로 $\sim p$의 진리집합은
$P^C=\{4, 6, 10\}$

0171 답 $x=0$ 또는 $y=0$

0172 답 $-3\le x\le2$

0173 답 $x<-2$ 또는 $x>1$

0174 답 가정: x가 홀수이다., 결론: x^2은 홀수이다.

0175 답 가정: $a<0$이다., 결론: $-a>0$이다.

0176 답 가정: $x=1$이다., 결론: $2x+1=3$이다.

0177 답 참

0178 답 거짓
[반례] $a=1$, $b=3$이면 $a+b$는 짝수이지만 a, b는 모두 홀수이다.
따라서 주어진 명제는 거짓이다.

0179 답 거짓
[반례] $x=0$이면 $|x|=0$이다.
따라서 주어진 명제는 거짓이다.

0180 답 참

0181 답 어떤 실수 x에 대하여 $x^2<0$이다.

0182 답 모든 실수 x에 대하여 $x^2\neq-1$이다.

중 **0183** 답 ④
ㄱ. $3+5=8\neq7$이므로 거짓인 명제이다.
ㄴ. x의 값에 따라 참, 거짓이 달라지므로 명제가 아니다.
ㄷ. 모든 x에 대하여 항상 성립하므로 참인 명제이다.
ㄹ. $x+2\le x-3$에서 $2\le-3$이므로 거짓인 명제이다.
이상에서 명제인 것은 ㄱ, ㄷ, ㄹ이다.

중 **0184** 답 ③
①, ④ 참인 명제이다.
② 6은 3의 배수이지만 12의 배수는 아니므로 거짓인 명제이다.
③ x의 값에 따라 참, 거짓이 달라지므로 명제가 아니다.
⑤ 0은 자연수가 아니므로 거짓인 명제이다.
따라서 명제가 아닌 것은 ③이다.

중 **0185** 답 ㄱ, ㄷ
ㄴ. 12와 15의 공약수는 1, 3이므로 거짓인 명제이다.
ㄹ. 2는 짝수인 소수이므로 거짓인 명제이다.

중 **0186** 답 ㄱ, ㄴ
각 명제의 부정과 그 참, 거짓은 다음과 같다.
ㄱ. $2+3\neq6$ (참)
ㄴ. 5는 12의 약수가 아니다. (참)
ㄷ. $\sqrt{9}$는 유리수가 아니다. (거짓)
ㄹ. 정삼각형의 세 변의 길이는 같지 않다. (거짓)
이상에서 명제의 부정이 참인 것은 ㄱ, ㄴ이다.

참고 명제가 거짓이면 그 부정은 참이다. 따라서 주어진 명제 ㄱ, ㄴ이 거짓이므로 그 부정은 참이다.

중 **0187** 답 $x\ge2$
조건 '$\sim p$ 또는 q'의 부정은 'p 그리고 $\sim q$'이다.
p: $x^2-4\ge0$에서 $(x+2)(x-2)\ge0$
$\therefore x\le-2$ 또는 $x\ge2$
q: $x<1$에서 $\sim q$: $x\ge1$
따라서 조건 'p 그리고 $\sim q$'는 오른쪽 그림에서 $x\ge2$

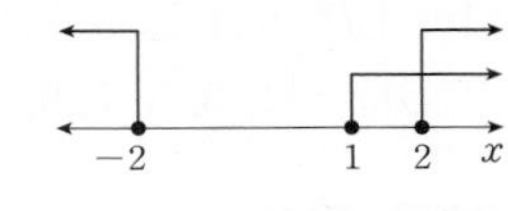

도움 개념 이차부등식의 해
이차함수 $y=ax^2+bx+c$ $(a>0)$의 그래프가 x축과 만나는 서로 다른 두 점의 x좌표를 각각 α, β $(\alpha<\beta)$라 할 때
(1) $ax^2+bx+c>0$의 해는 $x<\alpha$ 또는 $x>\beta$
(2) $ax^2+bx+c\ge0$의 해는 $x\le\alpha$ 또는 $x\ge\beta$
(3) $ax^2+bx+c<0$의 해는 $\alpha<x<\beta$
(4) $ax^2+bx+c\le0$의 해는 $\alpha\le x\le\beta$

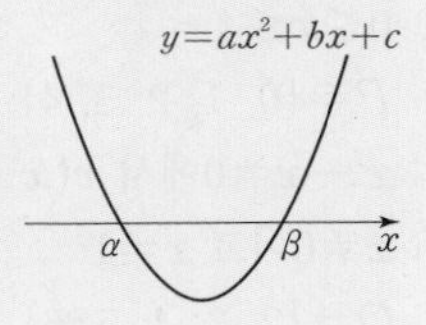

중 **0188** 답 ④

조건 '$(a-b)^2+(b-c)^2+(c-a)^2=0$'의 부정은

'$(a-b)^2+(b-c)^2+(c-a)^2\neq0$'이므로

'$a\neq b$ 또는 $b\neq c$ 또는 $c\neq a$'

즉, 'a, b, c 중 서로 다른 것이 적어도 하나 있다.'이다.

중 **0189** 답 ④

$U=\{-3, -2, -1, 0, 1, 2, 3\}$이고, 두 조건 p, q의 진리집합을 각각 P, Q라 하면

p: $x^2-x-6=0$에서 $(x+2)(x-3)=0$

$\therefore x=-2$ 또는 $x=3$

$\therefore P=\{-2, 3\}$

q: $x^3-4x=0$에서 $x(x^2-4)=0$

$x(x+2)(x-2)=0$

$\therefore x=0$ 또는 $x=-2$ 또는 $x=2$

$\therefore Q=\{-2, 0, 2\}$

이때 조건 'p 또는 $\sim q$'의 진리집합은 $P\cup Q^C$이고

$Q^C=\{-3, -1, 1, 3\}$이므로

$P\cup Q^C=\{-3, -2, -1, 1, 3\}$

따라서 구하는 원소의 개수는 5이다.

하 **0190** 답 $\{1, 4, 6, 8, 9, 10, 12\}$

조건 p의 진리집합을 P라 하면

$P=\{2, 3, 5, 7, 11, 13\}$

따라서 조건 $\sim p$의 진리집합은

$P^C=\{1, 4, 6, 8, 9, 10, 12\}$

중 **0191** 답 ⑤

조건 '$-2<x\leq3$'은 '$x>-2$이고 $x\leq3$'이다.

p: $x\leq-2$에서 $\sim p$: $x>-2$이므로

$P^C=\{x|x>-2\}$

q: $x\leq3$이므로 $Q=\{x|x\leq3\}$

따라서 조건 '$-2<x\leq3$'의 진리집합은

$P^C\cap Q=Q-P$

중 **0192** 답 $\{1, 3, 5, 7, 9, 11\}$

$U=\{1, 2, 3, \cdots, 12\}$이고, 두 조건 p, q의 진리집합을 각각 P, Q라 하면

$P=\{2, 4, 6, 8, 10, 12\}$

$Q=\{1, 3, 9\}$

이때 조건 'p이고 $\sim q$'의 부정은 '$\sim p$ 또는 q'이므로 그 진리집합은 $P^C\cup Q$이다.

따라서 $P^C=\{1, 3, 5, 7, 9, 11\}$이므로

$P^C\cup Q=\{1, 3, 5, 7, 9, 11\}$

중 **0193** 답 11

해결 과정 두 조건 p, q의 진리집합을 각각 P, Q라 하면

p: $|x-2|\leq2$에서 $-2\leq x-2\leq2$

$\therefore 0\leq x\leq4$

$\therefore P=\{0, 1, 2, 3, 4\}$ ◀ 30 %

q: $x^2-x\neq0$에서 $x(x-1)\neq0$

$\therefore x\neq0$이고 $x\neq1$

$\therefore Q=\{2, 3, 4, 5, 6\}$ ◀ 30 %

이때 조건 '$\sim p$이고 q'의 진리집합은 $P^C\cap Q$이고

$P^C=\{5, 6\}$이므로

$P^C\cap Q=\{5, 6\}$ ◀ 30 %

답 구하기 따라서 구하는 모든 원소의 합은

$5+6=11$ ◀ 10 %

중 **0194** 답 ㄴ, ㄹ

ㄱ. [반례] $x=-2$이면 $x^2=4$이지만 $x^3=-8$이다.

ㄴ. 두 조건 p, q를

p: x는 8의 양의 약수이다.

q: x는 16의 양의 약수이다.

라 하고, 두 조건 p, q의 진리집합을 각각 P, Q라 하면

$P=\{1, 2, 4, 8\}$

$Q=\{1, 2, 4, 8, 16\}$

따라서 $P\subset Q$이므로 주어진 명제는 참이다.

ㄷ. [반례] $x=6$이면 x는 3의 양의 배수이지만 $x+1=7$이므로 홀수이다.

ㄹ. 두 조건 p, q를

p: 직사각형이다.

q: 사다리꼴이다.

라 하고, 두 조건 p, q의 진리집합을 각각 P, Q라 하면

$P\subset Q$이므로 주어진 명제는 참이다.

이상에서 참인 명제는 ㄴ, ㄹ이다.

참고 여러 가지 사각형의 포함 관계

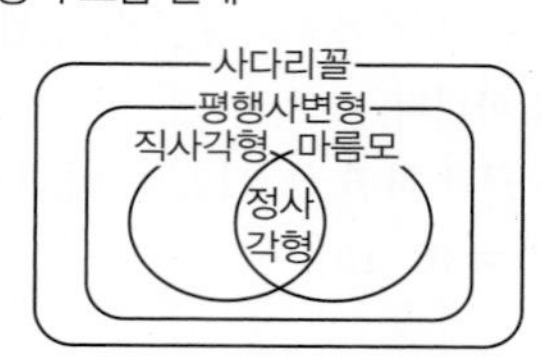

중 **0195** 답 ⑤

⑤ [반례] $a=3$, $b=-1$이면 $ab<1$이지만 $a>1$, $b<1$이다.

중 **0196** 답 ⑤

① [반례] $x=2$, $y=0$이면 $xy=0$이지만 $x^2+y^2\neq0$이다.

② [반례] $x=1$, $y=2$, $z=0$이면 $xz=yz$이지만 $x\neq y$이다.

③ [반례] $x=1$, $y=2$, $z=-1$이면 $xz>yz$이지만 $x<y$이다.

④ [반례] $x=-1$, $y=-2$이면 $x>y$이지만 $x^2<y^2$이다.

⑤ $|x+y|=|x-y|$의 양변을 제곱하면

$(x+y)^2=(x-y)^2$, $x^2+2xy+y^2=x^2-2xy+y^2$

$4xy=0$ $\quad\therefore xy=0$

따라서 주어진 명제는 참이다.

따라서 참인 명제는 ⑤이다.

중 **0197** 답 c, d

명제 $q\longrightarrow p$가 거짓임을 보이려면 집합 Q의 원소 중 집합 P의 원소가 아닌 것을 찾으면 된다.

따라서 구하는 원소는 집합 $Q-P$의 원소인 c, d이다.

중 **0198** 답 ①

명제 $p\longrightarrow\sim q$가 거짓임을 보이려면 집합 P의 원소 중 집합 Q^C의 원소가 아닌 것을 찾으면 된다.

따라서 구하는 집합은 $P\cap(Q^C)^C=P\cap Q$

중 0199 답 ②

두 조건 p, q의 진리집합을 각각 P, Q라 하면

$P=\{1, 3, 5, 7, 9\}$, $Q=\{2, 3, 5, 7\}$

명제 $p \longrightarrow q$가 거짓임을 보이려면 집합 P의 원소 중 집합 Q의 원소가 아닌 것을 찾으면 된다.

따라서 명제 $p \longrightarrow q$가 거짓임을 보이는 원소는 집합 $P-Q$의 원소인 1, 9의 2개이다.

$\therefore m=2$

명제 $q \longrightarrow p$가 거짓임을 보이려면 집합 Q의 원소 중 집합 P의 원소가 아닌 것을 찾으면 된다.

따라서 명제 $q \longrightarrow p$가 거짓임을 보이는 원소는 집합 $Q-P$의 원소인 2의 1개이다.

$\therefore n=1$

$\therefore m+n=3$

중 0200 답 ②

두 조건 p, q의 진리집합을 각각 P, Q라 할 때, 명제 'p이면 q이다.'가 거짓임을 보이려면 집합 P의 원소 중 집합 Q의 원소가 아닌 원소 x를 찾으면 된다.

p: $-2\le x\le 2$에서 $P=\{x|-2\le x\le 2\}$

q: $x\le -1$ 또는 $x\ge 3$에서

$\sim q$: $-1<x<3$이므로 $Q^C=\{x|-1<x<3\}$

따라서 $x\in(P\cap Q^C)$이어야 하므로 오른쪽 그림에서 구하는 집합은

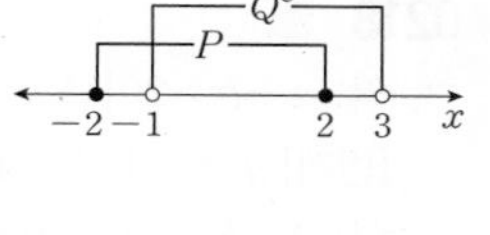

$\{x|-1<x\le 2\}$

중 0201 답 ③

명제 $\sim p \longrightarrow q$가 참이므로 $P^C\subset Q$이다.

이때 두 집합 P, Q 사이의 포함 관계를 벤다이어그램으로 나타내면 오른쪽 그림과 같으므로 항상 옳은 것은 ③이다.

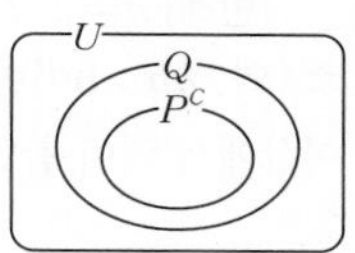

중 0202 답 ⑤

① $P\not\subset R$이므로 명제 $p \longrightarrow r$는 거짓이다.

② $Q\not\subset R$이므로 명제 $q \longrightarrow r$는 거짓이다.

③ $R^C\not\subset Q$이므로 명제 $\sim r \longrightarrow q$는 거짓이다.

④ $(P\cup R)\not\subset Q$이므로 명제 (p 또는 r) $\longrightarrow q$는 거짓이다.

⑤ $(P\cap Q)\subset R^C$이므로 명제 (p이고 q) $\longrightarrow \sim r$는 참이다.

따라서 항상 참인 명제는 ⑤이다.

중 0203 답 ②, ④

두 집합 P, Q가 서로소이므로 두 집합 P, Q 사이의 포함 관계를 벤다이어그램으로 나타내면 오른쪽 그림과 같다.

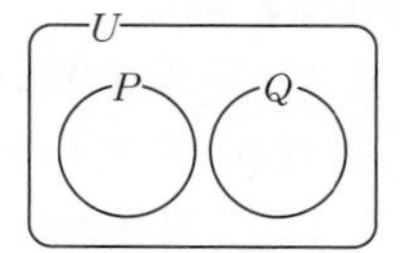

따라서 $P\subset Q^C$, $Q\subset P^C$이므로

두 명제 $p \longrightarrow \sim q$와 $q \longrightarrow \sim p$는 항상 참이다.

중 0204 답 ㄴ, ㄹ

$P\cap Q=Q$, $P-R=P$를 만족시키도록 세 집합 P, Q, R 사이의 포함 관계를 벤다이어그램으로 나타내면 오른쪽 그림과 같다.

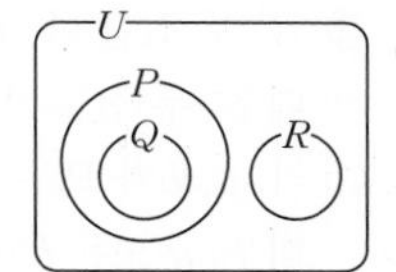

ㄱ. $p \longrightarrow q$는 $P=Q$일 때만 참이므로 항상 참이라고 할 수 없다.

ㄴ. $Q\subset P$이므로 명제 $q \longrightarrow p$는 참이다.

ㄷ. $P^C\not\subset Q$이므로 명제 $\sim p \longrightarrow q$는 거짓이다.

ㄹ. $Q\subset R^C$이므로 명제 $q \longrightarrow \sim r$는 참이다.

이상에서 항상 참인 명제는 ㄴ, ㄹ이다.

중 0205 답 $-1<a\le 2$

두 조건 p, q의 진리집합을 각각 P, Q라 하면

$P=\{x|-1<x\le 2\}$

q: $|x-a|<3$에서

$-3<x-a<3$ $\quad\therefore a-3<x<a+3$

$\therefore Q=\{x|a-3<x<a+3\}$

이때 명제 $p \longrightarrow q$가 참이 되려면 $P\subset Q$이어야 하므로 오른쪽 그림에서

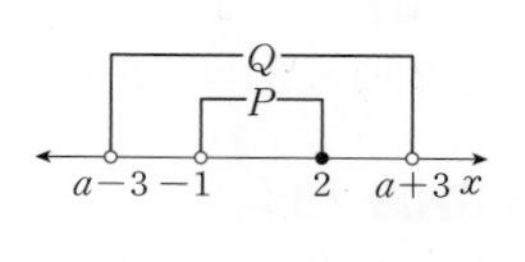

$a-3\le -1$, $2<a+3$

$\therefore -1<a\le 2$

도움 개념 $A\subset B$가 되도록 하는 a의 값의 범위 구하기

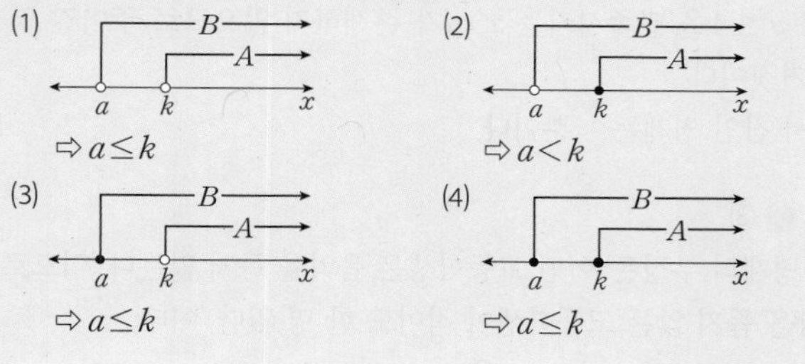

중 0206 답 ④

두 조건 p, q를 p: $x\ge 1$, q: $3x+a\le 4x-2a$라 하고, 두 조건 p, q의 진리집합을 각각 P, Q라 하면

$P=\{x|x\ge 1\}$

q: $3x+a\le 4x-2a$에서 $x\ge 3a$

$\therefore Q=\{x|x\ge 3a\}$

이때 명제 $p \longrightarrow q$가 참이 되려면 $P\subset Q$이어야 하므로 오른쪽 그림에서

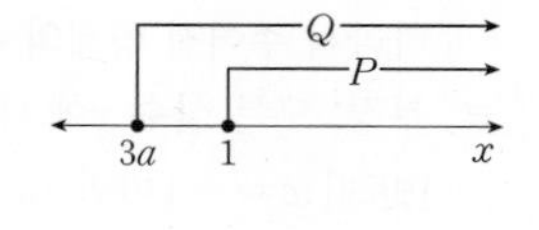

$3a\le 1$ $\quad\therefore a\le \frac{1}{3}$

따라서 실수 a의 최댓값은 $\frac{1}{3}$이다.

중 0207 답 3

문제 이해 두 조건 p, q의 진리집합을 각각 P, Q라 하면

$P=\{x|1\le x<15\}$

q: $x<\frac{a}{2}$ 또는 $x>3a$에서

$\sim q$: $\frac{a}{2}\le x\le 3a$

$\therefore Q^C=\left\{x\middle|\frac{a}{2}\le x\le 3a\right\}$ ◀ 40 %

해결 과정 이때 명제 $\sim q \longrightarrow p$가 참이 되려면 $Q^C\subset P$이어야 하므로 오른쪽 그림에서

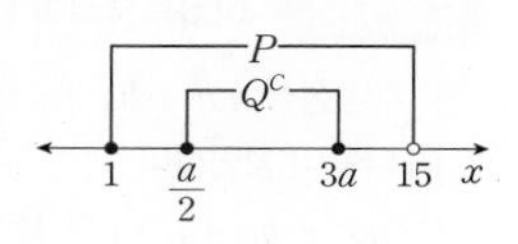

$1\le\frac{a}{2}$, $3a<15$

$\therefore 2\le a<5$ ◀ 40 %

답 구하기 따라서 자연수 a는 2, 3, 4의 3개이다. ◀ 20 %

중 **0208** 답 -5

세 조건 p, q, r의 진리집합을 각각 P, Q, R라 하면

$P=\{x \mid -2 \le x \le 1$ 또는 $x \ge 3\}$

$Q=\{x \mid a \le x \le 0\}$

$R=\{x \mid x \ge b+1\}$

이때 두 명제 $q \longrightarrow p$, $p \longrightarrow r$가 모두 참이 되려면 $Q \subset P$, $P \subset R$이어야 하므로 오른쪽 그림에서 $-2 \le a \le 0$

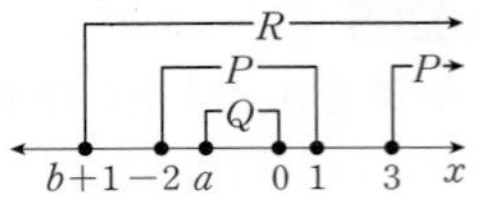

$b+1 \le -2 \qquad \therefore b \le -3$

따라서 실수 a의 최솟값은 -2, 실수 b의 최댓값은 -3이므로 구하는 합은

$-2+(-3)=-5$

중 **0209** 답 ㄴ

ㄱ. [반례] $x=4$이면 $x+4=8$이다.

ㄴ. $x=3$이면 $x^2-3x=0$이므로 주어진 명제는 참이다.

ㄷ. [반례] $x=4$, $y=4$이면 $x^2+y^2>25$이다.

ㄹ. $x^2+y^2 \le 1$을 만족시키는 x, y가 존재하지 않으므로 주어진 명제는 거짓이다.

이상에서 참인 명제는 ㄴ뿐이다.

하 **0210** 답 ③

주어진 명제의 부정은 '어떤 고등학생은 음악을 듣지 않는다.'이므로 ③ '음악을 듣지 않는 고등학생이 적어도 한 명 있다.'이다.

중 **0211** 답 ㄴ, ㄹ

ㄱ. 부정: 어떤 소수는 짝수이다.

2는 소수이고 짝수이므로 주어진 명제의 부정은 참이다.

ㄴ. 부정: 모든 실수 x에 대하여 $x^2>0$이다.

[반례] $x=0$이면 $x^2=0$이다.

ㄷ. 부정: 어떤 무리수 x에 대하여 x^2은 유리수가 아니다.

$x=1+\sqrt{2}$이면 $x^2=3+2\sqrt{2}$이므로 무리수이다.

따라서 주어진 명제의 부정은 참이다.

ㄹ. 부정: 모든 실수 x에 대하여 $|x| \le x$이다.

[반례] $x=-1$이면 $|x|=1$이므로 $|x|>x$이다.

이상에서 부정이 거짓인 명제는 ㄴ, ㄹ이다.

중 **0212** 답 ④

주어진 명제가 참이 되려면 모든 실수 x에 대하여 이차부등식 $x^2+4x+8 \ge k$, 즉 $x^2+4x+8-k \ge 0$이 성립해야 한다.

이때 이차방정식 $x^2+4x+8-k=0$의 판별식을 D라 하면

$\frac{D}{4}=2^2-(8-k) \le 0, \ -4+k \le 0$

$\therefore k \le 4$

따라서 실수 k의 최댓값은 4이다.

도움 개념 **이차부등식이 항상 성립할 조건**

이차방정식 $ax^2+bx+c=0$의 판별식을 D라 할 때, 모든 실수 x에 대하여 다음이 성립한다.

(1) $ax^2+bx+c>0$이 성립 ⇨ $a>0$, $D<0$

(2) $ax^2+bx+c \ge 0$이 성립 ⇨ $a>0$, $D \le 0$

(3) $ax^2+bx+c<0$이 성립 ⇨ $a<0$, $D<0$

(4) $ax^2+bx+c \le 0$이 성립 ⇨ $a<0$, $D \le 0$

Lecture ≫ 40~43쪽

05 명제의 역과 대우

0213 답 (1) 역 (2) 대우

0214 답 역: $x^2=4$이면 $x=2$이다. (거짓)

대우: $x^2 \ne 4$이면 $x \ne 2$이다. (참)

[역의 반례] $x=-2$이면 $x^2=4$이지만 $x \ne 2$이다.

0215 답 역: $x>3$이면 $x>1$이다. (참)

대우: $x \le 3$이면 $x \le 1$이다. (거짓)

[대우의 반례] $x=2$이면 $x \le 3$이지만 $x>1$이다.

0216 답 ㄱ, ㄷ, ㄹ

명제 $p \longrightarrow q$가 참이므로 그 대우인 $\sim q \longrightarrow \sim p$도 참이다.

또, 두 명제 $p \longrightarrow q$, $q \longrightarrow r$가 모두 참이므로 삼단논법에 의하여 $p \longrightarrow r$가 참이고, 그 대우인 $\sim r \longrightarrow \sim p$도 참이다.

따라서 항상 참인 명제는 ㄱ, ㄷ, ㄹ이다.

0217 답 (가): $k+l$, (나): 짝수

중 **0218** 답 ㄷ

ㄱ. 역: $a+b>2$이면 $a>1$, $b>1$이다. (거짓)

[반례] $a=-1$, $b=4$이면 $a+b>2$이지만 $a<1$, $b>1$이다.

ㄴ. 역: $a+b$가 짝수이면 ab는 홀수이다. (거짓)

[반례] $a=2$, $b=4$이면 $a+b$는 짝수이지만 ab는 짝수이다.

ㄷ. 역: $ab>0$이면 $|a+b|=|a|+|b|$이다. (참)

이상에서 역이 참인 명제는 ㄷ뿐이다.

하 **0219** 답 ③

명제 $\sim q \longrightarrow p$의 역은 $p \longrightarrow \sim q$이다.

명제 $p \longrightarrow \sim q$가 참이므로 그 대우 $q \longrightarrow \sim p$도 참이다.

중 **0220** 답 ④

명제와 그 대우의 참, 거짓은 항상 일치하므로 명제가 거짓이면 그 대우도 거짓이다.

④ [반례] $x=1$, $y=-1$이면 $x>y$이지만 $x^2=y^2$이다.

따라서 명제가 거짓이므로 그 대우도 거짓이다.

중 **0221** 답 ②

① 역: 두 직사각형이 합동이면 두 직사각형의 넓이가 같다. (참)

대우: 두 직사각형이 합동이 아니면 두 직사각형의 넓이가 같지 않다. (거짓)

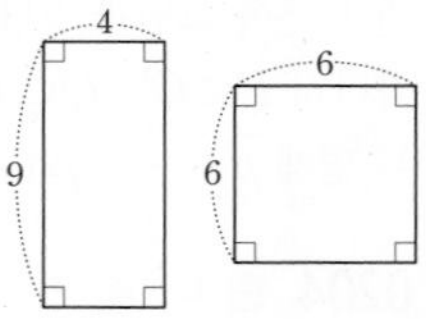

[반례] 오른쪽 그림과 같은 두 직사각형은 합동이 아니지만 넓이가 같다.

② 역: 두 집합 A, B에 대하여 $A \cup B=B$이면 $A \subset B$이다. (참)

대우: 두 집합 A, B에 대하여 $A \cup B \ne B$이면 $A \not\subset B$이다. (참)

③ 역: a, b가 모두 유리수이면 ab는 유리수이다. (참)

대우: a 또는 b가 유리수가 아니면 ab는 유리수가 아니다. (거짓)

[반례] $a=\sqrt{3}$, $b=0$이면 ab는 유리수이다.

④ 역: 실수 a, b에 대하여 $\frac{1}{a}<\frac{1}{b}$이면 $a>b$이다. (거짓)

[반례] $a=-1$, $b=2$이면 $\frac{1}{a}<\frac{1}{b}$이지만 $a<b$이다.

대우: 실수 a, b에 대하여 $\frac{1}{a}\geq\frac{1}{b}$이면 $a\leq b$이다. (거짓)

[반례] $a=1$, $b=-2$이면 $\frac{1}{a}\geq\frac{1}{b}$이지만 $a>b$이다.

⑤ 역: 실수 a에 대하여 $a^2-a-2=0$이면 $a=-1$이다. (거짓)

[반례] $a^2-a-2=0$에서 $(a+1)(a-2)=0$이므로

$a=2$이면 $a^2-a-2=0$이지만 $a\neq-1$이다.

대우: 실수 a에 대하여 $a^2-a-2\neq0$이면 $a\neq-1$이다. (참)

따라서 그 역과 대우가 모두 참인 명제는 ②이다.

중 0222 답 7

주어진 명제가 참이 되려면 그 대우

'$x>k$이고 $y>-2$이면 $x+y>5$이다.'

도 참이 되어야 한다.

$x>k$이고 $y>-2$에서 $x+y>k-2$이므로

$k-2\geq5$

$\therefore k\geq7$

따라서 실수 k의 최솟값은 7이다.

하 0223 답 ③

주어진 명제가 참이 되려면 그 대우

'$x-1=0$이면 $x^2+ax+2=0$이다.'

도 참이 되어야 한다.

따라서 $x=1$을 $x^2+ax+2=0$에 대입하면

$1^2+a\times1+2=0$

$\therefore a=-3$

중 0224 답 ⑤

명제 $\sim p\longrightarrow\sim q$가 참이 되려면 그 대우 $q\longrightarrow p$도 참이 되어야 한다.

두 조건 p, q의 진리집합을 각각 P, Q라 하면

$P=\{x|x<a\}$

$Q=\{x|-2<x<3\}$

이때 명제 $q\longrightarrow p$가 참이 되려면 $Q\subset P$이어야 하므로 오른쪽 그림에서

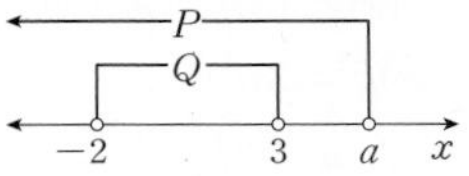

$a\geq3$

중 0225 답 6

[문제 이해] 명제 $\sim q\longrightarrow p$가 참이 되려면 그 대우 $\sim p\longrightarrow q$도 참이 되어야 한다. ◀ 20 %

[해결 과정] 두 조건 p, q의 진리집합을 각각 P, Q라 하면

p: $|x-1|>a$에서 $\sim p$: $|x-1|\leq a$

$-a\leq x-1\leq a$

$\therefore -a+1\leq x\leq a+1$

$\therefore P^C=\{x|-a+1\leq x\leq a+1\}$ ◀ 30 %

또, $Q=\{x|x\geq-5\}$ ◀ 10 %

이때 명제 $\sim p\longrightarrow q$가 참이 되려면 $P^C\subset Q$이어야 하므로 오른쪽 그림에서

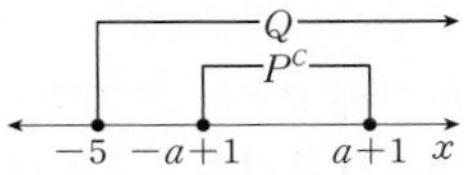

$-5\leq-a+1$

$\therefore a\leq6$

그런데 $a>0$이므로

$0<a\leq6$ ◀ 30 %

[답 구하기] 따라서 양수 a의 최댓값은 6이다. ◀ 10 %

중 0226 답 ④

①, ⑤ 두 명제 $p\longrightarrow q$, $\sim r\longrightarrow\sim q$가 모두 참이므로 각각의 대우 $\sim q\longrightarrow\sim p$, $q\longrightarrow r$도 모두 참이다.

②, ③ 두 명제 $\sim r\longrightarrow\sim q$, $\sim q\longrightarrow\sim p$가 모두 참이므로 삼단논법에 의하여 명제 $\sim r\longrightarrow\sim p$도 참이고, 그 대우 $p\longrightarrow r$도 참이다.

④ 명제 $\sim r\longrightarrow\sim p$가 참이지만 $\sim p\longrightarrow\sim r$가 참인지는 알 수 없다.

따라서 항상 참이라고 할 수 없는 것은 ④이다.

중 0227 답 ③

ㄱ. 명제 $r\longrightarrow q$가 참이므로 그 대우 $\sim q\longrightarrow\sim r$도 참이다.
따라서 두 명제 $p\longrightarrow\sim q$, $\sim q\longrightarrow\sim r$가 모두 참이므로 삼단논법에 의하여 $p\longrightarrow\sim r$도 참이다.

ㄴ. 명제 $\sim s\longrightarrow r$가 참이므로 그 대우 $\sim r\longrightarrow s$도 참이다.
따라서 두 명제 $p\longrightarrow\sim r$, $\sim r\longrightarrow s$가 모두 참이므로 삼단논법에 의하여 $p\longrightarrow s$도 참이다.

ㄷ. 두 명제 $\sim q\longrightarrow\sim r$, $\sim r\longrightarrow s$가 모두 참이므로 삼단논법에 의하여 $\sim q\longrightarrow s$도 참이고, 그 대우 $\sim s\longrightarrow q$도 참이지만 $q\longrightarrow\sim s$가 참인지는 알 수 없다.

ㄹ. 명제 $p\longrightarrow\sim r$가 참이지만 $\sim r\longrightarrow p$가 참인지는 알 수 없다.

이상에서 항상 참인 명제는 ㄱ, ㄴ이다.

중 0228 답 ⑤

$P\cup Q=Q$에서 $P\subset Q$이므로 명제 $p\longrightarrow q$가 참이다.

또, $Q\cap R=\varnothing$에서 $Q\subset R^C$이므로 명제 $q\longrightarrow\sim r$가 참이다.

따라서 두 명제 $p\longrightarrow q$, $q\longrightarrow\sim r$가 모두 참이므로 삼단논법에 의하여 $p\longrightarrow\sim r$도 참이고, 그 대우 $r\longrightarrow\sim p$도 참이다.

상 0229 답 ④

명제 $\sim q\longrightarrow s$가 참이므로 그 대우 $\sim s\longrightarrow q$도 참이다.

두 명제 $p\longrightarrow\sim r$, $\sim s\longrightarrow q$가 모두 참이므로 명제 $p\longrightarrow q$가 참이려면 $\sim r\longrightarrow\sim s$가 참이어야 한다.

이때 명제 $\sim r\longrightarrow\sim s$가 참이려면 그 대우 $s\longrightarrow r$가 참이어야 한다.

따라서 명제 $p\longrightarrow q$가 참임을 보이기 위해 필요한 참인 명제는 $s\longrightarrow r$이다.

중 0230 답 ④

세 조건 p, q, r를

p: 그리기를 좋아한다.

q: 만화를 좋아한다.

r: 미술을 좋아한다.

로 놓으면 두 명제 $p\longrightarrow q$, $\sim p\longrightarrow\sim r$가 모두 참이므로 각각의 대우 $\sim q\longrightarrow\sim p$, $r\longrightarrow p$도 모두 참이다.

또, 두 명제 $r\longrightarrow p$, $p\longrightarrow q$가 모두 참이므로 삼단논법에 의하여 $r\longrightarrow q$가 참이고, 그 대우 $\sim q\longrightarrow\sim r$도 참이다.

이때 각 보기의 명제를 세 조건 p, q, r로 나타내면 다음과 같다.

① $p \longrightarrow r$

② $q \longrightarrow r$

③ $\sim p \longrightarrow \sim q$

④ $r \longrightarrow q$

⑤ $r \longrightarrow \sim p$

따라서 항상 참인 명제는 ④이다.

중 0231 답 ⑤

(i) A가 안경을 쓰지 않았을 경우

조건 (나)에서 B가 안경을 쓰지 않았거나 C가 안경을 썼어야 하는데 조건 (다)에서 C가 안경을 쓰지 않았으므로 B가 안경을 쓰지 않았다.

따라서 A, B, C 모두 안경을 쓰지 않았으므로 조건 (가)에 모순이다.

(ii) A가 안경을 썼을 경우

조건 (다)에서 C는 안경을 썼고, 조건 (라)에서 B도 안경을 썼다.

따라서 A, B, C 모두 안경을 썼다.

(i), (ii)에서 안경을 쓴 학생은 A, B, C이다.

중 0232 답 7

자연수 n에 대하여 주어진 명제의 대우는

'n이 3의 배수가 아니면 n^2도 3의 배수가 아니다.'

이다.

n이 3의 배수가 아니면

$n=\boxed{3k-2}$ 또는 $n=3k-1$ (k는 자연수)

로 나타낼 수 있다.

(i) $n=\boxed{3k-2}$일 때,

$n^2=3(\boxed{3k^2-4k+1})+1$

(ii) $n=3k-1$일 때,

$n^2=3(3k^2-2k)+\boxed{1}$

(i), (ii)에서 n이 3의 배수가 아니면 n^2도 3의 배수가 아니다.

따라서 주어진 명제의 대우가 참이므로 주어진 명제도 참이다.

$\therefore f(k)=3k-2$

$g(k)=3k^2-4k+1$

$m=1$

$\therefore f(1)+g(2)+m=(3\times1-2)+(3\times2^2-4\times2+1)+1$

$=1+5+1$

$=7$

중 0233 답 (1) n이 짝수이면 n^2도 짝수이다. (2) 풀이 참조

(1) 자연수 n에 대하여 주어진 명제의 대우는

'n이 짝수이면 n^2도 짝수이다.'

이다.

(2) n이 짝수이면 $n=2k$ (k는 자연수)로 나타낼 수 있다. 이때

$n^2=(2k)^2=4k^2=2(2k^2)$

이므로 n^2도 짝수이다.

따라서 주어진 명제의 대우가 참이므로 주어진 명제도 참이다.

중 0234 답 풀이 참조

자연수 a, b, c에 대하여 주어진 명제의 대우는

'a, b, c가 모두 홀수이면 $a^2+b^2\neq c^2$이다.'

이다. ◀ 30 %

a, b, c가 모두 홀수이므로

$a=2k-1$, $b=2l-1$, $c=2m-1$ (k, l, m은 자연수)

로 나타낼 수 있다. 이때

$a^2+b^2=(2k-1)^2+(2l-1)^2$

$=(4k^2-4k+1)+(4l^2-4l+1)$

$=2(2k^2-2k+2l^2-2l+1)$

$c^2=(2m-1)^2$

$=4m^2-4m+1$

$=2(2m^2-2m)+1$

이므로 a^2+b^2은 짝수, c^2은 홀수이다.

즉, $a^2+b^2\neq c^2$이다.

따라서 주어진 명제의 대우가 참이므로 주어진 명제도 참이다.

◀ 70 %

중 0235 답 ④

$1+\sqrt{5}$가 $\boxed{\text{유리수}}$라 가정하면

$1+\sqrt{5}=k$ (k는 $\boxed{\text{유리수}}$)

로 나타낼 수 있다.

이때 $\sqrt{5}=k-1$이고, 유리수끼리의 뺄셈은 $\boxed{\text{유리수}}$이므로

$k-1$은 $\boxed{\text{유리수}}$이다.

그런데 이것은 $\sqrt{5}$가 $\boxed{\text{무리수}}$라는 사실에 모순이다.

따라서 $1+\sqrt{5}$는 무리수이다.

중 0236 답 (1) $\sqrt{3}$은 유리수이다. (2) 풀이 참조

(1) 주어진 명제의 부정은

'$\sqrt{3}$은 유리수이다.'

이다.

(2) $\sqrt{3}$이 유리수라 가정하면

$\sqrt{3}=\dfrac{m}{n}$ (m, n은 서로소인 정수, $n\neq0$)

으로 나타낼 수 있다.

양변을 제곱하여 정리하면

$m^2=3n^2$ ...... ㉠

이때 m^2이 3의 배수이므로 m도 3의 배수이다.

따라서 $m=3k$ (k는 정수)로 나타낼 수 있으므로 ㉠에서

$9k^2=3n^2$

$\therefore n^2=3k^2$

이때 n^2이 3의 배수이므로 n도 3의 배수이다.

그런데 m, n이 모두 3의 배수이므로 m, n이 서로소라는 가정에 모순이다.

따라서 $\sqrt{3}$은 유리수가 아니다.

중 0237 답 풀이 참조

$b\neq0$이라 가정하면 $a+b\sqrt{2}=0$에서

$\sqrt{2}=-\dfrac{a}{b}$ ◀ 30 %

이때 a, b가 유리수이므로 $-\dfrac{a}{b}$, 즉 $\sqrt{2}$도 유리수이다.

그런데 이것은 $\sqrt{2}$가 무리수라는 사실에 모순이므로 $b=0$이다.

$b=0$을 $a+b\sqrt{2}=0$에 대입하면 $a=0$이다.

따라서 유리수 a, b에 대하여 $a+b\sqrt{2}=0$이면 $a=b=0$이다.

◀ 70 %

≫44~47쪽

06 충분조건과 필요조건

0238 답 충분조건

$x=3$이면 $x^2=9$이므로 $p \Longrightarrow q$

또, $x^2=9$에서 $x=-3$ 또는 $x=3$이므로 $q \not\Longrightarrow p$

따라서 p는 q이기 위한 충분조건이다.

0239 답 필요조건

$x^3-x=0$에서 $x(x^2-1)=0$

$x(x+1)(x-1)=0$

$\therefore x=0$ 또는 $x=-1$ 또는 $x=1$

또, $x^2-1=0$에서 $(x+1)(x-1)=0$

$\therefore x=-1$ 또는 $x=1$

$\therefore p \not\Longrightarrow q,\ q \Longrightarrow p$

따라서 p는 q이기 위한 필요조건이다.

0240 답 필요충분조건

$|x|\le 1$에서 $-1\le x\le 1$이므로 $p \Longleftrightarrow q$

따라서 p는 q이기 위한 필요충분조건이다.

0241 답 필요조건

$x^2>0$에서 $x<0$ 또는 $x>0$이므로 $p \not\Longrightarrow q$

$x>0$이면 $x^2>0$이므로 $q \Longrightarrow p$

따라서 p는 q이기 위한 필요조건이다.

0242 답 필요충분조건

$A\cap B^C=\varnothing$, 즉 $A-B=\varnothing$에서

$A\subset B$이므로 $p \Longleftrightarrow q$

따라서 p는 q이기 위한 필요충분조건이다.

0243 답 충분조건

$b=0 \Longrightarrow a=0$ 또는 $b=0$

또, $a=0$ 또는 $b=0 \not\Longrightarrow b=0$

따라서 $b=0$은 $a=0$ 또는 $b=0$이기 위한 충분조건이다.

0244 답 필요충분조건

$ab=0 \Longleftrightarrow a=0$ 또는 $b=0$

따라서 $ab=0$은 $a=0$ 또는 $b=0$이기 위한 필요충분조건이다.

0245 답 충분조건

$|a|+|b|=0$에서 $a=0$이고 $b=0$

$a=0$이고 $b=0 \Longrightarrow a=0$ 또는 $b=0$

또, $a=0$ 또는 $b=0 \not\Longrightarrow a=0$이고 $b=0$

따라서 $|a|+|b|=0$은 $a=0$ 또는 $b=0$이기 위한 충분조건이다.

0246 답 필요조건

$(a+b)^2\ge 0$에서 $a+b$는 실수

$a+b$는 실수 $\not\Longrightarrow a=0$ 또는 $b=0$

또, $a=0$ 또는 $b=0 \Longrightarrow a+b$는 실수

따라서 $(a+b)^2\ge 0$은 $a=0$ 또는 $b=0$이기 위한 필요조건이다.

0247 답 (1) $P=\{-2,\ -1,\ 0,\ 1,\ 2\}$, $Q=\{-1,\ 0,\ 1\}$, $R=\{-2,\ -1,\ 0,\ 1,\ 2\}$

(2) 필요조건 (3) 충분조건 (4) 필요충분조건

(1) p: $x^2-4\le 0$에서 $(x+2)(x-2)\le 0$

$\therefore -2\le x\le 2$

$\therefore P=\{-2,\ -1,\ 0,\ 1,\ 2\}$

q: $-1\le x<2$ $\quad\therefore Q=\{-1,\ 0,\ 1\}$

r: $|x|<3$에서 $-3<x<3$

$\therefore R=\{-2,\ -1,\ 0,\ 1,\ 2\}$

(2) $Q\subset P$이므로 p는 q이기 위한 필요조건이다.

(3) $Q\subset R$이므로 q는 r이기 위한 충분조건이다.

(4) $P=R$이므로 p는 r이기 위한 필요충분조건이다.

중 **0248** 답 ③

① $xy\ne 0$에서 $x\ne 0$이고 $y\ne 0$이므로

$p \Longleftrightarrow q$

따라서 p는 q이기 위한 필요충분조건이다.

② $-1<x<2$이면 $x\ge -1$이므로

$p \Longrightarrow q$

또, $x=3$이면 $x\ge -1$이지만 $-1<x<2$가 아니므로

$q \not\Longrightarrow p$

따라서 p는 q이기 위한 충분조건이다.

③ $x=2,\ y=-2$이면 $x+y=0$이지만 $x\ne 0,\ y\ne 0$이므로

$p \not\Longrightarrow q$

또, $x=0$이고 $y=0$이면 $x+y=0$이므로

$q \Longrightarrow p$

따라서 p는 q이기 위한 필요조건이다.

④ $x=y$이면 $x^2=y^2$이므로

$p \Longrightarrow q$

또, $x=2,\ y=-2$이면 $x^2=y^2$이지만 $x\ne y$이므로

$q \not\Longrightarrow p$

따라서 p는 q이기 위한 충분조건이다.

⑤ $x>0$이고 $y>0$이면 $xy=|xy|$이므로

$p \Longrightarrow q$

또, $x=-2,\ y=-2$이면 $xy=|xy|$이지만 $x<0$이고 $y<0$이므로

$q \not\Longrightarrow p$

따라서 p는 q이기 위한 충분조건이다.

이상에서 p가 q이기 위한 필요조건이지만 충분조건은 아닌 것은 ③이다.

중 **0249** 답 ㄷ

ㄱ. $x,\ y$가 유리수이면 $x+y$는 유리수이므로 $p \Longrightarrow q$

또, $x=\sqrt{2},\ y=-\sqrt{2}$이면 $x+y$는 유리수이지만 $x,\ y$는 유리수가 아니므로

$q \not\Longrightarrow p$

따라서 p는 q이기 위한 충분조건이다.

ㄴ. $x=y$이면 $xz=yz$이므로

$p \Longrightarrow q$

또, $x=1,\ y=2,\ z=0$이면 $xz=yz$이지만 $x\ne y$이므로

$q \not\Longrightarrow p$

따라서 p는 q이기 위한 충분조건이다.

ㄷ. $x+y>0$이고 $xy>0$에서 $x>0$이고 $y>0$이므로

$p \Longleftrightarrow q$

따라서 p는 q이기 위한 필요충분조건이다.

ㄹ. $x=1$, $y=2$, $z=2$이면 $(x-y)(y-z)=0$이지만 $x=y=z$가 아니므로

$p \not\Longrightarrow q$

또, $x=y=z$이면 $(x-y)(y-z)=0$이므로

$q \Longrightarrow p$

따라서 p는 q이기 위한 필요조건이다.

이상에서 p가 q이기 위한 필요충분조건인 것은 ㄷ뿐이다.

중 0250 답 ㄱ, ㄴ

p: $ab=0$에서 $a=0$ 또는 $b=0$

q: $a^2+b^2=0$에서 $a=0$이고 $b=0$

r: $|a+b|=|a|+|b|$에서 양변을 제곱하면

$a^2+b^2+2ab=a^2+b^2+2|ab|$

$|ab|=ab$

$\therefore ab \geq 0$

ㄱ. $a=0$, $b=1$이면 $a=0$ 또는 $b=0$이지만 $a=0$이고 $b \neq 0$이므로

$p \not\Longrightarrow q$

또, $a=0$이고 $b=0$이면 $a=0$ 또는 $b=0$이므로

$q \Longrightarrow p$

따라서 p는 q이기 위한 필요조건이다.

ㄴ. $a=0$이고 $b=0$이면 $ab \geq 0$이므로

$q \Longrightarrow r$

또, $a=1$, $b=2$이면 $ab \geq 0$이지만 $a \neq 0$이고 $b \neq 0$이므로

$r \not\Longrightarrow q$

따라서 q는 r이기 위한 충분조건이다.

ㄷ. $a=3$, $b=1$이면 $ab \geq 0$이지만 $a \neq 0$이고 $b \neq 0$이므로

$r \not\Longrightarrow p$

또, $a=0$ 또는 $b=0$이면 $ab \geq 0$이므로

$p \Longrightarrow r$

따라서 r는 p이기 위한 필요조건이다.

이상에서 항상 옳은 것은 ㄱ, ㄴ이다.

상 0251 답 ④

0이 아닌 실수 a, b에 대하여 $|a|=a$, $|b|=-b$이면

$a>0$, $b<0$

① $a>0$, $b<0$이면 $ab<0$이므로

$p \Longrightarrow q$

② $a>0$, $b<0$이면 $a-b>0$에서 $|a-b|=a-b$이므로

$p \Longrightarrow q$

③ $a>0$, $b<0$이면 $a-b>0$에서 $\dfrac{a+b+|a-b|}{2}=a$이므로

$p \Longrightarrow q$

④ $a=1$, $b=-2$이면 $|a|=a$, $|b|=-b$이지만

$|a+b| \neq a+b$이므로

$p \not\Longrightarrow q$

⑤ $|a+b|<|a-b|$의 양변이 모두 0 또는 양수이므로 양변을 제곱해도 부등호는 변하지 않는다. 즉,

$|a+b|<|a-b| \Longleftrightarrow a^2+2ab+b^2<a^2-2ab+b^2$

$\Longleftrightarrow ab<0$

$\therefore p \Longrightarrow q$ ($\because$ ①)

이상에서 q가 p이기 위한 필요조건이 아닌 것은 ④이다.

중 0252 답 ①

p는 $\sim q$이기 위한 충분조건이므로 $p \Longrightarrow \sim q$

q는 r이기 위한 필요조건이므로 $r \Longrightarrow q$

$p \Longrightarrow \sim q$, $r \Longrightarrow q$이므로

$q \Longrightarrow \sim p$, $\sim q \Longrightarrow \sim r$

이때 $p \Longrightarrow \sim q$, $\sim q \Longrightarrow \sim r$이므로

삼단논법에 의하여 $p \Longrightarrow \sim r$

따라서 항상 참인 명제는 ①이다.

참고 충분조건, 필요조건과 삼단논법

(1) $p \Longrightarrow q$이고 $q \Longrightarrow r$이면 $p \Longrightarrow r$

(2) $p \Longrightarrow q$, $q \Longrightarrow r$, $r \Longrightarrow p$이면 $p \Longleftrightarrow q \Longleftrightarrow r$

(3) $p \Longrightarrow q$이면 $\sim q \Longrightarrow \sim p$

중 0253 답 ③

명제 $p \longrightarrow q$가 참이므로 $p \Longrightarrow q$

또, 명제 $\sim r \longrightarrow \sim q$가 참이므로 $\sim r \Longrightarrow \sim q$

① $p \Longrightarrow q$이므로 p는 q이기 위한 충분조건이다.

② $\sim r \Longrightarrow \sim q$이므로 $q \Longrightarrow r$

따라서 r는 q이기 위한 필요조건이다.

③ $p \Longrightarrow q$, $q \Longrightarrow r$이므로

삼단논법에 의하여 $p \Longrightarrow r$

따라서 p는 r이기 위한 충분조건이다.

④ $p \Longrightarrow r$이므로 $\sim r \Longrightarrow \sim p$

따라서 $\sim p$는 $\sim r$이기 위한 필요조건이다.

⑤ $p \Longrightarrow q$이므로 $\sim q \Longrightarrow \sim p$

따라서 $\sim q$는 $\sim p$이기 위한 충분조건이다.

이상에서 옳지 않은 것은 ③이다.

중 0254 답 ㄱ, ㄴ, ㄷ

p는 q이기 위한 충분조건이므로 $p \Longrightarrow q$

q는 r이기 위한 필요조건이므로 $r \Longrightarrow q$

r는 s이기 위한 필요조건이므로 $s \Longrightarrow r$

s는 q이기 위한 필요조건이므로 $q \Longrightarrow s$

ㄱ. $p \Longrightarrow q$, $q \Longrightarrow s$이므로

삼단논법에 의하여 $p \Longrightarrow s$

따라서 p는 s이기 위한 충분조건이다.

ㄴ. $p \Longrightarrow s$, $s \Longrightarrow r$이므로

삼단논법에 의하여 $p \Longrightarrow r$

따라서 r는 p이기 위한 필요조건이다.

ㄷ. $s \Longrightarrow r$, $r \Longrightarrow q$이므로

삼단논법에 의하여 $s \Longrightarrow q$

또, $q \Longrightarrow s$이므로 $s \Longleftrightarrow q$

따라서 q는 s이기 위한 필요충분조건이다.

이상에서 ㄱ, ㄴ, ㄷ 모두 옳다.

상 0255 답 ②, ⑤

조건 (가)에서 p는 q이기 위한 충분조건이므로 $p \Longrightarrow q$

조건 (나)에서 r는 q이기 위한 필요조건이므로 $q \Longrightarrow r$

조건 (다)에서 q 또는 $\sim s$는 $\sim r$이기 위한 필요조건이므로
$\sim r \Longrightarrow (q$ 또는 $\sim s)$
② $p \Longrightarrow q$, $q \Longrightarrow r$이므로
삼단논법에 의하여 $p \Longrightarrow r$
⑤ $q \Longrightarrow r$이므로 $\sim r \Longrightarrow \sim q$
이때 $\sim r \Longrightarrow (q$ 또는 $\sim s)$이므로 $\sim r \Longrightarrow \sim s$

중 0256 답 ③
$\sim q$가 p이기 위한 필요조건이므로
$P \subset Q^C$
이때 두 집합 P, Q 사이의 포함 관계를 벤다이어그램으로 나타내면 오른쪽 그림과 같으므로 항상 옳은 것은 ③이다.

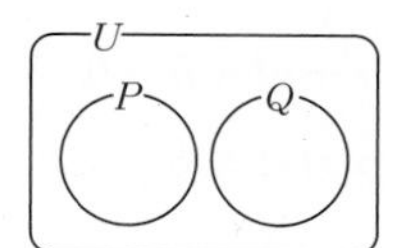

하 0257 답 ㄱ, ㄷ
ㄱ. $Q \subset P$이므로 p는 q이기 위한 필요조건이다.
ㄴ. $Q \cap R = \varnothing$이므로 $R \not\subset Q$
따라서 r는 q이기 위한 충분조건이 아니다.
ㄷ. $P \subset R^C$이므로 p는 $\sim r$이기 위한 충분조건이다.
이상에서 항상 옳은 것은 ㄱ, ㄷ이다.

중 0258 답 ③
p가 q이기 위한 필요조건이므로 $Q \subset P$ …… ㉠
q가 r이기 위한 충분조건이므로 $Q \subset R$ …… ㉡
㉠, ㉡에서 $Q \subset (P \cap R)$
이때 세 집합 P, Q, R 사이의 포함 관계를 벤다이어그램으로 나타내면 오른쪽 그림과 같으므로 항상 옳은 것은 ③이다.

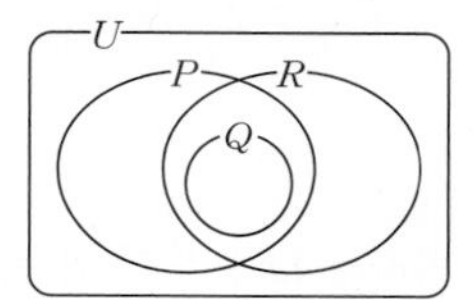

상 0259 답 ④
$R \subset (Q - P)$이므로
$P \cap R = \varnothing$, $R \subset Q$
이때 세 집합 P, Q, R 사이의 포함 관계를 벤다이어그램으로 나타내면 오른쪽 그림과 같다.

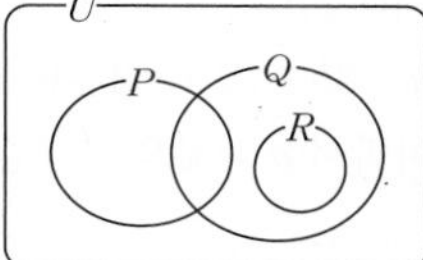

ㄱ. $P \cap R = \varnothing$이므로 $P \not\subset R$
따라서 p는 r이기 위한 충분조건이 아니다.
ㄴ. $R \subset Q$이므로 q는 r이기 위한 필요조건이다.
ㄷ. $P \cap R = \varnothing$이므로 $R \subset P^C$
따라서 r는 $\sim p$이기 위한 충분조건이다.
이상에서 항상 옳은 것은 ㄴ, ㄷ이다.

중 0260 답 ①
$(A \cup B) \cap (A^C \cup B^C) = (A \cup B) \cap (A \cap B)^C$
$= (A \cup B) - (A \cap B)$
또, $B \cap A^C = B - A$이므로
$(A \cup B) - (A \cap B) = B - A$
$\therefore A \subset B$
따라서 $(A \cup B) \cap (A^C \cup B^C) = B \cap A^C$가 성립하기 위한 필요충분조건인 것은 $A \subset B$이다.

하 0261 답 ②
$A^C \cap B = B - A = \varnothing$이므로 $B \subset A$
② $A^C \cup B = U$에서 $(A^C \cup B)^C = U^C$, $A \cap B^C = \varnothing$
즉, $A - B = \varnothing$이므로 $A \subset B$
따라서 $A^C \cup B = U$는 $A^C \cap B = \varnothing$이기 위한 필요충분조건이 아니다.

도움 개념 집합의 연산과 포함 관계
전체집합 U의 두 부분집합 A, B에 대하여
(1) $A \subset B$이면
① $A \cap B = A$ ② $A \cup B = B$ ③ $A - B = \varnothing$
④ $A \cap B^C = \varnothing$ ⑤ $A^C \cup B = U$ ⑥ $B^C \subset A^C$
(2) $A \cap B = \varnothing$이면
① $A - B = A$, $B - A = B$ ② $A \subset B^C$, $B \subset A^C$
(3) $A \cup B = \varnothing$이면 $A = \varnothing$, $B = \varnothing$

중 0262 답 ③
$(A \cap B) \cup (A^C \cap B^C) = U$에서
$(A \cap B) \cup (A \cup B)^C = U$
$\{(A \cap B) \cup (A \cup B)^C\}^C = U^C$
$(A \cap B)^C \cap (A \cup B) = \varnothing$
$(A \cup B) - (A \cap B) = \varnothing$
즉, $A \cup B = A \cap B$이므로 $A = B$
따라서 $(A \cap B) \cup (A^C \cap B^C) = U$가 성립하기 위한 필요충분조건인 것은 $A = B$이다.

중 0263 답 ④
두 조건 p, q의 진리집합을 각각 P, Q라 하면
$P = \{x \mid 1 < x < 5\}$
q: $a < x - 2 < b$에서
$a + 2 < x < b + 2$
$\therefore Q = \{x \mid a + 2 < x < b + 2\}$
이때 p가 q이기 위한 충분조건이므로 $P \subset Q$이어야 한다.
오른쪽 그림에서
$a + 2 \le 1$, $5 \le b + 2$
$\therefore a \le -1$, $b \ge 3$
따라서 실수 a의 최댓값은 -1, 실수 b의 최솟값은 3이므로 구하는 합은 $-1 + 3 = 2$

하 0264 답 4
두 조건 p, q의 진리집합을 각각 P, Q라 하면
$P = \{x \mid x \le a\}$
$Q = \{x \mid -3 < x \le 4\}$
이때 p가 q이기 위한 필요조건이므로 $Q \subset P$이어야 한다.
오른쪽 그림에서
$a \ge 4$
따라서 실수 a의 최솟값은 4이다.

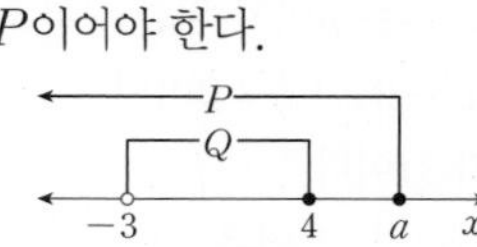

중 0265 답 $1 < a < 2$
문제 이해 두 조건 p, q의 진리집합을 각각 P, Q라 하자.
이때 $\sim p$가 q이기 위한 충분조건이 되려면
$P^C \subset Q$이어야 한다. ◀ 20 %

해결 과정 $p: x^2-2x-8>0$에서

$\sim p: x^2-2x-8\le 0$

$(x+2)(x-4)\le 0$

$\therefore -2\le x\le 4$

$\therefore P^C=\{x\mid -2\le x\le 4\}$ ◀ 20 %

$q: x^2-(a^2-3a+5)x+5(a^2-3a)<0$에서

$\{x-(a^2-3a)\}(x-5)<0$

이때 $P^C\subset Q$이어야 하므로

$a^2-3a<x<5$

$\therefore Q=\{x\mid a^2-3a<x<5\}$ ◀ 30 %

답 구하기 따라서 오른쪽 그림에서

Q, P^C, a^2-3a, -2, 4, 5, x

$a^2-3a<-2$

$a^2-3a+2<0$

$(a-1)(a-2)<0$

$\therefore 1<a<2$ ◀ 30 %

중 0266 답 ①

p는 q이기 위한 충분조건이므로 $P\subset Q$, r는 p이기 위한 필요조건이므로 $P\subset R$이어야 한다.

$P\subset Q$에서 $3\in Q$이므로

$a^2-1=3$, $a^2=4$ $\quad\therefore a=\pm 2$

(i) $a=2$일 때, $R=\{2, 2b\}$이고

$P\subset R$에서 $3\in R$이므로

$2b=3$ $\quad\therefore b=\frac{3}{2}$

$\therefore a+b=\frac{7}{2}$

(ii) $a=-2$일 때, $R=\{-2, -2b\}$이고

$P\subset R$에서 $3\in R$이므로

$-2b=3$ $\quad\therefore b=-\frac{3}{2}$

$\therefore a+b=-\frac{7}{2}$

(i), (ii)에서 $a+b$의 최솟값은 $-\frac{7}{2}$이다.

중 0267 답 ③

p는 q이기 위한 필요조건이므로 명제

'$x^2+ax+6\ne 0$이면 $x\ne 3$이다.'

가 참이다.

따라서 그 대우

'$x=3$이면 $x^2+ax+6=0$이다.'

도 참이므로

$x=3$을 $x^2+ax+6=0$에 대입하면

$3^2+3a+6=0$

$3a=-15$ $\quad\therefore a=-5$

또, r는 p이기 위한 충분조건이므로 명제

'$x^2-2x+b\ne 0$이면 $x\ne 3$이다.'

가 참이다.

따라서 그 대우

'$x=3$이면 $x^2-2x+b=0$이다.'

도 참이므로

$x=3$을 $x^2-2x+b=0$에 대입하면

$3^2-2\times 3+b=0$ $\quad\therefore b=-3$

$\therefore ab=15$

07 절대부등식

0268 답 (가): $\frac{3}{4}b^2$, (나): $a=b=0$

$a^2+ab+b^2=\left(a+\frac{b}{2}\right)^2+\boxed{\frac{3}{4}b^2}$

그런데 $\left(a+\frac{b}{2}\right)^2\ge 0$, $\boxed{\frac{3}{4}b^2}\ge 0$이므로

$a^2+ab+b^2\ge 0$

여기서 등호는 $a+\frac{b}{2}=0$, $b=0$, 즉 $\boxed{a=b=0}$일 때 성립한다.

0269 답 4

$2x>0$, $\frac{2}{x}>0$이므로 산술평균과 기하평균의 관계에 의하여

$2x+\frac{2}{x}\ge 2\sqrt{2x\times\frac{2}{x}}=2\times 2=4$

$\left(\text{단, 등호는 } 2x=\frac{2}{x}\text{, 즉 } x=1\text{일 때 성립}\right)$

따라서 $2x+\frac{2}{x}$의 최솟값은 4이다.

0270 답 12

$4x>0$, $\frac{9}{x}>0$이므로 산술평균과 기하평균의 관계에 의하여

$4x+\frac{9}{x}\ge 2\sqrt{4x\times\frac{9}{x}}=2\times 6=12$

$\left(\text{단, 등호는 } 4x=\frac{9}{x}\text{, 즉 } x=\frac{3}{2}\text{일 때 성립}\right)$

따라서 $4x+\frac{9}{x}$의 최솟값은 12이다.

0271 답 6

$a>0$, $3b>0$이므로 산술평균과 기하평균의 관계에 의하여

$a+3b\ge 2\sqrt{a\times 3b}=2\sqrt{3ab}$

이때 $ab=3$이므로

$a+3b\ge 2\sqrt{3\times 3}=6$ (단, 등호는 $a=3b$일 때 성립)

따라서 $a+3b$의 최솟값은 6이다.

0272 답 25

$a>0$, $b>0$이므로 산술평균과 기하평균의 관계에 의하여

$a+b\ge 2\sqrt{ab}$

이때 $a+b=10$이므로

$10\ge 2\sqrt{ab}$ $\quad\therefore \sqrt{ab}\le 5$ (단, 등호는 $a=b$일 때 성립)

양변을 제곱하면 $ab\le 25$

따라서 ab의 최댓값은 25이다.

0273 답 8

a, b, x, y가 실수이므로 코시-슈바르츠의 부등식에 의하여

$(a^2+b^2)(x^2+y^2)\ge(ax+by)^2$

이때 $a^2+b^2=4$, $x^2+y^2=16$이므로

$4\times 16\ge(ax+by)^2$

$\therefore (ax+by)^2\le 64$ $\left(\text{단, 등호는 } \frac{x}{a}=\frac{y}{b}\text{일 때 성립}\right)$

$\therefore -8 \le ax+by \le 8$

따라서 $ax+by$의 최댓값은 8이다.

0274 답 1

x, y가 실수이므로 코시-슈바르츠의 부등식에 의하여

$(4^2+3^2)(x^2+y^2) \ge (4x+3y)^2$

이때 $4x+3y=5$이므로

$25(x^2+y^2) \ge 25$

$\therefore x^2+y^2 \ge 1$ $\left(\text{단, 등호는 } \frac{x}{4}=\frac{y}{3}\text{일 때 성립}\right)$

따라서 x^2+y^2의 최솟값은 1이다.

중 **0275** 답 (가): $2\sqrt{ab}$, (나): $>$, (다): $>$

$(\sqrt{a}+\sqrt{b})^2-(\sqrt{a+b})^2=a+b+2\sqrt{ab}-(a+b)$

$=\boxed{2\sqrt{ab}}>0$

$\therefore (\sqrt{a}+\sqrt{b})^2 \boxed{>} (\sqrt{a+b})^2$

그런데 $\sqrt{a}+\sqrt{b}>0$, $\sqrt{a+b}>0$이므로

$\sqrt{a}+\sqrt{b} \boxed{>} \sqrt{a+b}$

도움 개념 **부등식의 증명에 이용되는 실수의 성질**

a, b가 실수일 때

(1) $a>b \Longleftrightarrow a-b>0$

(2) $a^2 \ge 0$, $a^2+b^2 \ge 0$

(3) $a^2+b^2=0 \Longleftrightarrow a=b=0$

(4) $|a|^2=a^2$, $|ab|=|a||b|$

(5) $a>b \Longleftrightarrow a^2>b^2 \Longleftrightarrow \sqrt{a} \ge \sqrt{b}$ (단, $a>0$, $b>0$)

중 **0276** 답 (가): $bx-ay$, (나): $\frac{x}{a}=\frac{y}{b}$

$(a^2+b^2)(x^2+y^2)-(ax+by)^2$

$=a^2x^2+a^2y^2+b^2x^2+b^2y^2-(a^2x^2+2abxy+b^2y^2)$

$=b^2x^2-2abxy+a^2y^2$

$=(\boxed{bx-ay})^2$

그런데 $(\boxed{bx-ay})^2 \ge 0$이므로

$(a^2+b^2)(x^2+y^2) \ge (ax+by)^2$

여기서 등호는 $\boxed{\frac{x}{a}=\frac{y}{b}}$일 때 성립한다.

중 **0277** 답 ㄴ

ㄱ. [반례] $a=1$, $b=-1$이면 $|a+b|=0$, $|a-b|=2$이므로

$|a+b|<|a-b|$

ㄴ. $(|a|+|b|)^2-|a-b|^2$

$=(|a|^2+2|a||b|+|b|^2)-(a-b)^2$

$=(a^2+2|ab|+b^2)-(a^2-2ab+b^2)$

$=2(|ab|+ab) \ge 0$ ($\because |ab| \ge -ab$)

$\therefore (|a|+|b|)^2 \ge |a-b|^2$

그런데 $|a|+|b| \ge 0$, $|a-b| \ge 0$이므로

$|a|+|b| \ge |a-b|$

여기서 등호는 $|ab|+ab=0$, 즉 $ab \le 0$일 때 성립한다.

ㄷ. [반례] $a=-3$, $b=1$이면 $a-b=-4$, $|a|-|b|=2$이므로

$a-b<|a|-|b|$

이상에서 옳은 것은 ㄴ뿐이다.

중 **0278** 답 11

$2a>0$, $3b>0$이므로 산술평균과 기하평균의 관계에 의하여

$2a+3b \ge 2\sqrt{2a \times 3b}=2\sqrt{6ab}$

이때 $2a+3b=12$이므로

$12 \ge 2\sqrt{6ab}$ $\therefore 6 \ge \sqrt{6ab}$

양변을 제곱하면

$36 \ge 6ab$ $\therefore ab \le 6$

여기서 등호는 $2a=3b$일 때 성립하고 $2a+3b=12$이므로

$2a+2a=12$

$4a=12$ $\therefore a=3$

$a=3$을 $2a=3b$에 대입하면

$6=3b$ $\therefore b=2$

따라서 ab는 $a=3$, $b=2$일 때 최댓값 6을 가지므로

$\alpha=6$, $\beta=3$, $\gamma=2$

$\therefore \alpha+\beta+\gamma=11$

하 **0279** 답 ④

$9a>0$, $16b>0$이므로 산술평균과 기하평균의 관계에 의하여

$9a+16b \ge 2\sqrt{9a \times 16b}=24\sqrt{ab}$

이때 $ab=4$이므로

$9a+16b \ge 24\sqrt{4}=48$ (단, 등호는 $9a=16b$일 때 성립)

따라서 $9a+16b$의 최솟값은 48이다.

중 **0280** 답 -49

[해결 과정] $x \ne 0$, $y \ne 0$에서 $x^2>0$, $y^2>0$이므로 산술평균과 기하평균의 관계에 의하여

$x^2+y^2 \ge 2\sqrt{x^2y^2}=2|xy|$ ◀ 40 %

이때 $x^2+y^2=14$이므로

$14 \ge 2|xy|$, $|xy| \le 7$

$\therefore -7 \le xy \le 7$ (단, 등호는 $|x|=|y|$일 때 성립, $xy \ne 0$) ◀ 40 %

[답 구하기] 따라서 xy의 최댓값은 7, 최솟값은 -7이므로

구하는 곱은 $7 \times (-7)=-49$ ◀ 20 %

중 **0281** 답 ⑤

$\frac{4}{x}+\frac{1}{y}=\frac{x+4y}{xy}=\frac{8}{xy}$

$x>0$, $4y>0$이므로 산술평균과 기하평균의 관계에 의하여

$x+4y \ge 2\sqrt{x \times 4y}=4\sqrt{xy}$

이때 $x+4y=8$이므로

$8 \ge 4\sqrt{xy}$

$\therefore \sqrt{xy} \le 2$ (단, 등호는 $x=4y$일 때 성립)

양변을 제곱하면 $xy \le 4$

$\therefore \frac{8}{xy} \ge \frac{8}{4}=2$

따라서 $\frac{4}{x}+\frac{1}{y}$의 최솟값은 2이다.

중 **0282** 답 ④

$(8x+y)\left(\frac{2}{x}+\frac{1}{y}\right)=16+\frac{8x}{y}+\frac{2y}{x}+1$

$=17+\frac{8x}{y}+\frac{2y}{x}$

$\frac{8x}{y}>0$, $\frac{2y}{x}>0$이므로 산술평균과 기하평균의 관계에 의하여

$$17+\frac{8x}{y}+\frac{2y}{x}\geq 17+2\sqrt{\frac{8x}{y}\times\frac{2y}{x}}$$
$$=17+2\times4=25$$
$$\left(\text{단, 등호는 }\frac{8x}{y}=\frac{2y}{x}\text{, 즉 }y=2x\text{일 때 성립}\right)$$

따라서 $(8x+y)\left(\frac{2}{x}+\frac{1}{y}\right)$의 최솟값은 25이다.

중 0283 답 0

$$(3a^2-a)\left(\frac{3}{a}-\frac{1}{a^2}\right)=9a-3-3+\frac{1}{a}$$
$$=9a+\frac{1}{a}-6$$

$9a>0$, $\frac{1}{a}>0$이므로 산술평균과 기하평균의 관계에 의하여

$$9a+\frac{1}{a}-6\geq 2\sqrt{9a\times\frac{1}{a}}-6=2\times3-6=0$$
$$\left(\text{단, 등호는 }9a=\frac{1}{a}\text{, 즉 }a=\frac{1}{3}\text{일 때 성립}\right)$$

따라서 $(3a^2-a)\left(\frac{3}{a}-\frac{1}{a^2}\right)$의 최솟값은 0이다.

중 0284 답 7

[해결 과정] $x+\frac{9}{x+1}=x+1+\frac{9}{x+1}-1$

$x>-1$에서 $x+1>0$이므로 산술평균과 기하평균의 관계에 의하여

$$x+1+\frac{9}{x+1}-1\geq 2\sqrt{(x+1)\times\frac{9}{x+1}}-1$$
$$=2\times3-1=5$$ ◀ 40 %

여기서 등호는 $x+1=\frac{9}{x+1}$일 때 성립하므로

$x+1=\frac{9}{x+1}$에서 $(x+1)^2=9$

$x^2+2x-8=0$, $(x+4)(x-2)=0$

$\therefore x=2\ (\because x>-1)$ ◀ 40 %

[답 구하기] 따라서 $x+\frac{9}{x+1}$는 $x=2$일 때 최솟값 5를 가지므로

$m=5$, $n=2$

$\therefore m+n=7$ ◀ 20 %

중 0285 답 11

$$\frac{a^2-3a+16}{a-3}=\frac{a(a-3)+16}{a-3}$$
$$=a+\frac{16}{a-3}$$
$$=a-3+\frac{16}{a-3}+3$$

$a>3$에서 $a-3>0$이므로 산술평균과 기하평균의 관계에 의하여

$$a-3+\frac{16}{a-3}+3\geq 2\sqrt{(a-3)\times\frac{16}{a-3}}+3$$
$$=2\times4+3=11$$
$$\left(\text{단, 등호는 }a-3=\frac{16}{a-3}\text{, 즉 }a=7\text{일 때 성립}\right)$$

따라서 $\frac{a^2-3a+16}{a-3}$의 최솟값은 11이다.

중 0286 답 64

$a>0$, $b>0$, $c>0$이므로 산술평균과 기하평균의 관계에 의하여

$$\left(\frac{2a}{b}+\frac{2b}{c}\right)\left(\frac{2b}{c}+\frac{2c}{a}\right)\left(\frac{2c}{a}+\frac{2a}{b}\right)$$
$$\geq 2\sqrt{\frac{2a}{b}\times\frac{2b}{c}}\times2\sqrt{\frac{2b}{c}\times\frac{2c}{a}}\times2\sqrt{\frac{2c}{a}\times\frac{2a}{b}}$$
$$=8\sqrt{\frac{4a}{c}}\sqrt{\frac{4b}{a}}\sqrt{\frac{4c}{b}}$$
$$=64\ (\text{단, 등호는 }a=b=c\text{일 때 성립})$$

따라서 $\left(\frac{2a}{b}+\frac{2b}{c}\right)\left(\frac{2b}{c}+\frac{2c}{a}\right)\left(\frac{2c}{a}+\frac{2a}{b}\right)$의 최솟값은 64이다.

[참고] 등호는 $\frac{2a}{b}=\frac{2b}{c}$, $\frac{2b}{c}=\frac{2c}{a}$, $\frac{2c}{a}=\frac{2a}{b}$,

즉 $b^2=ca$, $c^2=ab$, $a^2=bc$일 때 성립하므로

$\frac{c^2}{a^2}=\frac{ab}{bc}$에서 $a^3=c^3$ $\quad\therefore a=c$

$\frac{b^2}{c^2}=\frac{ca}{ab}$에서 $b^3=c^3$ $\quad\therefore b=c$

$\therefore a=b=c$

중 0287 답 6

$a>0$, $b>0$, $c>0$이므로 산술평균과 기하평균의 관계에 의하여

$$\frac{b+c}{a}+\frac{c+a}{b}+\frac{a+b}{c}$$
$$=\frac{b}{a}+\frac{c}{a}+\frac{c}{b}+\frac{a}{b}+\frac{a}{c}+\frac{b}{c}$$
$$=\left(\frac{b}{a}+\frac{a}{b}\right)+\left(\frac{c}{b}+\frac{b}{c}\right)+\left(\frac{a}{c}+\frac{c}{a}\right)$$
$$\geq 2\sqrt{\frac{b}{a}\times\frac{a}{b}}+2\sqrt{\frac{c}{b}\times\frac{b}{c}}+2\sqrt{\frac{a}{c}\times\frac{c}{a}}$$
$$=2+2+2$$
$$=6\ (\text{단, 등호는 }a=b=c\text{일 때 성립})$$

따라서 $\frac{b+c}{a}+\frac{c+a}{b}+\frac{a+b}{c}$의 최솟값은 6이다.

[참고] 등호는 $\frac{b}{a}=\frac{a}{b}$, $\frac{c}{b}=\frac{b}{c}$, $\frac{a}{c}=\frac{c}{a}$,

즉 $a^2=b^2$, $b^2=c^2$, $c^2=a^2$일 때 성립하므로

$a^2=b^2=c^2$

$\therefore a=b=c\ (\because a>0, b>0, c>0)$

상 0288 답 8

$x=3a+\frac{1}{b}$, $y=3b+\frac{1}{a}$이므로

$$x^2+y^2=\left(3a+\frac{1}{b}\right)^2+\left(3b+\frac{1}{a}\right)^2$$
$$=\left(9a^2+\frac{6a}{b}+\frac{1}{b^2}\right)+\left(9b^2+\frac{6b}{a}+\frac{1}{a^2}\right)$$
$$=\left(9a^2+\frac{1}{a^2}\right)+6\left(\frac{a}{b}+\frac{b}{a}\right)+\left(9b^2+\frac{1}{b^2}\right)$$

$a>0$, $b>0$이므로 산술평균과 기하평균의 관계에 의하여

$$9a^2+\frac{1}{a^2}\geq 2\sqrt{9a^2\times\frac{1}{a^2}}=2\times3=6$$
$$\left(\text{단, 등호는 }9a^2=\frac{1}{a^2}\text{, 즉 }a=\frac{\sqrt{3}}{3}\text{일 때 성립}\right)$$

$$\frac{a}{b}+\frac{b}{a}\geq 2\sqrt{\frac{a}{b}\times\frac{b}{a}}=2\ \left(\text{단, 등호는 }\frac{a}{b}=\frac{b}{a}\text{, 즉 }a=b\text{일 때 성립}\right)$$

$9b^2+\frac{1}{b^2}\ge 2\sqrt{9b^2\times\frac{1}{b^2}}=2\times 3=6$

$\left(\text{단, 등호는 } 9b^2=\frac{1}{b^2}\text{, 즉 } b=\frac{\sqrt{3}}{3}\text{일 때 성립}\right)$

$\therefore x^2+y^2\ge 6+6\times 2+6=24$ $\left(\text{단, 등호는 } a=b=\frac{\sqrt{3}}{3}\text{일 때 성립}\right)$

따라서 x^2+y^2은 $a=\frac{\sqrt{3}}{3}$, $b=\frac{\sqrt{3}}{3}$일 때 최솟값 24를 가지므로

$\alpha=24,\ \beta=\frac{\sqrt{3}}{3},\ \gamma=\frac{\sqrt{3}}{3}$

$\therefore \alpha\beta\gamma=8$

중 0289 답 ③

x, y가 실수이므로 코시-슈바르츠의 부등식에 의하여

$(2^2+3^2)(x^2+y^2)\ge(2x+3y)^2$

이때 $2x+3y=26$이므로

$13(x^2+y^2)\ge 26^2$

$\therefore x^2+y^2\ge 52$

여기서 등호는 $\frac{x}{2}=\frac{y}{3}$, 즉 $y=\frac{3}{2}x$일 때 성립하므로

$2x+3y=26$에 $y=\frac{3}{2}x$를 대입하면

$2x+3\times\frac{3}{2}x=26$

$\frac{13}{2}x=26$ $\quad\therefore x=4$

$x=4$를 $y=\frac{3}{2}x$에 대입하면

$y=\frac{3}{2}\times 4=6$

따라서 x^2+y^2은 $x=4$, $y=6$일 때 최솟값 52를 가지므로

$\alpha=52,\ \beta=4,\ \gamma=6$

$\therefore \alpha+\beta+\gamma=62$

중 0290 답 -50

x, y가 실수이므로 코시-슈바르츠의 부등식에 의하여

$(1^2+3^2)(x^2+y^2)\ge(x+3y)^2$

이때 $x^2+y^2=5$이므로

$10\times 5\ge(x+3y)^2$, $(x+3y)^2\le 50$

$\therefore -5\sqrt{2}\le x+3y\le 5\sqrt{2}$ $\left(\text{단, 등호는 } x=\frac{y}{3}\text{일 때 성립}\right)$

따라서 $x+3y$의 최댓값은 $5\sqrt{2}$, 최솟값은 $-5\sqrt{2}$이므로

구하는 곱은 $5\sqrt{2}\times(-5\sqrt{2})=-50$

중 0291 답 20

해결 과정 x, y가 실수이므로 코시-슈바르츠의 부등식에 의하여

$\left\{\left(\frac{1}{2}\right)^2+1^2\right\}(x^2+y^2)\ge\left(\frac{x}{2}+y\right)^2$ ◀ 30 %

이때 $x^2+y^2=a$이므로

$\frac{5}{4}a\ge\left(\frac{x}{2}+y\right)^2$

$\therefore -\frac{\sqrt{5a}}{2}\le\frac{x}{2}+y\le\frac{\sqrt{5a}}{2}$ (단, 등호는 $2x=y$일 때 성립) ◀ 40 %

답 구하기 따라서 $\frac{x}{2}+y$의 최댓값은 $\frac{\sqrt{5a}}{2}$, 최솟값은 $-\frac{\sqrt{5a}}{2}$이고 그 차가 10이므로

$\sqrt{5a}=10$

양변을 제곱하면

$5a=100$ $\quad\therefore a=20$ ◀ 30 %

중 0292 답 ⑤

$x\ge 0$, $y\ge 0$, $z\ge 0$에서 $\sqrt{x}$, $\sqrt{y}$, $\sqrt{z}$가 실수이므로 코시-슈바르츠의 부등식에 의하여

$(2^2+3^2+4^2)\{(\sqrt{x})^2+(\sqrt{y})^2+(\sqrt{z})^2\}\ge(2\sqrt{x}+3\sqrt{y}+4\sqrt{z})^2$

$29(x+y+z)\ge(2\sqrt{x}+3\sqrt{y}+4\sqrt{z})^2$

이때 $x+y+z=29$이므로

$29^2\ge(2\sqrt{x}+3\sqrt{y}+4\sqrt{z})^2$

$x\ge 0$, $y\ge 0$, $z\ge 0$이므로

$0\le 2\sqrt{x}+3\sqrt{y}+4\sqrt{z}\le 29$ $\left(\text{단, 등호는 } \frac{\sqrt{x}}{2}=\frac{\sqrt{y}}{3}=\frac{\sqrt{z}}{4}\text{일 때 성립}\right)$

따라서 $2\sqrt{x}+3\sqrt{y}+4\sqrt{z}$의 최댓값은 29이다.

상 0293 답 ①

$a+2b+c=3$에서

$a+2b=3-c$ ⋯⋯ ㉠

$a^2+b^2+c^2=9$에서

$a^2+b^2=9-c^2$ ⋯⋯ ㉡

a, b는 실수이므로 코시-슈바르츠의 부등식에 의하여

$(1^2+2^2)(a^2+b^2)\ge(a+2b)^2$ ⋯⋯ ㉢

㉢에 ㉠, ㉡을 대입하면

$5(9-c^2)\ge(3-c)^2$

$45-5c^2\ge 9-6c+c^2$

$6c^2-6c-36\le 0$

$c^2-c-6\le 0$

$(c+2)(c-3)\le 0$

$\therefore -2\le c\le 3$ $\left(\text{단, 등호는 } a=\frac{b}{2}\text{일 때 성립}\right)$

따라서 실수 c의 최솟값은 -2이다.

중 0294 답 75 m²

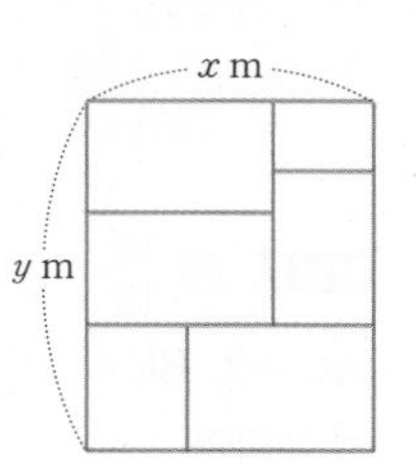

울타리 전체의 가로의 길이를 x m, 세로의 길이를 y m라 하면 줄의 길이가 60 m이므로

$4x+3y=60$

또, 울타리 내부의 전체 넓이는 xy m²이다.

$x>0$, $y>0$에서 $4x>0$, $3y>0$이므로

산술평균과 기하평균의 관계에 의하여

$4x+3y\ge 2\sqrt{4x\times 3y}=2\sqrt{12xy}$

이때 $4x+3y=60$이므로

$60\ge 2\sqrt{12xy}$

$30\ge\sqrt{12xy}$

양변을 제곱하면

$900\ge 12xy$

$\therefore xy\le 75$ (단, 등호는 $4x=3y$일 때 성립)

따라서 울타리 내부의 전체 넓이의 최댓값은 75 m²이다.

참고 $4x+3y=60$에서 $y=-\frac{4}{3}x+20$이므로 울타리 내부의 전체 넓이를 S라 할 때,

$S=x\left(-\frac{4}{3}x+20\right)=-\frac{4}{3}\left(x-\frac{15}{2}\right)^2+75$ $(0<x<15)$

따라서 이차함수의 최대, 최소를 이용하여 답을 구할 수도 있다.

중 0295 답 ④

$\overline{OC}=x$, $\overline{CD}=y$라 하면 직각삼각형 OCD에서 피타고라스 정리에 의하여

$x^2+y^2=6^2$

또, 직사각형 ABCD의 넓이는 $2xy$이다.

$x>0$, $y>0$이므로 산술평균과 기하평균의 관계에 의하여

$x^2+y^2\geq 2\sqrt{x^2y^2}=2xy$

이때 $x^2+y^2=36$이므로

$36\geq 2xy$ (단, 등호는 $x=y$일 때 성립)

따라서 직사각형 ABCD의 넓이의 최댓값은 36이다.

중 0296 답 24

[문제 이해] 직육면체의 가로와 세로의 길이, 높이를 각각 a, b, c라 하면 직육면체의 대각선의 길이는

$\sqrt{a^2+b^2+c^2}=2\sqrt{3}$

$\therefore a^2+b^2+c^2=12$ ◀ 20 %

또, 직육면체의 모든 모서리의 길이의 합은 $4(a+b+c)$이다. ◀ 20 %

[해결 과정] a, b, c는 실수이므로 코시-슈바르츠의 부등식에 의하여

$(1^2+1^2+1^2)(a^2+b^2+c^2)\geq(a+b+c)^2$

이때 $a^2+b^2+c^2=12$이므로

$3\times12\geq(a+b+c)^2$

$\therefore (a+b+c)^2\leq 36$

$a>0$, $b>0$, $c>0$이므로

$0<a+b+c\leq 6$

$\therefore 0<4(a+b+c)\leq 24$ (단, 등호는 $a=b=c$일 때 성립) ◀ 50 %

[답 구하기] 따라서 직육면체의 모든 모서리의 길이의 합의 최댓값은 24이다. ◀ 10 %

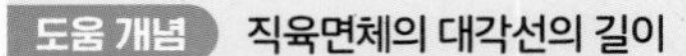
도움 개념 직육면체의 대각선의 길이

가로와 세로의 길이, 높이가 각각 a, b, c인 직육면체의 대각선의 길이를 l이라 하면

$l=\sqrt{a^2+b^2+c^2}$

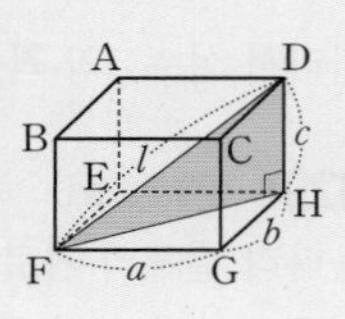

상 0297 답 $\frac{18}{13}$

$\overline{AC}=2$, $\overline{BC}=3$이고, △ABC는 직각삼각형이므로 피타고라스 정리에 의하여

$\overline{AB}^2=\overline{AC}^2+\overline{BC}^2=2^2+3^2=13$

$\therefore \overline{AB}=\sqrt{13}$ ($\because \overline{AB}>0$)

△ABC=△PAC+△PBC+△PAB이므로

$\frac{1}{2}\times3\times2=\frac{1}{2}\times2\times z+\frac{1}{2}\times3\times y+\frac{1}{2}\times\sqrt{13}\times x$

$\therefore \sqrt{13}x+3y+2z=6$

x, y, z가 실수이므로 코시-슈바르츠의 부등식에 의하여

$\{(\sqrt{13})^2+3^2+2^2\}(x^2+y^2+z^2)\geq(\sqrt{13}x+3y+2z)^2$

이때 $\sqrt{13}x+3y+2z=6$이므로

$26(x^2+y^2+z^2)\geq 36$

$\therefore x^2+y^2+z^2\geq\frac{18}{13}$ $\left(\text{단, 등호는 } \frac{x}{\sqrt{13}}=\frac{y}{3}=\frac{z}{2}\text{일 때 성립}\right)$

따라서 $x^2+y^2+z^2$의 최솟값은 $\frac{18}{13}$이다.

≫ 52~55쪽

중단원 마무리

0298 답 ㄴ

ㄱ. p: $a=0$이고 $b=0$에서

$\sim p$: $a\neq0$ 또는 $b\neq0$

ㄴ. p: $|a|+|b|=0$에서 $a=0$이고 $b=0$

$\therefore \sim p$: $a\neq0$ 또는 $b\neq0$

ㄷ. p: $a\leq0\leq b$에서 $a\leq0$이고 $b\geq0$

$\therefore \sim p$: $a>0$ 또는 $b<0$

이상에서 옳은 것은 ㄴ뿐이다.

[참고] ㄱ. $ab\neq0$에서 $a\neq0$이고 $b\neq0$

0299 답 7

$U=\{1, 2, 3, \cdots, 10\}$이고

두 조건 p, q의 진리집합을 각각 P, Q라 하면

$P=\{1, 3, 5, 7, 9\}$, $Q=\{2, 3, 5, 7\}$

이때 조건 '$\sim p$ 또는 $\sim q$'의 진리집합은 $P^C\cup Q^C$이고

$P^C=\{2, 4, 6, 8, 10\}$, $Q^C=\{1, 4, 6, 8, 9, 10\}$이므로

$P^C\cup Q^C=\{1, 2, 4, 6, 8, 9, 10\}$

따라서 구하는 원소의 개수는 7이다.

다른 풀이

$P^C\cup Q^C=(P\cap Q)^C$

이때 $P\cap Q=\{3, 5, 7\}$이므로

$P^C\cup Q^C=\{1, 2, 4, 6, 8, 9, 10\}$

따라서 구하는 원소의 개수는 7이다.

0300 답 ④

① [반례] $a=1$, $b=-1$이면 $a^2=b^2$이지만 $a\neq b$이다.

② [반례] $a=1$, $b=-3$이면 $a>b$이지만 $|a|<|b|$이다.

③ [반례] $a=-1$, $b=-2$이면 $ab>1$이지만 $a<1$이고 $b<1$이다.

④ $(ad+bc)-(ac+bd)=a(d-c)-b(d-c)$

$=(a-b)(d-c)<0$ ($\because a<b$, $c<d$)

$\therefore ad+bc<ac+bd$

따라서 주어진 명제는 참이다.

⑤ [반례] $a=3$, $b=-4$이면 $|3|+|-4|=7$, $|3+(-4)|=1$이므로 $|a|+|b|\geq|a+b|$이지만 $a\geq0$이고 $b<0$이다.

따라서 참인 명제는 ④이다.

0301 답 ④

명제 $p\longrightarrow\sim q$가 참이므로 $P\subset Q^C$이다.

이때 두 집합 P, Q 사이의 포함 관계를 벤다이어그램으로 나타내면 오른쪽 그림과 같으므로 항상 옳은 것은 ④이다.

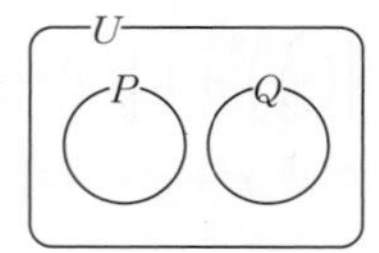

0302 답 18

두 조건 p, q의 진리집합을 각각 P, Q라 하자.

명제 'p이면 $\sim q$이다.'의 역은 '$\sim q$이면 p이다.'이므로 이 역이 참이 되려면 $Q^C\subset P$이어야 한다.

p: $-\frac{k}{3}\le x\le 6$에서

$P=\left\{x \middle| -\frac{k}{3}\le x\le 6\right\}$

q: $x\le -1$ 또는 $x\ge k$에서

$\sim q$: $-1<x<k$

$\therefore Q^C=\{x|-1<x<k\}$

이때 $Q^C\subset P$이려면 오른쪽 그림에서

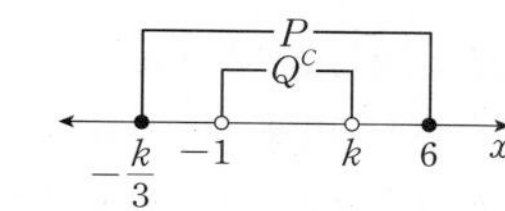

$-\frac{k}{3}\le -1$, $k\le 6$

$\therefore 3\le k\le 6$

따라서 정수 k는 3, 4, 5, 6이므로 그 합은

$3+4+5+6=18$

0303 답 ②

주어진 명제가 참이 되려면 모든 실수 x에 대하여 이차부등식

$x^2+4kx+3k^2\ge 2k-3$, 즉

$x^2+4kx+3k^2-2k+3\ge 0$

이 성립해야 한다.

이때 이차방정식 $x^2+4kx+3k^2-2k+3=0$의 판별식을 D라 하면

$\frac{D}{4}=(2k)^2-(3k^2-2k+3)\le 0$

$k^2+2k-3\le 0$

$(k+3)(k-1)\le 0$

$\therefore -3\le k\le 1$

따라서 실수 k의 최댓값은 1, 최솟값은 -3이므로

$M=1$, $m=-3$

$\therefore M-m=4$

0304 답 ㄴ, ㄷ

ㄱ. 두 조건 p, q를

p: $x^3=x$, q: $x=0$ 또는 $x=1$

이라 하고, 두 조건 p, q의 진리집합을 각각 P, Q라 하면

p: $x^3=x$에서 $x^3-x=0$

$x(x^2-1)=0$, $x(x+1)(x-1)=0$

$\therefore x=0$ 또는 $x=-1$ 또는 $x=1$

$\therefore P=\{-1, 0, 1\}$

q: $x=0$ 또는 $x=1$에서

$Q=\{0, 1\}$

따라서 $P\not\subset Q$, $Q\subset P$이므로 명제 $p \longrightarrow q$는 거짓이고, 그 역 $q \longrightarrow p$는 참이다. 또, 주어진 명제가 거짓이므로 그 대우도 거짓이다.

ㄴ. 역: xy가 양수이면 x, y도 모두 양수이다. (거짓)

[반례] $x=-1$, $y=-2$이면 xy는 양수이지만 x, y는 모두 음수이다.

대우: xy가 양수가 아니면 x 또는 y가 양수가 아니다. (참)

ㄷ. 역: x, y가 자연수일 때, xy가 짝수이면 x^2+y^2은 홀수이다. (거짓)

[반례] $x=2$, $y=2$이면 xy는 짝수이지만 x^2+y^2은 짝수이다.

대우: x, y가 자연수일 때, xy가 홀수이면 x^2+y^2은 짝수이다. (참)

이상에서 역은 거짓이고 대우는 참인 명제는 ㄴ, ㄷ이다.

0305 답 ②, ④

② 명제 $p \longrightarrow \sim q$가 참이므로 그 대우 $q \longrightarrow \sim p$도 참이다.

④ 명제 $r \longrightarrow q$가 참이므로 그 대우 $\sim q \longrightarrow \sim r$도 참이다.

따라서 두 명제 $p \longrightarrow \sim q$, $\sim q \longrightarrow \sim r$가 모두 참이므로 삼단논법에 의하여 $p \longrightarrow \sim r$도 참이고, 그 대우 $r \longrightarrow \sim p$도 참이다.

0306 답 ㄴ, ㄷ

ㄱ. $ac=bc$이면 $a=b$ 또는 $c=0$이므로

$q \Longrightarrow p$, $p \not\Longrightarrow q$

따라서 p는 q이기 위한 필요조건이다.

ㄴ. $ab<0$이면 $a>0$, $b<0$ 또는 $a<0$, $b>0$

또, $a<0$ 또는 $b<0$이면

$a>0$, $b<0$ 또는 $a<0$, $b>0$ 또는 $a<0$, $b<0$

$\therefore p \Longrightarrow q$, $q \not\Longrightarrow p$

따라서 p는 q이기 위한 충분조건이다.

ㄷ. $a^3-b^3=0$이면 $(a-b)(a^2+ab+b^2)=0$에서

$\therefore a=b$ ($\because a$, b는 실수)

또, $a^2-b^2=0$이면 $(a+b)(a-b)=0$에서

$a=b$ 또는 $a=-b$

$\therefore p \Longrightarrow q$, $q \not\Longrightarrow p$

따라서 p는 q이기 위한 충분조건이다.

이상에서 p가 q이기 위한 충분조건이지만 필요조건은 아닌 것은 ㄴ, ㄷ이다.

0307 답 ⑤

p는 q이기 위한 필요조건이므로

$Q\subset P$

q는 $\sim r$이기 위한 필요충분조건이므로

$Q=R^C$

$\therefore R^C\subset P$

0308 답 ④

$(P-R)\cup(Q-R^C)=\varnothing$에서

$P-R=\varnothing$, $Q-R^C=\varnothing$

$\therefore P\subset R$, $Q\cap R=\varnothing$

이때 세 집합 P, Q, R 사이의 포함 관계를 벤다이어그램으로 나타내면 오른쪽 그림과 같다.

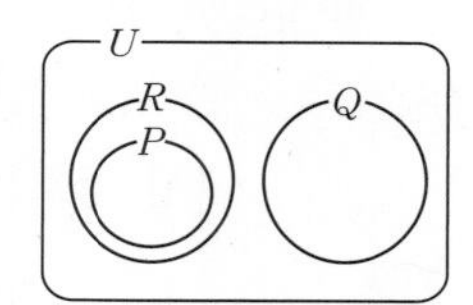

① $P\cap Q=\varnothing$이므로 $P\not\subset Q$

$\therefore p \not\Longrightarrow q$

따라서 p는 q이기 위한 충분조건이 아니다.

② $P^C\not\subset R$이므로 $\sim p \not\Longrightarrow r$

따라서 $\sim p$는 r이기 위한 필요조건이 아니다.

③ $Q\cap R=\varnothing$이므로 $Q\not\subset R$

$\therefore q \not\Longrightarrow r$

따라서 q는 r이기 위한 충분조건이 아니다.

④ $P\subset Q^C$이므로 $p \Longrightarrow \sim q$

따라서 $\sim q$는 p이기 위한 필요조건이다.

⑤ $R^C\not\subset Q^C$, $Q^C\not\subset R^C$이므로

$\sim r \not\Longrightarrow \sim q$, $\sim q \not\Longrightarrow \sim r$

따라서 $\sim r$는 $\sim q$이기 위한 필요충분조건이 아니다.

따라서 항상 옳은 것은 ④이다.

0309 답 ⑤

두 조건 p, q의 진리집합을 각각 P, Q라 하면

p: $(x-1)(x-4)=0$에서 $x=1$ 또는 $x=4$

$\therefore P=\{1, 4\}$

q: $1<2x\le a$에서 $\frac{1}{2}<x\le\frac{a}{2}$

$\therefore Q=\left\{x\middle|\frac{1}{2}<x\le\frac{a}{2}\right\}$

이때 p가 q이기 위한 충분조건이 되려면 $P\subset Q$이어야 하므로

$4\le\frac{a}{2}$ $\quad\therefore a\ge8$

따라서 자연수 a의 최솟값은 8이다.

0310 답 ③

$4a>0$, $\frac{16}{a}>0$이므로 산술평균과 기하평균의 관계에 의하여

$4a+\frac{16}{a}+3\ge2\sqrt{4a\times\frac{16}{a}}+3$

$=2\times8+3=19$

여기서 등호는 $4a=\frac{16}{a}$일 때 성립하므로

$4a=\frac{16}{a}$에서 $4a^2=16$

$a^2=4$ $\quad\therefore a=2$ ($\because a>0$)

따라서 $4a+\frac{16}{a}+3$은 $a=2$일 때 최솟값 19를 가지므로

$m=19$, $n=2$

$\therefore m+n=21$

0311 답 4

$(a+4b+c)\left(\frac{1}{a}+\frac{1}{4b+c}\right)=\{a+(4b+c)\}\left(\frac{1}{a}+\frac{1}{4b+c}\right)$

$=1+\frac{a}{4b+c}+\frac{4b+c}{a}+1$

$=2+\frac{a}{4b+c}+\frac{4b+c}{a}$

$\frac{a}{4b+c}>0$, $\frac{4b+c}{a}>0$이므로 산술평균과 기하평균의 관계에 의하여

$2+\frac{a}{4b+c}+\frac{4b+c}{a}\ge2+2\sqrt{\frac{a}{4b+c}\times\frac{4b+c}{a}}$

$=2+2\times1=4$

$\left(\text{단, 등호는 }\frac{a}{4b+c}=\frac{4b+c}{a}\text{, 즉 }a=4b+c\text{일 때 성립}\right)$

따라서 $(a+4b+c)\left(\frac{1}{a}+\frac{1}{4b+c}\right)$의 최솟값은 4이다.

0312 답 20

$x^2+y^2=4$이므로

$x^2+3x+y^2+4y=3x+4y+4$

x, y가 실수이므로 코시-슈바르츠의 부등식에 의하여

$(3^2+4^2)(x^2+y^2)\ge(3x+4y)^2$

이때 $x^2+y^2=4$이므로 $25\times4\ge(3x+4y)^2$

$(3x+4y)^2\le100$, $-10\le3x+4y\le10$

$\therefore -6\le3x+4y+4\le14$ $\left(\text{단, 등호는 }\frac{x}{3}=\frac{y}{4}\text{일 때 성립}\right)$

따라서 x^2+3x+y^2+4y의 최댓값은 14, 최솟값은 -6이므로

$M=14$, $m=-6$

$\therefore M-m=20$

0313 답 $\frac{1}{2}\le a\le2$

전략 세 조건 p, q, r의 진리집합을 각각 P, Q, R라 할 때, 집합 P, Q, R 사이의 포함 관계를 수직선 위에 나타내어 본다.

세 조건 p, q, r의 진리집합을 각각 P, Q, R라 하면

$P=\{x|x>5\}$

$Q=\{x|x>6-2a\}$

$R=\{x|(x-a)(x+a)>0\}$

이때 두 명제 $p\longrightarrow q$, $q\longrightarrow r$가 모두 참이 되려면 $P\subset Q$, $Q\subset R$ 즉, $P\subset Q\subset R$이어야 한다.

(i) $a\le0$인 경우

$R=\{x|x<a$ 또는 $x>-a\}$이므로 오른쪽 그림에서 $P\subset Q$이려면

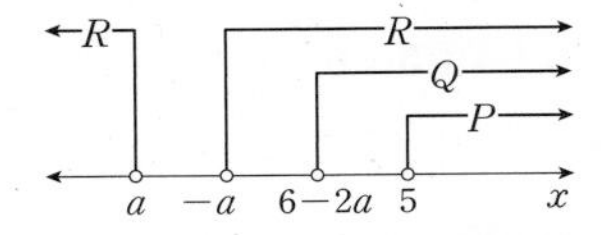

$6-2a\le5$

$2a\ge1$ $\quad\therefore a\ge\frac{1}{2}$

그런데 $a\le0$이므로 주어진 조건을 만족시키는 실수 a의 값은 없다.

(ii) $a>0$인 경우

$R=\{x|x<-a$ 또는 $x>a\}$이므로 오른쪽 그림에서 $P\subset Q$이려면

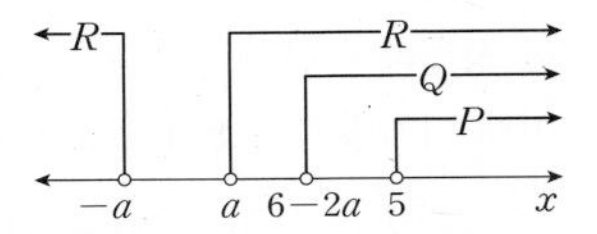

$6-2a\le5$

$2a\ge1$ $\quad\therefore a\ge\frac{1}{2}$

또, $Q\subset R$이려면

$a\le6-2a$

$3a\le6$ $\quad\therefore a\le2$

$\therefore \frac{1}{2}\le a\le2$

(i), (ii)에서 실수 a의 값의 범위는 $\frac{1}{2}\le a\le2$

0314 답 8

전략 조건 p의 진리집합을 P라 할 때, '어떤 x에 대하여 p이다.'가 참이려면 $P\ne\varnothing$이어야 함을 이용한다.

두 조건 p, q를 p: $k-2\le x\le k+1$, q: $0\le x\le4$라 하고

두 조건 p, q의 진리집합을 각각 P, Q라 하면

$P=\{x|k-2\le x\le k+1\}$, $Q=\{x|0\le x\le4\}$

이때 주어진 명제가 참이 되려면 집합 P에 속하는 원소 중에서 집합 Q에 속하는 원소가 존재해야 한다.

즉, $P\cap Q\ne\varnothing$이어야 한다.

(i) $k-2\ge0$, 즉 $k\ge2$일 때 오른쪽 그림에서 $P\cap Q\ne\varnothing$이려면

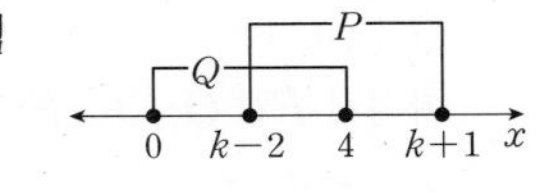

$k-2\le4$에서 $k\le6$

$\therefore 2\le k\le6$

(ii) $k-2<0$, 즉 $k<2$일 때 오른쪽 그림에서 $P\cap Q\ne\varnothing$이려면

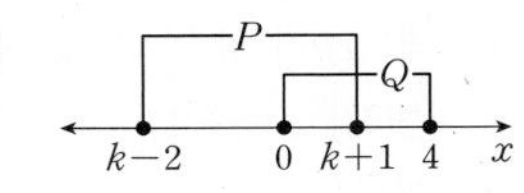

$0\le k+1$에서 $k\ge-1$

$\therefore -1\le k<2$

(i), (ii)에서 실수 k의 값의 범위는 $-1\le k\le6$

따라서 정수 k는 -1, 0, 1, 2, 3, 4, 5, 6의 8개이다.

다른 풀이

두 조건 p, q를 p: $k-2\le x\le k+1$, q: $0\le x\le4$라 하고

두 조건 p, q의 진리집합을 각각 P, Q라 하자.

주어진 명제가 참이 되려면 $P\cap Q\ne\varnothing$이어야 한다.

이때 $P\cap Q=\varnothing$을 만족시키는 실수 k의 값의 집합을 A라 하면
$P\cap Q\neq\varnothing$을 만족시키는 실수 k의 값의 집합은 A^C이다.
$P\cap Q=\varnothing$이려면 다음 그림과 같아야 하므로

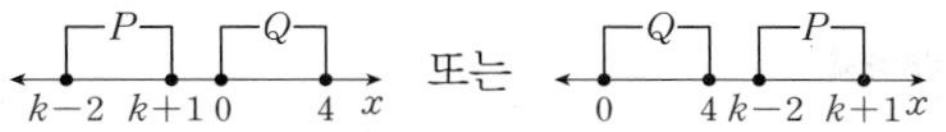

$k+1<0$ 또는 $4<k-2$
$\therefore k<-1$ 또는 $k>6$
즉, $A=\{k\mid k<-1$ 또는 $k>6\}$이므로
$A^C=\{k\mid -1\le k\le 6\}$
따라서 정수 k는 $-1, 0, 1, 2, 3, 4, 5, 6$의 8개이다.

0315 답 4

전략 명제가 참이면 그 대우도 참임을 이용하여 확인해야 하는 카드의 성질을 파악한다.

규칙 '카드의 한쪽 면에 ♣ 또는 ♠의 그림이 있으면 그 뒷면에는 짝수를 적는다.'에 따라 카드가 만들어졌는지 알아보기 위해 확인해야 하는 카드는 [♣], [♠]의 2개이다.
또, 주어진 규칙의 대우, 즉 '뒷면에 홀수가 적혀 있으면 다른 한쪽 면은 ♣와 ♠의 그림이 아니다.'도 확인해야 한다.
이를 위해 확인해야 하는 카드는 [3], [7]의 2개이다.
따라서 확인해야 하는 카드는 4개이다.

0316 답 ㄱ

전략 명제 $p\longrightarrow q$와 명제 $q\longrightarrow p$의 참, 거짓을 판별하여 충분, 필요, 필요충분조건을 판단한다.

ㄱ. $A=\{1, 2\}$, $B=\{2, 3\}$이면 $n(A)=n(B)=2$이지만
$A\neq B$이므로 $p\not\Longrightarrow q$
$A=B$이면 $n(A)=n(B)$이므로
$q\Longrightarrow p$
따라서 p는 q이기 위한 필요조건이다.
ㄴ. $n(A\cup B)=n(A)+n(B)-n(A\cap B)$에서
$n(A\cup B)=n(A)+n(B)$이므로
$n(A\cap B)=0$
$\therefore A\cap B=\varnothing$
이때 $A\cap B=\varnothing$이면 $A-B=A$이므로
$p\Longrightarrow q$
또, $A-B=A$이면 $A\cap B=\varnothing$이므로
$q\Longrightarrow p$
따라서 p는 q이기 위한 필요충분조건이다.
ㄷ. $n(A-B)=n(A)-n(A\cap B)$에서
$n(A-B)=n(A)-n(B)$이므로
$n(A\cap B)=n(B)$
$\therefore A\cap B=B$
이때 $A\cap B=B$이면 $A\cup B=A$이므로
$p\Longrightarrow q$
또, $A\cup B=A$이면 $A\cap B=B$이므로
$q\Longrightarrow p$
따라서 p는 q이기 위한 필요충분조건이다.
이상에서 p가 q이기 위한 필요조건이지만 충분조건은 아닌 것은 ㄱ뿐이다.

0317 답 30 km/h

전략 유람선의 속력을 x km/h, A 지점과 B 지점 사이의 거리를 a km, 연료비를 y원으로 놓고, 산술평균과 기하평균의 관계를 이용한다.

유람선의 잔잔한 물 위에서의 속력을 x km/h, A 지점과 B 지점 사이의 거리를 a km, 이 거리를 운행하는 데 드는 연료비를 y원이라 하자.
이때 단위 시간당 드는 연료비는 kx^2원 (k는 상수)이고, 걸리는 시간은 $\frac{a}{x-15}$시간이므로

$$y=kx^2\times\frac{a}{x-15}=ak\left(\frac{x^2-225+225}{x-15}\right)$$
$$=ak\left\{\frac{(x-15)(x+15)+225}{x-15}\right\}$$
$$=ak\left(x+15+\frac{225}{x-15}\right)$$
$$=ak\left(x-15+\frac{225}{x-15}+30\right)$$

$x-15>0$, $\frac{225}{x-15}>0$이므로 산술평균과 기하평균의 관계에 의하여

$$ak\left(x-15+\frac{225}{x-15}+30\right)\ge ak\left\{2\sqrt{(x-15)\times\frac{225}{x-15}}+30\right\}$$
$$=ak(2\times 15+30)$$
$$=60ak$$

여기서 등호는 $x-15=\frac{225}{x-15}$일 때 성립하므로
$x-15=\frac{225}{x-15}$에서 $(x-15)^2=225$
$x^2-30x=0$, $x(x-30)=0$
$\therefore x=30$ ($\because x>15$)
따라서 연료비가 가장 적게 들도록 운행하려고 할 때, 유람선의 잔잔한 물 위에서의 속력은 30 km/h이다.

0318 답 ①

전략 선분 AB의 중점 C의 좌표를 구한 후, 산술평균과 기하평균의 관계를 이용하여 선분 CH의 길이의 최솟값을 구한다.

이차함수 $f(x)=x^2-2ax$의 그래프와 직선 $g(x)=\frac{1}{a}x$가 만나는 점 A의 x좌표는
$x^2-2ax=\frac{1}{a}x$에서 $x\left\{x-\left(2a+\frac{1}{a}\right)\right\}=0$
$\therefore x=2a+\frac{1}{a}$ ($\because x>0$)
$x=2a+\frac{1}{a}$을 $y=\frac{1}{a}x$에 대입하면
$y=\frac{1}{a}\left(2a+\frac{1}{a}\right)=2+\frac{1}{a^2}$
$\therefore \mathrm{A}\left(2a+\frac{1}{a}, 2+\frac{1}{a^2}\right)$
또, $f(x)=x^2-2ax=(x-a)^2-a^2$
이므로 이차함수 $y=f(x)$의 그래프의 꼭짓점은 $\mathrm{B}(a, -a^2)$
선분 AB의 중점은

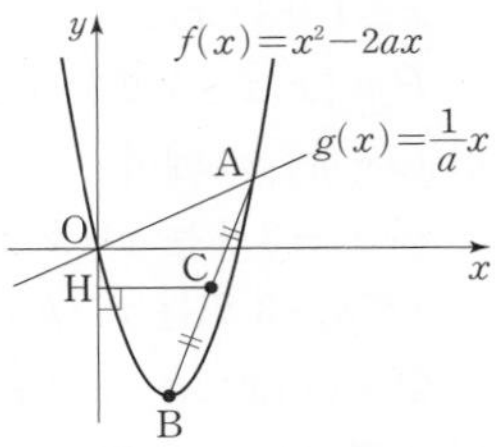

$\mathrm{C}\left(\frac{2a+\frac{1}{a}+a}{2}, \frac{2+\frac{1}{a^2}-a^2}{2}\right)$에서
$\mathrm{C}\left(\frac{3}{2}a+\frac{1}{2a}, 1+\frac{1}{2a^2}-\frac{a^2}{2}\right)$

이때 $a>0$이므로 선분 CH의 길이는 점 C의 x좌표와 같다.

즉, $\overline{CH}=\frac{3}{2}a+\frac{1}{2a}$

$\frac{3}{2}a>0$, $\frac{1}{2a}>0$이므로 산술평균과 기하평균의 관계에 의하여

$\overline{CH}=\frac{3}{2}a+\frac{1}{2a}\geq 2\sqrt{\frac{3}{2}a\times\frac{1}{2a}}=\sqrt{3}$

$\left(\text{단, 등호는 } \frac{3}{2}a=\frac{1}{2a}\text{, 즉 } a=\frac{\sqrt{3}}{3}\text{일 때 성립}\right)$

따라서 선분 CH의 길이의 최솟값은 $\sqrt{3}$이다.

0319 답 8

[해결 과정] 조건 (가)에서 두 명제 $p \longrightarrow q$, $q \longrightarrow r$가 모두 참이면

$P\subset Q$, $Q\subset R$이므로 $P\subset Q\subset R$ ◀ 30 %

조건 (나), (다)에서 $P=\{1, 2\}$, $R=\{1, 2, 3, 4, 5\}$이므로

집합 Q는 집합 R의 부분집합 중 1, 2를 반드시 원소로 갖는 집합이다. ◀ 40 %

[답 구하기] 따라서 집합 Q의 개수는

$2^{5-2}=2^3=8$ ◀ 30 %

도움 개념 특정한 원소를 갖는 부분집합의 개수

집합 $A=\{a_1, a_2, a_3, \cdots, a_n\}$에 대하여

집합 A의 특정한 원소 k개를 반드시 원소로 갖는 부분집합의 개수

⇨ 2^{n-k} (단, $k<n$)

0320 답 5

[문제 이해] 명제 $q \longrightarrow p$가 참이 되려면 그 대우 $\sim p \longrightarrow \sim q$도 참이 되어야 한다. ◀ 10 %

[해결 과정] 두 조건 p, q의 진리집합을 각각 P, Q라 하면

p: $|x-2|\geq 1$에서 $\sim p$: $|x-2|<1$

$-1<x-2<1$ $\therefore 1<x<3$

$\therefore P^C=\{x|1<x<3\}$ ◀ 20 %

또, q: $|x-k|\geq 3$에서 $\sim q$: $|x-k|<3$

$-3<x-k<3$ $\therefore k-3<x<k+3$

$\therefore Q^C=\{x|k-3<x<k+3\}$ ◀ 20 %

이때 명제 $\sim p \longrightarrow \sim q$가 참이 되려면 $P^C\subset Q^C$이어야 하므로 오른쪽 그림에서

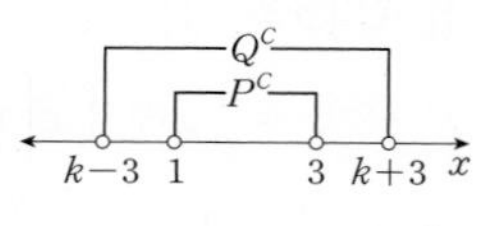

$k-3\leq 1$, $3\leq k+3$

$\therefore 0\leq k\leq 4$ ◀ 30 %

[답 구하기] 따라서 정수 k는 0, 1, 2, 3, 4의 5개이다. ◀ 20 %

다른 풀이

두 조건 p, q의 진리집합을 각각 P, Q라 하면

p: $|x-2|\geq 1$에서

$x-2\leq -1$ 또는 $x-2\geq 1$

$\therefore x\leq 1$ 또는 $x\geq 3$

$\therefore P=\{x|x\leq 1 \text{ 또는 } x\geq 3\}$

q: $|x-k|\geq 3$에서

$x-k\leq -3$ 또는 $x-k\geq 3$

$\therefore x\leq k-3$ 또는 $x\geq k+3$

$\therefore Q=\{x|x\leq k-3 \text{ 또는 } x\geq k+3\}$

이때 명제 $q \longrightarrow p$가 참이 되려면 $Q\subset P$이어야 하므로 오른쪽 그림에서

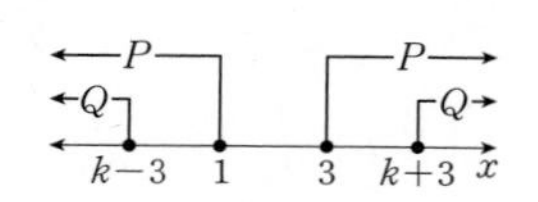

$k-3\leq 1$, $3\leq k+3$

$\therefore 0\leq k\leq 4$

따라서 정수 k는 0, 1, 2, 3, 4의 5개이다.

0321 답 -2, 5

[해결 과정] q가 p이기 위한 필요조건이 되려면 명제

'$x^2-3x-10\neq 0$이면 $x-a\neq 0$이다.'

가 참이어야 한다. ◀ 30 %

따라서 그 대우

'$x-a=0$이면 $x^2-3x-10=0$이다.'

도 참이어야 한다. ◀ 30 %

[답 구하기] $x-a=0$에서 $x=a$이므로 이를 $x^2-3x-10=0$에 대입하면

$a^2-3a-10=0$

$(a+2)(a-5)=0$

$\therefore a=-2$ 또는 $a=5$ ◀ 40 %

0322 답 풀이 참조

[해결 과정] $(a^2+b^2+1)-(ab+a+b)$

$=\frac{1}{2}(2a^2+2b^2-2ab-2a-2b+2)$

$=\frac{1}{2}\{(a^2-2ab+b^2)+(a^2-2a+1)+(b^2-2b+1)\}$

$=\frac{1}{2}\{(a-b)^2+(a-1)^2+(b-1)^2\}\geq 0$

$\therefore a^2+b^2+1\geq ab+a+b$ ◀ 80 %

[답 구하기] 여기서 등호는 $a-b=0$, $a-1=0$, $b-1=0$, 즉 $a=b=1$일 때 성립한다. ◀ 20 %

0323 답 13

[문제 이해] 이차방정식 $x^2+2x-k=0$이 허근을 가지려면 이 이차방정식의 판별식을 D라 할 때

$\frac{D}{4}=1^2-(-k)<0$

$1+k<0$ $\therefore k<-1$ ◀ 20 %

[해결 과정] $f(k)=k^2-3k+5+\frac{4}{k^2-3k-4}$

$=k^2-3k-4+\frac{4}{k^2-3k-4}+9$ ◀ 30 %

$k<-1$에서 $k^2-3k-4>0$, $\frac{4}{k^2-3k-4}>0$이므로

산술평균과 기하평균의 관계에 의하여

$k^2-3k-4+\frac{4}{k^2-3k-4}+9\geq 2\sqrt{(k^2-3k-4)\times\frac{4}{k^2-3k-4}}+9$

$=2\times 2+9$

$=13$

$\left(\text{단, 등호는 } k^2-3k-4=2\text{, 즉 } k=\frac{3-\sqrt{33}}{2}\text{일 때 성립}\right)$ ◀ 40 %

[답 구하기] 따라서 $f(k)$의 최솟값은 13이다. ◀ 10 %

[참고] $k<-1$에서 이차함수 $y=k^2-3k-4$의 그래프는 오른쪽 그림과 같으므로 $k<-1$인 모든 실수 k에 대하여 $k^2-3k-4>0$이다.

03 함수

Lecture ≫ 60~65쪽

08 함수

0324 답 함수이다.

주어진 대응을 그림으로 나타내면 오른쪽과 같다.
X의 각 원소에 Y의 원소가 오직 하나씩 대응하므로 함수이다.

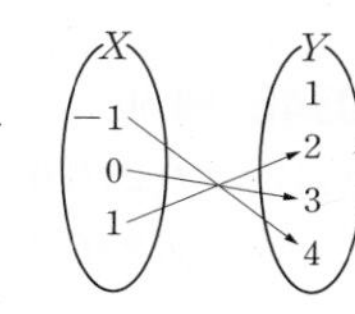

0325 답 함수가 아니다.

주어진 대응을 그림으로 나타내면 오른쪽과 같다.
X의 원소 0에 대응하는 Y의 원소가 없으므로 함수가 아니다.

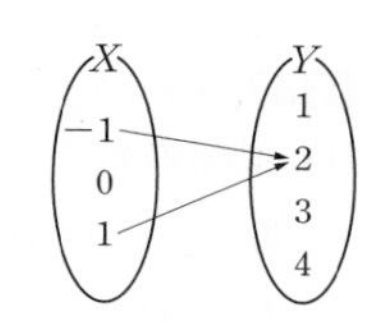

0326 답 정의역: $\{x|x$는 실수$\}$, 치역: $\{y|y$는 실수$\}$

0327 답 정의역: $\{x|x$는 실수$\}$, 치역: $\{y|y\ge-1\}$

0328 답 서로 같은 함수이다.

두 함수 $f(x)$, $g(x)$의 정의역은 모두 $\{-1, 0, 1\}$이고, 공역은 모두 실수 전체의 집합이므로 각각 같다.

$f(-1)=g(-1)=-1$

$f(0)=g(0)=0$

$f(1)=g(1)=1$

$\therefore f=g$

0329 답 서로 같은 함수가 아니다.

함수 $f(x)$의 정의역은 실수 전체의 집합이고, 함수 $g(x)$의 정의역은 $\{x|x\ne1$인 실수$\}$이므로 두 함수의 정의역이 서로 다르다.

$\therefore f\ne g$

0330 답 ㄱ, ㄴ

일대일함수는 정의역의 서로 다른 원소에 공역의 서로 다른 원소가 대응하므로 ㄱ, ㄴ이다.

0331 답 ㄱ, ㄴ

일대일대응은 일대일함수이면서 치역과 공역이 같으므로 ㄱ, ㄴ이다.

0332 답 ㄴ

항등함수는 정의역의 각 원소에 그 자신이 대응하므로 ㄴ이다.

0333 답 ㄷ

상수함수는 정의역의 모든 원소에 공역의 단 하나의 원소가 대응하므로 ㄷ이다.

0334 답 풀이 참조

$y=|x+2|$에서 절댓값 기호 안의 식의 값이 0이 되는 x의 값 -2를 경계로 범위를 나누면

(i) $x<-2$일 때, $y=-x-2$

(ii) $x\ge-2$일 때, $y=x+2$

(i), (ii)에서 그래프는 오른쪽 그림과 같다.

0335 답 풀이 참조

$y=|x|+2$에서 절댓값 기호 안의 식의 값이 0이 되는 x의 값 0을 경계로 범위를 나누면

(i) $x<0$일 때, $y=-x+2$

(ii) $x\ge0$일 때, $y=x+2$

(i), (ii)에서 그래프는 오른쪽 그림과 같다.

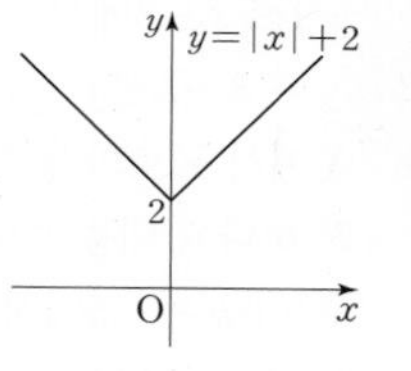

중 **0336** 답 ②, ⑤

각 대응을 그림으로 나타내면 다음과 같다.

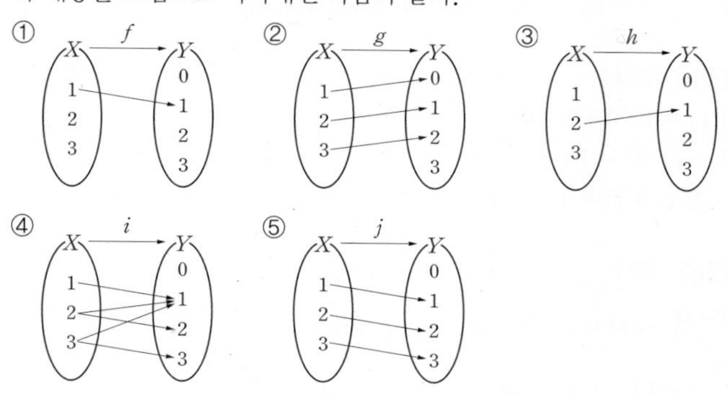

① X의 원소 2, 3에 대응하는 Y의 원소가 없으므로 함수가 아니다.

③ X의 원소 1, 3에 대응하는 Y의 원소가 없으므로 함수가 아니다.

④ X의 원소 2, 3에 대응하는 Y의 원소가 2개씩이므로 함수가 아니다.

②, ⑤ X의 각 원소에 Y의 원소가 오직 하나씩 대응하므로 함수이다.

따라서 X에서 Y로의 함수인 것은 ②, ⑤이다.

하 **0337** 답 ④

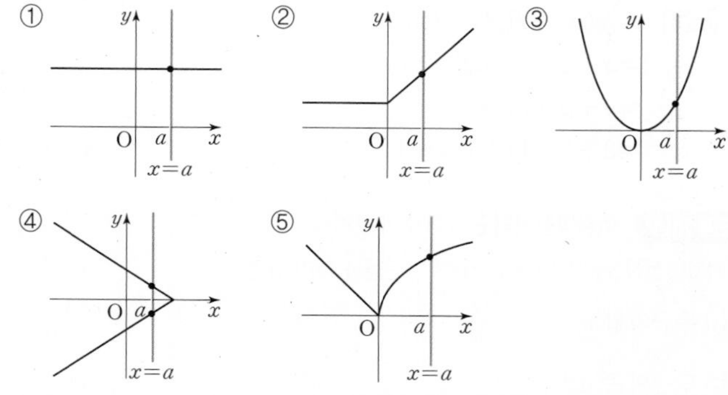

①, ②, ③, ⑤ 정의역의 각 원소 a에 대하여 직선 $x=a$와 그래프가 오직 한 점에서 만나므로 함수의 그래프이다.

④ 직선 $x=a$와 그래프가 두 점에서 만나는 경우가 있으므로 함수의 그래프가 아니다.

따라서 함수의 그래프가 아닌 것은 ④이다.

중 **0338** 답 ㄱ, ㄷ

ㄱ. $-1\le x\le1$에서 $0\le x+1\le2$

$\therefore 0\le f(x)\le2$

ㄴ. $-1\le x\le1$에서 $-2\le-2x\le2$

$\therefore -2 \le g(x) \le 2$

ㄷ. $-1 \le x \le 1$에서 $0 \le |x| \le 1$

$\therefore 0 \le h(x) \le 1$

ㄹ. $-1 \le x \le 1$에서 $0 \le x^2 \le 1$, $-1 \le x^2-1 \le 0$

$\therefore -1 \le i(x) \le 0$

이상에서 X에서 Y로의 함수인 것은 ㄱ, ㄷ이다.

중 0339 답 4

$-1 \le x \le 3$에서 $-3+k \le 3x+k \le 9+k$

$\therefore -3+k \le f(x) \le 9+k$

X에서 Y로의 함수가 정의되려면 X의 모든 원소에 Y의 원소가 오직 하나씩 대응해야 하므로

$-3+k \ge -5$에서 $k \ge -2$

$9+k \le 10$에서 $k \le 1$

$\therefore -2 \le k \le 1$

따라서 정수 k는 -2, -1, 0, 1의 4개이다.

하 0340 답 11

$f(4)=2\times4+1=9$

$f(-1)=(-1)^2+1=2$

$\therefore f(4)+f(-1)=11$

중 0341 답 7

$\frac{x+3}{2}=4$에서 $x+3=8$ $\therefore x=5$

$f\left(\frac{x+3}{2}\right)=2x-3$에 $x=5$를 대입하면

$f(4)=2\times5-3=7$

중 0342 답 -1

[해결 과정] 이차방정식 $x^2-2x-4=0$에서 $x=1\pm\sqrt{5}$이므로

α, β는 무리수이고 $\alpha\beta$는 유리수이다. ◀ 20 %

또, 이차방정식의 근과 계수의 관계에 의하여

$\alpha+\beta=2$, $\alpha\beta=-4$ ◀ 20 %

[답 구하기] $\therefore f(\alpha)+f(\beta)-f(\alpha\beta)$

$=\alpha+\beta-(-\alpha\beta-1)$

$=\alpha+\beta+\alpha\beta+1$

$=2+(-4)+1=-1$ ◀ 60 %

도움 개념 **이차방정식의 근과 계수의 관계**

이차방정식 $ax^2+bx+c=0$의 두 근을 α, β라 하면

(1) 두 근의 합: $\alpha+\beta=-\frac{b}{a}$

(2) 두 근의 곱: $\alpha\beta=\frac{c}{a}$

중 0343 답 8

$f(x+y)=x+f(y)$의 양변에 $x=5$, $y=0$을 대입하면

$f(5)=5+f(0)=5+3=8$

중 0344 답 ②

$f(xy)=f(x)+f(y)$ …… ㉠

㉠의 양변에 $x=2$, $y=2$를 대입하면

$f(4)=f(2)+f(2)=1+1=2$

㉠의 양변에 $x=4$, $y=4$를 대입하면

$f(16)=f(4)+f(4)=2+2=4$

중 0345 답 2

$f(x)-2f(1-x)=-3x$ …… ㉠

㉠의 양변에 $x=1$을 대입하면

$f(1)-2f(0)=-3$ …… ㉡

㉠의 양변에 $x=0$을 대입하면

$f(0)-2f(1)=0$ …… ㉢

㉡$\times2+$㉢을 하면

$-3f(0)=-6$ $\therefore f(0)=2$

중 0346 답 36

$f(12)=f(2)f(6)$

$=f(2)f(2)f(3)$

$=(2+1)\times(2+1)\times(3+1)$

$=36$

중 0347 답 -2

(i) $a>0$일 때,

함수 $f(x)=ax+b$의 공역과 치역이 서로 같으면

$f(-3)=-3$, $f(2)=2$이므로

$-3a+b=-3$, $2a+b=2$

$\therefore a=1$, $b=0$

그런데 $ab=0$이므로 조건을 만족시키지 않는다.

(ii) $a<0$일 때,

함수 $f(x)=ax+b$의 공역과 치역이 서로 같으면

$f(-3)=2$, $f(2)=-3$이므로

$-3a+b=2$, $2a+b=-3$

$\therefore a=-1$, $b=-1$

(i), (ii)에서 $a+b=-2$

하 0348 답 ③

$y=-1$일 때, $\frac{-x+1}{3}=-1$에서

$-x+1=-3$ $\therefore x=4$

$y=0$일 때, $\frac{-x+1}{3}=0$에서

$-x+1=0$ $\therefore x=1$

$y=2$일 때, $\frac{-x+1}{3}=2$에서

$-x+1=6$ $\therefore x=-5$

$y=3$일 때, $\frac{-x+1}{3}=3$에서

$-x+1=9$ $\therefore x=-8$

따라서 주어진 함수의 정의역은 $\{-8, -5, 1, 4\}$이므로 정의역의 원소가 아닌 것은 ③이다.

중 0349 답 $\{2, 3, 4\}$

$X=\{x|x$는 $2\le x\le 8$인 자연수$\}$

$=\{2, 3, 4, 5, 6, 7, 8\}$

이고

$f(2)=f(3)=f(5)=f(7)=2$

$f(4)=3$

$f(6)=f(8)=4$

따라서 함수 f의 치역은 $\{2, 3, 4\}$이다.

중 0350 답 $-2\le a\le 3$

[문제 이해] 정의역에 속하는 모든 x의 값에 대한 함숫값이 공역에 포함되어야 한다. ◀ 20 %

[해결 과정] (i) $a\ge 0$일 때,

$1\le f(x)\le 2a+1$이므로

$2a+1\le 7$ $\quad\therefore a\le 3$

그런데 $a\ge 0$이므로 $0\le a\le 3$ ◀ 30 %

(ii) $a<0$일 때,

$2a+1\le f(x)\le 1$이므로

$2a+1\ge -3$ $\quad\therefore a\ge -2$

그런데 $a<0$이므로 $-2\le a<0$ ◀ 30 %

[답 구하기] (i), (ii)에서 구하는 실수 a의 값의 범위는

$-2\le a\le 3$ ◀ 20 %

중 0351 답 ①

$f(1)=g(1)$, $f(4)=g(4)$이므로

$1+1=1^2+a+b$, $4+1=4^2+4a+b$

$a+b=1$, $4a+b=-11$

위의 두 식을 연립하여 풀면 $a=-4$, $b=5$

$\therefore ab=-20$

하 0352 답 ㄷ

ㄱ. $f(1)=1$, $g(1)=-1$이므로 $f(1)\ne g(1)$

$\therefore f\ne g$

ㄴ. $f(-1)=1$, $g(-1)=-1$이므로 $f(-1)\ne g(-1)$

$\therefore f\ne g$

ㄷ. $f(-1)=g(-1)=1$, $f(0)=g(0)=0$, $f(1)=g(1)=1$

$\therefore f=g$

이상에서 $f=g$인 것은 ㄷ뿐이다.

중 0353 답 ②, ③

$f(x)=g(x)$이므로 $x^2=x+12$에서

$x^2-x-12=0$, $(x+3)(x-4)=0$

$\therefore x=-3$ 또는 $x=4$

따라서 집합 X는 집합 $\{-3, 4\}$의 공집합이 아닌 부분집합이므로

$\{-3\}$, $\{4\}$, $\{-3, 4\}$이다.

하 0354 답 ⑤

일대일함수의 그래프는 치역의 각 원소 a에 대하여 직선 $y=a$와 그래프의 교점이 1개이므로 ①, ⑤이다.

따라서 일대일대응의 그래프는 일대일함수의 그래프 중 치역과 공역이 같은 것이므로 ⑤이다.

중 0355 답 ㄴ

일대일함수의 그래프는 치역의 각 원소 a에 대하여 직선 $y=a$와 그래프의 교점이 1개이므로 ㄱ, ㄴ이다.

이때 일대일대응의 그래프는 일대일함수의 그래프 중 치역과 공역이 같은 것이므로 ㄱ이다.

따라서 함수의 그래프 중 일대일함수이지만 일대일대응이 아닌 것은 ㄴ뿐이다.

중 0356 답 ㄴ

ㄱ. [반례] $f(x)=-3$이라 하면 $x_1=1$, $x_2=2$일 때,

$x_1\ne x_2$이지만 $f(x_1)=-3$, $f(x_2)=-3$

$\therefore f(x_1)=f(x_2)$

따라서 함수 $y=-3$은 일대일대응이 아니다.

ㄷ. [반례] $f(x)=|x|-1$이라 하면 $x_1=-1$, $x_2=1$일 때,

$x_1\ne x_2$이지만 $f(x_1)=0$, $f(x_2)=0$

$\therefore f(x_1)=f(x_2)$

따라서 함수 $y=|x|-1$은 일대일대응이 아니다.

ㄹ. [반례] $f(x)=x^2+2$라 하면 $x_1=-1$, $x_2=1$일 때,

$x_1\ne x_2$이지만 $f(x_1)=3$, $f(x_2)=3$

$\therefore f(x_1)=f(x_2)$

따라서 함수 $y=x^2+2$는 일대일대응이 아니다.

이상에서 주어진 함수 중 일대일대응인 것은 ㄴ뿐이다.

중 0357 답 9

$a>0$이므로 함수 $f(x)$가 일대일대응이려면 함수 $y=f(x)$의 그래프가 오른쪽 그림과 같아야 한다.

즉, 함수 $f(x)=ax+b$의 그래프가 두 점 $(-2, -3)$, $(2, 9)$를 지나야 하므로

$f(-2)=-3$에서 $-2a+b=-3$ $\quad\cdots\cdots$ ㉠

$f(2)=9$에서 $2a+b=9$ $\quad\cdots\cdots$ ㉡

㉠, ㉡을 연립하여 풀면

$a=3$, $b=3$

$\therefore ab=9$

중 0358 답 -1

함수 $y=2x+k$의 그래프는 기울기가 양수인 직선이므로 함수 $f(x)$가 일대일대응이려면 오른쪽 그림과 같아야 한다.

즉, 함수 $f(x)=2x+k$의 그래프가 점 $(1, 1)$을 지나야 하므로

$f(1)=1$에서 $2\times 1+k=1$

$\therefore k=-1$

중 0359 답 8

$f(x)=x^2-4x+a=(x-2)^2+a-4$

함수 $f(x)$가 일대일대응이려면 함수 $y=f(x)$의 그래프가 오른쪽 그림과 같아야 한다.

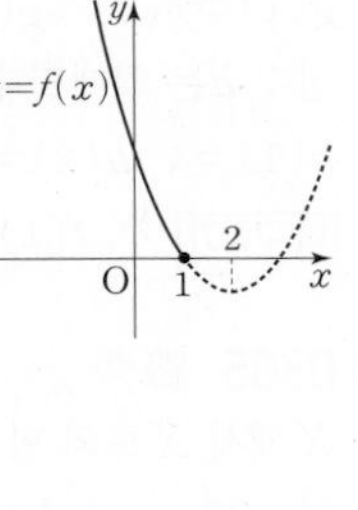

즉, 함수 $f(x)=x^2-4x+a$의 그래프가 점 $(1, 0)$을 지나야 하므로

$f(1)=0$에서 $1^2-4\times 1+a=0$

$\therefore a=3$

따라서 $f(x)=x^2-4x+3$이므로

$f(-1)=(-1)^2-4\times(-1)+3=8$

중 0360 답 4

[해결 과정] 함수 $f(x)$가 일대일대응이려면 함수 $y=f(x)$의 그래프가 오른쪽 그림과 같아야 한다.

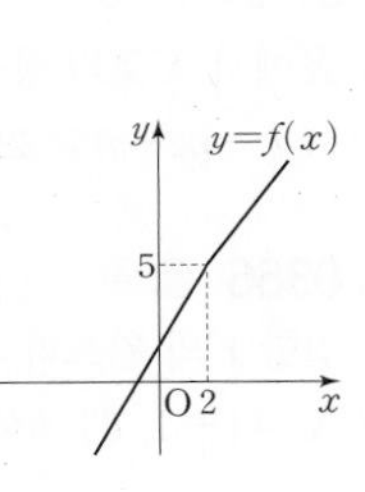

즉, 직선 $y=ax+b$의 기울기가 양수이어야 하므로

$a>0$ ...... ㉠ ◀ 30 %

또, 직선 $y=ax+b$가 점 $(2,\ 5)$를 지나야 하므로

$5=2a+b \qquad \therefore a=\dfrac{5-b}{2}$ ...... ㉡ ◀ 30 %

답 구하기 ㉠, ㉡에서 $\dfrac{5-b}{2}>0 \qquad \therefore b<5$ ◀ 30 %

따라서 정수 b의 최댓값은 4이다. ◀ 10 %

중 0361 답 ③

① $f(-1)=-(-1)=1$이므로 항등함수가 아니다.

② $g(-1)=(-1)^2=1$이므로 항등함수가 아니다.

③ $h(-1)=(-1)^3=-1,\ h(0)=0,\ h(1)=1^3=1$이므로 항등함수이다.

④ $i(-1)=\sqrt{(-1)^2}=1$이므로 항등함수가 아니다.

⑤ $j(0)=|0-1|=1$이므로 항등함수가 아니다.

따라서 항등함수인 것은 ③이다.

중 0362 답 75

함수 f는 상수함수이고 $f(4)=3$이므로 자연수 x에 대하여 $f(x)=3$이다.

즉, $f(1)=f(3)=f(5)=\cdots=f(49)=3$

$\therefore f(1)+f(3)+f(5)+\cdots+f(49)=3\times25=75$

중 0363 답 ②

함수 $f(x)=x^2-20$이 항등함수이려면 $f(x)=x$이어야 하므로

$x^2-20=x,\ x^2-x-20=0$

$(x+4)(x-5)=0$

$\therefore x=-4$ 또는 $x=5$

따라서 집합 X는 집합 $\{-4,\ 5\}$의 공집합이 아닌 부분집합이므로 구하는 집합 X의 개수는 $2^2-1=3$

중 0364 답 7

해결 과정 함수 f는 항등함수이므로

$f(1)=1,\ f(2)=2,\ f(4)=4$ ◀ 30 %

이때 $f(2)=g(1)=h(4)$이므로

$f(2)=g(1)=h(4)=2$

함수 g는 상수함수이므로

$g(1)=g(2)=g(4)=2$ ◀ 30 %

함수 h는 일대일대응이고 $h(1)<h(2)$이므로

$h(1)=1,\ h(2)=4$ ◀ 30 %

답 구하기 $\therefore f(1)+g(4)+h(2)=1+2+4=7$ ◀ 10 %

중 0365 답 ②

X에서 X로의 함수의 개수는

$3^3=27 \qquad \therefore l=27$

X에서 X로의 일대일대응의 개수는

$3\times2\times1=6 \qquad \therefore m=6$

X에서 X로의 항등함수의 개수는 1 $\qquad \therefore n=1$

$\therefore l-m+n=22$

중 0366 답 ④

집합 Y의 원소의 개수를 m이라 하면

$X=\{-1,\ 1\}$에서 Y로의 상수함수의 개수가 4이므로 $m=4$

따라서 X에서 Y로의 일대일함수의 개수는

$4\times3=12$

중 0367 답 2

$f(0)=p,\ f(2)=s$이고 함수 f는 일대일대응이므로

$f(1)$의 값이 될 수 있는 것은 $q,\ r$의 2개

$f(3)$의 값이 될 수 있는 것은 $q,\ r$ 중 $f(1)$의 값을 제외한 1개

따라서 구하는 함수 f의 개수는

$2\times1=2$

중 0368 답 6

조건 (가)에서 함수 f는 일대일함수이고, 조건 (나)에서 $f(x)$의 값이 될 수 있는 것은 $-1,\ 0,\ 1$이다.

$f(-3)$의 값이 될 수 있는 것은 $-1,\ 0,\ 1$의 3개

$f(0)$의 값이 될 수 있는 것은 $-1,\ 0,\ 1$ 중 $f(-3)$의 값을 제외한 2개

$f(3)$의 값이 될 수 있는 것은 $-1,\ 0,\ 1$ 중 $f(-3),\ f(0)$의 값을 제외한 1개

따라서 구하는 함수 f의 개수는 $3\times2\times1=6$

참고 구하는 함수 f의 개수는 집합 $\{-3,\ 0,\ 3\}$에서 집합 $\{-1,\ 0,\ 1\}$로의 일대일함수의 개수와 같으므로 $3\times2\times1=6$과 같이 구할 수도 있다.

중 0369 답 ②

$$y=2|x-1|=\begin{cases}2x-2 & (x\geq1)\\-2x+2 & (x<1)\end{cases}$$

이므로 함수 $y=2|x-1|$의 그래프는 오른쪽 그림과 같고, 직선

$y=m(x+2)-3$ ...... ㉠

은 m의 값에 관계없이 점 $(-2,\ -3)$을 지난다.

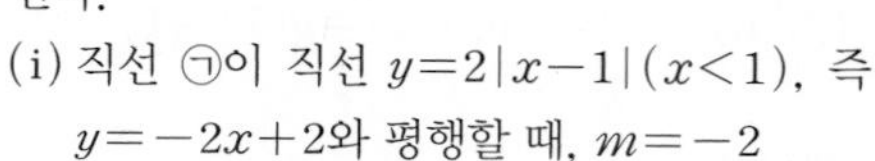

(i) 직선 ㉠이 직선 $y=2|x-1|\ (x<1)$, 즉 $y=-2x+2$와 평행할 때, $m=-2$

(ii) 직선 ㉠이 점 $(1,\ 0)$을 지날 때, $0=m(1+2)-3$

$3m-3=0 \qquad \therefore m=1$

(i), (ii)에서 주어진 함수의 그래프와 직선이 만나려면

$m<-2$ 또는 $m\geq1$

따라서 m의 값으로 적당하지 않은 것은 ②이다.

중 0370 답 0

$y=|x+1|-|x-3|$에서 절댓값 기호 안의 식의 값이 0이 되는 x의 값 $-1,\ 3$을 경계로 범위를 나누면

(i) $x<-1$일 때,

$y=-(x+1)+(x-3)=-4$

(ii) $-1\leq x<3$일 때,

$y=(x+1)+(x-3)=2x-2$

(iii) $x\geq3$일 때,

$y=(x+1)-(x-3)=4$

이상에서 주어진 함수의 그래프는 오른쪽 그림과 같으므로

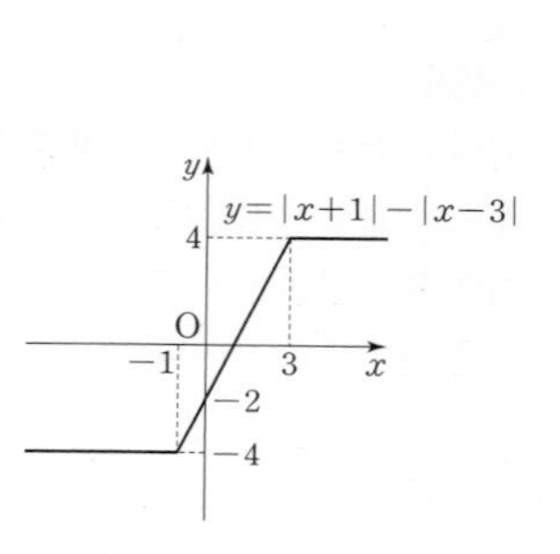

$M=4,\ m=-4$

$\therefore M+m=0$

Ⓢ**0371** 답 8

[해결 과정] $|x|+2|y|=a$에서 절댓값 기호 안의 식의 값이 0이 되는 x, y의 값 0을 경계로 범위를 나누면

(i) $x\geq0$, $y\geq0$일 때, $x+2y=a$

(ii) $x\geq0$, $y<0$일 때, $x-2y=a$

(iii) $x<0$, $y\geq0$일 때, $-x+2y=a$

(iv) $x<0$, $y<0$일 때, $-x-2y=a$

이상에서 $|x|+2|y|=a$의 그래프는 오른쪽 그림과 같다. ◀ 50 %

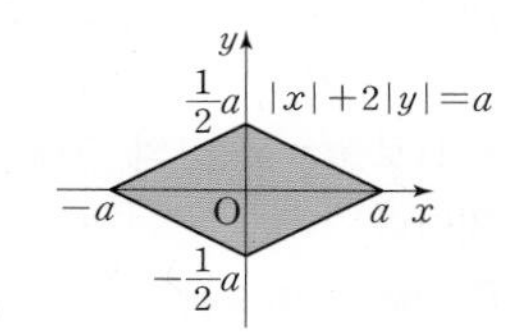

[답 구하기] 이때 색칠한 도형의 넓이가 64이므로

$\frac{1}{2}\times2a\times a=64$, $a^2=64$

$\therefore a=-8$ 또는 $a=8$ ◀ 30 %

그런데 $a>0$이므로 $a=8$ ◀ 20 %

Ⓢ**0372** 답 ②

$y=|f(x)|$의 그래프는 $y=f(x)$의 그래프에서 $y\geq0$인 부분은 그대로 두고, $y<0$인 부분을 x축에 대하여 대칭이동한 것이므로 그 개형은 ㄱ과 같다.

또, $y=f(|x|)$의 그래프는 $y=f(x)$의 그래프에서 $x\geq0$인 부분은 그대로 두고, $x<0$인 부분은 $x\geq0$인 부분을 y축에 대하여 대칭이동한 것이므로 그 개형은 ㄷ과 같다.

따라서 구하는 그래프의 개형은 차례대로 ㄱ, ㄷ이다.

도움 개념 **절댓값 기호를 포함한 식의 그래프**

(1) $y=|f(x)|$의 그래프
⇨ $y=f(x)$의 그래프에서 $y<0$인 부분을 x축에 대하여 대칭이동

(2) $y=f(|x|)$의 그래프
⇨ $y=f(x)$의 그래프에서 $x\geq0$인 부분을 y축에 대하여 대칭이동

(3) $|y|=f(x)$의 그래프
⇨ $y=f(x)$의 그래프에서 $y\geq0$인 부분을 x축에 대하여 대칭이동

(4) $|y|=f(|x|)$의 그래프
⇨ $y=f(x)$의 그래프에서 $x\geq0$, $y\geq0$인 부분을 x축, y축, 원점에 대하여 각각 대칭이동

≫66~69쪽

09 합성함수

0373 답 4

$(g\circ f)(1)=g(f(1))=g(3)=4$

0374 답 1

$(g\circ f)(2)=g(f(2))=g(5)=1$

0375 답 7

$(f\circ g)(3)=f(g(3))=f(4)=7$

0376 답 3

$(f\circ g)(5)=f(g(5))=f(1)=3$

0377 답 $(g\circ f)(x)=4x^2-4x+4$

$(g\circ f)(x)=g(f(x))=g(2x-1)$
$=(2x-1)^2+3$
$=4x^2-4x+4$

0378 답 $(f\circ g)(x)=2x^2+5$

$(f\circ g)(x)=f(g(x))=f(x^2+3)$
$=2(x^2+3)-1$
$=2x^2+5$

0379 답 $(f\circ f)(x)=4x-3$

$(f\circ f)(x)=f(f(x))=f(2x-1)$
$=2(2x-1)-1$
$=4x-3$

0380 답 $(g\circ g)(x)=x^4+6x^2+12$

$(g\circ g)(x)=g(g(x))=g(x^2+3)$
$=(x^2+3)^2+3$
$=x^4+6x^2+12$

0381 답 $((f\circ g)\circ h)(x)=3x^2+18x+22$

$(f\circ g)(x)=f(g(x))=f(x^2-1)$
$=3(x^2-1)-2=3x^2-5$

$\therefore ((f\circ g)\circ h)(x)=(f\circ g)(h(x))$
$=(f\circ g)(x+3)$
$=3(x+3)^2-5$
$=3x^2+18x+22$

0382 답 $(f\circ(g\circ h))(x)=3x^2+18x+22$

$(g\circ h)(x)=g(h(x))=g(x+3)$
$=(x+3)^2-1=x^2+6x+8$

$\therefore (f\circ(g\circ h))(x)=f((g\circ h)(x))$
$=f(x^2+6x+8)$
$=3(x^2+6x+8)-2$
$=3x^2+18x+22$

Ⓢ**0383** 답 ⑤

$g(1)=-1^2+2=1$이므로

$(f\circ g)(1)=f(g(1))=f(1)=2\times1+1=3$

$f(2)=2+3=5$이므로

$(g\circ f)(2)=g(f(2))=g(5)=-5^2+2=-23$

$\therefore (f\circ g)(1)-(g\circ f)(2)=26$

Ⓗ**0384** 답 3

$(f\circ f)(4)=f(f(4))=f(1)=2$

$(f\circ f\circ f)(1)=f(f(f(1)))=f(f(2))=f(4)=1$

$\therefore (f\circ f)(4)+(f\circ f\circ f)(1)=3$

Ⓢ**0385** 답 ②

$(g\circ f)(a)=g(f(a))=g(-2a+4)$
$=(-2a+4)-3=-2a+1$

$-2a+1=5$이므로

$-2a=4$ $\therefore a=-2$

중 0386 답 -8

$h\circ(g\circ f)=(h\circ g)\circ f$이므로

$(h\circ(g\circ f))(3)=((h\circ g)\circ f)(3)=(h\circ g)(f(3))$
$=(h\circ g)(2)=-8$

중 0387 답 4

조건 (가), (나)에서

$(f\circ g)(3)=f(g(3))=f(1)=3$

$(g\circ f)(2)=g(f(2))=g(1)=3$

이때 조건 (가)에서 $f(2)=g(3)=1$이고 두 함수 f, g는 일대일대응이므로

$f(3)=2$, $g(2)=2$

$\therefore f(3)+g(2)=4$

중 0388 답 ③

$(f\circ g)(x)=f(g(x))=f(2x+4)$
$=-3(2x+4)+k=-6x-12+k$

$(g\circ f)(x)=g(f(x))=g(-3x+k)$
$=2(-3x+k)+4=-6x+2k+4$

$f\circ g=g\circ f$이므로

$-6x-12+k=-6x+2k+4$

$-12+k=2k+4 \qquad \therefore k=-16$

따라서 $f(x)=-3x-16$이므로

$f(-3)=-3\times(-3)-16=-7$

중 0389 답 5

$f(1)=4\times1+a=7$이므로 $a=3$

$\therefore f(x)=4x+3$

$(f\circ g)(x)=f(g(x))=f(-x+b)$
$=4(-x+b)+3=-4x+4b+3$

$(g\circ f)(x)=g(f(x))=g(4x+3)$
$=-(4x+3)+b=-4x-3+b$

$f\circ g=g\circ f$이므로

$-4x+4b+3=-4x-3+b$

$4b+3=-3+b$

$3b=-6 \qquad \therefore b=-2$

$\therefore a-b=5$

중 0390 답 5

$f\circ g=g\circ f$에서 $f(g(x))=g(f(x))$ ······ ㉠

㉠의 양변에 $x=4$를 대입하면

$f(g(4))=g(f(4))$에서 $f(g(4))=g(1)=4$

㉠의 양변에 $x=1$을 대입하면

$f(g(1))=g(f(1))$에서 $g(f(1))=f(4)=1$

$\therefore (f\circ g)(4)+(g\circ f)(1)=f(g(4))+g(f(1))$
$=4+1=5$

중 0391 답 2

해결 과정 $(f\circ g)(x)=f(g(x))=f(ax+b)$
$=3(ax+b)-2=3ax+3b-2$

$(g\circ f)(x)=g(f(x))=g(3x-2)$
$=a(3x-2)+b=3ax-2a+b$ ◀ 30 %

$f\circ g=g\circ f$이므로

$3ax+3b-2=3ax-2a+b$

$3b-2=-2a+b$

$2b=-2a+2 \qquad \therefore b=-a+1$

$g(x)=ax+b$에 $b=-a+1$을 대입하면

$g(x)=ax+(-a+1)=ax-a+1$
$=a(x-1)+1$

이므로 $y=g(x)$의 그래프는 a의 값에 관계없이 항상 점 $(1, 1)$을 지난다. ◀ 50 %

답 구하기 따라서 $\alpha=1$, $\beta=1$이므로

$\alpha+\beta=2$ ◀ 20 %

상 0392 답 4

$(f\circ g)(x)=f(g(x))=f(bx-1)$
$=a(bx-1)+3=abx-a+3$

$(g\circ f)(x)=g(f(x))=g(ax+3)$
$=b(ax+3)-1=abx+3b-1$

$f\circ g=g\circ f$이므로

$abx-a+3=abx+3b-1$

$-a+3=3b-1 \qquad \therefore a+3b=4$

이때 a, b는 양수이므로 산술평균과 기하평균의 관계에 의하여

$a+3b\ge2\sqrt{a\times3b}$에서 $4\ge2\sqrt{3ab}$

$\therefore \sqrt{3ab}\le2$ (단, 등호는 $a=3b$일 때 성립)

양변을 제곱하면 $3ab\le4$

따라서 $3ab$의 최댓값은 4이다.

도움 개념 산술평균과 기하평균의 관계

$a>0$, $b>0$일 때

$\dfrac{a+b}{2}\ge\sqrt{ab}$ (단, 등호는 $a=b$일 때 성립)

중 0393 답 ②

$(g\circ f)(x)=g(f(x))=g(ax+1)$
$=b(ax+1)-c=abx+b-c$

$(g\circ f)(x)=6x+4$이므로

$abx+b-c=6x+4$

$\therefore ab=6$, $b-c=4$

또, $f(1)=3$이므로

$a+1=3 \qquad \therefore a=2$

$ab=6$에 $a=2$를 대입하면

$2b=6 \qquad \therefore b=3$

$b-c=4$에 $b=3$을 대입하면

$3-c=4 \qquad \therefore c=-1$

$\therefore a+b+c=4$

중 0394 답 4

$(g\circ f)(x)=g(f(x))=g(2x-a)$
$=(2x-a)^2-1=4x^2-4ax+a^2-1$

$(g\circ f)(x)$가 $x-1$로 나누어떨어지므로

$(g\circ f)(1)=4-4a+a^2-1=0$

$\therefore a^2-4a+3=0$

따라서 이차방정식의 근과 계수의 관계에 의하여 모든 실수 a의 값의 합은 4이다.

참고 이차방정식 $a^2-4a+3=0$의 판별식을 D라 하면

$\frac{D}{4}=(-2)^2-3>0$

이므로 서로 다른 두 실근을 갖는다.

도움 개념 **인수정리**

다항식 $f(x)$가 $x-\alpha$로 나누어떨어지면 $f(\alpha)=0$이다.

중 0395 답 2

해결 과정 $(f\circ f)(x)=f(f(x))=f(ax+b)$

$=a(ax+b)+b=a^2x+ab+b$

$f(-x)=-ax+b$ ◀ 30 %

$(f\circ f)(x)=f(-x)$이므로

$a^2x+ab+b=-ax+b$에서

$a^2=-a,\ ab+b=b$

$\therefore a(a+1)=0,\ ab=0$

이때 $a\neq0$이므로 $a=-1,\ b=0$ ◀ 60 %

답 구하기 따라서 $f(x)=-x$이므로

$f(-2)=2$ ◀ 10 %

중 0396 답 ②

$(g\circ h)(x)=g(h(x))=3h(x)-2$

$(g\circ h)(x)=f(x)$이므로

$3h(x)-2=x+2$

$3h(x)=x+4 \quad \therefore h(x)=\frac{1}{3}x+\frac{4}{3}$

$\therefore h(5)=\frac{1}{3}\times5+\frac{4}{3}=3$

다른 풀이

$(g\circ h)(x)=f(x)$에 $x=5$를 대입하면

$g(h(5))=f(5)$

$3h(5)-2=5+2,\ 3h(5)=9$

$\therefore h(5)=3$

중 0397 답 $f(x)=3x$

$(f\circ g)(x)=f(g(x))=f(2x+1)=6x+3$에서

$2x+1=t$로 놓으면 $x=\frac{1}{2}t-\frac{1}{2}$이므로

$f(t)=6\left(\frac{1}{2}t-\frac{1}{2}\right)+3=3t$

$\therefore f(x)=3x$

중 0398 답 $f(x)=2x+5$

$(h\circ g)(x)=2x-3$이므로

$(h\circ(g\circ f))(x)=((h\circ g)\circ f)(x)$

$=(h\circ g)(f(x))$

$=2f(x)-3$

$(h\circ(g\circ f))(x)=4x+7$이므로

$2f(x)-3=4x+7,\ 2f(x)=4x+10$

$\therefore f(x)=2x+5$

중 0399 답 2

$(f\circ g)(x)=f(g(x))=f(3x+1)$

$=-(3x+1)+4=-3x+3$

$(h\circ f\circ g)(x)=(h\circ(f\circ g))(x)$

$=h((f\circ g)(x))$

$=h(-3x+3)$

$(h\circ f\circ g)(x)=f(x)$이므로

$h(-3x+3)=-x+4$에서

$-3x+3=t$로 놓으면 $x=-\frac{1}{3}t+1$

$h(t)=-\left(-\frac{1}{3}t+1\right)+4=\frac{1}{3}t+3$

따라서 $h(x)=\frac{1}{3}x+3$이므로

$h(-3)=\frac{1}{3}\times(-3)+3=2$

중 0400 답 -3

$f^2(x)=f(f(x))=f(x+1)=(x+1)+1=x+2$

$f^3(x)=f(f^2(x))=f(x+2)=(x+2)+1=x+3$

$f^4(x)=f(f^3(x))=f(x+3)=(x+3)+1=x+4$

$\vdots$

$f^{10}(x)=x+10$

$f^{10}(a)=7$이므로

$a+10=7 \qquad \therefore a=-3$

중 0401 답 1

$f^1(2)=f(2)=0$

$f^2(2)=f(f(2))=f(0)=1$

$f^3(2)=f(f^2(2))=f(1)=0$

$f^4(2)=f(f^3(2))=f(0)=1$

$\vdots$

따라서 $f^1(2)=f^3(2)=\cdots=0,\ f^2(2)=f^4(2)=\cdots=1$이므로

$f^n(2)=\begin{cases}0 & (n\text{은 홀수})\\1 & (n\text{은 짝수})\end{cases}$

$\therefore f^{50}(2)=1$

상 0402 답 $\frac{12}{7}$

주어진 그래프를 함수식으로 나타내면

$f(x)=\begin{cases}2x & \left(0\le x<\frac{1}{2}\right)\\-2x+2 & \left(\frac{1}{2}\le x\le1\right)\end{cases}$이므로

$f\left(\frac{1}{7}\right)=2\times\frac{1}{7}=\frac{2}{7}$

$f^2\left(\frac{1}{7}\right)=f\left(f\left(\frac{1}{7}\right)\right)=f\left(\frac{2}{7}\right)=2\times\frac{2}{7}=\frac{4}{7}$

$f^3\left(\frac{1}{7}\right)=f\left(f^2\left(\frac{1}{7}\right)\right)=f\left(\frac{4}{7}\right)=-2\times\frac{4}{7}+2=\frac{6}{7}$

$f^4\left(\frac{1}{7}\right)=f\left(f^3\left(\frac{1}{7}\right)\right)=f\left(\frac{6}{7}\right)=-2\times\frac{6}{7}+2=\frac{2}{7}$

$\vdots$

즉, $f^n\left(\frac{1}{7}\right)$의 값은 $\frac{2}{7},\ \frac{4}{7},\ \frac{6}{7}$이 이 순서대로 반복된다.

이때 $100=3\times33+1$이므로

$f^{100}\left(\frac{1}{7}\right)+f^{101}\left(\frac{1}{7}\right)+f^{102}\left(\frac{1}{7}\right)=f\left(\frac{1}{7}\right)+f^2\left(\frac{1}{7}\right)+f^3\left(\frac{1}{7}\right)$

$=\frac{2}{7}+\frac{4}{7}+\frac{6}{7}=\frac{12}{7}$

중 0403 답 6

$f(a)=t$라 하면

$(f\circ f)(a)=f(f(a))=f(t)$이므로

$f(t)=1$에서 $t=5$

즉, $f(a)=5$이므로 $a=2$

또, $(f\circ f\circ f)(2)=b$에서

$(f\circ f\circ f)(2)=f(f(f(2)))=f(f(5))=f(1)=4$

$\therefore b=4$

$\therefore a+b=6$

중 0404 답 ④

직선 $y=x$를 이용하여 y축과 점선이 만나는 점의 y좌표를 구하면 오른쪽 그림과 같다.

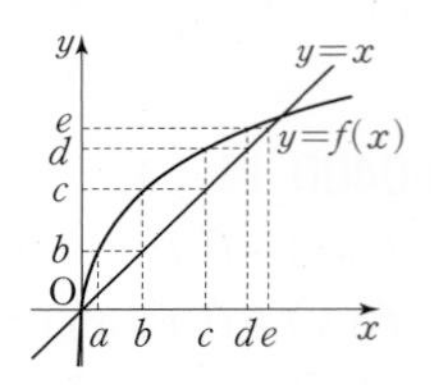

$\therefore (f\circ f)(b)=f(f(b))$

$=f(c)$

$=d$

중 0405 답 6

$f(k)=a$라 하면

$(f\circ f)(k)=f(f(k))=f(a)=2$

$f(a)=2$에서 $a=1$ 또는 $a=3$

$\therefore f(k)=1$ 또는 $f(k)=3$

(i) $f(k)=1$일 때, $k=2$

(ii) $f(k)=3$일 때, $k=0$ 또는 $k=4$

(i), (ii)에서 모든 실수 k의 값의 합은

$2+0+4=6$

Lecture 10 역함수

≫ 70~73쪽

0406~0407

함수 f가 일대일대응이어야 하므로 대응 관계를 완성하면 오른쪽 그림과 같다.

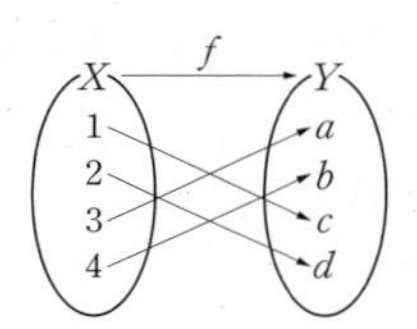

0406 답 b

0407 답 4

0408 답 6

$f^{-1}(a)=1$에서 $f(1)=a$이므로

$a=4\times1+2=6$

0409 답 -1

$f^{-1}(-2)=a$에서 $f(a)=-2$이므로

$4a+2=-2,\ 4a=-4 \qquad \therefore a=-1$

0410 답 $y=\frac{1}{3}x+\frac{1}{3}$

함수 $y=3x-1$은 실수 전체의 집합에서 일대일대응이므로 역함수가 존재한다.

$y=3x-1$을 x에 대하여 풀면

$x=\frac{1}{3}y+\frac{1}{3}$

x와 y를 서로 바꾸면 구하는 역함수는

$y=\frac{1}{3}x+\frac{1}{3}$

0411 답 $y=4x-3$

함수 $y=\frac{1}{4}x+\frac{3}{4}$은 실수 전체의 집합에서 일대일대응이므로 역함수가 존재한다.

$y=\frac{1}{4}x+\frac{3}{4}$을 x에 대하여 풀면

$x=4y-3$

x와 y를 서로 바꾸면 구하는 역함수는

$y=4x-3$

0412 답 1

$(f^{-1})^{-1}(4)=f(4)=-4+5=1$

0413 답 -1

0414 답 풀이 참조

함수 $y=2x+3$의 역함수는 $y=\frac{1}{2}x-\frac{3}{2}$이고, 이 두 함수의 그래프는 오른쪽 그림과 같이 직선 $y=x$에 대하여 대칭이다.

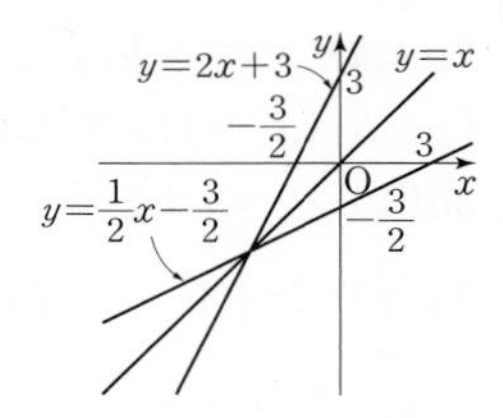

0415 답 풀이 참조

함수 $y=-\frac{1}{3}x+1$의 역함수는 $y=-3x+3$이고, 이 두 함수의 그래프는 오른쪽 그림과 같이 직선 $y=x$에 대하여 대칭이다.

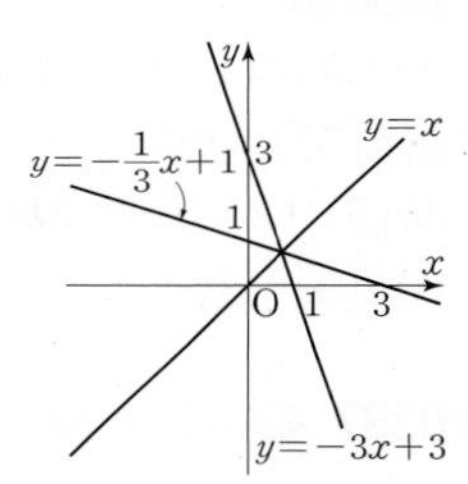

중 0416 답 8

$f(2)=1$에서

$2a+b=1$ …… ㉠

$f^{-1}(-2)=1$에서 $f(1)=-2$이므로

$a+b=-2$ …… ㉡

㉠, ㉡을 연립하여 풀면 $a=3,\ b=-5$

$\therefore a-b=8$

중 0417 답 5

$f(x)=ax^2+bx+c$ ($a\neq0$, a, b, c는 상수)라 하면

$f(0)=0$에서 $c=0$

$\therefore f(x)=ax^2+bx$

$f^{-1}(-3)=1$에서 $f(1)=-3$이므로

$a+b=-3$ …… ㉠

$f^{-1}(-4)=2$에서 $f(2)=-4$이므로

$4a+2b=-4 \qquad \therefore 2a+b=-2$ …… ㉡

㉠, ㉡을 연립하여 풀면 $a=1,\ b=-4$

따라서 $f(x)=x^2-4x$이므로
$f(-1)=(-1)^2-4\times(-1)=5$

중 0418 답 3

$f\left(\frac{2x-1}{3}\right)=x-1$에서

$\frac{2x-1}{3}=t$로 놓으면 $x=\frac{3}{2}t+\frac{1}{2}$이므로

$f(t)=\left(\frac{3}{2}t+\frac{1}{2}\right)-1=\frac{3}{2}t-\frac{1}{2}$

$\therefore f(x)=\frac{3}{2}x-\frac{1}{2}$

$f^{-1}(4)=k$라 하면 $f(k)=4$이므로

$\frac{3}{2}k-\frac{1}{2}=4,\ \frac{3}{2}k=\frac{9}{2}\quad \therefore k=3$

$\therefore f^{-1}(4)=3$

상 0419 답 0

$x\geq0$일 때, $f(x)=x^2+2\geq2$
$x<0$일 때, $f(x)=x+2<2$
$g(6)=m$이라 하면 $f(m)=6$이므로 $m\geq0$이고
$m^2+2=6,\ m^2=4$
$\therefore m=-2$ 또는 $m=2$
그런데 $m\geq0$이므로 $m=2$
$g(0)=n$이라 하면 $f(n)=0$이므로 $n<0$이고
$n+2=0\quad \therefore n=-2$
따라서 $g(6)=2,\ g(0)=-2$이므로
$g(6)+g(0)=0$

중 0420 답 ④

함수 $f(x)$의 역함수가 존재하므로 $f(x)$는 일대일대응이다.
이때 $y=f(x)$의 그래프의 기울기가 양수이므로 x의 값이 증가하면 y의 값도 증가한다.
즉, $f(1)=a,\ f(4)=b$이므로
$2\times1-3=a,\ 2\times4-3=b\quad \therefore a=-1,\ b=5$
$\therefore a+b=4$

중 0421 답 5

해결 과정 $f(x)=x^2-4x=(x-2)^2-4$ ◀ 20 %
함수 $f(x)$의 역함수가 존재하므로 $f(x)$는 일대일대응이고, $f(x)$는 X에서 X로의 함수이므로
$k\geq2,\ f(k)=k$ ◀ 40 %
답 구하기 $f(k)=k$에서 $k^2-4k=k$이므로
$k^2-5k=0,\ k(k-5)=0$
$\therefore k=0$ 또는 $k=5$
그런데 $k\geq2$이므로 $k=5$ ◀ 40 %

중 0422 답 ⑤

$f(x)=ax+|2x-1|$에서

(i) $x\geq\frac{1}{2}$일 때,

$f(x)=ax+(2x-1)=(a+2)x-1$

(ii) $x<\frac{1}{2}$일 때,

$f(x)=ax-(2x-1)=(a-2)x+1$

(i), (ii)에서 함수 $f(x)$의 역함수가 존재하려면 $f(x)$는 일대일대응이어야 하므로 $x\geq\frac{1}{2}$일 때와 $x<\frac{1}{2}$일 때의 직선의 기울기의 부호가 서로 같아야 한다.
따라서 $(a+2)(a-2)>0$이므로
$a<-2$ 또는 $a>2$

하 0423 답 -3

$y=-3x+a$로 놓고 x에 대하여 풀면 $x=-\frac{1}{3}y+\frac{1}{3}a$

x와 y를 서로 바꾸면 $y=-\frac{1}{3}x+\frac{1}{3}a$

따라서 $f^{-1}(x)=-\frac{1}{3}x+\frac{1}{3}a$이므로

$b=-\frac{1}{3},\ \frac{1}{3}a=3$

$\therefore a=9,\ b=-\frac{1}{3}$

$\therefore ab=-3$

중 0424 답 $h^{-1}(x)=-\frac{1}{2}x+3$

$h(x)=(f\circ g)(x)=f(g(x))$
$=f(-x+5)=2(-x+5)-4$
$=-2x+6$

$y=-2x+6$으로 놓고 x에 대하여 풀면 $x=-\frac{1}{2}y+3$

x와 y를 서로 바꾸면 $y=-\frac{1}{2}x+3$

$\therefore h^{-1}(x)=-\frac{1}{2}x+3$

중 0425 답 15

해결 과정 $f(4x+1)=2x+7$에서
$4x+1=t$로 놓으면

$x=\frac{1}{4}t-\frac{1}{4}$이므로

$f(t)=2\left(\frac{1}{4}t-\frac{1}{4}\right)+7=\frac{1}{2}t+\frac{13}{2}$

$\therefore f(x)=\frac{1}{2}x+\frac{13}{2}$ ◀ 40 %

$y=\frac{1}{2}x+\frac{13}{2}$으로 놓고 x에 대하여 풀면 $x=2y-13$
x와 y를 서로 바꾸면 $y=2x-13$
$\therefore f^{-1}(x)=2x-13$ ◀ 40 %
답 구하기 따라서 $a=2,\ b=-13$이므로
$a-b=15$ ◀ 20 %

중 0426 답 ④

$f(x)=f^{-1}(x)$이면 $(f\circ f)(x)=f(f(x))=x$
① $f(x)=3x$에서
$f(f(x))=f(3x)=3\times3x=9x$
② $f(x)=2x-1$에서
$f(f(x))=f(2x-1)=2(2x-1)-1=4x-3$
③ $f(x)=x+1$에서
$f(f(x))=f(x+1)=(x+1)+1=x+2$
④ $f(x)=-x+2$에서
$f(f(x))=f(-x+2)=-(-x+2)+2=x$

⑤ $f(x)=x^2+1\ (x\geq 0)$에서

$f(f(x))=f(x^2+1)=(x^2+1)^2+1=x^4+2x^2+2\ (x\geq 0)$

따라서 $f(x)=f^{-1}(x)$를 만족시키는 함수는 ④이다.

중 0427 답 -1

$(f\circ f)(x)=x$이므로 $f(x)=f^{-1}(x)$

$f(4)=f^{-1}(4)=-5$

$f^{-1}(4)=-5$에서 $f(-5)=4$이므로

$f^{-1}(-5)=f(-5)=4$

$\therefore f(4)+f^{-1}(-5)=-1$

중 0428 답 3

$(f\circ f)(x)=x$이므로 $f(x)=f^{-1}(x)$

$f(-1)=f^{-1}(-1)=6$

$f^{-1}(-1)=6$에서 $f(6)=-1$

$f(-1)=6$에서 $-a+b=6$ …… ㉠

$f(6)=-1$에서 $6a+b=-1$ …… ㉡

㉠, ㉡을 연립하여 풀면

$a=-1,\ b=5$

따라서 $f(x)=-x+5$이므로

$f(2)=-2+5=3$

중 0429 답 5

$(f^{-1}\circ g)(a)=f^{-1}(g(a))=3$에서

$f(3)=g(a)$이므로

$2\times 3+5=a+6$

$\therefore a=5$

중 0430 답 2

$g(1)=3$이므로

$(f^{-1}\circ g)(1)=f^{-1}(g(1))=f^{-1}(3)$

$f^{-1}(3)=m$이라 하면 $f(m)=3$이므로 $m=1$

$\therefore (f^{-1}\circ g)(1)=1$

$(f\circ g^{-1})(2)=f(g^{-1}(2))$에서

$g^{-1}(2)=n$이라 하면 $g(n)=2$이므로 $n=2$

$\therefore (f\circ g^{-1})(2)=f(2)=1$

$\therefore (f^{-1}\circ g)(1)+(f\circ g^{-1})(2)=2$

중 0431 답 15

[해결 과정] $(f\circ g)(x)=f(g(x))=f(x-5)$

$=2(x-5)+a=2x+a-10$

$(f\circ g)(x)=2x-3$이므로

$2x+a-10=2x-3$

$a-10=-3\qquad \therefore a=7$

$\therefore f(x)=2x+7$ ◀ 40 %

$(f\circ g^{-1})(-1)=f(g^{-1}(-1))$에서

$g^{-1}(-1)=k$라 하면 $g(k)=-1$이므로

$k-5=-1\qquad \therefore k=4$ ◀ 40 %

[답 구하기] $\therefore (f\circ g^{-1})(-1)=f(g^{-1}(-1))$

$=f(4)$

$=2\times 4+7$

$=15$ ◀ 20 %

중 0432 답 -1

$(g\circ(g\circ f)^{-1}\circ g)(-2)=(g\circ f^{-1}\circ g^{-1}\circ g)(-2)$

$=(g\circ f^{-1})(-2)$

$=g(f^{-1}(-2))$

$f^{-1}(-2)=k$라 하면 $f(k)=-2$이므로

$3k-5=-2,\ 3k=3\qquad \therefore k=1$

$\therefore (g\circ(g\circ f)^{-1}\circ g)(-2)=g(1)$

$=-4\times 1+3$

$=-1$

중 0433 답 14

$(f\circ(f^{-1}\circ f)^{-1})(4)=(f\circ f^{-1}\circ f)(4)$

$=f(4)$

$=4^2-2$

$=14$

중 0434 답 13

$f^{-1}\circ g^{-1}=(g\circ f)^{-1}$이므로

$(f^{-1}\circ g^{-1})(5)=(g\circ f)^{-1}(5)=2$에서

$(g\circ f)(2)=5$

$(g\circ f)(2)=g(f(2))=g(2a+b)$

$=2a+b+3$

즉, $2a+b+3=5$에서 $2a+b=2$ …… ㉠

또, $(f\circ g^{-1})(4)=f(g^{-1}(4))=-3$에서

$g^{-1}(4)=k$라 하면 $g(k)=4$이므로

$k+3=4\qquad \therefore k=1$

즉, $f(g^{-1}(4))=f(1)=-3$이므로

$a+b=-3$ …… ㉡

㉠, ㉡을 연립하여 풀면 $a=5,\ b=-8$

$\therefore a-b=13$

중 0435 답 ③

직선 $y=x$를 이용하여 y축과 점선이 만나는 점의 y좌표를 구하면 오른쪽 그림과 같다.

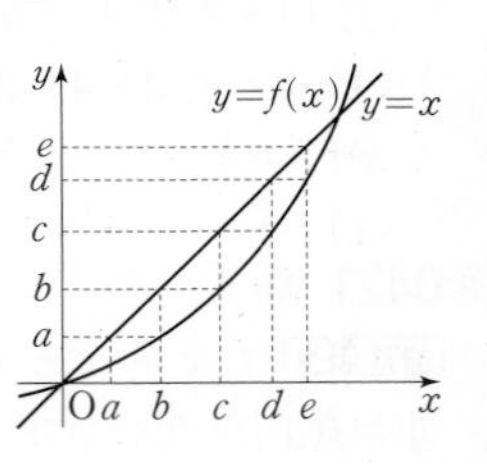

$(f\circ f)^{-1}(a)=(f^{-1}\circ f^{-1})(a)$

$=f^{-1}(f^{-1}(a))$

$f^{-1}(a)=p$라 하면 $f(p)=a$

오른쪽 그림에서 $f(b)=a$이므로

$p=b$

$\therefore f^{-1}(f^{-1}(a))=f^{-1}(b)$

$f^{-1}(b)=q$라 하면

$f(q)=b$

오른쪽 그림에서 $f(c)=b$이므로

$q=c$

$\therefore (f\circ f)^{-1}(a)=f^{-1}(f^{-1}(a))=f^{-1}(b)=c$

중 0436 답 8

$f^{-1}(3)=a,\ f^{-1}(5)=b$라 하면

$f(a)=3,\ f(b)=5$

함수 $f(x)$의 역함수가 존재하면 $f(x)$는 일대일대응이므로

$a=3,\ b=5$ 또는 $a=5,\ b=3$

$\therefore f^{-1}(3)+f^{-1}(5)=a+b=8$

상 0437 답 ⑤

직선 $y=x$를 이용하여 y축과 점선이 만나는 점의 y좌표를 구하면 오른쪽 그림과 같다.

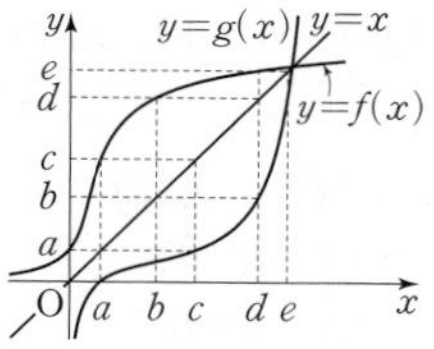

$(f\circ g^{-1}\circ f^{-1})(d)=f(g^{-1}(f^{-1}(d)))$

$f^{-1}(d)=p$라 하면 $f(p)=d$

오른쪽 그림에서 $f(b)=d$이므로 $p=b$

$\therefore f(g^{-1}(f^{-1}(d)))=f(g^{-1}(b))$

$g^{-1}(b)=q$라 하면 $g(q)=b$

오른쪽 그림에서 $g(d)=b$이므로 $q=d$

$\therefore f(g^{-1}(b))=f(d)$

$$\begin{aligned}\therefore (f\circ g^{-1}\circ f^{-1})(d)&=f(g^{-1}(f^{-1}(d)))\\&=f(g^{-1}(b))\\&=f(d)\\&=e\end{aligned}$$

중 0438 답 ③

함수 $y=f(x)$의 그래프와 그 역함수 $y=f^{-1}(x)$의 그래프의 교점은 함수 $y=f(x)$의 그래프와 직선 $y=x$의 교점과 같으므로

$x^2-6=x$에서 $x^2-x-6=0$

$(x+2)(x-3)=0$

$\therefore x=-2$ 또는 $x=3$

그런데 $x\geq 0$이므로 $x=3$

따라서 교점의 좌표는 $(3, 3)$이므로

$a=3,\ b=3$

$\therefore a+b=6$

하 0439 답 ④

함수 $y=f(x)$의 그래프와 그 역함수 $y=f^{-1}(x)$의 그래프의 교점은 함수 $y=f(x)$의 그래프와 직선 $y=x$의 교점과 같으므로 교점의 좌표는

$(2, 2)$

즉, $f(2)=2$이므로

$4a-6=2,\ 4a=8\qquad \therefore a=2$

따라서 $f(x)=4x-6$이므로

$f(4)=4\times 4-6=10$

중 0440 답 $4\sqrt{2}$

[문제 이해] 함수 $y=f(x)$의 그래프와 그 역함수 $y=f^{-1}(x)$의 그래프의 교점은 함수 $y=f(x)$의 그래프와 직선 $y=x$의 교점과 같다. ◀ 20 %

[해결 과정] $\frac{1}{2}x^2-4=x$에서 $x^2-2x-8=0$

$(x+2)(x-4)=0\qquad \therefore x=-2$ 또는 $x=4$

그런데 $x\geq 0$이므로 $x=4$ ◀ 50 %

[답 구하기] 따라서 $P(4, 4)$이므로

$\overline{OP}=\sqrt{4^2+4^2}=4\sqrt{2}$ ◀ 30 %

도움 개념 두 점 사이의 거리

(1) 좌표평면 위의 두 점 $A(x_1, y_1)$, $B(x_2, y_2)$ 사이의 거리는

$\overline{AB}=\sqrt{(x_2-x_1)^2+(y_2-y_1)^2}$

(2) 좌표평면 위의 원점 O와 점 $A(x_1, y_1)$ 사이의 거리는

$\overline{OA}=\sqrt{x_1^2+y_1^2}$

≫ 74~77쪽

중단원 마무리

0441 답 ②

각 대응을 그림으로 나타내면 다음과 같다.

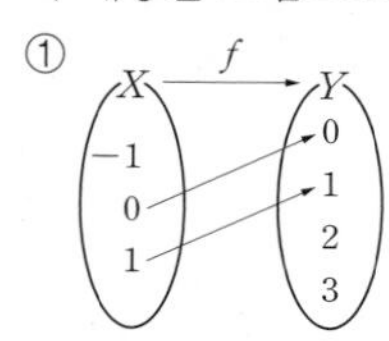

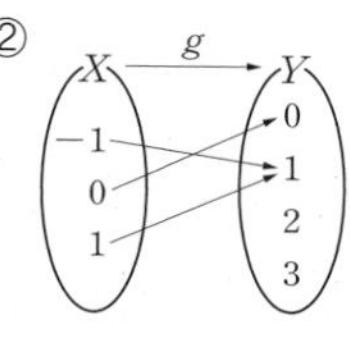

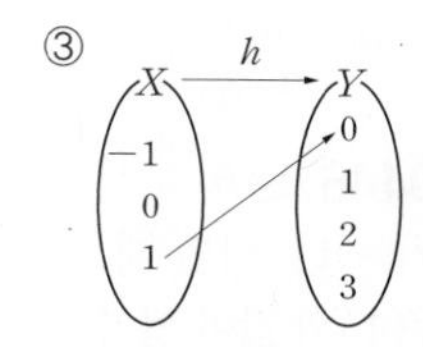

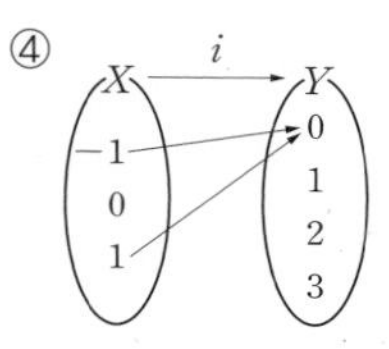

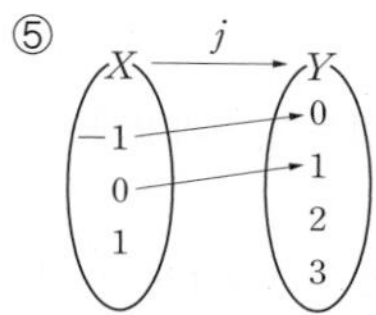

① X의 원소 -1에 대응하는 Y의 원소가 없으므로 함수가 아니다.

② X의 각 원소에 Y의 원소가 오직 하나씩 대응하므로 함수이다.

③ X의 원소 -1, 0에 대응하는 Y의 원소가 없으므로 함수가 아니다.

④ X의 원소 0에 대응하는 Y의 원소가 없으므로 함수가 아니다.

⑤ X의 원소 1에 대응하는 Y의 원소가 없으므로 함수가 아니다.

따라서 X에서 Y로의 함수인 것은 ②이다.

0442 답 9

$112=2^4\times 7$이므로 조건 (가)에서

$$\begin{aligned}f(112)&=f(2^4\times 7)=f(2^3\times 7)\\&=f(2^2\times 7)=f(2\times 7)\\&=f(7)\end{aligned}$$

이때 $7=2\times 3+1$이므로 조건 (나)에서

$f(7)=f(2\times 3+1)=3\times 3=9$

$\therefore f(112)=9$

0443 답 ②

정수 n에 대하여

(i) $x=n$일 때,

$$\begin{aligned}f(x)&=[n-1]+[1-n]\\&=(n-1)+(1-n)=0\end{aligned}$$

(ii) $n<x<n+1$일 때,

$n-1<x-1<n$이고

$-n<1-x<-n+1$이므로

$$\begin{aligned}f(x)&=[x-1]+[1-x]\\&=(n-1)+(-n)=-1\end{aligned}$$

(i), (ii)에서 함수 $f(x)$의 치역은 $\{-1, 0\}$이다.

참고 x보다 크지 않은 최대의 정수를 $[x]$라 할 때, 정수 n에 대하여

$n\leq x<n+1 \Longleftrightarrow [x]=n$

0444 답 9

함수 $f(x)$가 일대일함수이고 $f(1)=5$이므로 $f(2)$, $f(4)$의 값이 될 수 있는 수는 1, 3, 6 중 서로 다른 두 수이다.

따라서 $f(2)+f(4)$의 값이 최대가 되려면

$f(2)=3,\ f(4)=6$ 또는 $f(2)=6,\ f(4)=3$

이어야 하므로 구하는 최댓값은 9이다.

0445 답 ②

함수 $f(x)$가 항등함수이므로 $f(x)=x$

$f(-3)=-3$에서

$2\times(-3)+a=-3 \qquad \therefore a=3$

$f(1)=1$에서

$1^2-2\times1+b=1 \qquad \therefore b=2$

$\therefore ab=6$

0446 답 6

$f(-1)=1$일 때,

$f(1)$의 값이 될 수 있는 것은 2, 3, 4의 3개

$f(-1)=2$일 때,

$f(1)$의 값이 될 수 있는 것은 3, 4의 2개

$f(-1)=3$일 때,

$f(1)$의 값이 될 수 있는 것은 4의 1개

$f(-1)=4$일 때,

$f(-1)<f(1)$을 만족시키는 함수 f는 없다.

따라서 구하는 함수 f의 개수는

$3+2+1=6$

0447 답 12

$y=|2x+4|+|x|$에서 절댓값 기호 안의 식의 값이 0이 되는 x의 값 -2, 0을 경계로 범위를 나누면

(i) $-3\le x<-2$일 때,

$y=-(2x+4)-x=-3x-4$

(ii) $-2\le x<0$일 때,

$y=(2x+4)-x=x+4$

(iii) $0\le x\le2$일 때,

$y=(2x+4)+x=3x+4$

이상에서 주어진 함수의 그래프는 오른쪽 그림과 같다.

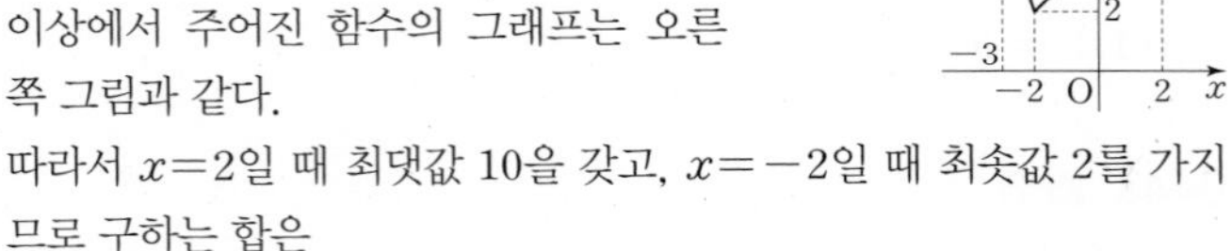

따라서 $x=2$일 때 최댓값 10을 갖고, $x=-2$일 때 최솟값 2를 가지므로 구하는 합은

$10+2=12$

0448 답 4

주어진 그래프를 함수식으로 나타내면

$$f(x)=\begin{cases} 2x & \left(0\le x<\frac{3}{2}\right) \\ -2x+6 & \left(\frac{3}{2}\le x\le3\right) \end{cases}$$

$$g(x)=\begin{cases} 2x & (0\le x<1) \\ \frac{1}{2}x+\frac{3}{2} & (1\le x\le3) \end{cases}$$

$g\left(\frac{1}{2}\right)=2\times\frac{1}{2}=1$이므로

$(f\circ g)\left(\frac{1}{2}\right)=f\left(g\left(\frac{1}{2}\right)\right)=f(1)=2\times1=2$

$f\left(\frac{5}{2}\right)=-2\times\frac{5}{2}+6=1$이므로

$(g\circ f)\left(\frac{5}{2}\right)=g\left(f\left(\frac{5}{2}\right)\right)=g(1)=\frac{1}{2}\times1+\frac{3}{2}=2$

$\therefore (f\circ g)\left(\frac{1}{2}\right)+(g\circ f)\left(\frac{5}{2}\right)=4$

0449 답 2

$(g\circ f)(-1)=g(f(-1))=g(-1+a)$

$=2(-1+a)-b=-2+2a-b$

$(g\circ f)(-1)=-2$이므로

$-2+2a-b=-2$

$\therefore 2a-b=0$ …… ㉠

$(f\circ g)(2)=f(g(2))=f(4-b)=4-b+a$

$(f\circ g)(2)=3$이므로

$4-b+a=3$

$\therefore a-b=-1$ …… ㉡

㉠, ㉡을 연립하여 풀면

$a=1,\ b=2$

$\therefore ab=2$

0450 답 3

$(g\circ(h\circ f))(x)=((g\circ h)\circ f)(x)$

$=(g\circ h)(f(x))$

$=2f(x)-3$

$(g\circ(h\circ f))(x)=x^2-1$이므로

$2f(x)-3=x^2-1,\ 2f(x)=x^2+2$

$\therefore f(x)=\frac{1}{2}x^2+1$

$\therefore f(-2)=\frac{1}{2}\times(-2)^2+1=3$

0451 답 ㄱ, ㄷ

주어진 그래프를 함수식으로 나타내면

$$f(x)=\begin{cases} -2x+2 & (0\le x<1) \\ x-1 & (1\le x\le2) \end{cases}$$

$f\left(\frac{1}{3}\right)=-2\times\frac{1}{3}+2=\frac{4}{3}$

$f^2\left(\frac{1}{3}\right)=f\left(f\left(\frac{1}{3}\right)\right)=f\left(\frac{4}{3}\right)=\frac{4}{3}-1=\frac{1}{3}$

$f^3\left(\frac{1}{3}\right)=f\left(f^2\left(\frac{1}{3}\right)\right)=f\left(\frac{1}{3}\right)=\frac{4}{3}$

$f^4\left(\frac{1}{3}\right)=f\left(f^3\left(\frac{1}{3}\right)\right)=f\left(\frac{4}{3}\right)=\frac{1}{3}$

⋮

$\therefore f^{2n}\left(\frac{1}{3}\right)=\frac{1}{3}$

$f\left(\frac{1}{2}\right)=-2\times\frac{1}{2}+2=1$

$f^2\left(\frac{1}{2}\right)=f\left(f\left(\frac{1}{2}\right)\right)=f(1)=1-1=0$

$f^3\left(\frac{1}{2}\right)=f\left(f^2\left(\frac{1}{2}\right)\right)=f(0)=-2\times0+2=2$

$f^4\left(\frac{1}{2}\right)=f\left(f^3\left(\frac{1}{2}\right)\right)=f(2)=2-1=1$

⋮

$\therefore f^{3n}\left(\frac{1}{2}\right)=2$

ㄱ. $f^2\left(\frac{1}{3}\right)+f^2\left(\frac{1}{2}\right)=\frac{1}{3}+0=\frac{1}{3}$

ㄴ. $f^{40}\left(\frac{1}{3}\right)=f^{2\times20}\left(\frac{1}{3}\right)=\frac{1}{3}$

ㄷ. $f^{3n}\left(\frac{1}{2}\right)=2$

이상에서 옳은 것은 ㄱ, ㄷ이다.

0452 답 -16

$f\left(\frac{3x+4}{2}\right)=-3x-3$에서

$\frac{3x+4}{2}=t$로 놓으면 $x=\frac{2}{3}t-\frac{4}{3}$이므로

$f(t)=-3\left(\frac{2}{3}t-\frac{4}{3}\right)-3=-2t+1$

따라서 $f(x)=-2x+1$이므로

$f(7)=-2\times7+1=-13$

$f^{-1}(7)=k$라 하면 $f(k)=7$이므로

$-2k+1=7,\ 2k=-6\quad \therefore k=-3$

$\therefore f^{-1}(7)=-3$

$\therefore f(7)+f^{-1}(7)=-16$

다른 풀이

$f(x)=-2x+1$에서

$y=-2x+1$로 놓고 x에 대하여 풀면 $x=-\frac{1}{2}y+\frac{1}{2}$

x와 y를 서로 바꾸면 $y=-\frac{1}{2}x+\frac{1}{2}$

$\therefore f^{-1}(x)=-\frac{1}{2}x+\frac{1}{2}$

따라서 $f(7)=-2\times7+1=-13$,

$f^{-1}(7)=-\frac{1}{2}\times7+\frac{1}{2}=-3$이므로

$f(7)+f^{-1}(7)=-16$

0453 답 ④

함수 $f(x)$의 역함수가 존재하려면 $f(x)$는 일대일대응이어야 한다.
즉, $x=1$인 점에서 두 직선 $y=2x+a$, $y=ax+b$가 만나야 하므로

$2+a=a+b\quad \therefore b=2$

이때 $x\geq1$인 부분에서의 직선의 기울기가 양수이므로 $x<1$인 부분에서의 직선의 기울기도 양수이어야 한다.

$\therefore a>0$

따라서 역함수가 존재하도록 하는 실수 a, b의 조건은

$a>0,\ b=2$

0454 답 13

$f^{-1}\circ g^{-1}=(g\circ f)^{-1}$이고

$(g\circ f)(x)=g(f(x))=g(2x)=2x+1$

$y=2x+1$로 놓고 x에 대하여 풀면 $x=\frac{1}{2}y-\frac{1}{2}$

x와 y를 서로 바꾸면 $y=\frac{1}{2}x-\frac{1}{2}$

$\therefore (g\circ f)^{-1}(x)=\frac{1}{2}x-\frac{1}{2}$

$\therefore (f^{-1}\circ g^{-1}\circ h)(x)=(g\circ f)^{-1}(h(x))=\frac{1}{2}h(x)-\frac{1}{2}$

$(f^{-1}\circ g^{-1}\circ h)(x)=f(x)$이므로

$\frac{1}{2}h(x)-\frac{1}{2}=2x,\ \frac{1}{2}h(x)=2x+\frac{1}{2}\quad \therefore h(x)=4x+1$

$\therefore h(3)=4\times3+1=13$

다른 풀이

$(f^{-1}\circ g^{-1}\circ h)(x)=f(x)$에서 $((g\circ f)^{-1}\circ h)(x)=f(x)$

$((g\circ f)\circ(g\circ f)^{-1}\circ h)(x)=(g\circ f\circ f)(x)$

$\therefore h(x)=(g\circ f\circ f)(x)$

$\therefore h(3)=g(f(f(3)))=g(f(6))=g(12)=13$

0455 답 4

$(g^{-1}\circ f)(3)=g^{-1}(f(3))=g^{-1}(1)$

$g^{-1}(1)=p$라 하면 $g(p)=1$

주어진 그림에서 $g(0)=1$이므로 $p=0$

$\therefore (g^{-1}\circ f)(3)=0$

$(g\circ f^{-1})(4)=g(f^{-1}(4))$

$f^{-1}(4)=q$라 하면 $f(q)=4$

주어진 그림에서 $f(4)=4$이므로 $q=4$

$\therefore (g\circ f^{-1})(4)=g(4)=4$

$\therefore (g^{-1}\circ f)(3)+(g\circ f^{-1})(4)=4$

다른 풀이

$f(3)=1,\ f(4)=4,\ g(0)=1,\ g(4)=4$이므로

$f^{-1}(4)=4,\ g^{-1}(1)=0$

$\therefore (g^{-1}\circ f)(3)+(g\circ f^{-1})(4)=g^{-1}(f(3))+g(f^{-1}(4))$
$=g^{-1}(1)+g(4)$
$=4$

0456 답 ③

방정식 $f(x)=f^{-1}(x)$의 근은 방정식 $f(x)=x$의 근과 같으므로

$x^2-2x+2=x$에서 $x^2-3x+2=0$

$(x-1)(x-2)=0\quad \therefore x=1$ 또는 $x=2$

$X=\{x|x\geq1\}$에서 정의되므로 두 값 모두 근이 된다.

따라서 모든 근의 합은 $1+2=3$

0457 답 ㄱ, ㄷ

전략 주어진 조건의 x, y에 적절한 수나 식을 넣어 문제를 해결한다.

ㄱ. $x=0,\ y=0$을 대입하면

$f(0+0)=f(0)+f(0)$

$\therefore f(0)=0$

ㄴ. $y=-x$를 대입하면

$f(x+(-x))=f(x)+f(-x)$

$f(0)=f(x)+f(-x)=0$

$\therefore f(x)=-f(-x)$

ㄷ. $x=1,\ y=1$을 대입하면

$f(1+1)=f(1)+f(1)=2\quad \therefore f(2)=2$

$x=2,\ y=1$을 대입하면

$f(2+1)=f(2)+f(1)=2+1=3\quad \therefore f(3)=3$

$x=3,\ y=1$을 대입하면

$f(3+1)=f(3)+f(1)=3+1=4\quad \therefore f(4)=4$

⋮

$f(9+1)=f(9)+f(1)=9+1=10\quad \therefore f(10)=10$

이상에서 옳은 것은 ㄱ, ㄷ이다.

0458 답 3

전략 일대일대응의 정의를 이용하여 조건을 만족시키는 함숫값을 구한다.

함수 f가 X에서 X로의 일대일대응이므로

$\{f(1), f(2), f(3), f(4), f(5)\}=\{1, 2, 3, 4, 5\}$

$f(2)-f(3)=f(4)-f(1)=f(5)>0$이므로

$f(2)>f(3),\ f(4)>f(1)$

$f(1)<f(2)<f(4)$이므로

$f(3)<f(1)<f(2)<f(4)$

즉, $f(2)-f(3)\geq2$이고 $f(2)<f(4)$이므로 $f(2)\leq4$

따라서 $f(5)=2$ 또는 $f(5)=3$

(i) $f(5)=2$인 경우

$f(3)$, $f(1)$, $f(2)$, $f(4)$가 이 순서대로 증가하는 4개의 자연수이므로 $f(3)=1$, $f(1)=3$, $f(2)=4$, $f(4)=5$이다.

그런데 $f(5)=2$, $f(2)-f(3)=3$이므로 조건을 만족시키지 않는다.

(ii) $f(5)=3$인 경우

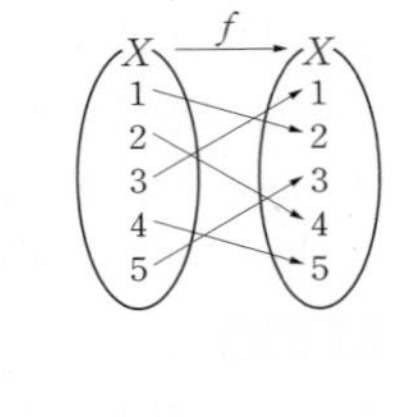

$f(5)=f(2)-f(3)=f(4)-f(1)=3$이고, 3이 1, 2, 3, 4, 5의 중앙값이므로

$f(3)<f(1)<f(5)<f(2)<f(4)$

즉, $f(1)=2$, $f(2)=4$, $f(3)=1$, $f(4)=5$, $f(5)=3$

(i), (ii)에서 $f(5)=3$

0459 답 ⑤

전략 그래프를 이용하여 합성함수의 함숫값을 구하고, $f(x)=0$을 만족시키는 x의 값은 함수의 그래프와 x축이 만나는 점의 x좌표임을 이용하여 문제를 해결한다.

ㄱ. $(f\circ f)(-3)=f(f(-3))=f(1)=1$

ㄴ. $f(-2)=f(0)=f(3)=0$이므로 방정식 $f(x)=0$을 만족시키는 x의 값은 -2, 0, 3의 3개이다.

ㄷ. $(f\circ f)(x)=f(f(x))=0$에서

$f(x)=-2$ 또는 $f(x)=0$ 또는 $f(x)=3$

이때 정의역 $\{x|-3\le x\le 4\}$에 대한 함수 f의 치역은 $\{y|-1\le y\le 2\}$이므로 $f(x)=0$

주어진 함수의 그래프에서 $f(x)=0$을 만족시키는 x의 값은 -2, 0, 3이므로 구하는 모든 실근의 합은

$-2+0+3=1$

이상에서 ㄱ, ㄴ, ㄷ 모두 옳다.

0460 답 ③

전략 역함수의 성질을 이용하여 먼저 주어진 조건을 정리한다.

$(g\circ f^{-1})^{-1}=f\circ g^{-1}$이므로

$((g\circ f^{-1})^{-1}\circ g\circ f)(x)=(f\circ g^{-1}\circ g\circ f)(x)$

$=(f\circ f)(x)$

즉, $(f\circ f)(x)=x$이므로 $f\circ f$가 항등함수인 것의 개수를 구하면

(i) $f(x)=x$인 함수의 개수는 1

(ii) 오른쪽 그림과 같이 자기 자신에 대응하는 원소가 1개이고 나머지 2개는 서로 엇갈려 대응하는 함수에서 자기 자신에 대응하는 원소가 a, b, c인 3가지 경우가 있으므로 그 개수는 3

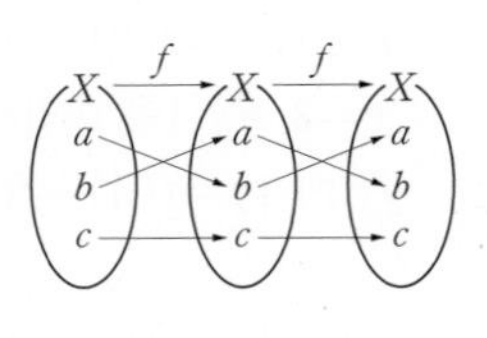

(i), (ii)에서 구하는 함수 f의 개수는 $1+3=4$

0461 답 12

전략 $(f\circ f^{-1})(a)=f(f^{-1}(a))=a$이므로 a는 두 집합 X, Y의 공통인 원소임을 이용한다.

역함수의 성질에 의하여 $(f\circ f^{-1})(a)=a$이므로

조건 (다)에서 $\frac{1}{2}f(a)=a$

$\therefore f(a)=2a$ ...... ㉠

이때 $f(a)$와 $f^{-1}(a)$의 값이 모두 정의되어야 하므로 a는 두 함수 f, f^{-1}의 정의역인 X, Y의 공통인 원소이어야 한다.

a는 2, 4이므로 ㉠에서

$f(2)=4$, $f(4)=8$

조건 (가)에서 함수 f가 일대일대응이고 조건 (나)에서 $f(1)\neq 2$이므로

$f(1)=6$, $f(3)=2$

따라서 $f^{-1}(2)=3$이므로

$f(2)\times f^{-1}(2)=4\times 3=12$

0462 답 3

전략 역함수의 그래프의 성질을 이용하여 함수 $y=f(x)$의 그래프와 그 역함수 $y=g(x)$의 그래프의 교점의 좌표를 구한다.

함수 $f(x)=\frac{2x-|x|}{2}+a$에서 절댓값 기호 안의 식의 값이 0이 되는 x의 값 0을 경계로 범위를 나누면

(i) $x\ge 0$일 때,

$f(x)=\frac{2x-x}{2}+a=\frac{1}{2}x+a$

(ii) $x<0$일 때,

$f(x)=\frac{2x-(-x)}{2}+a=\frac{3}{2}x+a$

함수 $y=f(x)$의 그래프와 그 역함수 $y=g(x)$의 그래프의 교점은 함수 $y=f(x)$의 그래프와 직선 $y=x$의 교점과 같다.

$x\ge 0$일 때, $\frac{1}{2}x+a=x$에서 $\frac{1}{2}x=a$ $\therefore x=2a$

$x<0$일 때, $\frac{3}{2}x+a=x$에서 $\frac{1}{2}x=-a$ $\therefore x=-2a$

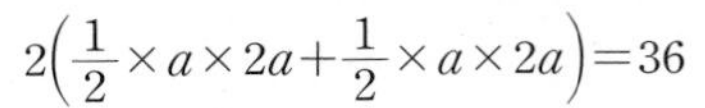

즉, 함수 $y=f(x)$의 그래프와 함수 $y=g(x)$의 그래프의 교점의 좌표는 $(2a, 2a)$, $(-2a, -2a)$이다.

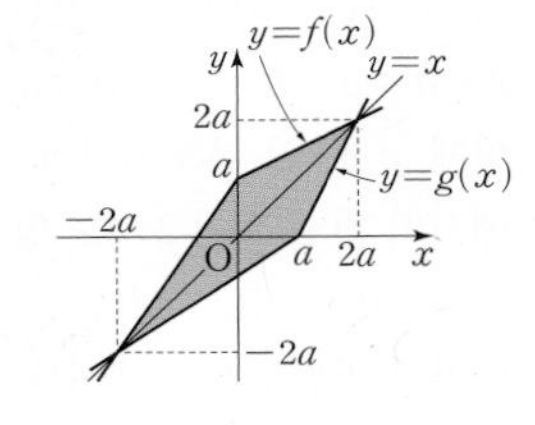

이때 두 함수 $y=f(x)$, $y=g(x)$의 그래프는 직선 $y=x$에 대하여 대칭이므로 오른쪽 그림과 같다.

두 함수 $y=f(x)$, $y=g(x)$의 그래프로 둘러싸인 부분의 넓이가 36이므로

$2\left(\frac{1}{2}\times a\times 2a+\frac{1}{2}\times a\times 2a\right)=36$

$4a^2=36$, $a^2=9$

$\therefore a=-3$ 또는 $a=3$

그런데 $a>0$이므로 $a=3$

0463 답 7

해결 과정 $f(x)=g(x)$이므로

$x^3-4x+5=2x^2+x-1$에서

$x^3-2x^2-5x+6=0$

오른쪽과 같이 조립제법을 이용하여 좌변을 인수분해하면

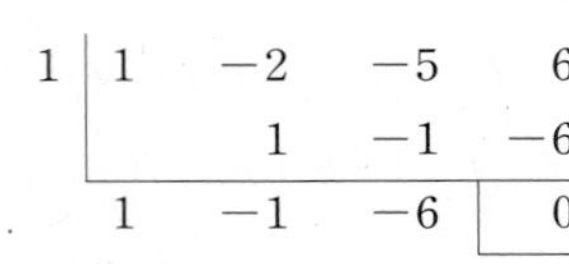

1	1	−2	−5	6
		1	−1	−6
	1	−1	−6	0

x^3-2x^2-5x+6

$=(x-1)(x^2-x-6)$

$=(x-1)(x+2)(x-3)$

$(x+2)(x-1)(x-3)=0$이므로

$x=-2$ 또는 $x=1$ 또는 $x=3$ ◀ 70 %

답 구하기 따라서 집합 X는 집합 $\{-2, 1, 3\}$의 공집합이 아닌 부분집합이므로 구하는 집합 X의 개수는

$2^3-1=7$ ◀ 30 %

0464 답 -2

[문제 이해] 함수 $f(x)$가 일대일대응이려면 함수 $y=f(x)$의 그래프가 오른쪽 그림과 같아야 한다. ◀ 30 %

[해결 과정] $x>0$에서 직선 $y=(a-1)x+a^2-3$의 기울기가 음수이어야 하므로

$a-1<0 \qquad \therefore a<1 \qquad \cdots\cdots$ ㉠ ◀ 30 %

또, 직선 $y=(a-1)x+a^2-3$이 점 $(0, 1)$을 지나야 하므로

$a^2-3=1$, $a^2=4$

$\therefore a=-2$ 또는 $a=2$ ◀ 30 %

[답 구하기] ㉠에서 $a<1$이므로 $a=-2$ ◀ 10 %

0465 답 (1) $g(x)=-8x-15$ (2) -23

(1) $g(x)=(f\circ f\circ f)(x)=f(f(f(x)))$

$=f(f(-2x+k))=f(-2(-2x+k)+k)$

$=f(4x-k)=-2(4x-k)+k$

$=-8x+3k$ ◀ 30 %

함수 $g(x)$는 x의 값이 증가하면 $g(x)$의 값은 감소하므로 함수 $g(x)$는 $x=-3$일 때 최댓값 9를 갖는다.

즉, $g(-3)=9$이므로

$-8\times(-3)+3k=9$

$3k=-15 \qquad \therefore k=-5$

$\therefore g(x)=-8x-15$ ◀ 50 %

(2) 함수 $g(x)$는 $x=1$일 때 최솟값을 가지므로 최솟값은

$g(1)=-8\times1-15=-23$ ◀ 20 %

0466 답 5

[문제 이해] 함수 g의 역함수가 존재하므로 함수 g는 일대일대응이다. ◀ 20 %

[해결 과정] $g^{-1}(1)=3$이므로 $g(3)=1$

$(g\circ f)(2)=g(f(2))=2$에서 $f(2)=1$이므로

$g(1)=2$

이때 $g(2)=3$, $g(3)=1$, $g(1)=2$이므로

$g(4)=4$

$\therefore g^{-1}(4)=4$ ◀ 50 %

[답 구하기] $\therefore (f\circ g)(1)+g^{-1}(4)=f(g(1))+g^{-1}(4)$

$=f(2)+4$

$=1+4$

$=5$ ◀ 30 %

0467 답 3

[해결 과정] $x\geq0$일 때, $f(x)=x^2+3\geq3$

$x<0$일 때, $f(x)=2x+3<3$ ◀ 30 %

$g(4)=4+8=12$이므로

$(f^{-1}\circ g)(4)=f^{-1}(g(4))=f^{-1}(12)$

$f^{-1}(12)=k$라 하면 $f(k)=12$이므로 $k\geq0$이고

$k^2+3=12$, $k^2=9$

$\therefore k=-3$ 또는 $k=3$

그런데 $k\geq0$이므로 $k=3$ ◀ 50 %

[답 구하기] $\therefore (f^{-1}\circ g)(4)=f^{-1}(12)=3$ ◀ 20 %

04 유리식과 유리함수

Ⅱ 함수

Lecture

11 유리식과 비례식

≫ 80~84쪽

0468 답 $\dfrac{2y}{6x^2y^2}$, $\dfrac{3x}{6x^2y^2}$

$\dfrac{1}{3x^2y}$, $\dfrac{1}{2xy^2}$의 분모의 최소공배수는 $6x^2y^2$이므로

$\dfrac{2y}{6x^2y^2}$, $\dfrac{3x}{6x^2y^2}$

0469 답 $\dfrac{x-1}{(x+1)(x-1)}$, $\dfrac{(x+1)^2}{(x+1)(x-1)}$

$\dfrac{1}{x+1}$, $\dfrac{x+1}{x-1}$의 분모의 최소공배수는 $(x+1)(x-1)$이므로

$\dfrac{x-1}{(x+1)(x-1)}$, $\dfrac{(x+1)^2}{(x+1)(x-1)}$

0470 답 $\dfrac{3y^3}{2xz}$

0471 답 $\dfrac{x^2+x+1}{x-1}$

$$\frac{x^3-1}{x^2-2x+1}=\frac{(x-1)(x^2+x+1)}{(x-1)^2}=\frac{x^2+x+1}{x-1}$$

0472 답 $\dfrac{2x-3}{2x-1}$

$$\frac{x}{x+3}+\frac{4x-9}{2x^2+5x-3}=\frac{x}{x+3}+\frac{4x-9}{(x+3)(2x-1)}$$

$$=\frac{x(2x-1)+4x-9}{(x+3)(2x-1)}$$

$$=\frac{2x^2+3x-9}{(x+3)(2x-1)}$$

$$=\frac{(x+3)(2x-3)}{(x+3)(2x-1)}$$

$$=\frac{2x-3}{2x-1}$$

0473 답 $\dfrac{x+4}{(x-2)(x+1)}$

$$\frac{2}{x-2}-\frac{1}{x+1}=\frac{2(x+1)-(x-2)}{(x-2)(x+1)}$$

$$=\frac{x+4}{(x-2)(x+1)}$$

0474 답 $\dfrac{x-1}{2}$

$$\frac{3}{x+1}\times\frac{x^2-1}{6}=\frac{3}{x+1}\times\frac{(x+1)(x-1)}{6}=\frac{x-1}{2}$$

0475 답 $\frac{1}{(x-2)(x-3)}$

$$\frac{x-3}{x^2-4}\div\frac{x^2-6x+9}{x+2}=\frac{x-3}{(x+2)(x-2)}\div\frac{(x-3)^2}{x+2}$$
$$=\frac{x-3}{(x+2)(x-2)}\times\frac{x+2}{(x-3)^2}$$
$$=\frac{1}{(x-2)(x-3)}$$

0476 답 $\frac{2}{x(x-2)}$

$$\frac{1}{(x-2)(x-1)}+\frac{1}{x(x-1)}=\left(\frac{1}{x-2}-\frac{1}{x-1}\right)+\left(\frac{1}{x-1}-\frac{1}{x}\right)$$
$$=\frac{1}{x-2}-\frac{1}{x}$$
$$=\frac{x-(x-2)}{x(x-2)}$$
$$=\frac{2}{x(x-2)}$$

0477 답 $\frac{x-2}{x-3}$

$$\frac{1+\frac{1}{x+2}}{\frac{x^2-9}{x^2-4}}=\frac{\frac{x+3}{x+2}}{\frac{(x+3)(x-3)}{(x+2)(x-2)}}=\frac{x-2}{x-3}$$

0478 답 (1) $-\frac{2}{11}$ (2) $\frac{17}{2}$

$x:y=3:5$이므로 $x=3k$, $y=5k$ $(k\neq0)$로 놓으면

(1) $\frac{x-y}{2x+y}=\frac{3k-5k}{2\times3k+5k}=\frac{-2k}{11k}=-\frac{2}{11}$

(2) $\frac{x^2+y^2}{(x-y)^2}=\frac{(3k)^2+(5k)^2}{(3k-5k)^2}=\frac{34k^2}{4k^2}=\frac{17}{2}$

중 **0479** 답 $\frac{x-2}{(x-1)(x-3)}$

$$\frac{2}{x+1}+\frac{1}{x^2-1}-\frac{x-5}{x^2-2x-3}$$
$$=\frac{2}{x+1}+\frac{1}{(x+1)(x-1)}-\frac{x-5}{(x+1)(x-3)}$$
$$=\frac{2(x-1)(x-3)+(x-3)-(x-5)(x-1)}{(x+1)(x-1)(x-3)}$$
$$=\frac{x^2-x-2}{(x+1)(x-1)(x-3)}$$
$$=\frac{(x+1)(x-2)}{(x+1)(x-1)(x-3)}$$
$$=\frac{x-2}{(x-1)(x-3)}$$

중 **0480** 답 $\frac{8x^7}{x^8-1}$

$$\frac{1}{x-1}+\frac{1}{x+1}+\frac{2x}{x^2+1}+\frac{4x^3}{x^4+1}$$
$$=\frac{(x+1)+(x-1)}{(x-1)(x+1)}+\frac{2x}{x^2+1}+\frac{4x^3}{x^4+1}$$
$$=\frac{2x}{x^2-1}+\frac{2x}{x^2+1}+\frac{4x^3}{x^4+1}$$
$$=\frac{2x(x^2+1)+2x(x^2-1)}{(x^2-1)(x^2+1)}+\frac{4x^3}{x^4+1}$$
$$=\frac{4x^3}{x^4-1}+\frac{4x^3}{x^4+1}$$
$$=\frac{4x^3(x^4+1)+4x^3(x^4-1)}{(x^4-1)(x^4+1)}$$
$$=\frac{8x^7}{x^8-1}$$

중 **0481** 답 ③

$$\frac{x^2+2x}{x^3-1}\div\frac{x^3+1}{x^4+x^2+1}\times\frac{x^2-1}{x^2+5x+6}$$
$$=\frac{x(x+2)}{(x-1)(x^2+x+1)}\div\frac{(x+1)(x^2-x+1)}{(x^2+x+1)(x^2-x+1)}\times\frac{(x+1)(x-1)}{(x+2)(x+3)}$$
$$=\frac{x(x+2)}{(x-1)(x^2+x+1)}\times\frac{x^2+x+1}{x+1}\times\frac{(x+1)(x-1)}{(x+2)(x+3)}$$
$$=\frac{x}{x+3}$$

중 **0482** 답 $\frac{3}{2}$

$$\frac{x^3-y^3}{x^2-y^2}\div\frac{x^2+xy+y^2}{x^2-xy+y^2}$$
$$=\frac{(x-y)(x^2+xy+y^2)}{(x+y)(x-y)}\div\frac{x^2+xy+y^2}{x^2-xy+y^2}$$
$$=\frac{x^2+xy+y^2}{x+y}\times\frac{x^2-xy+y^2}{x^2+xy+y^2}$$
$$=\frac{x^2-xy+y^2}{x+y}$$

이때 $x+y=2$, $x^2-xy+y^2=3$이므로

$\frac{x^2-xy+y^2}{x+y}=\frac{3}{2}$

중 **0483** 답 8

$x^2+x-2=(x-1)(x+2)$이므로 주어진 식의 양변에 $(x-1)(x+2)$를 곱하면

$a(x+2)+b(x-1)=5x+4$

$\therefore (a+b)x+2a-b=5x+4$

이 식이 x에 대한 항등식이므로

$a+b=5$, $2a-b=4$

두 식을 연립하여 풀면

$a=3$, $b=2$

$\therefore 2a+b=8$

도움 개념 **항등식의 성질**

(1) $ax^2+bx+c=0$이 x에 대한 항등식이다.
$\iff a=b=c=0$

(2) $ax^2+bx+c=a'x^2+b'x+c'$이 x에 대한 항등식이다.
$\iff a=a'$, $b=b'$, $c=c'$

(3) $ax+by+c=0$이 x, y에 대한 항등식이다.
$\iff a=b=c=0$

(4) $ax+by+c=a'x+b'y+c'$이 x, y에 대한 항등식이다.
$\iff a=a'$, $b=b'$, $c=c'$

중 **0484** 답 ③

주어진 식의 양변에 $x(x+1)^2$을 곱하면

$1=a(x+1)^2+bx(x+1)+cx$

$\therefore 1=(a+b)x^2+(2a+b+c)x+a$

이 식이 x에 대한 항등식이므로

$a+b=0,\ 2a+b+c=0,\ a=1$

$a=1$을 나머지 두 식에 대입하여 풀면

$b=-1,\ c=-1$

$\therefore abc=1$

중 **0485** 답 4

$x^3+1=(x+1)(x^2-x+1)$이므로 주어진 식의 양변에 $(x+1)(x^2-x+1)$을 곱하면

$2x+5=a(x^2-x+1)+(bx+c)(x+1)$

$\therefore 2x+5=(a+b)x^2+(-a+b+c)x+a+c$

이 식이 x에 대한 항등식이므로

$a+b=0,\ -a+b+c=2,\ a+c=5$

$a+b=0$에서 $a=-b$를 나머지 두 식에 대입하여 풀면

$2b+c=2,\ -b+c=5$

두 식을 연립하여 풀면 $b=-1,\ c=4$

$\therefore a=1$

$\therefore a+b+c=4$

상 **0486** 답 65

[문제 이해] 주어진 식의 양변에 $(x-1)^8$을 곱하면

$x^7+1=a_1(x-1)^7+a_2(x-1)^6+\cdots+a_7(x-1)+a_8$ …… ㉠ ◀ 30 %

[해결 과정] 이 식이 x에 대한 항등식이므로

㉠의 양변에 $x=2$를 대입하면

$2^7+1=a_1+a_2+\cdots+a_7+a_8$ …… ㉡ ◀ 20 %

㉠의 양변에 $x=0$을 대입하면

$1=-a_1+a_2-\cdots-a_7+a_8$ …… ㉢ ◀ 20 %

[답 구하기] ㉡+㉢을 하면

$2^7+2=2(a_2+a_4+a_6+a_8)$

$\therefore a_2+a_4+a_6+a_8=65$ ◀ 30 %

중 **0487** 답 $\frac{-x+2}{x(x-1)}$

$$\frac{x}{x+1}+\frac{2x-1}{x-1}-\frac{3x^2+4x+2}{x^2+x}$$

$$=\frac{(x+1)-1}{x+1}+\frac{2(x-1)+1}{x-1}-\frac{3(x^2+x)+x+2}{x^2+x}$$

$$=\left(1-\frac{1}{x+1}\right)+\left(2+\frac{1}{x-1}\right)-\left(3+\frac{x+2}{x^2+x}\right)$$

$$=-\frac{1}{x+1}+\frac{1}{x-1}-\frac{x+2}{x^2+x}$$

$$=-\frac{1}{x+1}+\frac{1}{x-1}-\frac{x+2}{x(x+1)}$$

$$=\frac{-x(x-1)+x(x+1)-(x+2)(x-1)}{x(x+1)(x-1)}$$

$$=\frac{-x^2+x+2}{x(x+1)(x-1)}$$

$$=\frac{-(x+1)(x-2)}{x(x+1)(x-1)}=\frac{-x+2}{x(x-1)}$$

중 **0488** 답 50

$$\frac{x+2}{x+1}-\frac{x+3}{x+2}+\frac{x+2}{x+3}-\frac{x+3}{x+4}$$

$$=\frac{(x+1)+1}{x+1}-\frac{(x+2)+1}{x+2}+\frac{(x+3)-1}{x+3}-\frac{(x+4)-1}{x+4}$$

$$=\left(1+\frac{1}{x+1}\right)-\left(1+\frac{1}{x+2}\right)+\left(1-\frac{1}{x+3}\right)-\left(1-\frac{1}{x+4}\right)$$

$$=\left(\frac{1}{x+1}-\frac{1}{x+2}\right)-\left(\frac{1}{x+3}-\frac{1}{x+4}\right)$$

$$=\frac{1}{(x+1)(x+2)}-\frac{1}{(x+3)(x+4)}$$

$$=\frac{(x+3)(x+4)-(x+1)(x+2)}{(x+1)(x+2)(x+3)(x+4)}$$

$$=\frac{4x+10}{(x+1)(x+2)(x+3)(x+4)}$$

따라서 $f(x)=4x+10$이므로

$f(10)=4\times10+10=50$

중 **0489** 답 $\frac{-2x}{x^4+x^2+1}$

$$\frac{x^3}{x^2+x+1}+\frac{x^3}{x^2-x+1}-2x$$

$$=\frac{(x^3-1)+1}{x^2+x+1}+\frac{(x^3+1)-1}{x^2-x+1}-2x$$

$$=\frac{(x-1)(x^2+x+1)+1}{x^2+x+1}+\frac{(x+1)(x^2-x+1)-1}{x^2-x+1}-2x$$

$$=\left(x-1+\frac{1}{x^2+x+1}\right)+\left(x+1-\frac{1}{x^2-x+1}\right)-2x$$

$$=\frac{1}{x^2+x+1}-\frac{1}{x^2-x+1}$$

$$=\frac{x^2-x+1-(x^2+x+1)}{(x^2+x+1)(x^2-x+1)}$$

$$=\frac{-2x}{x^4+x^2+1}$$

중 **0490** 답 20

$$\frac{1}{x(x+1)}+\frac{4}{(x+1)(x+5)}+\frac{5}{(x+5)(x+10)}$$

$$=\left(\frac{1}{x}-\frac{1}{x+1}\right)+\left(\frac{1}{x+1}-\frac{1}{x+5}\right)+\left(\frac{1}{x+5}-\frac{1}{x+10}\right)$$

$$=\frac{1}{x}-\frac{1}{x+10}$$

$$=\frac{10}{x(x+10)}$$

즉, $\frac{10}{x(x+10)}=\frac{a}{x(x+b)}$가 x에 대한 항등식이므로

$a=10,\ b=10$

$\therefore a+b=20$

중 **0491** 답 $\frac{3}{(x-1)(x+5)}$

$$\frac{1}{x^2-1}+\frac{1}{x^2+4x+3}+\frac{1}{x^2+8x+15}$$

$$=\frac{1}{(x-1)(x+1)}+\frac{1}{(x+1)(x+3)}+\frac{1}{(x+3)(x+5)}$$

$$=\frac{1}{2}\left\{\left(\frac{1}{x-1}-\frac{1}{x+1}\right)+\left(\frac{1}{x+1}-\frac{1}{x+3}\right)+\left(\frac{1}{x+3}-\frac{1}{x+5}\right)\right\}$$

04

$=\frac{1}{2}\left(\frac{1}{x-1}-\frac{1}{x+5}\right)$

$=\frac{1}{2}\times\frac{6}{(x-1)(x+5)}$

$=\frac{3}{(x-1)(x+5)}$

중 0492 답 $\frac{5}{48}$

$\frac{1}{4\times6}+\frac{1}{6\times8}+\frac{1}{8\times10}+\cdots+\frac{1}{22\times24}$

$=\frac{1}{2}\left\{\left(\frac{1}{4}-\frac{1}{6}\right)+\left(\frac{1}{6}-\frac{1}{8}\right)+\left(\frac{1}{8}-\frac{1}{10}\right)+\cdots+\left(\frac{1}{22}-\frac{1}{24}\right)\right\}$

$=\frac{1}{2}\left(\frac{1}{4}-\frac{1}{24}\right)$

$=\frac{1}{2}\times\frac{5}{24}$

$=\frac{5}{48}$

중 0493 답 1

[해결 과정] $f(x)=x^2+x=x(x+1)$이므로

$\frac{1}{f(1)}+\frac{1}{f(2)}+\frac{1}{f(3)}+\cdots+\frac{1}{f(30)}$

$=\frac{1}{1\times2}+\frac{1}{2\times3}+\frac{1}{3\times4}+\cdots+\frac{1}{30\times31}$

$=\left(1-\frac{1}{2}\right)+\left(\frac{1}{2}-\frac{1}{3}\right)+\left(\frac{1}{3}-\frac{1}{4}\right)+\cdots+\left(\frac{1}{30}-\frac{1}{31}\right)$

$=1-\frac{1}{31}$

$=\frac{30}{31}$ ◀ 80 %

[답 구하기] 따라서 $a=30$, $b=31$이므로

$b-a=1$ ◀ 20 %

하 0494 답 1

$\frac{1}{1-\frac{1}{1+\frac{1}{x}}}-x=\frac{1}{1-\frac{1}{\frac{x+1}{x}}}-x$

$=\frac{1}{1-\frac{x}{x+1}}-x$

$=\frac{1}{\frac{(x+1)-x}{x+1}}-x$

$=\frac{1}{\frac{1}{x+1}}-x$

$=(x+1)-x=1$

중 0495 답 1

$\frac{1-\frac{1}{x+1}}{1+\frac{1}{x-1}}=\frac{\frac{(x+1)-1}{x+1}}{\frac{(x-1)+1}{x-1}}$

$=\frac{\frac{x}{x+1}}{\frac{x}{x-1}}=\frac{x-1}{x+1}$

즉, $\frac{x-1}{x+1}=\frac{ax-1}{x+b}$이 x에 대한 항등식이므로

$a=1$, $b=1$

$\therefore ab=1$

중 0496 답 7

$\frac{\frac{1}{n}-\frac{1}{n+2}}{\frac{1}{n+2}-\frac{1}{n+4}}=\frac{\frac{2}{n(n+2)}}{\frac{2}{(n+2)(n+4)}}$

$=\frac{n+4}{n}=1+\frac{4}{n}$

이때 $1+\frac{4}{n}$가 자연수가 되려면 $\frac{4}{n}\neq0$이므로 $\frac{4}{n}$는 자연수이어야 한다.

따라서 자연수 n의 값은 4의 양의 약수인 1, 2, 4이므로 구하는 합은

$1+2+4=7$

중 0497 답 10

$\frac{49}{15}=3+\frac{4}{15}=3+\frac{1}{\frac{15}{4}}=3+\frac{1}{3+\frac{3}{4}}$

$=3+\frac{1}{3+\frac{1}{\frac{4}{3}}}=3+\frac{1}{3+\frac{1}{1+\frac{1}{3}}}$

따라서 $a=3$, $b=3$, $c=1$, $d=3$이므로

$a+b+c+d=10$

중 0498 답 ④

$x^2-x+1=0$에서 $x\neq0$이므로 양변을 x로 나누면

$x-1+\frac{1}{x}=0$ $\quad\therefore x+\frac{1}{x}=1$

$\therefore 2x^2+5x-1+\frac{5}{x}+\frac{2}{x^2}=2\left(x^2+\frac{1}{x^2}\right)+5\left(x+\frac{1}{x}\right)-1$

$=2\left\{\left(x+\frac{1}{x}\right)^2-2\right\}+5\left(x+\frac{1}{x}\right)-1$

$=2\times(1^2-2)+5\times1-1=2$

중 0499 답 ③

$x^2+\frac{1}{x^2}=8$에서 $\left(x+\frac{1}{x}\right)^2-2=8$

$\left(x+\frac{1}{x}\right)^2=10$

$\therefore x+\frac{1}{x}=\sqrt{10}$ ($\because x>0$)

$\therefore x^3+\frac{1}{x^3}=\left(x+\frac{1}{x}\right)^3-3\left(x+\frac{1}{x}\right)$

$=(\sqrt{10})^3-3\times\sqrt{10}=7\sqrt{10}$

상 0500 답 $-8\sqrt{5}$

[문제 이해] $x^2+x-1=0$에서 $x\neq0$이므로 양변을 x로 나누면

$x+1-\frac{1}{x}=0$

$\therefore x-\frac{1}{x}=-1$ ◀ 20 %

[해결 과정] $\left(x+\frac{1}{x}\right)^2=\left(x-\frac{1}{x}\right)^2+4$

$=(-1)^2+4=5$

$\therefore x+\frac{1}{x}=\sqrt{5}\ (\because x>0)$ ◀ 20 %

$x^3+\frac{1}{x^3}=\left(x+\frac{1}{x}\right)^3-3\left(x+\frac{1}{x}\right)$

$=(\sqrt{5})^3-3\times\sqrt{5}=2\sqrt{5}$

$x^3-\frac{1}{x^3}=\left(x-\frac{1}{x}\right)^3+3\left(x-\frac{1}{x}\right)$

$=(-1)^3+3\times(-1)=-4$ ◀ 40 %

[답 구하기] $\therefore x^6-\frac{1}{x^6}=\left(x^3+\frac{1}{x^3}\right)\left(x^3-\frac{1}{x^3}\right)$

$=2\sqrt{5}\times(-4)=-8\sqrt{5}$ ◀ 20 %

중 0501 답 -3

$a+b+c=0$에서

$a+b=-c,\ b+c=-a,\ c+a=-b$

$\therefore a\left(\frac{1}{b}+\frac{1}{c}\right)+b\left(\frac{1}{c}+\frac{1}{a}\right)+c\left(\frac{1}{a}+\frac{1}{b}\right)$

$=\frac{a}{b}+\frac{a}{c}+\frac{b}{c}+\frac{b}{a}+\frac{c}{a}+\frac{c}{b}$

$=\frac{b+c}{a}+\frac{c+a}{b}+\frac{a+b}{c}$

$=\frac{-a}{a}+\frac{-b}{b}+\frac{-c}{c}$

$=-1+(-1)+(-1)=-3$

다른 풀이

$a+b+c=0$에서

$a+b=-c,\ b+c=-a,\ c+a=-b$

$\therefore a\left(\frac{1}{b}+\frac{1}{c}\right)+b\left(\frac{1}{c}+\frac{1}{a}\right)+c\left(\frac{1}{a}+\frac{1}{b}\right)$

$=a\times\frac{b+c}{bc}+b\times\frac{c+a}{ca}+c\times\frac{a+b}{ab}$

$=a\times\frac{-a}{bc}+b\times\frac{-b}{ca}+c\times\frac{-c}{ab}$

$=-\frac{a^3+b^3+c^3}{abc}$

$a^3+b^3+c^3-3abc=(a+b+c)(a^2+b^2+c^2-ab-bc-ca)$이므로

이 식에 $a+b+c=0$을 대입하면

$a^3+b^3+c^3-3abc=0 \quad \therefore a^3+b^3+c^3=3abc$

$\therefore$ (주어진 식)$=-\frac{3abc}{abc}=-3$

중 0502 답 -1

$a+b-c=0$에서

$a+b=c,\ b-c=-a,\ c-a=b$

$\therefore \left(\frac{b}{a}+1\right)\left(\frac{c}{b}-1\right)\left(\frac{a}{c}-1\right)=\frac{a+b}{a}\times\frac{-b+c}{b}\times\frac{-c+a}{c}$

$=\frac{c}{a}\times\frac{a}{b}\times\frac{-b}{c}$

$=\frac{-abc}{abc}=-1$

중 0503 답 3

$\frac{1}{ab}+\frac{1}{bc}+\frac{1}{ca}=0$에서

$\frac{a+b+c}{abc}=0 \quad \therefore a+b+c=0$

$a^3+b^3+c^3-3abc=(a+b+c)(a^2+b^2+c^2-ab-bc-ca)$이므로

이 식에 $a+b+c=0$을 대입하면

$a^3+b^3+c^3-3abc=0 \quad \therefore a^3+b^3+c^3=3abc$

$\therefore \frac{a^3+b^3+c^3}{abc}=\frac{3abc}{abc}=3$

중 0504 답 2

$(x+y):(y+z):(z+x)=3:4:5$이므로

$x+y=3k,\ y+z=4k,\ z+x=5k\ (k\neq 0)$ …… ㉠

로 놓고 세 식을 변끼리 더하면

$2(x+y+z)=12k$

$\therefore x+y+z=6k$ …… ㉡

㉠, ㉡에서 $x=2k,\ y=k,\ z=3k$

$\therefore \frac{xy}{x^2+2yz-z^2}=\frac{2k\times k}{(2k)^2+2\times k\times 3k-(3k)^2}$

$=\frac{2k^2}{k^2}=2$

중 0505 답 5

$a:b=2:1$에서 $a=2b$

$b:c=2:3$에서 $2c=3b \quad \therefore c=\frac{3}{2}b$

$\therefore a:b:c=2b:b:\frac{3}{2}b=4:2:3$

$a=4k,\ b=2k,\ c=3k\ (k\neq 0)$로 놓으면

$\frac{2a-b+3c}{a-2b+c}=\frac{2\times 4k-2k+3\times 3k}{4k-2\times 2k+3k}$

$=\frac{15k}{3k}=5$

중 0506 답 $\frac{7}{11}$

[문제 이해] $\frac{2x+y}{3}=\frac{2y+z}{5}=\frac{2z+x}{7}=k\ (k\neq 0)$로 놓으면

$2x+y=3k$ …… ㉠

$2y+z=5k$ …… ㉡

$2z+x=7k$ …… ㉢ ◀ 30 %

[해결 과정] ㉠에서 $y=-2x+3k$를 ㉡에 대입하면

$2(-2x+3k)+z=5k$

$\therefore -4x+z=-k$ …… ㉣

㉢, ㉣을 연립하여 풀면

$x=k,\ z=3k$

㉠에 $x=k$를 대입하면

$2k+y=3k \quad \therefore y=k$ ◀ 50 %

[답 구하기] $\therefore \frac{xy+yz+zx}{x^2+y^2+z^2}=\frac{k\times k+k\times 3k+3k\times k}{k^2+k^2+(3k)^2}$

$=\frac{7k^2}{11k^2}=\frac{7}{11}$ ◀ 20 %

중 0507 답 -1

$x+2y-z=0$ …… ㉠

$x-y+5z=0$ …… ㉡

㉠－㉡을 하면

$3y-6z=0 \quad \therefore y=2z$

㉠에 $y=2z$를 대입하면

$x+2\times 2z-z=0 \quad \therefore x=-3z$

$$\therefore \frac{x^2-yz}{xy+yz+zx}=\frac{(-3z)^2-2z\times z}{(-3z)\times 2z+2z\times z+z\times(-3z)}$$

$$=\frac{7z^2}{-7z^2}=-1$$

중 **0508** 답 5

$x^2-3xy-4y^2=0$에서 $(x+y)(x-4y)=0$

$\therefore x=-y$ 또는 $x=4y$

그런데 $xy>0$이므로 $x=4y$

$$\therefore \frac{4x-y}{x-y}=\frac{4\times 4y-y}{4y-y}=\frac{15y}{3y}=5$$

중 **0509** 답 -6

$x-\frac{2}{z}=1$에서 $\frac{2}{z}=x-1$

$\frac{z}{2}=\frac{1}{x-1} \quad \therefore z=\frac{2}{x-1}$

$\frac{1}{x}-3y=1$에서 $3y=\frac{1}{x}-1$

$3y=\frac{1-x}{x} \quad \therefore y=\frac{1-x}{3x}$

$$\therefore xyz=x\times\frac{1-x}{3x}\times\frac{2}{x-1}=-\frac{2}{3}$$

$$\therefore \frac{4}{xyz}=\frac{4}{-\frac{2}{3}}=4\times\left(-\frac{3}{2}\right)=-6$$

중 **0510** 답 ④

어느 도시의 2017년 인구수를 a라 하면 2017년에서 2018년까지의 인구 증가율은 x %이므로 2018년의 인구수는 $a\left(1+\frac{x}{100}\right)$

2018년에서 2019년까지의 인구 증가율은 y %이므로 2019년의 인구수는 $a\left(1+\frac{x}{100}\right)\left(1+\frac{y}{100}\right)$

즉, 2017년에서 2019년까지의 인구 증가율을 z %라 하면

$$a\left(1+\frac{z}{100}\right)=a\left(1+\frac{x}{100}\right)\left(1+\frac{y}{100}\right)$$

$$1+\frac{z}{100}=1+\frac{x}{100}+\frac{y}{100}+\frac{xy}{100^2}$$

$$\therefore z=x+y+\frac{xy}{100}$$

따라서 2017년에서 2019년까지의 인구 증가율은 $\left(x+y+\frac{xy}{100}\right)$ %이다.

중 **0511** 답 $\frac{10}{13}$

문제 이해 1학년의 남학생과 여학생의 비가 2 : 3이므로 1학년 남학생 수를 $2a$, 여학생 수를 $3a$로 놓자.

또, 2학년의 남학생과 여학생의 비가 2 : 1이므로 2학년 남학생 수를 $2b$, 여학생 수를 b로 놓자. ◀ 30 %

해결 과정 합창단 전체 남학생 수는 $2a+2b$, 여학생 수는 $3a+b$이고, 합창단 전체의 남학생과 여학생의 비는 6 : 7이므로

$(2a+2b):(3a+b)=6:7$

$7(2a+2b)=6(3a+b)$

$\therefore a=2b$ ◀ 30 %

답 구하기 이때 합창단 전체 학생 수는

$(2a+2b)+(3a+b)=5a+3b$

1학년 전체 학생 수는 $2a+3a=5a$

따라서 구하는 비율은

$$\frac{5a}{5a+3b}=\frac{5\times 2b}{5\times 2b+3b}=\frac{10b}{13b}=\frac{10}{13}$$ ◀ 40 %

Lecture

≫ 85~90쪽

12 유리함수

0512 답 (1) ㄴ, ㄹ (2) ㄱ, ㄷ

0513 답 $\left\{x \,\middle|\, x\neq-\frac{1}{2}\text{인 실수}\right\}$

$2x+1=0$에서 $x=-\frac{1}{2}$

따라서 주어진 함수의 정의역은 $\left\{x \,\middle|\, x\neq-\frac{1}{2}\text{인 실수}\right\}$이다.

0514 답 $\{x\,|\,x\neq 2\text{인 실수}\}$

$x-2=0$에서 $x=2$

따라서 주어진 함수의 정의역은 $\{x\,|\,x\neq 2\text{인 실수}\}$이다.

0515 답 $\{x\,|\,x\neq-1,\ x\neq 1\text{인 실수}\}$

$x^2-1=0$에서 $x^2=1$

$\therefore x=-1$ 또는 $x=1$

따라서 주어진 함수의 정의역은 $\{x\,|\,x\neq-1,\ x\neq 1\text{인 실수}\}$이다.

0516 답 $\{x\,|\,x\text{는 실수}\}$

모든 실수 x에 대하여 $x^2+3>0$

따라서 주어진 함수의 정의역은 $\{x\,|\,x\text{는 실수}\}$이다.

0517 답 $y=\frac{3}{x-2}-1$

$y=\frac{3}{x}$에 x 대신 $x-2$, y 대신 $y+1$을 대입하면

$y+1=\frac{3}{x-2} \quad \therefore y=\frac{3}{x-2}-1$

0518 답 그래프는 풀이 참조, 정의역: $\{x\,|\,x\neq 0\text{인 실수}\}$, 치역: $\{y\,|\,y\neq 4\text{인 실수}\}$

함수 $y=\frac{1}{x}+4$의 그래프는 함수 $y=\frac{1}{x}$의 그래프를 y축의 방향으로 4만큼 평행이동한 것이므로 오른쪽 그림과 같고, 정의역은 $\{x\,|\,x\neq 0\text{인 실수}\}$, 치역은 $\{y\,|\,y\neq 4\text{인 실수}\}$이다.

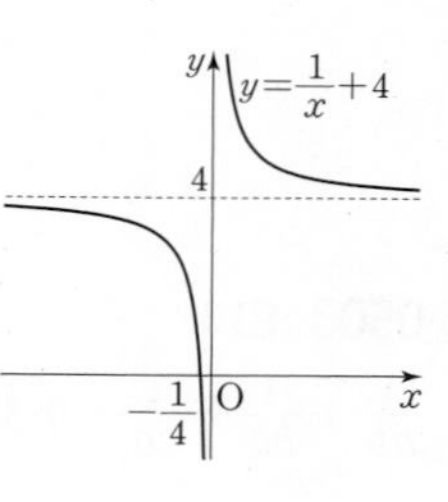

0519 답 그래프는 풀이 참조, 정의역: $\{x|x\neq-3$인 실수$\}$, 치역: $\{y|y\neq-5$인 실수$\}$

함수 $y=-\frac{2}{x+3}-5$의 그래프는 함수 $y=-\frac{2}{x}$의 그래프를 x축의 방향으로 -3만큼, y축의 방향으로 -5만큼 평행이동한 것이므로 오른쪽 그림과 같고, 정의역은 $\{x|x\neq-3$인 실수$\}$, 치역은 $\{y|y\neq-5$인 실수$\}$이다.

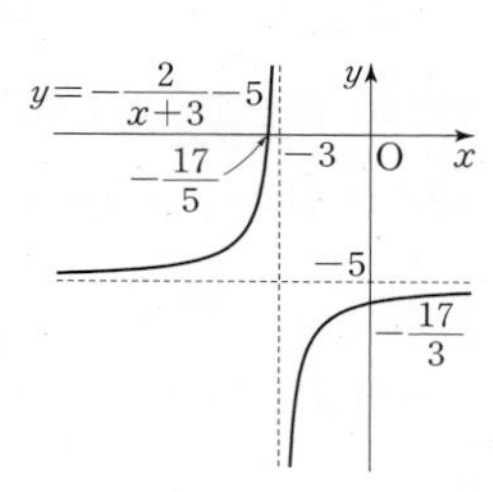

0520 답 그래프는 풀이 참조, $x=1$, $y=3$

$y=\frac{3x-5}{x-1}=\frac{3(x-1)-2}{x-1}=-\frac{2}{x-1}+3$

따라서 주어진 함수의 그래프는 함수 $y=-\frac{2}{x}$의 그래프를 x축의 방향으로 1만큼, y축의 방향으로 3만큼 평행이동한 것이므로 오른쪽 그림과 같고, 점근선의 방정식은 $x=1$, $y=3$이다.

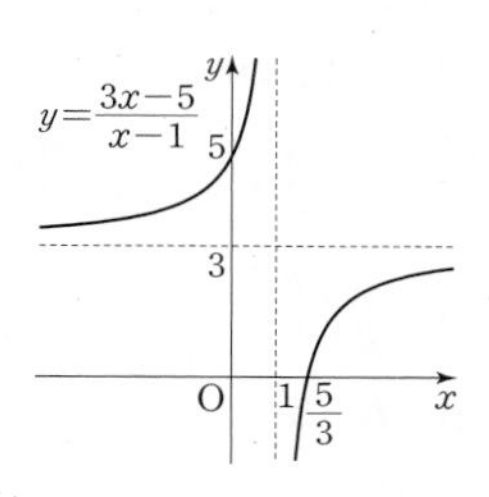

0521 답 그래프는 풀이 참조, $x=-1$, $y=-2$

$y=\frac{4-2x}{x+1}=\frac{-2(x+1)+6}{x+1}=\frac{6}{x+1}-2$

따라서 주어진 함수의 그래프는 함수 $y=\frac{6}{x}$의 그래프를 x축의 방향으로 -1만큼, y축의 방향으로 -2만큼 평행이동한 것이므로 오른쪽 그림과 같고, 점근선의 방정식은 $x=-1$, $y=-2$이다.

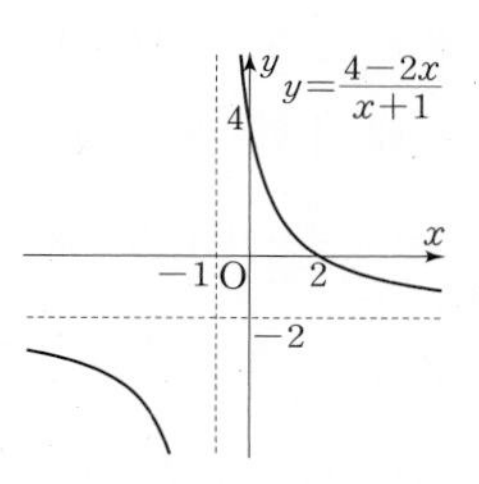

중 **0522** 답 $\left\{y\middle|-2\le y\le-\frac{5}{4}\right\}$

$y=\frac{-x+4}{x-3}=\frac{-(x-3)+1}{x-3}=\frac{1}{x-3}-1$

이므로 주어진 함수의 그래프는 함수 $y=\frac{1}{x}$의 그래프를 x축의 방향으로 3만큼, y축의 방향으로 -1만큼 평행이동한 것이다.

따라서 $-1\le x\le2$에서 함수

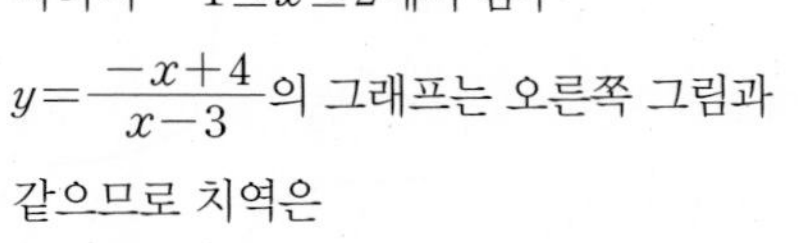

$y=\frac{-x+4}{x-3}$의 그래프는 오른쪽 그림과 같으므로 치역은

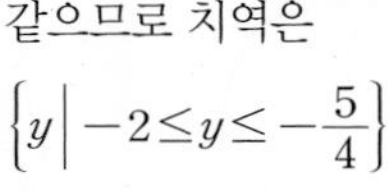

$\left\{y\middle|-2\le y\le-\frac{5}{4}\right\}$

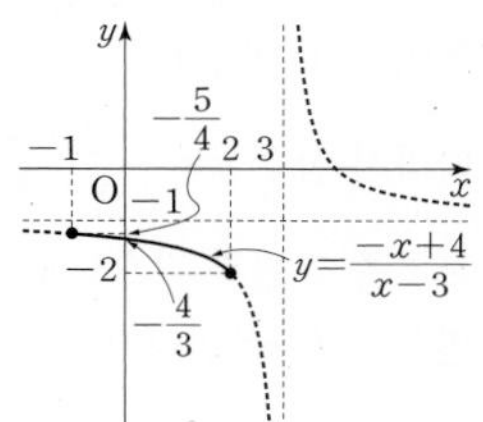

하 **0523** 답 ⑤

$y=\frac{ax+1}{x+b}=\frac{a(x+b)-ab+1}{x+b}=\frac{-ab+1}{x+b}+a$

이므로 정의역은 $\{x|x\neq-b$인 실수$\}$, 치역은 $\{y|y\neq a$인 실수$\}$

따라서 $-b=2$, $a=3$이므로 $a=3$, $b=-2$

$\therefore a-b=5$

중 **0524** 답 3

해결 과정 $y=\frac{4x-1}{2x+3}=\frac{2(2x+3)-7}{2x+3}=-\frac{7}{2x+3}+2$

이므로 주어진 함수의 그래프는 함수 $y=-\frac{7}{2x}$의 그래프를 x축의 방향으로 $-\frac{3}{2}$만큼, y축의 방향으로 2만큼 평행이동한 것이다.

$-\frac{3}{2}\le y\le1$에서 함수 $y=\frac{4x-1}{2x+3}$의 그래프는 오른쪽 그림과 같으므로 정의역은

$\left\{x\middle|-\frac{1}{2}\le x\le2\right\}$ ◀ 80 %

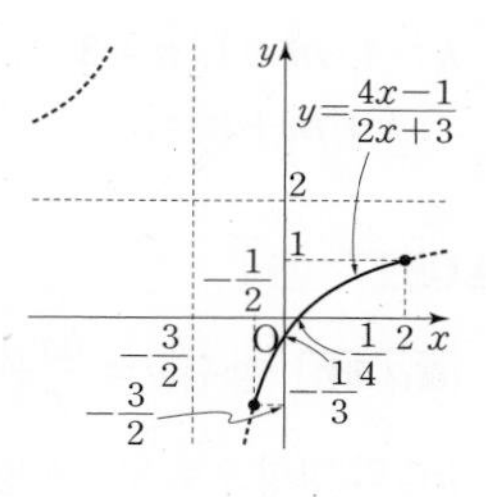

답 구하기 따라서 정의역에 속하는 정수는 0, 1, 2이므로 구하는 합은

$0+1+2=3$ ◀ 20 %

중 **0525** 답 ㄴ, ㄷ

ㄱ. $y=\frac{x}{x+1}=\frac{(x+1)-1}{x+1}=-\frac{1}{x+1}+1$

이므로 주어진 함수의 그래프는 함수 $y=-\frac{1}{x}$의 그래프를 x축의 방향으로 -1만큼, y축의 방향으로 1만큼 평행이동한 것이다.

ㄴ. $y=\frac{2-x}{x-1}=\frac{-(x-1)+1}{x-1}=\frac{1}{x-1}-1$

이므로 주어진 함수의 그래프는 함수 $y=\frac{1}{x}$의 그래프를 x축의 방향으로 1만큼, y축의 방향으로 -1만큼 평행이동한 것이다.

ㄷ. $y=\frac{2x-3}{x-2}=\frac{2(x-2)+1}{x-2}=\frac{1}{x-2}+2$

이므로 주어진 함수의 그래프는 함수 $y=\frac{1}{x}$의 그래프를 x축의 방향으로 2만큼, y축의 방향으로 2만큼 평행이동한 것이다.

ㄹ. $y=\frac{x+4}{2-x}=\frac{-(2-x)+6}{2-x}=\frac{6}{2-x}-1$

$=-\frac{6}{x-2}-1$

이므로 주어진 함수의 그래프는 함수 $y=-\frac{6}{x}$의 그래프를 x축의 방향으로 2만큼, y축의 방향으로 -1만큼 평행이동한 것이다.

이상에서 평행이동에 의하여 함수 $y=\frac{1}{x}$의 그래프와 겹쳐지는 것은 ㄴ, ㄷ이다.

중 **0526** 답 ④

함수 $y=\frac{k}{x}$의 그래프를 x축의 방향으로 m만큼, y축의 방향으로 n만큼 평행이동한 그래프의 식은

$y=\frac{k}{x-m}+n=\frac{k+n(x-m)}{x-m}=\frac{nx+k-mn}{x-m}$

이 함수의 그래프가 함수 $y=\frac{3x+1}{x-1}$의 그래프와 일치하므로

$m=1$, $n=3$

$k-mn=1$에서 $k-3=1$

$\therefore k=4$

$\therefore k+m+n=8$

다른 풀이

$y=\frac{3x+1}{x-1}=\frac{3(x-1)+4}{x-1}=\frac{4}{x-1}+3$

이 식이 함수 $y=\frac{k}{x}$의 그래프를 x축의 방향으로 m만큼, y축의 방향으로 n만큼 평행이동한 그래프의 식 $y=\frac{k}{x-m}+n$과 일치하므로

$k=4$, $m=1$, $n=3$

$\therefore k+m+n=8$

중 0527 답 1

[해결 과정] 함수 $y=\frac{bx+3}{x+a}$의 그래프를 x축의 방향으로 -2만큼, y축의 방향으로 3만큼 평행이동한 그래프의 식은

$y=\frac{b(x+2)+3}{(x+2)+a}+3$

$=\frac{b(x+2+a)+3-ab}{x+2+a}+3$

$=\frac{3-ab}{x+2+a}+b+3$ ◀ 50 %

이 함수의 그래프가 함수 $y=-\frac{3}{x}$의 그래프와 일치하므로

$2+a=0$, $3-ab=-3$, $b+3=0$

$\therefore a=-2$, $b=-3$ ◀ 40 %

[답 구하기] $\therefore a-b=1$ ◀ 10 %

다른 풀이

함수 $y=-\frac{3}{x}$의 그래프를 x축의 방향으로 2만큼, y축의 방향으로 -3만큼 평행이동한 그래프의 식은

$y=-\frac{3}{x-2}-3=\frac{-3-3(x-2)}{x-2}=\frac{-3x+3}{x-2}$

이 함수의 그래프가 함수 $y=\frac{bx+3}{x+a}$의 그래프와 일치하므로

$a=-2$, $b=-3$

$\therefore a-b=1$

중 0528 답 ⑤

$y=\frac{2x-1}{x+a}=\frac{2(x+a)-2a-1}{x+a}=\frac{-2a-1}{x+a}+2$

이므로 점근선의 방정식은 $x=-a$, $y=2$

따라서 $-3=-a$, $b=2$이므로

$a=3$, $b=2$

$\therefore a+b=5$

하 0529 답 6

$y=\frac{3x+7}{x+2}=\frac{3(x+2)+1}{x+2}=\frac{1}{x+2}+3$

이므로 점근선의 방정식은 $x=-2$, $y=3$

따라서 주어진 함수의 그래프의 점근선과 x축 및 y축으로 둘러싸인 부분은 오른쪽 그림과 같은 직사각형이므로 구하는 넓이는

$2\times3=6$

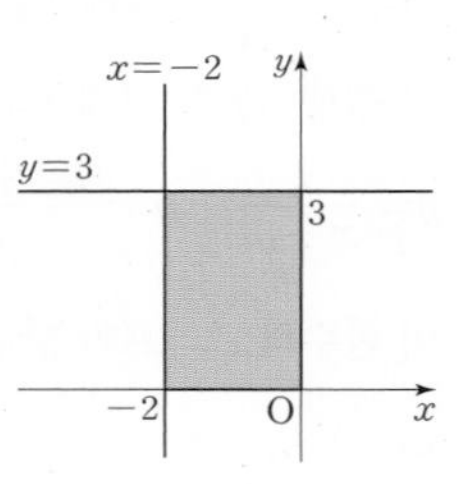

중 0530 답 -4

$y=\frac{-3x+2}{x-1}=\frac{-3(x-1)-1}{x-1}=-\frac{1}{x-1}-3$

이므로 점근선의 방정식은

$x=1$, $y=-3$

$y=\frac{ax+3}{2x+b}=\frac{\frac{a}{2}(2x+b)-\frac{ab}{2}+3}{2x+b}=\frac{-\frac{ab}{2}+3}{2x+b}+\frac{a}{2}$

이므로 점근선의 방정식은 $x=-\frac{b}{2}$, $y=\frac{a}{2}$

이때 두 함수의 그래프의 점근선이 같으므로

$1=-\frac{b}{2}$, $-3=\frac{a}{2}$

따라서 $a=-6$, $b=-2$이므로

$a-b=-4$

중 0531 답 4

$y=\frac{ax+b}{x-c}=\frac{a(x-c)+ac+b}{x-c}=\frac{ac+b}{x-c}+a$

이므로 점근선의 방정식은 $x=c$, $y=a$

$\therefore c=2$, $a=1$

따라서 함수 $y=\frac{x+b}{x-2}$의 그래프가 점 $(3, 5)$를 지나므로

$5=\frac{3+b}{3-2}$

$5=b+3$ $\quad\therefore b=2$

$\therefore abc=4$

다른 풀이

점근선의 방정식이 $x=2$, $y=1$이므로 함수의 식을

$y=\frac{k}{x-2}+1\ (k\neq0)$로 놓을 수 있다.

이때 이 함수의 그래프가 점 $(3, 5)$를 지나므로

$5=\frac{k}{3-2}+1$, $5=k+1$ $\quad\therefore k=4$

$\therefore y=\frac{4}{x-2}+1=\frac{4+(x-2)}{x-2}=\frac{x+2}{x-2}$

따라서 $a=1$, $b=2$, $c=2$이므로 $abc=4$

중 0532 답 ②

$y=\frac{-2x+7}{x-3}=\frac{-2(x-3)+1}{x-3}=\frac{1}{x-3}-2$

이므로 주어진 함수의 그래프는 함수 $y=\frac{1}{x}$의 그래프를 x축의 방향으로 3만큼, y축의 방향으로 -2만큼 평행이동한 것이다.

따라서 함수 $y=\frac{-2x+7}{x-3}$의 그래프는 오른쪽 그림과 같으므로 지나지 않는 사분면은 제2사분면이다.

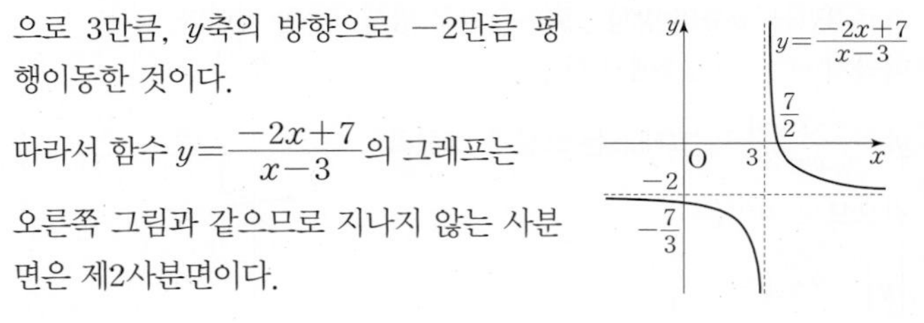

중 0533 답 $k<2$

$y=\frac{3x+k-2}{x+1}=\frac{3(x+1)+k-5}{x+1}$

$=\frac{k-5}{x+1}+3$

주어진 함수의 그래프는 함수 $y=\frac{k-5}{x}$의 그래프를 x축의 방향으로 -1만큼, y축의 방향으로 3만큼 평행이동한 것이다.

이때 이 함수의 그래프가 모든 사분면을 지나려면 오른쪽 그림과 같아야 한다.

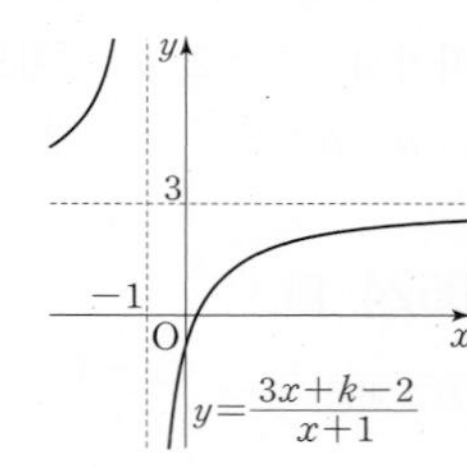

(i) $k-5<0$이어야 하므로

$k<5$

(ii) $x=0$일 때 $y<0$이어야 하므로

$\frac{k-2}{0+1}<0$

$k-2<0$ $\quad \therefore k<2$

(i), (ii)에서 구하는 실수 k의 값의 범위는

$k<2$

중 0534 답 12

$y=\frac{ax+b}{x+c}=\frac{a(x+c)-ac+b}{x+c}=\frac{-ac+b}{x+c}+a$

이므로 점근선의 방정식은 $x=-c$, $y=a$

이때 주어진 함수의 그래프가 점 $(-2, 4)$에 대하여 대칭이므로

$c=2$, $a=4$

따라서 함수 $y=\frac{4x+b}{x+2}$의 그래프가 점 $(0, 3)$을 지나므로

$3=\frac{0+b}{0+2}$, $\frac{b}{2}=3$ $\quad \therefore b=6$

$\therefore a+b+c=12$

다른 풀이

주어진 함수의 그래프가 점 $(-2, 4)$에 대하여 대칭이므로 점근선의 방정식은 $x=-2$, $y=4$

즉, 함수의 식을 $y=\frac{k}{x+2}+4$ $(k\neq0)$로 놓을 수 있다.

이때 이 함수의 그래프가 점 $(0, 3)$을 지나므로

$3=\frac{k}{0+2}+4$, $\frac{k}{2}=-1$ $\quad \therefore k=-2$

$\therefore y=\frac{-2}{x+2}+4=\frac{-2+4(x+2)}{x+2}=\frac{4x+6}{x+2}$

따라서 $a=4$, $b=6$, $c=2$이므로

$a+b+c=12$

중 0535 답 2

[해결 과정] $y=\frac{2x+3}{x+4}=\frac{2(x+4)-5}{x+4}=-\frac{5}{x+4}+2$

이므로 점근선의 방정식은 $x=-4$, $y=2$

이때 주어진 함수의 그래프는 두 점근선의 교점 $(-4, 2)$에 대하여 대칭이므로

$p=-4$, $q=2$ ◀ 60 %

또, 점 $(-4, 2)$는 직선 $y=-x+r$ 위의 점이므로

$2=4+r$ $\quad \therefore r=-2$ ◀ 30 %

[답 구하기] $\therefore p+2q-r=2$ ◀ 10 %

중 0536 답 -18

$y=\frac{ax-2}{3x-b}=\frac{\frac{a}{3}(3x-b)+\frac{ab}{3}-2}{3x-b}=\frac{\frac{ab}{3}-2}{3x-b}+\frac{a}{3}$

이므로 점근선의 방정식은 $x=\frac{b}{3}$, $y=\frac{a}{3}$

이때 두 점근선의 교점 $\left(\frac{b}{3}, \frac{a}{3}\right)$가 두 직선 $y=-x+1$, $y=x-3$의 교점이므로

$\frac{a}{3}=-\frac{b}{3}+1$, $\frac{a}{3}=\frac{b}{3}-3$

$a+b=3$, $a-b=-9$

두 식을 연립하여 풀면 $a=-3$, $b=6$

$\therefore ab=-18$

중 0537 답 ⑤

점근선의 방정식이 $x=-1$, $y=2$이므로 함수의 식을

$y=\frac{k}{x+1}+2$ $(k\neq0)$로 놓을 수 있다.

이때 이 함수의 그래프가 점 $(-2, 0)$을 지나므로

$0=\frac{k}{-2+1}+2$

$-k+2=0$ $\quad \therefore k=2$

$\therefore y=\frac{2}{x+1}+2=\frac{2+2(x+1)}{x+1}=\frac{2x+4}{x+1}$

따라서 $a=2$, $b=-4$, $c=1$이므로

$a-b+c=7$

하 0538 답 -11

점근선의 방정식이 $x=-2$, $y=3$이므로 함수의 식을

$y=\frac{k}{x+2}+3$ $(k\neq0)$으로 놓을 수 있다.

이때 이 함수의 그래프가 점 $(0, 0)$을 지나므로

$0=\frac{k}{0+2}+3$

$\frac{k}{2}=-3$ $\quad \therefore k=-6$

$\therefore y=\frac{-6}{x+2}+3$

따라서 $k=-6$, $p=-2$, $q=3$이므로

$k+p-q=-11$

중 0539 답 -2

[문제 이해] 점근선의 방정식이 $x=-1$, $y=-2$이므로 함수의 식을

$y=\frac{k}{x+1}-2$ $(k\neq0)$로 놓을 수 있다. ◀ 30 %

[해결 과정] 이때 이 함수의 그래프가 점 $(0, -4)$를 지나므로

$-4=\frac{k}{0+1}-2$

$-4=k-2$ $\quad \therefore k=-2$

$\therefore y=\frac{-2}{x+1}-2=\frac{-2-2(x+1)}{x+1}=\frac{-2x-4}{x+1}$ ◀ 50 %

[답 구하기] 따라서 $P(x)=-2x-4$, $a=-1$이므로

$P(-1)=-2\times(-1)-4=-2$ ◀ 20 %

중 0540 답 ㄱ, ㄷ

$y=\frac{3x+5}{x-1}=\frac{3(x-1)+8}{x-1}=\frac{8}{x-1}+3$

ㄱ. $y=\frac{-2x+6}{x+1}=\frac{-2(x+1)+8}{x+1}=\frac{8}{x+1}-2$

이때 함수 $y=\frac{8}{x-1}+3$의 그래프를 x축의 방향으로 -2만큼, y축의 방향으로 -5만큼 평행이동한 그래프의 식은

$y=\frac{8}{(x+2)-1}+3-5=\frac{8}{x+1}-2$

즉, 주어진 함수의 그래프는 평행이동에 의하여 함수

$y=\dfrac{-2x+6}{x+1}$의 그래프와 겹쳐질 수 있다.

ㄴ. 함수 $y=\dfrac{3x+5}{x-1}$의 그래프는 함수

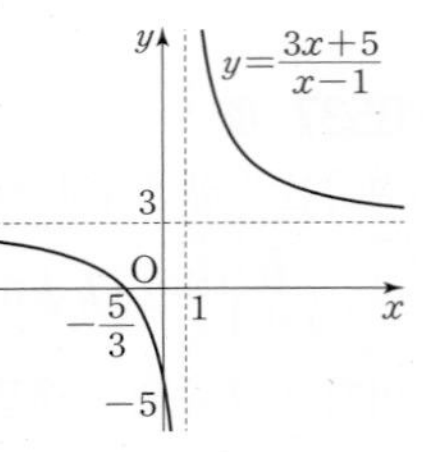

$y=\dfrac{8}{x}$의 그래프를 x축의 방향으로 1만큼, y축의 방향으로 3만큼 평행이동한 것이므로 오른쪽 그림과 같다. 즉, 그래프는 모든 사분면을 지난다.

ㄷ. 그래프는 두 점근선 $x=1$, $y=3$의 교점 $(1,\ 3)$을 지나고 기울기가 1 또는 -1인 직선에 대하여 대칭이므로

$y=(x-1)+3$, $y=-(x-1)+3$

즉, 두 직선 $y=x+2$, $y=-x+4$에 대하여 대칭이다.

이상에서 옳은 것은 ㄱ, ㄷ이다.

하 0541 답 ④

① $y=-\dfrac{1}{x-2}+2$의 정의역과 치역은 각각 2를 제외한 실수 전체의 집합이다.

② $y=-\dfrac{1}{x-2}+2$에 $y=0$을 대입하면 $x=\dfrac{5}{2}$이다.

즉, x축과의 교점의 좌표는 $\left(\dfrac{5}{2},\ 0\right)$이다.

③ 점근선의 방정식은 $x=2$, $y=2$이다.

④, ⑤ 함수 $y=-\dfrac{1}{x-2}+2$의 그래프는

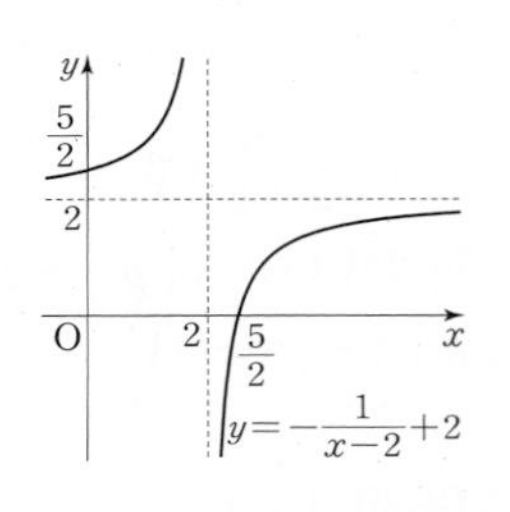

함수 $y=-\dfrac{1}{x}$의 그래프를 x축의 방향으로 2만큼, y축의 방향으로 2만큼 평행이동한 것이므로 오른쪽 그림과 같다.

즉, 제1, 2, 4사분면을 지난다.

따라서 옳지 않은 것은 ④이다.

하 0542 답 7

$y=\dfrac{2x-1}{x-1}=\dfrac{2(x-1)+1}{x-1}=\dfrac{1}{x-1}+2$

이므로 주어진 함수의 그래프는 함수 $y=\dfrac{1}{x}$의 그래프를 x축의 방향으로 1만큼, y축의 방향으로 2만큼 평행이동한 것이다.

$2\le x\le 4$에서 함수 $y=\dfrac{2x-1}{x-1}$의 그래프는 오른쪽 그림과 같으므로 $x=2$일 때 최댓값 3을 갖고, $x=4$일 때 최솟값 $\dfrac{7}{3}$을 갖는다.

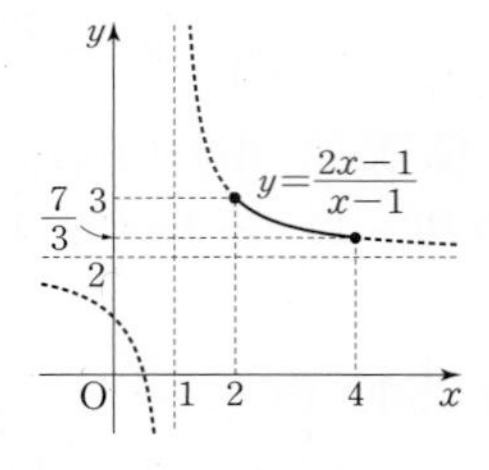

따라서 $M=3$, $m=\dfrac{7}{3}$이므로

$Mm=7$

중 0543 답 2

$y=\dfrac{-2x+1}{x-2}=\dfrac{-2(x-2)-3}{x-2}=-\dfrac{3}{x-2}-2$

이므로 주어진 함수의 그래프는 함수 $y=-\dfrac{3}{x}$의 그래프를 x축의 방향으로 2만큼, y축의 방향으로 -2만큼 평행이동한 것이다.

$3\le x\le a$에서 함수 $y=\dfrac{-2x+1}{x-2}$의 그래프는 오른쪽 그림과 같고, $x=a$일 때 최댓값 -4를 가지므로

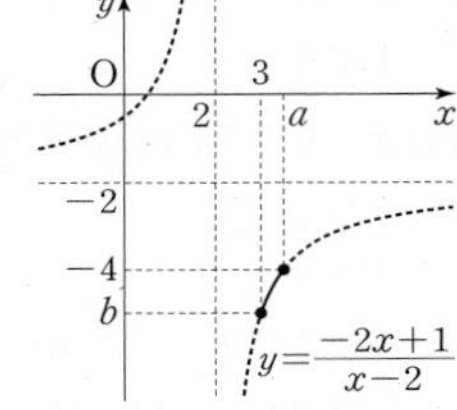

$-4=\dfrac{-2a+1}{a-2}$에서

$-4(a-2)=-2a+1$

$2a=7 \qquad \therefore a=\dfrac{7}{2}$

또, $x=3$일 때 최솟값 b를 가지므로

$b=\dfrac{-2\times3+1}{3-2}=-5$

$\therefore 2a+b=2$

하 0544 답 8

함수 $y=-\dfrac{2x}{x-1}$의 그래프와 직선 $y=2x-k$가 한 점에서 만나므로

$-\dfrac{2x}{x-1}=2x-k$에서 $2x^2-kx+k=0$

이 이차방정식의 판별식을 D라 하면

$D=(-k)^2-4\times2\times k=0$

$k^2-8k=0$, $k(k-8)=0$

$\therefore k=0$ 또는 $k=8$

그런데 $k>0$이므로 $k=8$

> **도움 개념** 함수의 그래프와 직선의 위치 관계
>
> 함수 $y=f(x)$의 그래프와 직선 $y=g(x)$의 위치 관계는 방정식 $f(x)=g(x)$에서 얻은 이차방정식의 판별식을 D라 하면 D의 값의 부호에 따라 다음과 같다.
>
> (1) $D>0$ ⇨ 서로 다른 두 점에서 만난다.
>
> (2) $D=0$ ⇨ 한 점에서 만난다. (접한다.)
>
> (3) $D<0$ ⇨ 만나지 않는다.

중 0545 답 $\dfrac{1}{12}$

$y=\dfrac{x-3}{x}=-\dfrac{3}{x}+1$

주어진 함수의 그래프는 함수 $y=-\dfrac{3}{x}$의 그래프를 y축의 방향으로 1만큼 평행이동한 것이므로 오른쪽 그림과 같다.

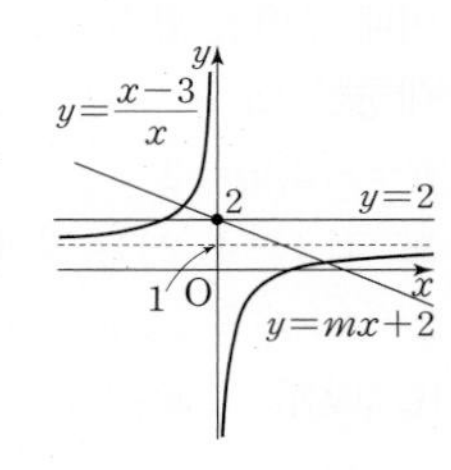

또, 직선 $y=mx+2$는 m의 값에 관계없이 항상 점 $(0,\ 2)$를 지난다.

(i) $m=0$일 때, 함수 $y=\dfrac{x-3}{x}$의 그래프와 직선 $y=2$는 반드시 한 점에서 만난다.

(ii) $m\ne0$일 때, 함수 $y=\dfrac{x-3}{x}$의 그래프와 직선 $y=mx+2$가 만나려면

$\dfrac{x-3}{x}=mx+2$에서

$mx^2+x+3=0$

이 이차방정식의 판별식을 D라 하면

$D=1^2-4\times m\times3\ge0$

$1-12m\geq 0$

$\therefore m<0$ 또는 $0<m\leq\frac{1}{12}$

(i), (ii)에서 $m\leq\frac{1}{12}$이므로 실수 m의 최댓값은 $\frac{1}{12}$이다.

중 0546 답 $-3<m\leq 0$

$y=\frac{x+1}{x-2}=\frac{(x-2)+3}{x-2}=\frac{3}{x-2}+1$

주어진 함수의 그래프는 함수 $y=\frac{3}{x}$의 그래프를 x축의 방향으로 2만큼, y축의 방향으로 1만큼 평행이동한 것이므로 오른쪽 그림과 같다.

또, 직선 $y=mx+1$은 m의 값에 관계없이 항상 점 (0, 1)을 지난다.

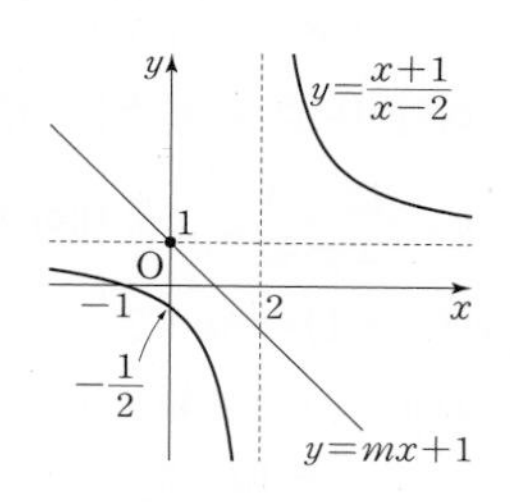

(i) $m=0$일 때, 직선 $y=1$은 점근선이므로 함수 $y=\frac{x+1}{x-2}$의 그래프와 직선 $y=1$은 만나지 않는다.

(ii) $m\neq 0$일 때, 함수 $y=\frac{x+1}{x-2}$의 그래프와 직선 $y=mx+1$이 만나지 않으려면

$\frac{x+1}{x-2}=mx+1$에서

$mx^2-2mx-3=0$

이 이차방정식의 판별식을 D라 하면

$\frac{D}{4}=(-m)^2-m\times(-3)<0$

$m^2+3m<0,\ m(m+3)<0$

$\therefore -3<m<0$

(i), (ii)에서 실수 m의 값의 범위는 $-3<m\leq 0$

상 0547 답 3

[문제 이해] $A\cap B\neq\varnothing$이므로 함수 $y=\frac{2x+4}{x+1}$ $(0\leq x\leq 1)$의 그래프와 직선 $y=m(x+2)$가 만나야 한다. ◀ 30 %

[해결 과정] $y=\frac{2x+4}{x+1}=\frac{2(x+1)+2}{x+1}=\frac{2}{x+1}+2$

이므로 주어진 함수의 그래프는 함수 $y=\frac{2}{x}$의 그래프를 x축의 방향으로 -1만큼, y축의 방향으로 2만큼 평행이동한 것이다.

$0\leq x\leq 1$에서 함수 $y=\frac{2x+4}{x+1}$의 그래프는 오른쪽 그림과 같다.

또, 직선 $y=m(x+2)$는 m의 값에 관계없이 항상 점 $(-2, 0)$을 지난다.

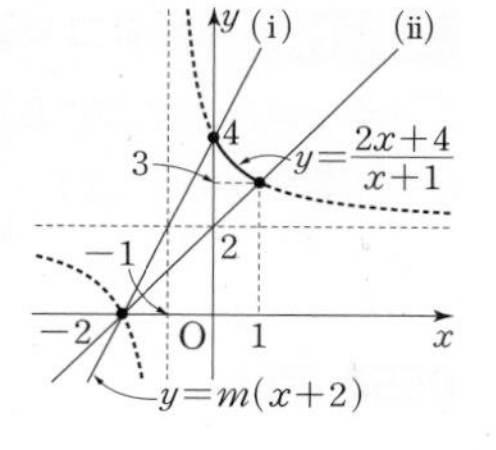

(i) 직선 $y=m(x+2)$가 점 (0, 4)를 지날 때,

$4=m(0+2)$에서

$4=2m\quad\therefore m=2$ ◀ 30 %

(ii) 직선 $y=m(x+2)$가 점 (1, 3)을 지날 때,

$3=m(1+2)$에서

$3=3m\quad\therefore m=1$ ◀ 30 %

[답 구하기] (i), (ii)에서 $1\leq m\leq 2$

따라서 실수 m의 최댓값은 2, 최솟값은 1이므로 구하는 합은

$2+1=3$ ◀ 10 %

중 0548 답 $\frac{9}{2}$

$f(x)=\frac{x}{x-1}$에서

$f^2(x)=(f\circ f)(x)=f(f(f^2(x)))$

$=\frac{\frac{x}{x-1}}{\frac{x}{x-1}-1}=x$

$f^3(x)=(f\circ f^2)(x)=f(f^2(x))=\frac{x}{x-1}$

$\vdots$

즉, $f^2(x)=f^4(x)=f^6(x)=\cdots=f^{2n}(x)$ (n은 자연수)는 항등함수이므로

$f^{2020}(x)=f^{2\times 1010}(x)=f^2(x)$

$f^{2023}(x)=f^{2\times 1011+1}(x)=f(x)$

$\therefore f^{2020}(3)+f^{2023}(3)=f^2(3)+f(3)$

$=3+\frac{3}{3-1}=\frac{9}{2}$

다른 풀이

$f^1(3)=f(3)=\frac{3}{3-1}=\frac{3}{2}$

$f^2(3)=(f\circ f)(3)=f(f(3))=f\left(\frac{3}{2}\right)=\frac{\frac{3}{2}}{\frac{3}{2}-1}=3$

$f^3(3)=(f\circ f^2)(3)=f(f^2(3))=f(3)=\frac{3}{2}$

$f^4(3)=(f\circ f^3)(3)=f(f^3(3))=f\left(\frac{3}{2}\right)=3$

$\vdots$

즉, $f^n(3)=\begin{cases}\frac{3}{2} & (n\text{은 홀수})\\ 3 & (n\text{은 짝수})\end{cases}$이므로

$f^{2020}(3)+f^{2023}(3)=3+\frac{3}{2}=\frac{9}{2}$

중 0549 답 ②

$f(x)=\frac{1}{1-x}$에서

$f^2(x)=(f\circ f)(x)=f(f(x))$

$=\frac{1}{1-\frac{1}{1-x}}=\frac{x-1}{x}$

$f^3(x)=(f\circ f^2)(x)=f(f^2(x))$

$=\frac{1}{1-\frac{x-1}{x}}=x$

$\vdots$

즉, $f^3(x)=f^6(x)=f^9(x)=\cdots=f^{3n}(x)$ (n은 자연수)는 항등함수이므로

$f^{70}(x)=f^{3\times 23+1}(x)=f(x)$

$\therefore f^{70}(2)=f(2)=\frac{1}{1-2}=-1$

다른 풀이

$f^1(2)=f(2)=\frac{1}{1-2}=-1$

$f^2(2)=(f\circ f)(2)=f(f(2))=f(-1)=\frac{1}{1-(-1)}=\frac{1}{2}$

$f^3(2)=(f\circ f^2)(2)=f(f^2(2))=f\left(\frac{1}{2}\right)=\frac{1}{1-\frac{1}{2}}=2$

$f^4(x)=(f\circ f^3)(2)=f(f^3(2))=f(2)=-1$

$\vdots$

즉, $f^n(2)$의 값은 -1, $\frac{1}{2}$, 2가 이 순서대로 반복된다.

이때 $70=3\times 23+1$이므로

$f^{70}(2)=f(2)=-1$

중 0550 답 $\frac{4}{7}$

점근선의 방정식이 $x=-1$, $y=1$이므로 함수의 식을

$y=\frac{k}{x+1}+1\ (k\neq 0)$로 놓을 수 있다.

이때 이 함수의 그래프가 점 $(0, 0)$을 지나므로

$0=\frac{k}{0+1}+1$

$0=k+1 \qquad \therefore k=-1$

$\therefore f(x)=\frac{-1}{x+1}+1=\frac{-1+(x+1)}{x+1}=\frac{x}{x+1}$

$f^2(x)=(f\circ f)(x)=f(f(x))$

$=\frac{\frac{x}{x+1}}{\frac{x}{x+1}+1}=\frac{x}{2x+1}$

$f^3(x)=(f\circ f^2)(x)=f(f^2(x))$

$=\frac{\frac{x}{2x+1}}{\frac{x}{2x+1}+1}=\frac{x}{3x+1}$

$\vdots$

즉, $f^n(x)=\frac{x}{nx+1}$이므로

$f^2(x)=\frac{x}{2x+1}$에서

$f^2(10)=\frac{10}{2\times 10+1}=\frac{10}{21}$

$f^{10}(x)=\frac{x}{10x+1}$에서

$f^{10}(2)=\frac{2}{10\times 2+1}=\frac{2}{21}$

$\therefore f^2(10)+f^{10}(2)=\frac{4}{7}$

중 0551 답 2

$y=\frac{ax+2}{3x-2}$로 놓고 x에 대하여 풀면

$y(3x-2)=ax+2$

$(3y-a)x=2y+2$

$\therefore x=\frac{2y+2}{3y-a}$

x와 y를 서로 바꾸면

$y=\frac{2x+2}{3x-a} \qquad \therefore f^{-1}(x)=\frac{2x+2}{3x-a}$

따라서 $f=f^{-1}$이므로

$\frac{ax+2}{3x-2}=\frac{2x+2}{3x-a}$

$\therefore a=2$

중 0552 답 ①

두 함수 $y=\frac{2x+3}{x+4}$, $y=\frac{ax+b}{x+c}$의 그래프가 직선 $y=x$에 대하여 대칭이므로 두 함수는 서로 역함수 관계이다.

$y=\frac{2x+3}{x+4}$을 x에 대하여 풀면

$y(x+4)=2x+3$

$x(y-2)=-4y+3$

$\therefore x=\frac{-4y+3}{y-2}$

x와 y를 서로 바꾸면

$y=\frac{-4x+3}{x-2}$

따라서 $\frac{-4x+3}{x-2}=\frac{ax+b}{x+c}$이므로

$a=-4$, $b=3$, $c=-2$

$\therefore a+b+c=-3$

중 0553 답 5

해결 과정 함수 $f(x)=\frac{ax-b}{x+2}$의 그래프가 점 $(1, -3)$을 지나므로

$-3=\frac{a-b}{1+2}$

$\therefore a-b=-9$ …… ㉠ ◀ 30 %

또, 함수 $f(x)=\frac{ax-b}{x+2}$의 역함수의 그래프가 점 $(1, -3)$을 지나므로 함수 $f(x)=\frac{ax-b}{x+2}$의 그래프는 점 $(-3, 1)$을 지난다.

$1=\frac{-3a-b}{-3+2}$

$\therefore 3a+b=1$ …… ㉡ ◀ 50 %

답 구하기 ㉠, ㉡을 연립하여 풀면

$a=-2$, $b=7$

$\therefore a+b=5$ ◀ 20 %

도움 개념 **함수와 그 역함수의 그래프 사이의 관계**

함수 $y=f(x)$의 그래프가 점 (a, b)를 지난다.

$\Longleftrightarrow$ 함수 $y=f^{-1}(x)$의 그래프가 점 (b, a)를 지난다.

중 0554 답 10

조건 ㈎에서 함수 $y=\frac{b}{x+a}+c$의 그래프가 점 $(-2, 5)$에 대하여 대칭이므로 점근선의 방정식은

$x=-2$, $y=5$

$\therefore a=2$, $c=5$

$\therefore y=\frac{b}{x+2}+5$

또, 조건 (나)에서 함수 $y=\frac{b}{x+2}+5$의 역함수의 그래프가 점 $(6, 1)$을 지나므로 함수 $y=\frac{b}{x+2}+5$의 그래프는 점 $(1, 6)$을 지난다.

$6=\frac{b}{1+2}+5$, $\frac{b}{3}=1$ $\quad\therefore b=3$

$\therefore a+b+c=10$

하 **0555** 답 6

$(f\circ f^{-1}\circ f^{-1})(4)=f^{-1}(4)$

$f^{-1}(4)=k$라 하면 $f(k)=4$

$\frac{3k+2}{k-1}=4$에서

$3k+2=4(k-1)$ $\quad\therefore k=6$

$\therefore (f\circ f^{-1}\circ f^{-1})(4)=6$

중 **0556** 답 1

$(g^{-1}\circ f)(a)=3$에서 $g^{-1}(f(a))=3$이므로

$f(a)=g(3)$

이때 $g(3)=2\times3-3=3$이므로

$f(a)=3$에서 $\frac{a+2}{2a-1}=3$

$a+2=3(2a-1)$

$5a=5$ $\quad\therefore a=1$

중 **0557** 답 3

$g(-2)=\frac{-3\times(-2)-4}{2\times(-2)+5}=2$이므로

$$\begin{aligned}(g\circ(f\circ g)^{-1}\circ g)(-2)&=(g\circ g^{-1}\circ f^{-1}\circ g)(-2)\\&=(f^{-1}\circ g)(-2)\\&=f^{-1}(g(-2))\\&=f^{-1}(2)\end{aligned}$$

$f^{-1}(2)=k$라 하면 $f(k)=2$

$\frac{k+1}{k-1}=2$에서

$k+1=2(k-1)$ $\quad\therefore k=3$

$\therefore (g\circ(f\circ g)^{-1}\circ g)(-2)=3$

≫ 91~93쪽

중단원 마무리

0558 답 $\frac{a}{a+1}$

$\frac{a^2-6a}{a^2+a-2}\times\frac{a^2+5a+6}{a+1}\div\frac{a^2-3a-18}{a-1}$

$=\frac{a(a-6)}{(a+2)(a-1)}\times\frac{(a+2)(a+3)}{a+1}\div\frac{(a+3)(a-6)}{a-1}$

$=\frac{a(a-6)}{(a+2)(a-1)}\times\frac{(a+2)(a+3)}{a+1}\times\frac{a-1}{(a+3)(a-6)}$

$=\frac{a}{a+1}$

0559 답 -4

$x^3+x^2-x-1=(x-1)(x+1)^2$이므로 주어진 식의 양변에 $(x-1)(x+1)^2$을 곱하면

$x^2-5=a(x+1)^2+b(x-1)(x+1)+c(x-1)$

$\therefore x^2-5=(a+b)x^2+(2a+c)x+a-b-c$

이 식이 x에 대한 항등식이므로

$a+b=1$, $2a+c=0$, $a-b-c=-5$

$a+b=1$에서 $b=1-a$를 $a-b-c=-5$에 대입하여 정리하면

$2a-c=-4$

$2a+c=0$, $2a-c=-4$를 연립하여 풀면

$a=-1$, $c=2$

$\therefore b=2$

$\therefore abc=-4$

0560 답 $\frac{1}{30}$

$$\begin{aligned}f(x)&=\frac{1}{x(x+2)}+\frac{1}{(x+2)(x+4)}+\frac{1}{(x+4)(x+6)}+\cdots+\frac{1}{(x+18)(x+20)}\\&=\frac{1}{2}\left\{\left(\frac{1}{x}-\frac{1}{x+2}\right)+\left(\frac{1}{x+2}-\frac{1}{x+4}\right)+\left(\frac{1}{x+4}-\frac{1}{x+6}\right)+\cdots+\left(\frac{1}{x+18}-\frac{1}{x+20}\right)\right\}\\&=\frac{1}{2}\left(\frac{1}{x}-\frac{1}{x+20}\right)\\&=\frac{1}{2}\times\frac{20}{x(x+20)}\\&=\frac{10}{x(x+20)}\end{aligned}$$

$\therefore f(10)=\frac{10}{10\times(10+20)}=\frac{1}{30}$

0561 답 4

$$\begin{aligned}f(x)&=1-\cfrac{1}{1-\cfrac{1}{1-\cfrac{1}{x+1}}}=1-\cfrac{1}{1-\cfrac{1}{\cfrac{x}{x+1}}}\\&=1-\cfrac{1}{1-\cfrac{x+1}{x}}=1-\cfrac{1}{\cfrac{-1}{x}}=1+x\end{aligned}$$

따라서 $f(x)=1+x$이므로

$f(a)=1+a=5$ $\quad\therefore a=4$

0562 답 ③

$x^2+2x-1=0$에서 $x\neq0$이므로 양변을 x로 나누면

$x+2-\frac{1}{x}=0$ $\quad\therefore x-\frac{1}{x}=-2$

$\therefore x^3-4x+3+\frac{4}{x}-\frac{1}{x^3}$

$=\left(x^3-\frac{1}{x^3}\right)-4\left(x-\frac{1}{x}\right)+3$

$=\left\{\left(x-\frac{1}{x}\right)^3+3\left(x-\frac{1}{x}\right)\right\}-4\left(x-\frac{1}{x}\right)+3$

$=\left(x-\frac{1}{x}\right)^3-\left(x-\frac{1}{x}\right)+3$

$=(-2)^3-(-2)+3=-3$

0563 답 0

$\frac{1}{a}+\frac{1}{b}+\frac{1}{c}=0$에서

$\frac{ab+bc+ca}{abc}=0 \qquad \therefore ab+bc+ca=0$

$\therefore \frac{a}{(a+b)(c+a)}+\frac{b}{(b+c)(a+b)}+\frac{c}{(c+a)(b+c)}$

$=\frac{a(b+c)+b(c+a)+c(a+b)}{(a+b)(b+c)(c+a)}$

$=\frac{ab+ca+bc+ab+ca+bc}{(a+b)(b+c)(c+a)}$

$=\frac{2(ab+bc+ca)}{(a+b)(b+c)(c+a)}=0$

0564 답 5200

합격자의 남녀의 비가 7 : 4이므로 남자 합격자 수를 $7a$, 여자 합격자 수를 $4a$로 놓자.

또, 불합격자 남녀의 비가 3 : 2이므로 남자 불합격자 수를 $3b$, 여자 불합격자 수를 $2b$로 놓자.

전체 남자 지원자 수는 $7a+3b$, 여자 지원자 수는 $4a+2b$이고, 전체 지원자의 남녀의 비가 8 : 5이므로

$(7a+3b):(4a+2b)=8:5$

$8(4a+2b)=5(7a+3b)$

$32a+16b=35a+15b \qquad \therefore b=3a$

이때 합격자 수가 2200이므로

$11a=2200 \qquad \therefore a=200$

따라서 전체 지원자 수는

$(7a+3b)+(4a+2b)=11a+5b=26a=26\times200=5200$

0565 답 ②

$y=\frac{bx}{ax+1}=\frac{\frac{b}{a}(ax+1)-\frac{b}{a}}{ax+1}=-\frac{\frac{b}{a}}{a\left(x+\frac{1}{a}\right)}+\frac{b}{a}$

이므로 정의역은 $\left\{x \,\middle|\, x\neq-\frac{1}{a}\text{인 실수}\right\}$, 치역은 $\left\{y \,\middle|\, y\neq\frac{b}{a}\text{인 실수}\right\}$

이고, 점근선의 방정식은 $x=-\frac{1}{a}$, $y=\frac{b}{a}$이다.

이때 주어진 함수의 정의역과 치역이 같으므로

$-\frac{1}{a}=\frac{b}{a} \qquad \therefore b=-1$

또, 두 점근선의 교점 $\left(-\frac{1}{a}, \frac{b}{a}\right)$, 즉 $\left(-\frac{1}{a}, -\frac{1}{a}\right)$이 직선

$y=2x+\frac{1}{4}$ 위에 있으므로

$-\frac{1}{a}=2\times\left(-\frac{1}{a}\right)+\frac{1}{4}$

$\frac{1}{a}=\frac{1}{4} \qquad \therefore a=4$

$\therefore a+b=3$

0566 답 ㄱ, ㄷ

함수 $y=\frac{b}{x-a}-c$의 그래프의 점근선의 방정식은

$x=a$, $y=-c$

이므로 주어진 그래프에서 $a<0$, $-c>0$

$\therefore a<0, c<0$

또, 함수 $y=\frac{b}{x}$의 그래프가 제1, 3사분면을 지나므로 $b>0$

ㄱ. $b>0$, $c<0$이므로 $b-c>0$

ㄴ. $bc<0$이고 $a<0$이므로 $\frac{bc}{a}>0$

ㄷ. $\frac{a}{b}<0$, $\frac{c}{b}<0$이므로 $\frac{a}{b}+\frac{c}{b}<0$

이상에서 옳은 것은 ㄱ, ㄷ이다.

0567 답 ②

함수 $y=f(x)$의 그래프가 곡선 $y=-\frac{2}{x}$를 x축의 방향으로 m만큼, y축의 방향으로 n만큼 평행이동한 것이라 하면 함수 $f(x)$의 식을

$f(x)=-\frac{2}{x-m}+n$으로 놓을 수 있다.

이때 두 점근선 $x=m$, $y=n$의 교점 (m, n)은 직선 $y=x$ 위의 점이므로

$m=n$

또, 함수 $y=f(x)$의 정의역이 $\{x\,|\,x\neq-2\text{인 모든 실수}\}$이므로

$m=n=-2$

따라서 $f(x)=-\frac{2}{x+2}-2$이므로

$f(4)=-\frac{2}{4+2}-2=-\frac{7}{3}$

0568 답 ㄴ, ㄷ

$y=\frac{2x-2p+5}{x-p}=\frac{2(x-p)+5}{x-p}=\frac{5}{x-p}+2$

이므로 점근선의 방정식은 $x=p$, $y=2$이다.

ㄱ. 점근선 중 하나가 직선 $y=2$이므로 함수 $y=\frac{2x-2p+5}{x-p}$의 그래프는 직선 $y=2$와 만나지 않는다.

ㄴ. 함수 $y=\frac{2x-2p+5}{x-p}$의 그래프는 함수 $y=\frac{5}{x}$의 그래프를 x축의 방향으로 p만큼, y축의 방향으로 2만큼 평행이동한 것이다.

ㄷ. 함수 $y=\frac{2x-2p+5}{x-p}$의 그래프가 제3사분면을 지나지 않으려면 오른쪽 그림과 같아야 한다.

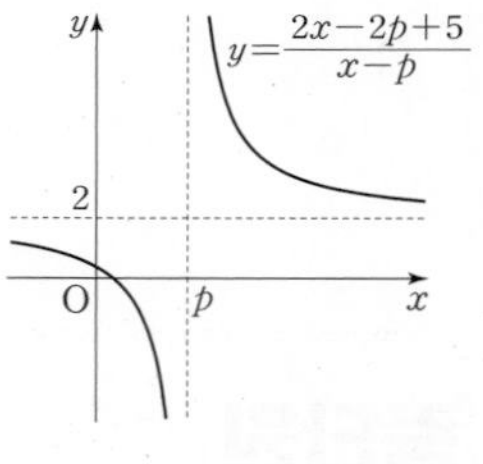

즉, $p>0$이고 $x=0$일 때 $y\geq0$이어야 하므로

$\frac{0-2p+5}{0-p}\geq0$

$-2p+5\leq0 \ (\because p>0)$

$2p\geq5 \qquad \therefore p\geq\frac{5}{2}$

따라서 정수 p의 최솟값은 3이다.

이상에서 옳은 것은 ㄴ, ㄷ이다.

0569 답 $\frac{3}{4}\leq m\leq\frac{5}{2}$

$y=\frac{x+1}{x-2}=\frac{(x-2)+3}{x-2}=\frac{3}{x-2}+1$

이므로 주어진 함수의 그래프는 함수 $y=\frac{3}{x}$의 그래프를 x축의 방향으로 2만큼, y축의 방향으로 1만큼 평행이동한 것이다.

$3\le x\le 5$에서 함수 $y=\frac{x+1}{x-2}$의 그래프는 오른쪽 그림과 같다.

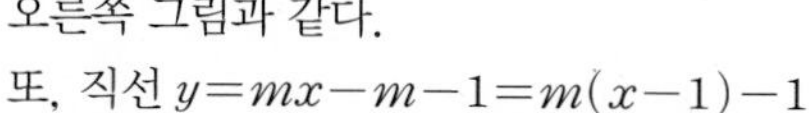

또, 직선 $y=mx-m-1=m(x-1)-1$은 m의 값에 관계없이 항상 점 $(1, -1)$을 지난다.

(i) 직선 $y=mx-m-1$이 점 $(3, 4)$를 지날 때,

$4=3m-m-1$

$2m=5 \quad \therefore m=\frac{5}{2}$

(ii) 직선 $y=mx-m-1$이 점 $(5, 2)$를 지날 때,

$2=5m-m-1$

$4m=3 \quad \therefore m=\frac{3}{4}$

(i), (ii)에서 실수 m의 값의 범위는

$\frac{3}{4}\le m\le\frac{5}{2}$

0570 답 $\frac{2}{3}$

$f^{-1}(3)=1$에서 $f(1)=3$이므로

$3=\frac{b+1}{a-2}$

$\therefore 3a-b=7$ …… ㉠

$(f\circ f)(1)=f(f(1))=f(3)=\frac{8}{5}$이므로

$\frac{3b+1}{3a-2}=\frac{8}{5}$

$\therefore 8a-5b=7$ …… ㉡

㉠, ㉡을 연립하여 풀면

$a=4,\ b=5$

따라서 $f(x)=\frac{5x+1}{4x-2}$이므로

$f(-1)=\frac{5\times(-1)+1}{4\times(-1)-2}=\frac{2}{3}$

0571 답 1

주어진 함수의 그래프에서 $f^{-1}(1)=0,\ f^{-1}(0)=1$이므로

$f(0)=1,\ f(1)=0$

$f^2(1)=(f\circ f)(1)=f(f(1))=f(0)=1$

$f^3(1)=(f\circ f^2)(1)=f(f^2(1))=f(1)=0$

$f^4(1)=(f\circ f^3)(1)=f(f^3(1))=f(0)=1$

$\vdots$

따라서 $f^n(1)=\begin{cases}0 & (n\text{은 홀수})\\ 1 & (n\text{은 짝수})\end{cases}$이므로

$f^{100}(1)=1$

0572 답 6

$g(-1)=\frac{3\times(-1)+1}{-1-1}=1$이므로

$(f^{-1}\circ g)(-1)=f^{-1}(g(-1))=f^{-1}(1)$

$f^{-1}(1)=k$라 하면 $f(k)=1$

$\frac{2k-5}{k+1}=1$에서

$2k-5=k+1 \quad \therefore k=6$

$\therefore (f^{-1}\circ g)(-1)=6$

0573 답 1

전략 주어진 식을 $3b+2c=ak,\ 2c+a=3bk,\ a+3b=2ck$로 변형하여 정리한다.

$3b+2c=ak,\ 2c+a=3bk,\ a+3b=2ck$이므로

세 식을 변끼리 더하면

$2a+6b+4c=k(a+3b+2c)$

$\therefore 2(a+3b+2c)=k(a+3b+2c)$

(i) $a+3b+2c\ne 0$일 때, $k=2$

(ii) $a+3b+2c=0$일 때,

$3b+2c=-a,\ 2c+a=-3b,\ a+3b=-2c$를 주어진 식에 대입하면

$\frac{-a}{a}=\frac{-3b}{3b}=\frac{-2c}{2c}=-1$

$\therefore k=-1$

(i), (ii)에서 모든 상수 k의 값의 합은 $2+(-1)=1$

0574 답 18

전략 $y=|f(x)|$ 꼴의 그래프를 그린 후, 유리함수의 그래프와 직선의 위치 관계를 이용하여 교점의 개수를 구한다.

$y=\frac{2x+1}{-x+3}=\frac{-2(-x+3)+7}{-x+3}=\frac{7}{-x+3}-2$

이므로 점근선의 방정식은 $x=3,\ y=-2$

함수 $y=\left|\frac{2x+1}{-x+3}\right|$의 그래프는

함수 $y=\frac{2x+1}{-x+3}$의 그래프에서

$y\ge 0$인 부분은 그대로 두고, $y<0$인 부분을 x축에 대하여 대칭이동하면 되므로 오른쪽 그림과 같다.

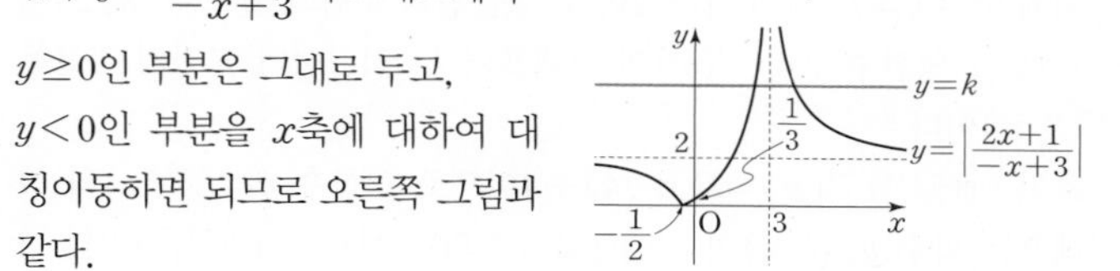

따라서 함수 $y=\left|\frac{2x+1}{-x+3}\right|$의 그래프와 직선 $y=k$가 만나는 점의 개수는

(i) $k=0$일 때, $N(0)=1$

(ii) $0<k<2$일 때, $N(k)=2$

(iii) $k=2$일 때, $N(2)=1$

(iv) $k>2$일 때, $N(k)=2$

이상에서

$N(0)=1,$

$N(1)=2,$

$N(2)=1,$

$N(3)=N(4)=\cdots=N(9)=2$

$\therefore N(0)+N(1)+N(2)+\cdots+N(9)=18$

0575 답 ⑤

전략 함수 $y=f(x)$의 그래프와 그 역함수 $y=f^{-1}(x)$의 그래프 사이의 관계를 이용한다.

$y=\frac{2x+b}{x-a}$로 놓고 x에 대하여 풀면

$(x-a)y=2x+b$
$(y-2)x=ay+b$
$\therefore x=\frac{ay+b}{y-2}$
x와 y를 서로 바꾸면
$y=\frac{ax+b}{x-2}$
$\therefore f^{-1}(x)=\frac{ax+b}{x-2}$
조건 ㈎에서 $f^{-1}(x)=f(x-4)-4$이므로
$\frac{ax+b}{x-2}=\frac{2(x-4)+b}{(x-4)-a}-4$
$=\frac{-2x+4a+b+8}{x-4-a}$
$-4-a=-2$
$\therefore a=-2$
$\therefore f(x)=\frac{2x+b}{x+2}=\frac{2(x+2)-4+b}{x+2}$
$=\frac{b-4}{x+2}+2$
또, 조건 ㈏에서 함수 $y=f(x)$의 그래프를 평행이동하면 함수 $y=\frac{3}{x}$의 그래프와 일치하므로
$b-4=3 \qquad \therefore b=7$
$\therefore a+b=5$

다른 풀이
$f(x)=\frac{2x+b}{x-a}=\frac{2(x-a)+2a+b}{x-a}$
$=\frac{2a+b}{x-a}+2$
이므로 점근선의 방정식은 $x=a$, $y=2$
이때 함수 $y=f(x)$의 그래프의 두 점근선의 교점의 좌표는 $(a, 2)$이므로 그 역함수 $y=f^{-1}(x)$의 그래프의 두 점근선의 교점의 좌표는 $(2, a)$이다.
조건 ㈎에서 $f^{-1}(x)=f(x-4)-4$이므로 역함수 $y=f^{-1}(x)$의 그래프는 함수 $y=f(x)$의 그래프를 x축의 방향으로 4만큼, y축의 방향으로 -4만큼 평행이동한 것이다.
즉, 역함수 $y=f^{-1}(x)$의 그래프의 두 점근선의 교점의 좌표는 $(a+4, -2)$이고, 이 점이 $(2, a)$와 일치하므로
$a=-2$
또, 함수 $y=f(x)$의 그래프는 함수 $y=\frac{2a+b}{x}$의 그래프를 평행이동한 것과 같으므로 조건 ㈏에서
$2a+b=3$
$a=-2$를 이 식에 대입하면 $b=7$
$\therefore a+b=5$

0576 답 13

해결 과정 $x+y+z=-x-2y+z$에서
$3y=-2x \qquad \therefore y=-\frac{2}{3}x$ ◀ 40 %
$x+y+z=3x+2y-3z$에 $y=-\frac{2}{3}x$를 대입하면
$x-\frac{2}{3}x+z=3x-\frac{4}{3}x-3z$
$4z=\frac{4}{3}x \qquad \therefore z=\frac{1}{3}x$ ◀ 40 %

답 구하기 $\therefore \frac{x^2+y^2}{z^2}=\frac{x^2+\left(-\frac{2}{3}x\right)^2}{\left(\frac{1}{3}x\right)^2}$
$=\frac{\frac{13}{9}x^2}{\frac{1}{9}x^2}=13$ ◀ 20 %

0577 답 (1) -2 (2) 9

(1) $y=\frac{ax-5}{x-3}=\frac{a(x-3)+3a-5}{x-3}$
$=\frac{3a-5}{x-3}+a$
이므로 주어진 함수의 그래프는 함수 $y=\frac{3a-5}{x}$의 그래프를 x축의 방향으로 3만큼, y축의 방향으로 a만큼 평행이동한 것이다.
$a<0$일 때 $3a-5<0$이므로
$-1\le x\le 2$에서 함수 $y=\frac{ax-5}{x-3}$의 그래프는 오른쪽 그림과 같다. ◀ 30 %

$x=-1$일 때 최솟값 $\frac{3}{4}$을 가지므로
$\frac{3}{4}=\frac{-a-5}{-1-3}$
$-a-5=-3 \qquad \therefore a=-2$ ◀ 40 %
(2) 주어진 함수는 $y=\frac{-2x-5}{x-3}$이고 $x=2$일 때 최댓값을 가지므로 최댓값은
$\frac{-2\times 2-5}{2-3}=9$ ◀ 30 %

0578 답 $\frac{1}{2}$

해결 과정 $f(x)=\frac{ax+b}{x+c}$
$=\frac{a(x+c)-ac+b}{x+c}$
$=\frac{-ac+b}{x+c}+a$
이므로 점근선의 방정식은 $x=-c$, $y=a$
이때 두 점근선 중 하나가 직선 $y=1$이므로
$a=1$ ◀ 40 %
$\therefore f(x)=\frac{x+b}{x+c}$
$f^{-1}(0)=3$에서 $f(3)=0$이므로
$0=\frac{3+b}{3+c}$
$3+b=0 \qquad \therefore b=-3$ ◀ 30 %
$\therefore f(x)=\frac{x-3}{x+c}$
또, 이 함수의 그래프가 점 $(1, 2)$를 지나므로
$2=\frac{1-3}{1+c}$, $2c=-4 \qquad \therefore c=-2$ ◀ 20 %

답 구하기 따라서 $f(x)=\frac{x-3}{x-2}$이므로
$f(4)=\frac{4-3}{4-2}=\frac{1}{2}$ ◀ 10 %

Lecture 13 무리식 ≫ 96~99쪽

0579 답 $x\le2$

$2-x\ge0$이어야 하므로 $x\le2$

0580 답 $x\ge3$

$x+3\ge0$이어야 하므로 $x\ge-3$

$x-3\ge0$이어야 하므로 $x\ge3$

$\therefore x\ge3$

0581 답 $x>5$

$x-5>0$이어야 하므로 $x>5$

0582 답 $2\le x<4$

$x-2\ge0$이어야 하므로 $x\ge2$

$4-x>0$이어야 하므로 $x<4$

$\therefore 2\le x<4$

0583 답 1

$$(\sqrt{x+1}+\sqrt{x})(\sqrt{x+1}-\sqrt{x})=(\sqrt{x+1})^2-(\sqrt{x})^2=(x+1)-x=1$$

0584 답 $-5x+3$

$$(\sqrt{2}-\sqrt{5x-1})(\sqrt{2}+\sqrt{5x-1})=(\sqrt{2})^2-(\sqrt{5x-1})^2=2-(5x-1)=-5x+3$$

0585 답 $\sqrt{x-1}-\sqrt{x-3}$

$$\frac{2}{\sqrt{x-1}+\sqrt{x-3}}=\frac{2(\sqrt{x-1}-\sqrt{x-3})}{(\sqrt{x-1}+\sqrt{x-3})(\sqrt{x-1}-\sqrt{x-3})}=\frac{2(\sqrt{x-1}-\sqrt{x-3})}{(x-1)-(x-3)}=\sqrt{x-1}-\sqrt{x-3}$$

0586 답 $2x-1-2\sqrt{x(x-1)}$

$$\frac{\sqrt{x}-\sqrt{x-1}}{\sqrt{x}+\sqrt{x-1}}=\frac{(\sqrt{x}-\sqrt{x-1})^2}{(\sqrt{x}+\sqrt{x-1})(\sqrt{x}-\sqrt{x-1})}=\frac{x-2\sqrt{x(x-1)}+(x-1)}{x-(x-1)}=2x-1-2\sqrt{x(x-1)}$$

0587 답 $\frac{-2}{x-1}$

$$\frac{1}{\sqrt{x}+1}-\frac{1}{\sqrt{x}-1}=\frac{\sqrt{x}-1-(\sqrt{x}+1)}{(\sqrt{x}+1)(\sqrt{x}-1)}=\frac{-2}{x-1}$$

0588 답 $\frac{2(x+9)}{x-9}$

$$\frac{\sqrt{x}-3}{\sqrt{x}+3}+\frac{\sqrt{x}+3}{\sqrt{x}-3}=\frac{(\sqrt{x}-3)^2+(\sqrt{x}+3)^2}{(\sqrt{x}+3)(\sqrt{x}-3)}=\frac{(x-6\sqrt{x}+9)+(x+6\sqrt{x}+9)}{x-9}=\frac{2(x+9)}{x-9}$$

중 **0589** 답 ③

$4-x^2\ge0$이어야 하므로

$x^2-4\le0$, $(x+2)(x-2)\le0$

$\therefore -2\le x\le2$ ……㉠

$x+1>0$이어야 하므로 $x>-1$ ……㉡

㉠, ㉡에서 $-1<x\le2$

따라서 정수 x는 0, 1, 2이므로 구하는 합은

$0+1+2=3$

하 **0590** 답 $x\le-\frac{1}{3}$ 또는 $x\ge\frac{1}{2}$

$6x^2-x-1\ge0$이어야 하므로

$(3x+1)(2x-1)\ge0$

$\therefore x\le-\frac{1}{3}$ 또는 $x\ge\frac{1}{2}$

중 **0591** 답 2

$x-1\ge0$이어야 하므로 $x\ge1$

$10-3x\ge0$이어야 하므로 $x\le\frac{10}{3}$

$\therefore 1\le x\le\frac{10}{3}$ ……㉠

이때 (분모)$\ne0$이어야 하므로 $x\ne2$ ……㉡

㉠, ㉡에서 $1\le x<2$, $2<x\le\frac{10}{3}$

따라서 자연수 x는 1, 3의 2개이다.

하 **0592** 답 ⑤

$$\sqrt{a^2+2a+1}+\sqrt{a^2-6a+9}=\sqrt{(a+1)^2}+\sqrt{(a-3)^2}=|a+1|+|a-3|$$

$-1<a<3$에서 $a+1>0$, $a-3<0$이므로

$$\sqrt{a^2+2a+1}+\sqrt{a^2-6a+9}=|a+1|+|a-3|=(a+1)-(a-3)=4$$

중 **0593** 답 ②

$x=1-\sqrt{2}$, $y=1-\sqrt{3}$에서

$x+y=1-\sqrt{2}+(1-\sqrt{3})=2-\sqrt{2}-\sqrt{3}$이므로 $x+y<0$

$x-y=1-\sqrt{2}-(1-\sqrt{3})=\sqrt{3}-\sqrt{2}$이므로 $x-y>0$

$$\therefore \sqrt{(x+y)^2}-\sqrt{(x-y)^2}=|x+y|-|x-y|=-(x+y)-(x-y)=-2x=-2(1-\sqrt{2})=2\sqrt{2}-2$$

중 **0594** 답 $\frac{2}{a}$

$x^2-4=\left(a+\frac{1}{a}\right)^2-4=a^2+\frac{1}{a^2}-2=\left(a-\frac{1}{a}\right)^2$

$0<a<1$에서 $a-\frac{1}{a}<0$이므로

$$\begin{aligned}\sqrt{x^2-4}+x&=\sqrt{\left(a-\frac{1}{a}\right)^2}+\left(a+\frac{1}{a}\right)\\&=\left|a-\frac{1}{a}\right|+\left(a+\frac{1}{a}\right)\\&=-\left(a-\frac{1}{a}\right)+\left(a+\frac{1}{a}\right)\\&=\frac{2}{a}\end{aligned}$$

중 **0595** 답 a

[해결 과정] $\frac{\sqrt{1-a}}{\sqrt{a}}$의 값이 실수가 되려면

$1-a\geq 0$, $a>0$이어야 하므로

$0<a\leq 1$ ◀ 30 %

$$\begin{aligned}|a-3|-\sqrt{4a^2-12a+9}&=|a-3|-\sqrt{(2a-3)^2}\\&=|a-3|-|2a-3|\end{aligned}$$

$0<a\leq 1$에서 $a-3<0$, $2a-3<0$이다. ◀ 40 %

[답 구하기] $\therefore |a-3|-\sqrt{4a^2-12a+9}=|a-3|-|2a-3|$
$=-(a-3)+(2a-3)$
$=a$ ◀ 30 %

중 **0596** 답 6

$$\begin{aligned}\sqrt{x^2-8x+16}+\sqrt{x^2+4x+4}&=\sqrt{(x-4)^2}+\sqrt{(x+2)^2}\\&=|x-4|+|x+2|\end{aligned}$$

이때 $\frac{\sqrt{x+2}}{\sqrt{x-4}}=-\sqrt{\frac{x+2}{x-4}}$에서

$x+2>0$, $x-4<0$ ($\because x\neq -2$)

$$\begin{aligned}\therefore \sqrt{x^2-8x+16}+\sqrt{x^2+4x+4}&=|x-4|+|x+2|\\&=-(x-4)+(x+2)\\&=6\end{aligned}$$

중 **0597** 답 ①

$\sqrt{2-a}\sqrt{b-1}=-\sqrt{(2-a)(b-1)}$에서

$2-a<0$, $b-1<0$ ($\because a\neq 2$, $b\neq 1$)

$\therefore a>2$, $b<1$

따라서 $b-2<0$, $a-b>0$이므로

$$\begin{aligned}\sqrt{(b-2)^2}-\sqrt{(a-b)^2}&=|b-2|-|a-b|\\&=-(b-2)-(a-b)\\&=2-a\end{aligned}$$

중 **0598** 답 ①

$\frac{\sqrt{a}}{\sqrt{b}}=-\sqrt{\frac{a}{b}}$에서 $a>0$, $b<0$ ($\because a\neq 0$)

$\sqrt{c^2}=-c$에서 $c<0$

따라서 $a-b>0$, $b+c<0$, $a-c>0$이므로

$$\begin{aligned}&\sqrt{(a-b)^2}-\sqrt{(b+c)^2}+\sqrt{(a-c)^2}\\&=|a-b|-|b+c|+|a-c|\\&=(a-b)+(b+c)+(a-c)\\&=2a\end{aligned}$$

중 **0599** 답 -4

$$\begin{aligned}&\frac{4x}{1+\sqrt{2x+1}}+\frac{4x}{1-\sqrt{2x+1}}\\&=\frac{4x(1-\sqrt{2x+1})+4x(1+\sqrt{2x+1})}{(1+\sqrt{2x+1})(1-\sqrt{2x+1})}\\&=\frac{4x-4x\sqrt{2x+1}+4x+4x\sqrt{2x+1}}{1-(2x+1)}\\&=\frac{8x}{-2x}=-4\end{aligned}$$

중 **0600** 답 $4x-2$

$$\begin{aligned}&\frac{\sqrt{x}-\sqrt{x-1}}{\sqrt{x}+\sqrt{x-1}}+\frac{\sqrt{x}+\sqrt{x-1}}{\sqrt{x}-\sqrt{x-1}}\\&=\frac{(\sqrt{x}-\sqrt{x-1})^2+(\sqrt{x}+\sqrt{x-1})^2}{(\sqrt{x}+\sqrt{x-1})(\sqrt{x}-\sqrt{x-1})}\\&=\frac{2x-1-2\sqrt{x}\sqrt{x-1}+2x-1+2\sqrt{x}\sqrt{x-1}}{x-(x-1)}\\&=4x-2\end{aligned}$$

중 **0601** 답 30

$$\begin{aligned}\frac{1-\sqrt{5}+\sqrt{6}}{1+\sqrt{5}+\sqrt{6}}&=\frac{(1-\sqrt{5}+\sqrt{6})(1+\sqrt{5}-\sqrt{6})}{\{(1+\sqrt{5})+\sqrt{6}\}\{(1+\sqrt{5})-\sqrt{6}\}}\\&=\frac{1^2-(\sqrt{5}-\sqrt{6})^2}{(1+\sqrt{5})^2-(\sqrt{6})^2}\\&=\frac{1-(11-2\sqrt{30})}{(6+2\sqrt{5})-6}\\&=\frac{-10+2\sqrt{30}}{2\sqrt{5}}\\&=\sqrt{6}-\sqrt{5}\end{aligned}$$

따라서 $a=6$, $b=5$이므로 $ab=30$

중 **0602** 답 5

[해결 과정] $f(x)=\frac{1}{\sqrt{x}+\sqrt{x+1}}$
$=\frac{\sqrt{x}-\sqrt{x+1}}{(\sqrt{x}+\sqrt{x+1})(\sqrt{x}-\sqrt{x+1})}$
$=\frac{\sqrt{x}-\sqrt{x+1}}{x-(x+1)}$
$=\sqrt{x+1}-\sqrt{x}$ ◀ 60 %

[답 구하기] $\therefore f(1)+f(2)+f(3)+\cdots+f(35)$
$=(\sqrt{2}-\sqrt{1})+(\sqrt{3}-\sqrt{2})+(\sqrt{4}-\sqrt{3})+\cdots+(\sqrt{36}-\sqrt{35})$
$=\sqrt{36}-\sqrt{1}=5$ ◀ 40 %

중 **0603** 답 ⑤

$$\begin{aligned}\frac{\sqrt{3x-1}}{\sqrt{3x+1}}+\frac{\sqrt{3x+1}}{\sqrt{3x-1}}&=\frac{(\sqrt{3x-1})^2+(\sqrt{3x+1})^2}{\sqrt{3x+1}\sqrt{3x-1}}\\&=\frac{(3x-1)+(3x+1)}{\sqrt{(3x)^2-1^2}}\\&=\frac{6x}{\sqrt{9x^2-1}}\end{aligned}$$

이 식에 $x=\frac{\sqrt{2}}{3}$를 대입하면 $\frac{6\times\frac{\sqrt{2}}{3}}{\sqrt{9\times\frac{2}{9}-1}}=2\sqrt{2}$

중 **0604** 답 ①

$$\frac{\sqrt{x+1}-\sqrt{x-1}}{\sqrt{x+1}+\sqrt{x-1}}=\frac{(\sqrt{x+1}-\sqrt{x-1})^2}{(\sqrt{x+1}+\sqrt{x-1})(\sqrt{x+1}-\sqrt{x-1})}$$
$$=\frac{2x-2\sqrt{x+1}\sqrt{x-1}}{(x+1)-(x-1)}$$
$$=\frac{2x-2\sqrt{x^2-1}}{2}$$
$$=x-\sqrt{x^2-1}$$

이 식에 $x=\sqrt{10}$을 대입하면

$\sqrt{10}-\sqrt{10-1}=\sqrt{10}-3$

중 **0605** 답 1

$\sqrt{2x+3}=\sqrt{7}$의 양변을 제곱하면

$2x+3=7 \quad \therefore x=2$

주어진 식에 $x=2$를 대입하면

$$\sqrt{x}-\cfrac{1}{\sqrt{x}-\cfrac{1}{\sqrt{x}-\cfrac{1}{\sqrt{x}-1}}}=\sqrt{2}-\cfrac{1}{\sqrt{2}-\cfrac{1}{\sqrt{2}-\cfrac{1}{\sqrt{2}-1}}}$$
$$=\sqrt{2}-\cfrac{1}{\sqrt{2}-\cfrac{1}{\sqrt{2}-(\sqrt{2}+1)}}$$
$$=\sqrt{2}-\frac{1}{\sqrt{2}+1}$$
$$=\sqrt{2}-(\sqrt{2}-1)$$
$$=1$$

중 **0606** 답 $3\sqrt{3}$

$x=\frac{2}{\sqrt{3}-1}=\frac{2(\sqrt{3}+1)}{(\sqrt{3}-1)(\sqrt{3}+1)}=\sqrt{3}+1$,

$y=\frac{2}{\sqrt{3}+1}=\frac{2(\sqrt{3}-1)}{(\sqrt{3}+1)(\sqrt{3}-1)}=\sqrt{3}-1$에서

$x+y=2\sqrt{3},\ xy=2$

$$\therefore \frac{y}{x^2}+\frac{x}{y^2}=\frac{x^3+y^3}{x^2y^2}$$
$$=\frac{(x+y)^3-3xy(x+y)}{(xy)^2}$$
$$=\frac{(2\sqrt{3})^3-3\times2\times2\sqrt{3}}{2^2}$$
$$=3\sqrt{3}$$

하 **0607** 답 ④

$x=\sqrt{5}+\sqrt{3},\ y=\sqrt{5}-\sqrt{3}$에서

$x+y=2\sqrt{5},\ xy=2$

$\therefore x^2+xy+y^2=(x+y)^2-xy$

$=(2\sqrt{5})^2-2=18$

중 **0608** 답 ①

$x=\frac{\sqrt{3}-\sqrt{2}}{\sqrt{3}+\sqrt{2}}=\frac{(\sqrt{3}-\sqrt{2})^2}{(\sqrt{3}+\sqrt{2})(\sqrt{3}-\sqrt{2})}=5-2\sqrt{6}$,

$y=\frac{\sqrt{3}+\sqrt{2}}{\sqrt{3}-\sqrt{2}}=\frac{(\sqrt{3}+\sqrt{2})^2}{(\sqrt{3}-\sqrt{2})(\sqrt{3}+\sqrt{2})}=5+2\sqrt{6}$에서

$x-y=-4\sqrt{6},\ xy=1$

$\therefore \frac{\sqrt{x}}{\sqrt{y}}-\frac{\sqrt{y}}{\sqrt{x}}=\frac{(\sqrt{x})^2-(\sqrt{y})^2}{\sqrt{x}\sqrt{y}}=\frac{x-y}{\sqrt{xy}}=-4\sqrt{6}$

중 **0609** 답 $\sqrt{6}$

$x=\frac{5+\sqrt{21}}{2},\ y=\frac{5-\sqrt{21}}{2}$에서

$x+y=5,\ xy=1$이므로

$(\sqrt{2x}-\sqrt{2y})^2=2(x+y)-4\sqrt{xy}$

$=2\times5-4\times1=6$

$\therefore \sqrt{2x}-\sqrt{2y}=\sqrt{6}\ (\because x>y)$

중 **0610** 답 -4

$x=3-\sqrt{2}$에서 $x-3=-\sqrt{2}$

양변을 제곱하면 $x^2-6x+9=2$

$\therefore x^2-6x+7=0$

$\therefore (x-2)(x-4)(x^2-6x+3)$

$=(x^2-6x+8)(x^2-6x+3)$

$=\{(x^2-6x+7)+1\}\{(x^2-6x+7)-4\}=-4$

중 **0611** 답 4

$x=\frac{1}{\sqrt{2}+1}=\frac{\sqrt{2}-1}{(\sqrt{2}+1)(\sqrt{2}-1)}=\sqrt{2}-1$에서

$x+1=\sqrt{2}$

양변을 제곱하면 $x^2+2x+1=2$

$\therefore x^2+2x-1=0$

$\therefore x^3+x^2-3x+5=x(x^2+2x-1)-(x^2+2x-1)+4=4$

다른 풀이

$x=\frac{1}{\sqrt{2}+1}=\frac{\sqrt{2}-1}{(\sqrt{2}+1)(\sqrt{2}-1)}=\sqrt{2}-1$에서

$x+1=\sqrt{2}$

양변을 제곱하면 $x^2+2x+1=2$

따라서 $x^2=-2x+1$이므로

$x^3=x(-2x+1)=-2x^2+x$

$=-2(-2x+1)+x=5x-2$

$\therefore x^3+x^2-3x+5=(5x-2)+(-2x+1)-3x+5=4$

중 **0612** 답 $-\sqrt{3}$

해결 과정 이차방정식 $x^2-2x-2=0$에서

$x=1\pm\sqrt{3}$

그런데 α는 양의 실근이므로 $\alpha=1+\sqrt{3}$ ◀ 20 %

또, $\alpha^2-2\alpha-2=0$이므로

$\alpha^3-2\alpha^2-3\alpha+1=\alpha(\alpha^2-2\alpha-2)-\alpha+1$

$=-\alpha+1$ ◀ 50 %

답 구하기 이 식에 $\alpha=1+\sqrt{3}$을 대입하면

$-(1+\sqrt{3})+1=-\sqrt{3}$ ◀ 30 %

상 **0613** 답 8

$x=\frac{\sqrt{3}+1}{2}$에서 $2x-1=\sqrt{3}$

양변을 제곱하면 $4x^2-4x+1=3$

$\therefore 2x^2-2x-1=0$

$$\therefore \frac{4x^3-6x^2+5}{x^2-x}=\frac{2x(2x^2-2x-1)-(2x^2-2x-1)+4}{\frac{1}{2}(2x^2-2x-1)+\frac{1}{2}}$$
$$=\frac{4}{\frac{1}{2}}=8$$

14 무리함수

0614 답 ㄱ, ㄷ

ㄴ. $y=\sqrt{2}x+1$은 근호 안에 문자를 포함하고 있지 않으므로 무리함수가 아니다.

ㄹ. $y=\sqrt{x^2-6x+9}=\sqrt{(x-3)^2}=|x-3|$

따라서 $y=\sqrt{x^2-6x+9}$는 무리함수가 아니다.

0615 답 $\left\{x \middle| x\ge-\frac{3}{2}\right\}$

$2x+3\ge0$에서 $x\ge-\frac{3}{2}$

따라서 주어진 함수의 정의역은 $\left\{x \middle| x\ge-\frac{3}{2}\right\}$이다.

0616 답 $\{x|-1\le x\le1\}$

$1-x^2\ge0$에서 $x^2-1\le0$

$(x+1)(x-1)\le0$ $\quad\therefore -1\le x\le1$

따라서 주어진 함수의 정의역은 $\{x|-1\le x\le1\}$이다.

0617 답 $y=-\sqrt{-5x}$

$y=\sqrt{-5x}$에 y 대신 $-y$를 대입하면

$-y=\sqrt{-5x}$ $\quad\therefore y=-\sqrt{-5x}$

0618 답 $y=\sqrt{5x}$

$y=\sqrt{-5x}$에 x 대신 $-x$를 대입하면

$y=\sqrt{-5\times(-x)}$ $\quad\therefore y=\sqrt{5x}$

0619 답 $y=-\sqrt{5x}$

$y=\sqrt{-5x}$에 x 대신 $-x$, y 대신 $-y$를 대입하면

$-y=\sqrt{-5\times(-x)}$ $\quad\therefore y=-\sqrt{5x}$

0620 답 $y=\sqrt{6(x+1)}+2$

$y=\sqrt{6x}$의 그래프를 x축의 방향으로 -1만큼, y축의 방향으로 2만큼 평행이동한 그래프의 식은

$y-2=\sqrt{6(x+1)}$

$\therefore y=\sqrt{6(x+1)}+2$

0621 답 $y=\sqrt{-3(x+1)}+2$

$y=\sqrt{-3x}$의 그래프를 x축의 방향으로 -1만큼, y축의 방향으로 2만큼 평행이동한 그래프의 식은

$y-2=\sqrt{-3(x+1)}$

$\therefore y=\sqrt{-3(x+1)}+2$

0622 답 그래프는 풀이 참조, 정의역: $\{x|x\ge-2\}$, 치역: $\{y|y\ge3\}$

$y=\sqrt{2x+4}+3=\sqrt{2(x+2)}+3$

따라서 주어진 함수의 그래프는 함수 $y=\sqrt{2x}$의 그래프를 x축의 방향으로 -2만큼, y축의 방향으로 3만큼 평행이동한 것이므로 오른쪽 그림과 같고, 정의역은 $\{x|x\ge-2\}$, 치역은 $\{y|y\ge3\}$이다.

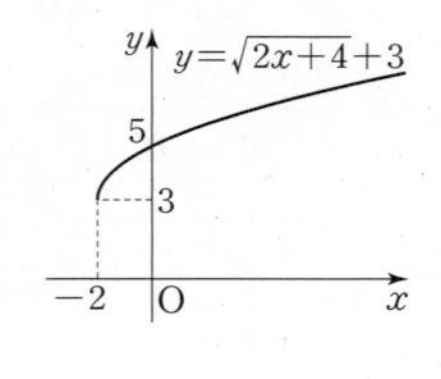

0623 답 그래프는 풀이 참조, 정의역: $\{x|x\ge-1\}$, 치역: $\{y|y\le2\}$

$y=-\sqrt{3x+3}+2=-\sqrt{3(x+1)}+2$

따라서 주어진 함수의 그래프는 함수 $y=-\sqrt{3x}$의 그래프를 x축의 방향으로 -1만큼, y축의 방향으로 2만큼 평행이동한 것이므로 오른쪽 그림과 같고, 정의역은 $\{x|x\ge-1\}$, 치역은 $\{y|y\le2\}$이다.

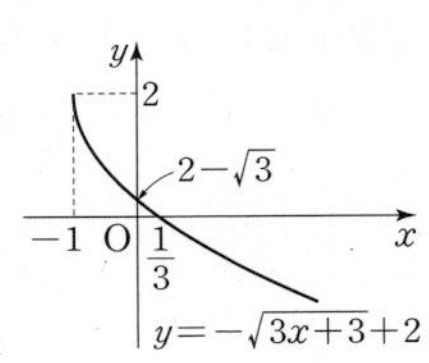

0624 답 그래프는 풀이 참조, 정의역: $\{x|x\le2\}$, 치역: $\{y|y\ge1\}$

$y=\sqrt{-x+2}+1=\sqrt{-(x-2)}+1$

따라서 주어진 함수의 그래프는 함수 $y=\sqrt{-x}$의 그래프를 x축의 방향으로 2만큼, y축의 방향으로 1만큼 평행이동한 것이므로 오른쪽 그림과 같고, 정의역은 $\{x|x\le2\}$, 치역은 $\{y|y\ge1\}$이다.

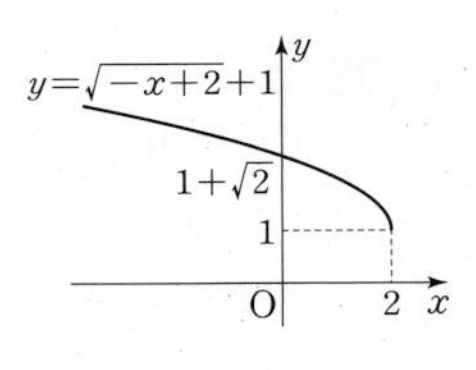

0625 답 그래프는 풀이 참조, 정의역: $\{x|x\le5\}$, 치역: $\{y|y\le1\}$

$y=-\sqrt{5-x}+1=-\sqrt{-(x-5)}+1$

따라서 주어진 함수의 그래프는 함수 $y=-\sqrt{-x}$의 그래프를 x축의 방향으로 5만큼, y축의 방향으로 1만큼 평행이동한 것이므로 오른쪽 그림과 같고, 정의역은 $\{x|x\le5\}$, 치역은 $\{y|y\le1\}$이다.

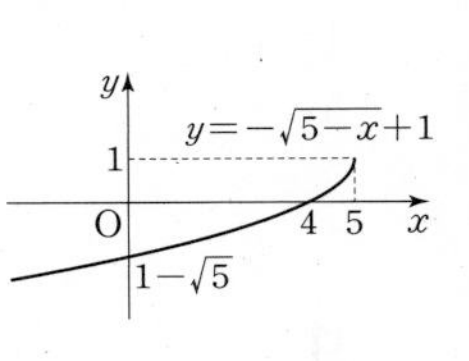

중 **0626** 답 3

$-2x+2\ge0$에서 $x\le1$

이때 주어진 함수의 정의역이 $\{x|x\le a\}$이므로

$a=1$

또, 주어진 함수의 치역이 $\{y|y\ge-1\}$이므로

$1-b=-1$ $\quad\therefore b=2$

$\therefore a+b=3$

중 **0627** 답 -2

함수 $y=-\sqrt{3x+k}+1$의 그래프가 점 $(1, -2)$를 지나므로

$-2=-\sqrt{3\times1+k}+1$

$-3=-\sqrt{3+k}$

$9=3+k$ $\quad\therefore k=6$

$\therefore y=-\sqrt{3x+6}+1$

$3x+6\ge0$에서 $x\ge-2$

이때 주어진 함수의 정의역이 $\{x|x\ge a\}$이므로

$a=-2$

중 **0628** 답 $\{x|x\le-1\}$

해결 과정 $y=\dfrac{bx+1}{x+a}=\dfrac{b(x+a)+1-ab}{x+a}$

$=\dfrac{1-ab}{x+a}+b$

점근선의 방정식이 $x=2$, $y=-2$이므로

$a=-2$, $b=-2$ ◀ 50 %

답 구하기 따라서 함수 $y=\sqrt{-2x-2}$에서 $-2x-2\ge0$, 즉 $x\le-1$이므로 정의역은 $\{x|x\le-1\}$이다. ◀ 50 %

중 0629 답 2

함수 $y=3\sqrt{-x}$의 그래프를 x축의 방향으로 m만큼, y축의 방향으로 n만큼 평행이동한 그래프의 식은

$y=3\sqrt{-(x-m)}+n$

$\therefore y=3\sqrt{-x+m}+n$

이 함수의 그래프가 함수 $y=\sqrt{-9x+3}-1$, 즉 $y=3\sqrt{-x+\frac{1}{3}}-1$의 그래프와 일치하므로

$m=\frac{1}{3}$, $n=-1$

$\therefore 3m-n=2$

중 0630 답 ⑤

함수 $y=\sqrt{2x-1}$의 그래프를 x축의 방향으로 b만큼, y축의 방향으로 3만큼 평행이동한 그래프의 식은

$y=\sqrt{2(x-b)-1}+3$

$\therefore y=\sqrt{2x-2b-1}+3$

이 함수의 그래프가 함수 $y=\sqrt{2x-3}+a+1$의 그래프와 일치하므로

$a+1=3$에서 $a=2$

$-2b-1=-3$에서 $b=1$

$\therefore ab=2$

중 0631 답 3

해결 과정 함수 $y=-\sqrt{kx}$의 그래프를 y축에 대하여 대칭이동한 그래프의 식은

$y=-\sqrt{-kx}$

이 함수의 그래프를 다시 x축의 방향으로 -1만큼 평행이동한 그래프의 식은

$y=-\sqrt{-k(x+1)}$ ◀ 50 %

답 구하기 이때 함수 $y=-\sqrt{-k(x+1)}$의 그래프가 점 $(-4,\ -3)$을 지나므로

$-3=-\sqrt{-k(-4+1)}$

$-3=-\sqrt{3k}$, $9=3k$

$\therefore k=3$ ◀ 50 %

중 0632 답 ㄱ, ㄷ, ㄹ

ㄱ. 함수 $y=\sqrt{x}+1$의 그래프는 함수 $y=-\sqrt{x}$의 그래프를 x축에 대하여 대칭이동한 후 다시 y축의 방향으로 1만큼 평행이동한 것이다.

ㄷ. $y=-\sqrt{5-x}+3=-\sqrt{-(x-5)}+3$
이므로 이 함수의 그래프는 함수 $y=-\sqrt{x}$의 그래프를 y축에 대하여 대칭이동한 후 다시 x축의 방향으로 5만큼, y축의 방향으로 3만큼 평행이동한 것이다.

ㄹ. $y=\frac{1}{3}\sqrt{-9x+6}-2=\sqrt{\frac{1}{9}(-9x+6)}-2=\sqrt{-\left(x-\frac{2}{3}\right)}-2$
이므로 이 함수의 그래프는 함수 $y=-\sqrt{x}$의 그래프를 원점에 대하여 대칭이동한 후 다시 x축의 방향으로 $\frac{2}{3}$만큼, y축의 방향으로 -2만큼 평행이동한 것이다.

이상에서 평행이동 또는 대칭이동에 의하여 함수 $y=-\sqrt{x}$의 그래프와 겹쳐지는 것은 ㄱ, ㄷ, ㄹ이다.

하 0633 답 ②

$y=\sqrt{3x+4}-2=\sqrt{3\left(x+\frac{4}{3}\right)}-2$

이므로 주어진 함수의 그래프는 함수 $y=\sqrt{3x}$의 그래프를 x축의 방향으로 $-\frac{4}{3}$만큼, y축의 방향으로 -2만큼 평행이동한 것이다.

또, $x=0$일 때 $y=\sqrt{3\times0+4}-2=0$이므로 그래프는 점 $(0,\ 0)$을 지난다.

따라서 함수 $y=\sqrt{3x+4}-2$의 그래프는 오른쪽 그림과 같으므로 제1, 3사분면을 지난다.

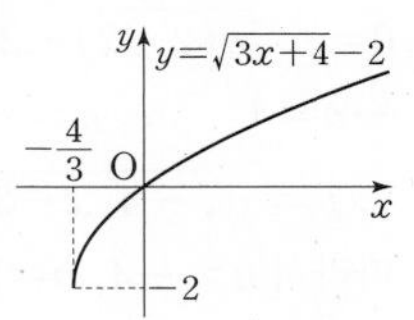

중 0634 답 ②, ⑤

①
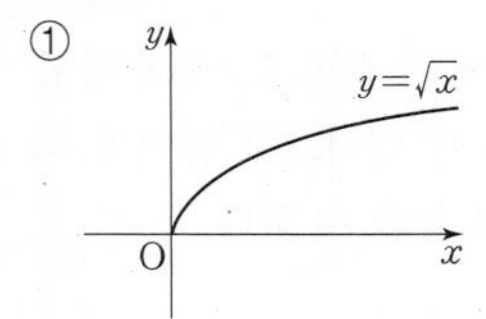

②
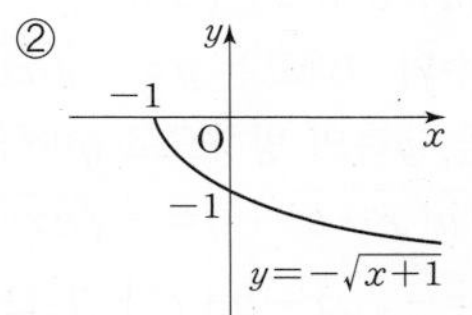

③
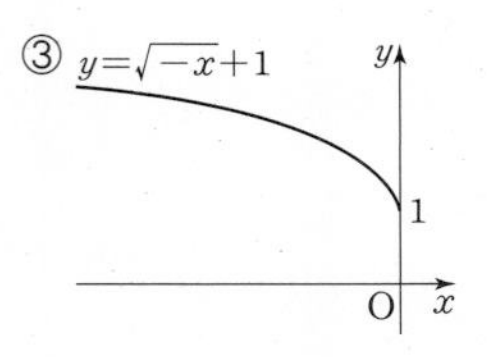

④
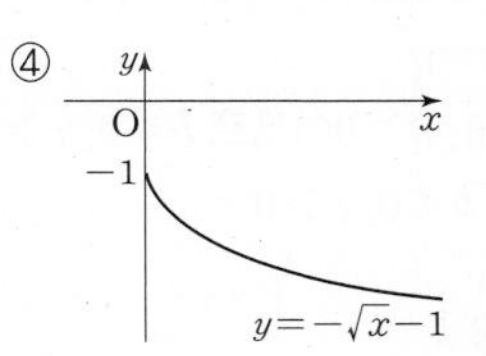

⑤
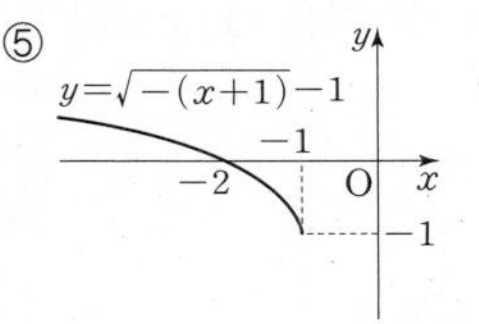

따라서 그래프가 제3사분면을 지나는 것은 ②, ⑤이다.

중 0635 답 8

$y=-\sqrt{-2x+n}+3=-\sqrt{-2\left(x-\frac{n}{2}\right)}+3$

이므로 주어진 함수의 그래프는 함수 $y=-\sqrt{-2x}$의 그래프를 x축의 방향으로 $\frac{n}{2}$만큼, y축의 방향으로 3만큼 평행이동한 것이다.

이때 함수 $y=-\sqrt{-2x+n}+3$의 그래프가 제1, 2, 3사분면을 지나려면 오른쪽 그림과 같이 $x=0$일 때 $y>0$이어야 하므로

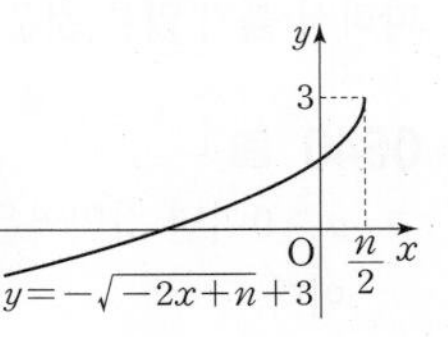

$-\sqrt{n}+3>0$, $\sqrt{n}<3$

$\therefore n<9$

따라서 자연수 n은 1, 2, 3, $\cdots$, 8의 8개이다.

중 0636 답 21

주어진 함수의 그래프는 함수 $y=\sqrt{ax}$ $(a<0)$의 그래프를 x축의 방향으로 2만큼, y축의 방향으로 -1만큼 평행이동한 것이므로 함수의 식을 $y=\sqrt{a(x-2)}-1$로 놓을 수 있다.

이때 이 함수의 그래프가 점 $(0,\ 1)$을 지나므로

$1=\sqrt{a(0-2)}-1$

$\sqrt{-2a}=2$, $-2a=4$

$\therefore a=-2$

$\therefore y=\sqrt{-2(x-2)}-1=\sqrt{-2x+4}-1$

따라서 $a=-2$, $b=4$, $c=-1$이므로

$a^2+b^2+c^2=21$

중 0637 답 ③

주어진 함수의 그래프는 함수 $y=-\sqrt{ax}$ $(a<0)$의 그래프를 x축의 방향으로 3만큼, y축의 방향으로 2만큼 평행이동한 것이므로 함수의 식을 $y=-\sqrt{a(x-3)}+2$로 놓을 수 있다.

이때 이 함수의 그래프가 점 $(2,\ 0)$을 지나므로

$0=-\sqrt{a(2-3)}+2$, $\sqrt{-a}=2$

$-a=4$ $\quad\therefore a=-4$

$\therefore y=-\sqrt{-4(x-3)}+2=-\sqrt{-4x+12}+2$

따라서 $a=-4$, $b=12$, $c=2$이므로

$a+b+c=10$

중 0638 답 $a>0,\ b<0,\ c>0$

주어진 함수의 그래프는 $y=-\sqrt{ax}$ $(a>0)$의 그래프를 x축의 방향으로 p만큼, y축의 방향으로 q만큼 평행이동한 것이므로 함수의 식을 $y=-\sqrt{a(x-p)}+q=-\sqrt{ax-ap}+q$로 놓을 수 있다.

이 식이 $y=-\sqrt{ax-b}+c$와 같으므로

$b=ap$, $c=q$

이때 $p<0$, $q>0$이므로 $b<0$, $c>0$

$\therefore a>0,\ b<0,\ c>0$

중 0639 답 ⑤

① $2-x\geq0$에서 $x\leq2$이므로 주어진 함수의 정의역은 $\{x|x\leq2\}$이다.

② 주어진 함수의 치역은 $\{y|y\geq4\}$이다.

③ $y=3\sqrt{2-x}+4$에 $x=-2$를 대입하면

$y=3\sqrt{2-(-2)}+4=10$

즉, 점 $(-2,\ 10)$을 지난다.

④, ⑤ $y=3\sqrt{2-x}+4=3\sqrt{-(x-2)}+4$

주어진 함수의 그래프는 함수 $y=3\sqrt{-x}$의 그래프를 x축의 방향으로 2만큼, y축의 방향으로 4만큼 평행이동한 것이므로 오른쪽 그림과 같다. 즉, 그래프는 제1사분면과 제2사분면을 지난다.

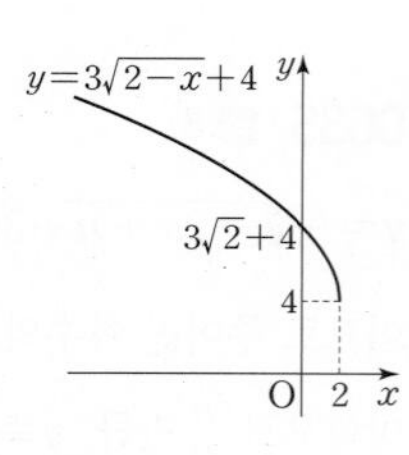

따라서 옳지 않은 것은 ⑤이다.

중 0640 답 ㄴ

ㄱ. $a>0$이면 정의역은 $\{x|x\geq0\}$이다.

ㄴ. $a<0$이면 정의역은 $\{x|x\leq0\}$, 치역은 $\{y|y\leq0\}$이므로 그래프는 제3사분면을 지난다.

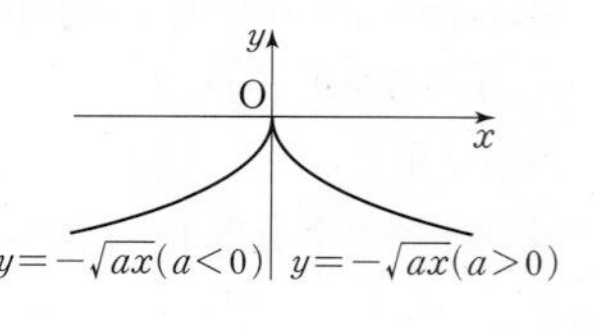

ㄷ. 함수 $y=-\sqrt{ax}$의 그래프를 y축에 대하여 대칭이동한 그래프의 식은 $y=-\sqrt{-ax}$이다.

이상에서 옳은 것은 ㄴ뿐이다.

중 0641 답 ㄱ, ㄴ, ㄹ

ㄱ. 주어진 함수의 치역은 $\{y|y\geq-1\}$이다.

ㄴ. $y=\sqrt{2x+6}-1$에 $y=0$을 대입하면

$0=\sqrt{2x+6}-1$, $\sqrt{2x+6}=1$

$2x+6=1$ $\quad\therefore x=-\dfrac{5}{2}$

즉, 그래프는 x축과 점 $\left(-\dfrac{5}{2},\ 0\right)$에서 만난다.

ㄷ. 함수 $y=\sqrt{2x+6}-1$의 그래프를 x축에 대하여 대칭이동한 그래프의 식은

$-y=\sqrt{2x+6}-1$ $\quad\therefore y=-\sqrt{2x+6}+1$

ㄹ. $y=\sqrt{2x+6}-1=\sqrt{2(x+3)}-1$

주어진 함수의 그래프는 함수 $y=\sqrt{2x}$의 그래프를 x축의 방향으로 -3만큼, y축의 방향으로 -1만큼 평행이동한 것이므로 오른쪽 그림과 같다. 즉, 그래프는 제4사분면을 지나지 않는다.

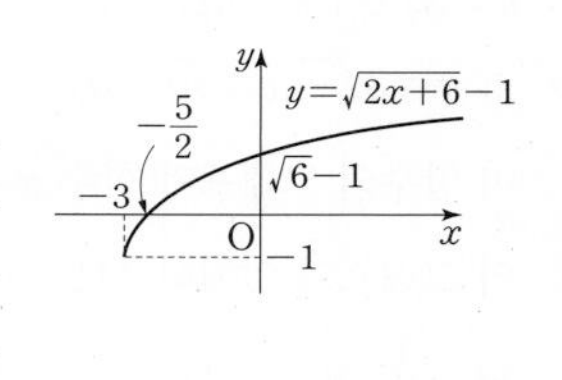

이상에서 옳은 것은 ㄱ, ㄴ, ㄹ이다.

중 0642 답 3

$y=\sqrt{3x+4}+2=\sqrt{3\left(x+\dfrac{4}{3}\right)}+2$

이므로 주어진 함수의 그래프는 함수 $y=\sqrt{3x}$의 그래프를 x축의 방향으로 $-\dfrac{4}{3}$만큼, y축의 방향으로 2만큼 평행이동한 것이다.

$-1\leq x\leq4$에서 함수 $y=\sqrt{3x+4}+2$의 그래프는 오른쪽 그림과 같으므로 $x=4$일 때 최댓값 6을 갖고, $x=-1$일 때 최솟값 3을 갖는다.

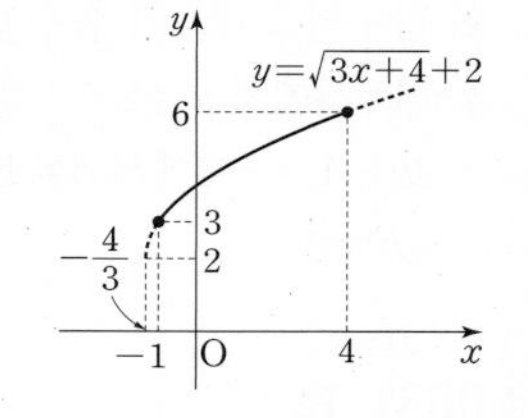

따라서 $M=6$, $m=3$이므로

$M-m=3$

중 0643 답 -3

$y=\sqrt{5-2x}+a=\sqrt{-2\left(x-\dfrac{5}{2}\right)}+a$

이므로 주어진 함수의 그래프는 함수 $y=\sqrt{-2x}$의 그래프를 x축의 방향으로 $\dfrac{5}{2}$만큼, y축의 방향으로 a만큼 평행이동한 것이다.

함수 $y=\sqrt{5-2x}+a$의 그래프가 오른쪽 그림과 같고, $x=\dfrac{5}{2}$일 때 최솟값 a를 가지므로

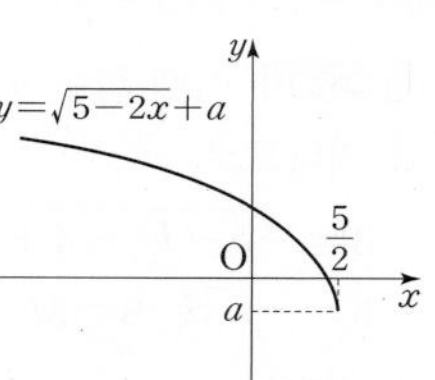

$a=-1$

이때 함수 $y=\sqrt{5-2x}-1$의 그래프가 점 $(b,\ 2)$를 지나므로

$2=\sqrt{5-2b}-1$, $3=\sqrt{5-2b}$

$9=5-2b$ $\quad\therefore b=-2$

따라서 $a=-1$, $b=-2$이므로

$a+b=-3$

중 0644 답 5

문제 이해 $y=\sqrt{2x+3}-3=\sqrt{2\left(x+\dfrac{3}{2}\right)}-3$

이므로 주어진 함수의 그래프는 함수 $y=\sqrt{2x}$의 그래프를 x축의 방향으로 $-\dfrac{3}{2}$만큼, y축의 방향으로 -3만큼 평행이동한 것이다.

◀ 20 %

해결 과정 $a\leq x\leq11$에서 함수 $y=\sqrt{2x+3}-3$의 그래프는 오른쪽 그림과 같고, $x=a$일 때 최솟값 -2를 가지므로

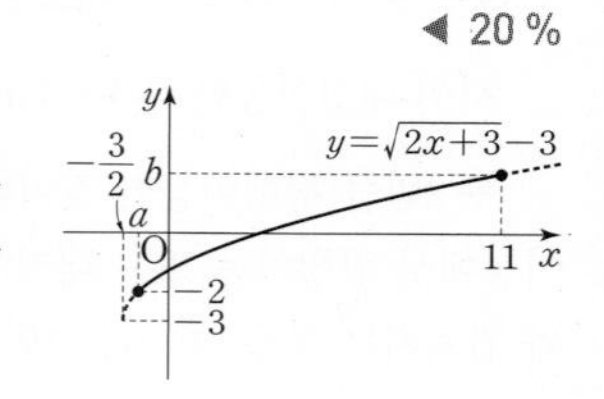

$-2=\sqrt{2a+3}-3$

$\sqrt{2a+3}=1$, $2a+3=1$

$\therefore a=-1$ ◀ 40 %

또, $x=11$일 때 최댓값 b를 가지므로

$b=\sqrt{2\times11+3}-3=2$ ◀ 30 %

답 구하기 $\therefore a^2+b^2=5$ ◀ 10 %

중 0645 답 $2-\sqrt{3}$

$y=-\sqrt{-x+k}+2=-\sqrt{-(x-k)}+2$

이므로 주어진 함수의 그래프는 함수 $y=-\sqrt{-x}$의 그래프를 x축의 방향으로 k만큼, y축의 방향으로 2만큼 평행이동한 것이다.

$-4\le x\le 2$에서 함수 $y=-\sqrt{-x+k}+2$의 그래프는 오른쪽 그림과 같고, $x=-4$일 때 최솟값 -1을 가지므로

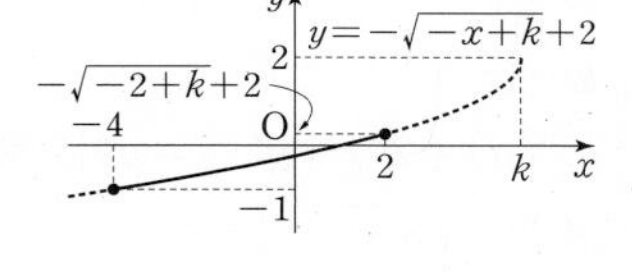

$-1=-\sqrt{4+k}+2$

$\sqrt{4+k}=3$, $4+k=9$ $\therefore k=5$

따라서 주어진 함수는 $y=-\sqrt{-x+5}+2$이므로 $x=2$일 때 최댓값

$-\sqrt{-2+5}+2=2-\sqrt{3}$

을 갖는다.

중 0646 답 ⑤

$y=\sqrt{3-x}=\sqrt{-(x-3)}$

이므로 주어진 함수의 그래프는 함수 $y=\sqrt{-x}$의 그래프를 x축의 방향으로 3만큼 평행이동한 것이고, 직선 $y=-\frac{1}{2}x+k$는 기울기가 $-\frac{1}{2}$이고 y절편이 k이다.

(i) 직선 $y=-\frac{1}{2}x+k$가 점 $(3, 0)$을 지날 때,

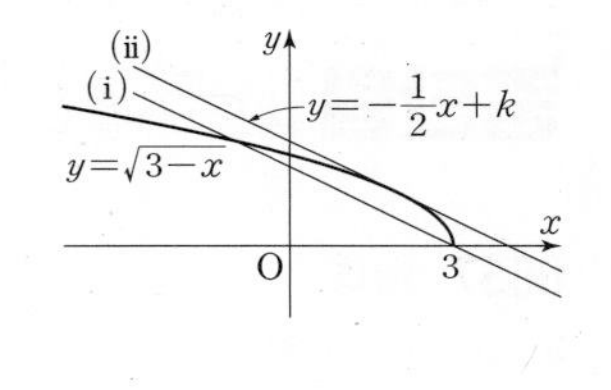

$0=-\frac{1}{2}\times3+k$

$\therefore k=\frac{3}{2}$

(ii) 직선 $y=-\frac{1}{2}x+k$가 함수 $y=\sqrt{3-x}$의 그래프와 접할 때,

$\sqrt{3-x}=-\frac{1}{2}x+k$의 양변을 제곱하면

$3-x=\frac{1}{4}x^2-kx+k^2$

$\frac{1}{4}x^2-(k-1)x+k^2-3=0$

이 이차방정식의 판별식을 D라 하면

$D=(k-1)^2-(k^2-3)=0$

$-2k+4=0$ $\therefore k=2$

(i), (ii)에서 구하는 실수 k의 값의 범위는 $\frac{3}{2}\le k<2$

중 0647 답 ⑤

$y=-\sqrt{2x-1}=-\sqrt{2\left(x-\frac{1}{2}\right)}$

이므로 주어진 함수의 그래프는 함수 $y=-\sqrt{2x}$의 그래프를 x축의 방향으로 $\frac{1}{2}$만큼 평행이동한 것이고, 직선 $y=2x+k$는 기울기가 2이고 y절편이 k이다.

직선 $y=2x+k$가 점 $\left(\frac{1}{2}, 0\right)$을 지날 때,

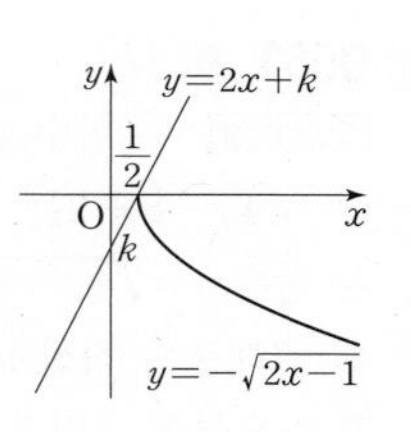

$0=2\times\frac{1}{2}+k$

$\therefore k=-1$

따라서 직선 $y=2x+k$가 함수 $y=-\sqrt{2x-1}$의 그래프와 한 점에서 만나려면 $k\le-1$이어야 하므로 실수 k의 값이 아닌 것은 ⑤이다.

중 0648 답 $k>\frac{5}{4}$

$n(A\cap B)=0$이므로 함수 $y=\sqrt{1-4x}$의 그래프와 직선 $y=-x+k$가 만나지 않아야 한다.

$y=\sqrt{1-4x}=\sqrt{-4\left(x-\frac{1}{4}\right)}$

이므로 함수 $y=\sqrt{1-4x}$의 그래프는 함수 $y=\sqrt{-4x}$의 그래프를 x축의 방향으로 $\frac{1}{4}$만큼 평행이동한 것이고, 직선 $y=-x+k$는 기울기가 -1이고 y절편이 k이다.

직선 $y=-x+k$가 함수 $y=\sqrt{1-4x}$의 그래프와 접할 때,

$\sqrt{1-4x}=-x+k$의 양변을 제곱하면

$1-4x=x^2-2kx+k^2$

$x^2-2(k-2)x+k^2-1=0$

이 이차방정식의 판별식을 D라 하면

$\frac{D}{4}=(k-2)^2-(k^2-1)=0$

$-4k+5=0$

$\therefore k=\frac{5}{4}$

따라서 구하는 실수 k의 값의 범위는 $k>\frac{5}{4}$

중 0649 답 14

함수 $y=\sqrt{ax+b}$의 그래프가 점 $(3, 2)$를 지나므로

$2=\sqrt{3a+b}$

$\therefore 3a+b=4$ …… ㉠

또, 주어진 함수의 역함수의 그래프가 점 $(3, 2)$를 지나므로 함수 $y=\sqrt{ax+b}$의 그래프는 점 $(2, 3)$을 지난다.

$3=\sqrt{2a+b}$

$\therefore 2a+b=9$ …… ㉡

㉠, ㉡을 연립하여 풀면

$a=-5$, $b=19$

$\therefore a+b=14$

중 0650 답 -24

함수 $y=\sqrt{x+1}-2$의 치역은 $\{y|y\ge-2\}$이므로 역함수의 정의역은 $\{x|x\ge-2\}$이다.

$y=\sqrt{x+1}-2$에서 $y+2=\sqrt{x+1}$

양변을 제곱하면 $(y+2)^2=x+1$

x에 대하여 풀면 $x=(y+2)^2-1$

x와 y를 서로 바꾸면 $y=(x+2)^2-1$

$\therefore y=x^2+4x+3\ (x\ge-2)$

따라서 $a=4$, $b=3$, $c=-2$이므로

$abc=-24$

중 **0651** 답 $4\sqrt{2}$

[문제 이해] 두 함수 $y=\sqrt{4x-8}+2$와 $x=\sqrt{4y-8}+2$는 역함수 관계이다. 즉, 두 함수 $y=\sqrt{4x-8}+2$, $x=\sqrt{4y-8}+2$의 그래프는 직선 $y=x$에 대하여 대칭이므로 오른쪽 그림과 같다. ◀ 30 %

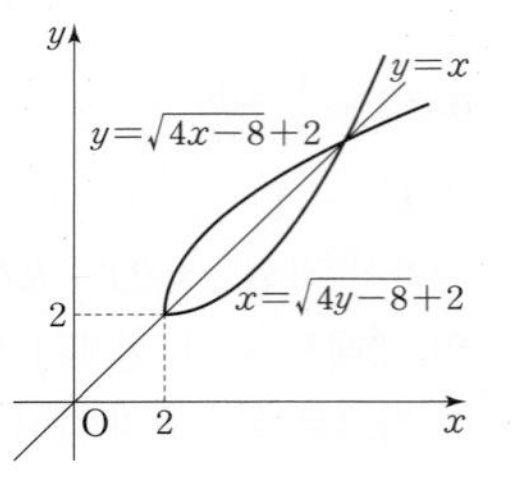

[해결 과정] 두 함수 $y=\sqrt{4x-8}+2$, $x=\sqrt{4y-8}+2$의 그래프의 교점은 함수 $y=\sqrt{4x-8}+2$의 그래프와 직선 $y=x$의 교점과 같으므로

$\sqrt{4x-8}+2=x$에서 $\sqrt{4x-8}=x-2$

양변을 제곱하면

$4x-8=x^2-4x+4$

$x^2-8x+12=0$

$(x-2)(x-6)=0$

$\therefore x=2$ 또는 $x=6$ ◀ 40 %

[답 구하기] 따라서 $\mathrm{P}(2, 2)$, $\mathrm{Q}(6, 6)$ 또는 $\mathrm{P}(6, 6)$, $\mathrm{Q}(2, 2)$이므로

$\overline{\mathrm{PQ}}=\sqrt{(6-2)^2+(6-2)^2}=4\sqrt{2}$ ◀ 30 %

도움 개념 **두 점 사이의 거리**

좌표평면 위의 두 점 $\mathrm{A}(x_1, y_1)$, $\mathrm{B}(x_2, y_2)$ 사이의 거리는

$\overline{\mathrm{AB}}=\sqrt{(x_2-x_1)^2+(y_2-y_1)^2}$

상 **0652** 답 -3

함수 $y=-\sqrt{-2x+3}-1$의 그래프를 x축의 방향으로 k만큼 평행이동한 그래프의 식은

$y=-\sqrt{-2(x-k)+3}-1$

$\therefore y=-\sqrt{-2\left(x-k-\frac{3}{2}\right)}-1$

함수 $y=f(x)$의 그래프와 그 역함수 $y=f^{-1}(x)$의 그래프는 직선 $y=x$에 대하여 대칭이므로 두 함수 $y=f(x)$, $y=f^{-1}(x)$의 그래프가 접하면 $y=f(x)$의 그래프는 오른쪽 그림과 같이 직선 $y=x$에 접한다.

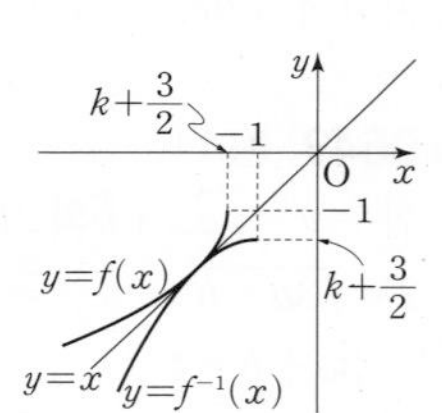

$-\sqrt{-2(x-k)+3}-1=x$에서

$-\sqrt{-2x+2k+3}=x+1$

양변을 제곱하면

$-2x+2k+3=x^2+2x+1$

$x^2+4x-2k-2=0$

이 이차방정식의 판별식을 D라 하면

$\frac{D}{4}=2^2-(-2k-2)=0$

$2k+6=0 \qquad \therefore k=-3$

중 **0653** 답 ③

$f(2)=2^2-1=3$이므로

$(f\circ(g\circ f)^{-1}\circ f)(2)=(f\circ f^{-1}\circ g^{-1}\circ f)(2)$

$=(g^{-1}\circ f)(2)$

$=g^{-1}(f(2))$

$=g^{-1}(3)$

$g^{-1}(3)=k$라 하면 $g(k)=3$이므로

$\sqrt{2k+3}=3$

양변을 제곱하면

$2k+3=9 \qquad \therefore k=3$

$\therefore (f\circ(g\circ f)^{-1}\circ f)(2)=3$

하 **0654** 답 1

$(f\circ g)(x)=x$이므로 $g(x)$는 $f(x)$의 역함수이다.

$\therefore (f\circ g^{-1})(3)=(f\circ f)(3)=f(f(3))=f(2)=1$

중 **0655** 답 2

$(g\circ f^{-1})^{-1}(a)=(f\circ g^{-1})(a)=f(g^{-1}(a))=3$

$g^{-1}(a)=k$라 하면 $f(k)=3$이므로

$\frac{2}{k-1}+1=3$, $\frac{2}{k-1}=2$

$k-1=1 \qquad \therefore k=2$

$g^{-1}(a)=2$에서 $g(2)=a$이므로

$g(2)=\sqrt{3\times2-2}=2$

$\therefore a=2$

상 **0656** 답 3

$(f^{-1}\circ f^{-1})(a)=(f\circ f)^{-1}(a)=17$이므로

$(f\circ f)(17)=a$

이때 $f(17)=1-\sqrt{17-1}=-3$이므로

$(f\circ f)(17)=f(f(17))=f(-3)$

$=\sqrt{1-(-3)}+1=3$

$\therefore a=3$

≫ 105~107쪽

중단원 마무리

0657 답 ⑤

$3-x\ge0$이어야 하므로 $x\le3$

$2x+4>0$이어야 하므로 $x>-2$

$\therefore -2<x\le3$

따라서 정수 x는 -1, 0, 1, 2, 3의 5개이다.

0658 답 ③

$\frac{\sqrt{b}}{\sqrt{a}}=-\sqrt{\frac{b}{a}}$에서 $a<0$, $b>0$ ($\because b\ne0$)

따라서 $a-b<0$, $-a>0$이므로

$\sqrt{(a-b)^2}-|-a|=|a-b|-|-a|$

$=-(a-b)-(-a)=b$

0659 답 $2\sqrt{x+1}$

$\frac{1}{\sqrt{x+1}+\sqrt{x}}+\frac{1}{\sqrt{x+1}-\sqrt{x}}=\frac{(\sqrt{x+1}-\sqrt{x})+(\sqrt{x+1}+\sqrt{x})}{(\sqrt{x+1}+\sqrt{x})(\sqrt{x+1}-\sqrt{x})}$

$=\frac{2\sqrt{x+1}}{(x+1)-x}$

$=2\sqrt{x+1}$

0660 답 2

$x=2+\sqrt{3}$, $y=2-\sqrt{3}$에서 $x+y=4$, $xy=1$

$\therefore \dfrac{1}{3+\sqrt{x}+\sqrt{y}}+\dfrac{1}{3-\sqrt{x}-\sqrt{y}}$

$=\dfrac{(3-\sqrt{x}-\sqrt{y})+(3+\sqrt{x}+\sqrt{y})}{\{3+(\sqrt{x}+\sqrt{y})\}\{3-(\sqrt{x}+\sqrt{y})\}}$

$=\dfrac{6}{3^2-(\sqrt{x}+\sqrt{y})^2}$

$=\dfrac{6}{9-(x+y+2\sqrt{xy})}$

$=\dfrac{6}{9-(4+2\times\sqrt{1})}=2$

0661 답 1

$x=1-\sqrt{5}$에서 $x-1=-\sqrt{5}$

양변을 제곱하면 $x^2-2x+1=5$

$\therefore x^2-2x-4=0$

$\therefore \dfrac{x+1}{x}+\dfrac{x^2-3x}{x-2}=\dfrac{(x+1)(x-2)+x(x^2-3x)}{x(x-2)}$

$=\dfrac{x^3-2x^2-x-2}{x^2-2x}$

$=\dfrac{x(x^2-2x-4)+3x-2}{(x^2-2x-4)+4}$

$=\dfrac{3x-2}{4}$

이 식에 $x=1-\sqrt{5}$를 대입하면

$\dfrac{3(1-\sqrt{5})-2}{4}=\dfrac{1}{4}-\dfrac{3}{4}\sqrt{5}$

따라서 $p=\dfrac{1}{4}$, $q=-\dfrac{3}{4}$이므로

$p-q=1$

0662 답 -4

주어진 함수의 정의역이 $\{x\,|\,x\le 2\}$이므로

$ax+b\ge 0$, 즉 $x\le -\dfrac{b}{a}$에서

$-\dfrac{b}{a}=2$

$\therefore b=-2a\ (a<0)$

또, 치역이 $\{y\,|\,y\ge 2\}$이므로 $c=2$

함수 $y=\sqrt{ax-2a}+2$의 그래프가 점 $(1, 3)$을 지나므로

$3=\sqrt{a-2a}+2$, $\sqrt{-a}=1$

$-a=1 \qquad \therefore a=-1$

$b=-2a$에서 $b=2$

따라서 $a=-1$, $b=2$, $c=2$이므로

$abc=-4$

다른 풀이

함수 $y=\sqrt{ax+b}+c$의 정의역이 $\{x\,|\,x\le 2\}$, 치역이 $\{y\,|\,y\ge 2\}$이므로 $y=\sqrt{a(x-2)}+2\ (a<0)$이다.

함수 $y=\sqrt{a(x-2)}+2$의 그래프가 점 $(1, 3)$을 지나므로

$3=\sqrt{a(1-2)}+2$, $1=\sqrt{-a}$

$-a=1 \qquad \therefore a=-1$

$\therefore y=\sqrt{-x+2}+2$

따라서 $a=-1$, $b=2$, $c=2$이므로

$abc=-4$

0663 답 ①

함수 $y=a\sqrt{x}+4$의 그래프를 x축의 방향으로 m만큼, y축의 방향으로 n만큼 평행이동한 그래프의 식은

$y=a\sqrt{x-m}+4+n$

이 함수의 그래프가 함수 $y=\sqrt{9x-18}$, 즉 $y=3\sqrt{x-2}$의 그래프와 일치하므로

$a=3$, $m=2$, $n=-4$

$\therefore a+m+n=1$

0664 답 ②

두 함수 $f(x)=\sqrt{2x+4}-3$, $g(x)=\sqrt{-2x+4}+3$에 대하여 $y=f(x)$, $y=g(x)$의 그래프는 오른쪽 그림과 같다.

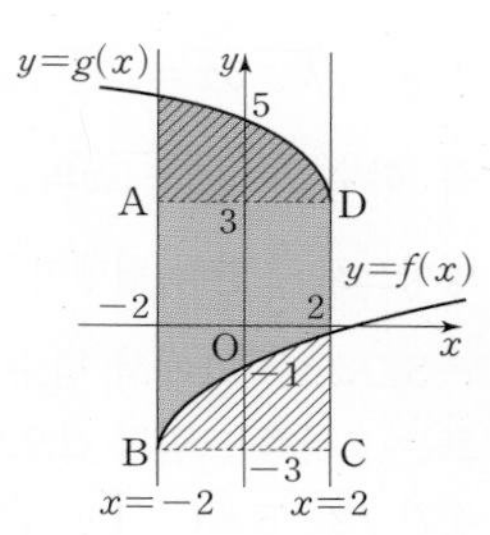

이때 네 점 A$(-2, 3)$, B$(-2, -3)$, C$(2, -3)$, D$(2, 3)$에 대하여 빗금 친 두 부분의 넓이가 같으므로 구하는 넓이는 직사각형 ABCD의 넓이와 같다.

따라서 구하는 넓이는

$4\times 6=24$

0665 답 $(-1, 2)$

주어진 함수의 그래프는 함수 $y=a\sqrt{x}\ (a>0)$의 그래프를 x축의 방향으로 -4만큼, y축의 방향으로 1만큼 평행이동한 것이므로 함수의 식을 $y=a\sqrt{x+4}+1$로 놓을 수 있다.

이때 이 함수의 그래프가 점 $(0, 5)$를 지나므로

$5=a\sqrt{0+4}+1$

$5=2a+1 \qquad \therefore a=2$

$\therefore y=2\sqrt{x+4}+1$

즉, $a=2$, $b=4$, $c=1$이므로

$y=\dfrac{ax+b}{x+c}=\dfrac{2x+4}{x+1}=\dfrac{2(x+1)+2}{x+1}=\dfrac{2}{x+1}+2$

따라서 함수 $y=\dfrac{ax+b}{x+c}$의 그래프의 점근선의 방정식은 $x=-1$, $y=2$이므로 점근선의 교점의 좌표는 $(-1, 2)$이다.

0666 답 ②

ㄱ. $y=\sqrt{ax-1}+b=\sqrt{a\left(x-\dfrac{1}{a}\right)}+b$

주어진 함수의 그래프는 함수 $y=\sqrt{ax}$의 그래프를 x축의 방향으로 $\dfrac{1}{a}$만큼, y축의 방향으로 b만큼 평행이동한 것이다.

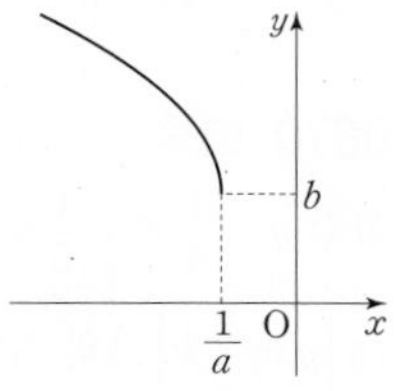

이때 $a<0$, $b>0$이면 함수 $y=\sqrt{ax-1}+b$의 그래프는 오른쪽 그림과 같으므로 제2사분면만 지난다.

ㄴ. 주어진 함수의 치역은 $\{y\,|\,y\ge b\}$이다.

ㄷ. 함수 $y=\sqrt{ax-1}+b$의 그래프는 함수 $y=-\sqrt{-ax-1}$의 그래프를 원점에 대하여 대칭이동한 후 다시 y축의 방향으로 b만큼 평행이동한 것이므로 평행이동만 해서는 겹치게 할 수 없다.

이상에서 옳은 것은 ㄴ뿐이다.

0667 답 $\sqrt{7}$

$y=\frac{kx-3}{x}=-\frac{3}{x}+k$

이므로 함수 $y=\frac{kx-3}{x}$의 그래프는 함수 $y=-\frac{3}{x}$의 그래프를 y축의 방향으로 k만큼 평행이동한 것이다.

$-3\le x\le -1$에서 함수 $y=\frac{kx-3}{x}$은 $x=-1$일 때 최댓값 5를 가지므로

$5=\frac{-k-3}{-1}$, $k+3=5$ $\quad\therefore k=2$

$\therefore y=\sqrt{k-5x}=\sqrt{2-5x}=\sqrt{-5\left(x-\frac{2}{5}\right)}$

즉, 함수 $y=\sqrt{2-5x}$의 그래프는 함수 $y=\sqrt{-5x}$의 그래프를 x축의 방향으로 $\frac{2}{5}$만큼 평행이동한 것이다.

$-3\le x\le -1$에서 함수 $y=\sqrt{2-5x}$의 그래프는 오른쪽 그림과 같으므로 $x=-1$일 때 최솟값 $\sqrt{2-5\times(-1)}=\sqrt{7}$을 갖는다.

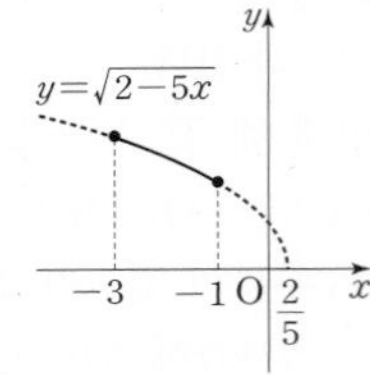

0668 답 $-\frac{5}{4}$

$y=-\sqrt{1-x}=-\sqrt{-(x-1)}$

이므로 주어진 함수의 그래프는 함수 $y=-\sqrt{-x}$의 그래프를 x축의 방향으로 1만큼 평행이동한 것이고, 직선 $y=x+k$는 기울기가 1이고 y절편이 k이다.

직선 $y=x+k$가 함수 $y=-\sqrt{1-x}$의 그래프와 접할 때,

$-\sqrt{1-x}=x+k$의 양변을 제곱하면

$1-x=x^2+2kx+k^2$

$x^2+(2k+1)x+k^2-1=0$

이 이차방정식의 판별식을 D라 하면

$D=(2k+1)^2-4(k^2-1)=0$

$4k+5=0$ $\quad\therefore k=-\frac{5}{4}$

따라서 함수의 그래프와 직선이 만나도록 하는 실수 k의 값의 범위는 $k\ge-\frac{5}{4}$이므로 k의 최솟값은 $-\frac{5}{4}$이다.

0669 답 6

$f^{-1}(-1)=k$로 놓으면 $f(k)=-1$이므로

$-\sqrt{3k+7}+4=-1$에서 $\sqrt{3k+7}=5$

양변을 제곱하면 $3k+7=25$ $\quad\therefore k=6$

$\therefore f^{-1}(-1)=6$

0670 답 ②

함수 $y=\frac{1}{5}x^2+\frac{1}{5}k\ (x\ge0)$는 집합 $\{x|x\ge0\}$에서 집합 $\left\{y\middle|y\ge\frac{1}{5}k\right\}$로의 일대일대응이므로 역함수가 존재한다.

$y=\frac{1}{5}x^2+\frac{1}{5}k$에서 $\frac{1}{5}x^2=y-\frac{1}{5}k$

$x^2=5y-k$ $\quad\therefore x=\sqrt{5y-k}\ (\because x\ge0)$

x와 y를 서로 바꾸면 $y=\sqrt{5x-k}$

즉, 함수 $g(x)=\sqrt{5x-k}$는 함수 $f(x)$의 역함수이다.

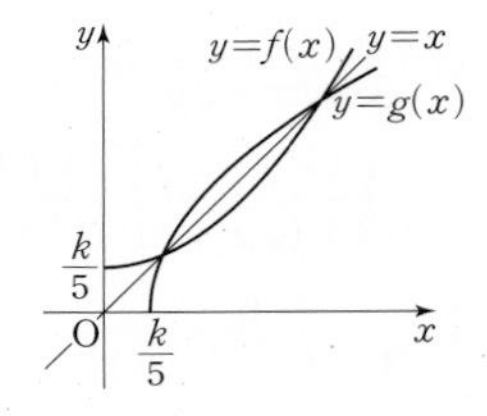

함수 $y=f(x)$의 그래프와 그 역함수 $y=g(x)$의 그래프는 직선 $y=x$에 대하여 대칭이고 서로 다른 두 점에서 만나야 하므로 오른쪽 그림과 같아야 한다.

이때 $\frac{k}{5}\ge0$이므로 $k\ge0$

또, 두 함수 $y=f(x)$, $y=g(x)$의 그래프의 교점은 함수 $y=f(x)$의 그래프와 직선 $y=x$의 교점과 같으므로

$\frac{1}{5}x^2+\frac{1}{5}k=x$에서 $x^2-5x+k=0$

이 이차방정식이 서로 다른 두 실근을 가져야 하므로 판별식을 D라 하면

$D=(-5)^2-4k>0$, $k<\frac{25}{4}$

$\therefore 0\le k<\frac{25}{4}$

따라서 정수 k는 0, 1, 2, 3, 4, 5, 6의 7개이다.

참고 $\frac{k}{5}<0$이면 두 함수 $y=f(x)$, $y=g(x)$의 그래프가 오른쪽 그림과 같이 서로 다른 두 점에서 만날 수 없다.

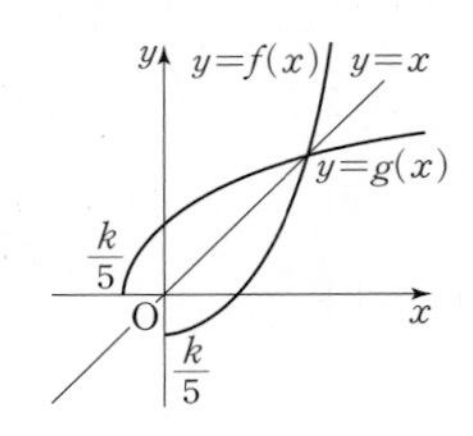

0671 답 -1

$(f\circ g^{-1})^{-1}(3)=(g\circ f^{-1})(3)=g(f^{-1}(3))$

$f^{-1}(3)=k$라 하면 $f(k)=3$이므로

$\sqrt{7-2k}+2=3$, $\sqrt{7-2k}=1$

양변을 제곱하면 $7-2k=1$ $\quad\therefore k=3$

$\therefore (f\circ g^{-1})^{-1}(3)=g(3)=3^2-6\times3+8=-1$

0672 답 ④

전략 두 집합 A, B는 각각 $-1\le x\le0$일 때의 두 함수 $f(x)$, $g(x)$의 함숫값의 모임임을 이해하고, 함수 $y=g(x)$의 그래프의 개형에서 $A=B$가 성립할 조건을 파악한다.

함수 $f(x)=\sqrt{x+1}$의 그래프는 함수 $y=\sqrt{x}$의 그래프를 x축의 방향으로 -1만큼 평행이동한 것이므로 오른쪽 그림에서

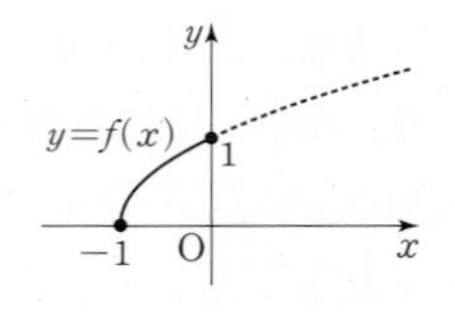

$A=\{f(x)|0\le f(x)\le1\}$

함수 $g(x)=\frac{p}{x-1}+q\ (p>0,\ q>0)$의 그래프는 함수 $y=\frac{p}{x}$의 그래프를 x축의 방향으로 1만큼, y축의 방향으로 q만큼 평행이동한 것이고, $A=B$이므로 오른쪽 그림과 같이 $g(-1)=1$, $g(0)=0$이어야 한다.

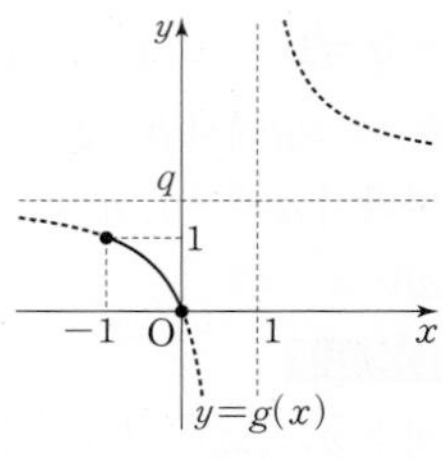

$g(-1)=1$에서 $\frac{p}{-2}+q=1$이므로

$p-2q=-2$ $\quad\cdots\cdots$ ㉠

$g(0)=0$에서 $-p+q=0$ $\quad\cdots\cdots$ ㉡

㉠, ㉡을 연립하여 풀면

$p=2$, $q=2$

$\therefore p+q=4$

0673 답 $-\frac{3}{2}$

전략 $x\geq1$일 때와 $x<1$일 때로 나누어 주어진 함수의 그래프를 그린 후, 직선과 두 점에서 만나도록 하는 상수 k의 값을 구한다.

$y=\begin{cases}\sqrt{2x-2} & (x\geq1)\\ 0 & (x<1)\end{cases}$

(i) 직선 $y=x+k$가 점 $(1, 0)$을 지날 때,
$0=1+k \quad \therefore k=-1$

(ii) 직선 $y=x+k$가 함수 $y=\sqrt{2x-2}$의 그래프와 접할 때,
$\sqrt{2x-2}=x+k$
양변을 제곱하면
$2x-2=x^2+2kx+k^2$
$x^2+2(k-1)x+k^2+2=0$
이 이차방정식의 판별식을 D라 하면
$\frac{D}{4}=(k-1)^2-(k^2+2)=0$
$-2k-1=0 \quad \therefore k=-\frac{1}{2}$

(i), (ii)에서 모든 k의 값의 합은
$-1+\left(-\frac{1}{2}\right)=-\frac{3}{2}$

0674 답 $\frac{11}{4}$

전략 무리함수의 그래프와 직선의 위치 관계를 이용하여 직선과 만나는 두 점 사이의 거리가 최소가 되는 조건을 찾아 상수 k의 값을 구한다.

함수 $y=f(x)$의 그래프와 그 역함수 $y=f^{-1}(x)$의 그래프는 직선 $y=x$에 대하여 대칭이고 직선 $y=-x+k$와 직선 $y=x$는 서로 수직이므로 두 점 P, Q는 직선 $y=x$에 대하여 대칭이다.
이때 선분 PQ의 길이는 두 점 P, Q가 각각 직선 $y=x$에 평행한 직선과 두 함수 $y=f(x)$, $y=f^{-1}(x)$의 그래프의 접점일 때 최소이다.
따라서 직선 $y=x$에 평행한 직선의 방정식을 $y=x+a$ (a는 상수)로 놓으면 이 직선이 함수 $y=\sqrt{x-2}$의 그래프와 접할 때는
$\sqrt{x-2}=x+a$
양변을 제곱하면
$x-2=x^2+2ax+a^2$
$x^2+(2a-1)x+a^2+2=0$ ...... ㉠
이 이차방정식의 판별식을 D라 하면
$D=(2a-1)^2-4(a^2+2)=0$
$-4a-7=0 \quad \therefore a=-\frac{7}{4}$
$a=-\frac{7}{4}$을 ㉠에 대입하면 접점 P의 x좌표는
$x^2-\frac{9}{2}x+\left(\frac{9}{4}\right)^2=0$
$\left(x-\frac{9}{4}\right)^2=0 \quad \therefore x=\frac{9}{4}$
$\therefore P\left(\frac{9}{4}, \frac{1}{2}\right)$
따라서 직선 $y=-x+k$가 점 P를 지나므로
$\frac{1}{2}=-\frac{9}{4}+k$
$\therefore k=\frac{11}{4}$

0675 답 $-3x+1$

해결 과정 $x+2\geq0$이어야 하므로 $x\geq-2$
$1-2x\geq0$이어야 하므로 $x\leq\frac{1}{2}$
$\therefore -2\leq x\leq\frac{1}{2}$ ◀ 30 %
$|2x-3|-\sqrt{x^2+4x+4}=|2x-3|-\sqrt{(x+2)^2}$
$=|2x-3|-|x+2|$
$-2\leq x\leq\frac{1}{2}$에서 $2x-3<0$, $x+2\geq0$이다. ◀ 40 %

답 구하기 $\therefore |2x-3|-\sqrt{x^2+4x+4}=|2x-3|-|x+2|$
$=-(2x-3)-(x+2)$
$=-3x+1$ ◀ 30 %

0676 답 5

해결 과정 $y=\sqrt{9-2x}-1=\sqrt{-2\left(x-\frac{9}{2}\right)}-1$
이므로 함수 $y=\sqrt{9-2x}-1$의 그래프는 함수 $y=\sqrt{-2x}$의 그래프를 x축의 방향으로 $\frac{9}{2}$만큼, y축의 방향으로 -1만큼 평행이동한 것이다. ◀ 20 %

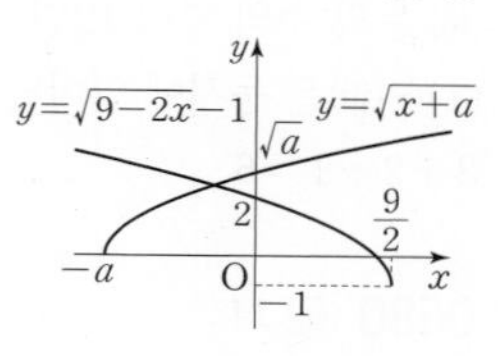

이때 함수 $y=\sqrt{x+a}$의 그래프가 함수 $y=\sqrt{9-2x}-1$의 그래프와 제2사분면에서 만나려면 오른쪽 그림과 같이 $x=0$일 때 $y>2$이어야 하므로
$\sqrt{a}>2 \quad \therefore a>4$ ◀ 60 %

답 구하기 따라서 정수 a의 최솟값은 5이다. ◀ 20 %

0677 답 -3

문제 이해 함수 $y=f(x)$의 그래프와 그 역함수 $y=f^{-1}(x)$의 그래프는 직선 $y=x$에 대하여 대칭이므로 두 함수 $y=f(x)$, $y=f^{-1}(x)$의 그래프의 두 교점 A, B는 함수 $y=f(x)$의 그래프와 직선 $y=x$의 교점과 같다. ◀ 20 %

해결 과정 $\sqrt{7x+k}-1=x$에서 $\sqrt{7x+k}=x+1$
양변을 제곱하면 $7x+k=x^2+2x+1$
$x^2-5x+1-k=0$ ...... ㉠
이 이차방정식의 두 근을 α, β라 하면
$A(\alpha, \alpha)$, $B(\beta, \beta)$ 또는 $A(\beta, \beta)$, $B(\alpha, \alpha)$이므로
$\overline{AB}=3\sqrt{2}$에서 $\sqrt{(\beta-\alpha)^2+(\beta-\alpha)^2}=3\sqrt{2}$
양변을 제곱하면 $(\beta-\alpha)^2=9$ ◀ 50 %

답 구하기 이때 $(\beta-\alpha)^2=(\alpha+\beta)^2-4\alpha\beta$이고
이차방정식 ㉠의 근과 계수의 관계에 의하여
$\alpha+\beta=5$, $\alpha\beta=1-k$이므로
$9=5^2-4(1-k)$
$9=21+4k$
$\therefore k=-3$ ◀ 30 %

도움 개념 이차방정식의 근과 계수의 관계

이차방정식 $ax^2+bx+c=0$의 두 근을 α, β라 하면
(1) 두 근의 합: $\alpha+\beta=-\frac{b}{a}$
(2) 두 근의 곱: $\alpha\beta=\frac{c}{a}$

06 경우의 수

Lecture 15 경우의 수

≫ 112~115쪽

0678 답 4

두 주사위에서 나오는 눈의 수를 순서쌍으로 나타내면

눈의 수의 차가 4인 경우는 (1, 5), (2, 6), (5, 1), (6, 2)의 4가지이므로 구하는 경우의 수는 4

0679 답 6

두 주사위에서 나오는 눈의 수를 순서쌍으로 나타내면

(ⅰ) 눈의 수의 합이 10인 경우는 (4, 6), (5, 5), (6, 4)의 3가지

(ⅱ) 눈의 수의 합이 11인 경우는 (5, 6), (6, 5)의 2가지

(ⅲ) 눈의 수의 합이 12인 경우는 (6, 6)의 1가지

(ⅰ)~(ⅲ)은 동시에 일어날 수 없으므로 구하는 경우의 수는

$3+2+1=6$

0680 답 14

(ⅰ) 5의 배수가 적힌 공이 나오는 경우는

5, 10, 15, 20, 25, 30, 35, 40, 45, 50의 10가지

(ⅱ) 12의 배수가 적힌 공이 나오는 경우는

12, 24, 36, 48의 4가지

(ⅰ), (ⅱ)는 동시에 일어날 수 없으므로 구하는 경우의 수는

$10+4=14$

0681 답 16

(ⅰ) 4의 배수가 적힌 공이 나오는 경우는

4, 8, 12, 16, 20, 24, 28, 32, 36, 40, 44, 48의 12가지

(ⅱ) 9의 배수가 적힌 공이 나오는 경우는

9, 18, 27, 36, 45의 5가지

(ⅲ) 4와 9의 공배수, 즉 36의 배수가 적힌 공이 나오는 경우는

36의 1가지

(ⅰ)~(ⅲ)에서 구하는 경우의 수는

$12+5-1=16$

0682 답 12

$4\times3=12$

0683 답 9

$3\times3=9$

0684 답 12

나오는 눈의 수가 6의 약수인 경우는 1, 2, 3, 6의 4가지

나오는 눈의 수가 소수인 경우는 2, 3, 5의 3가지

따라서 구하는 경우의 수는

$4\times3=12$

0685 답 30

$5\times3\times2=30$

하 **0686** 답 ②

두 주사위에서 나오는 눈의 수를 순서쌍으로 나타내면

(ⅰ) 눈의 수의 합이 6인 경우는

(1, 5), (2, 4), (3, 3), (4, 2), (5, 1)의 5가지

(ⅱ) 눈의 수의 합이 12인 경우는

(6, 6)의 1가지

(ⅰ), (ⅱ)는 동시에 일어날 수 없으므로 구하는 경우의 수는

$5+1=6$

중 **0687** 답 9

뽑힌 카드에 적힌 세 수를 순서쌍으로 나타내면

(ⅰ) 세 수의 합이 10인 경우는

(1, 2, 7), (1, 3, 6), (1, 4, 5), (2, 3, 5)의 4가지

(ⅱ) 세 수의 합이 12인 경우는

(1, 4, 7), (1, 5, 6), (2, 3, 7), (2, 4, 6), (3, 4, 5)의 5가지

(ⅰ), (ⅱ)는 동시에 일어날 수 없으므로 구하는 경우의 수는

$4+5=9$

중 **0688** 답 53

[문제 이해] $15=3\times5$이므로 15와 서로소인 자연수는 3의 배수도 아니고 5의 배수도 아닌 수이다. ◀ 20 %

[해결 과정] 3의 배수는 3, 6, 9, …, 99의 33개

5의 배수는 5, 10, 15, …, 100의 20개

3과 5의 공배수, 즉 15의 배수는 15, 30, 45, …, 90의 6개

즉, 3의 배수 또는 5의 배수의 개수는

$33+20-6=47$ ◀ 60 %

[답 구하기] 따라서 15와 서로소인 자연수의 개수는

$100-47=53$ ◀ 20 %

중 **0689** 답 19

x, y, z가 음이 아닌 정수이므로 $x\geq0$, $y\geq0$, $z\geq0$

(ⅰ) $x=0$일 때, $2y+z=12$이므로 순서쌍 (x, y, z)는

(0, 0, 12), (0, 1, 10), (0, 2, 8), (0, 3, 6), (0, 4, 4), (0, 5, 2), (0, 6, 0)의 7개

(ⅱ) $x=1$일 때, $2y+z=9$이므로 순서쌍 (x, y, z)는

(1, 0, 9), (1, 1, 7), (1, 2, 5), (1, 3, 3), (1, 4, 1)의 5개

(ⅲ) $x=2$일 때, $2y+z=6$이므로 순서쌍 (x, y, z)는

(2, 0, 6), (2, 1, 4), (2, 2, 2), (2, 3, 0)의 4개

(ⅳ) $x=3$일 때, $2y+z=3$이므로 순서쌍 (x, y, z)는

(3, 0, 3), (3, 1, 1)의 2개

(ⅴ) $x=4$일 때, $2y+z=0$이므로 순서쌍 (x, y, z)는

(4, 0, 0)의 1개

(ⅰ)~(ⅴ)는 동시에 일어날 수 없으므로 구하는 순서쌍 (x, y, z)의 개수는

$7+5+4+2+1=19$

[참고] 주어진 방정식에서 x의 계수가 가장 크므로 x의 값이 될 수 있는 음이 아닌 정수는

$0\leq3x\leq12$에서 $0\leq x\leq4$

$\therefore x=0, 1, 2, 3, 4$

중 **0690** 답 ④

x, y가 자연수이므로 $2x+y<8$을 만족시키는 경우는
$2x+y=3$ 또는 $2x+y=4$ 또는 $2x+y=5$ 또는 $2x+y=6$
또는 $2x+y=7$

(i) $2x+y=3$일 때, 순서쌍 (x, y)는
$(1, 1)$의 1개

(ii) $2x+y=4$일 때, 순서쌍 (x, y)는
$(1, 2)$의 1개

(iii) $2x+y=5$일 때, 순서쌍 (x, y)는
$(1, 3)$, $(2, 1)$의 2개

(iv) $2x+y=6$일 때, 순서쌍 (x, y)는
$(1, 4)$, $(2, 2)$의 2개

(v) $2x+y=7$일 때, 순서쌍 (x, y)는
$(1, 5)$, $(2, 3)$, $(3, 1)$의 3개

(i)~(v)는 동시에 일어날 수 없으므로 구하는 순서쌍 (x, y)의 개수는
$1+1+2+2+3=9$

중 **0691** 답 ①

200원, 600원, 1000원짜리 초콜릿을 각각 x개, y개, z개 산다고 하면
$200x+600y+1000z=3000$
$\therefore x+3y+5z=15$
이때 세 종류의 초콜릿이 적어도 하나씩은 포함되어야 하므로 x, y, z는 자연수이다.

(i) $z=1$일 때, $x+3y=10$이므로 순서쌍 (x, y, z)는
$(7, 1, 1)$, $(4, 2, 1)$, $(1, 3, 1)$의 3개

(ii) $z=2$일 때, $x+3y=5$이므로 순서쌍 (x, y, z)는
$(2, 1, 2)$의 1개

(i), (ii)는 동시에 일어날 수 없으므로 구하는 방법의 수는
$3+1=4$

중 **0692** 답 160

일의 자리에 올 수 있는 숫자는 2, 3, 5, 7의 4개
십의 자리에 올 수 있는 숫자는 0, 1, 2, 3, 4, 5, 6, 7, 8, 9의 10개
백의 자리에 올 수 있는 숫자는 1, 2, 3, 4의 4개
따라서 구하는 세 자리 자연수의 개수는
$4\times10\times4=160$

하 **0693** 답 8

a의 값이 될 수 있는 것은 집합 A의 원소인 1, 2의 2개
b의 값이 될 수 있는 것은 집합 B의 원소인 1, 3, 5, 7의 4개
따라서 순서쌍 (a, b)의 개수는 $2\times4=8$이므로
$n(X)=8$

중 **0694** 답 ⑤

$(a+b+c)(x+y)^2=(a+b+c)(x^2+2xy+y^2)$
이므로 주어진 다항식을 전개하면 a, b, c 각각에 곱해지는 항이 x^2, $2xy$, y^2 중 하나이다.
따라서 구하는 항의 개수는
$3\times3=9$

중 **0695** 답 3

36을 소인수분해하면 $36=2^2\times3^2$이므로
36의 양의 약수의 개수는
$(2+1)\times(2+1)=9$
$\therefore a=9$
60을 소인수분해하면 $60=2^2\times3\times5$이므로
60의 양의 약수의 개수는
$(2+1)\times(1+1)\times(1+1)=12$
$\therefore b=12$
$\therefore b-a=3$

다른 풀이

36을 소인수분해하면 $36=2^2\times3^2$
2^2의 양의 약수는 1, 2, 2^2의 3개
3^2의 양의 약수는 1, 3, 3^2의 3개
이 중 각각 하나씩 택하여 곱한 수는 모두 36의 양의 약수이다.
따라서 36의 양의 약수의 개수는
$3\times3=9$ $\therefore a=9$
60을 소인수분해하면 $60=2^2\times3\times5$
2^2의 양의 약수는 1, 2, 2^2의 3개
3의 양의 약수는 1, 3의 2개
5의 양의 약수는 1, 5의 2개
이 중 각각 하나씩 택하여 곱한 수는 모두 60의 양의 약수이다.
따라서 60의 양의 약수의 개수는
$3\times2\times2=12$ $\therefore b=12$
$\therefore b-a=3$

중 **0696** 답 18

540과 900의 양의 공약수의 개수는 540과 900의 최대공약수의 양의 약수의 개수와 같다.
이때
$540=2^2\times3^3\times5$, $900=2^2\times3^2\times5^2$
이므로 540과 900의 최대공약수는
$2^2\times3^2\times5$
따라서 540과 900의 양의 공약수의 개수는 $2^2\times3^2\times5$의 양의 약수의 개수와 같으므로
$(2+1)\times(2+1)\times(1+1)=18$

중 **0697** 답 30

해결 과정 504를 소인수분해하면
$504=2^3\times3^2\times7$ ◀ 10 %
짝수는 2를 소인수로 가지므로 504의 양의 약수 중 짝수의 개수는 $2^2\times3^2\times7$의 양의 약수의 개수와 같다.
$\therefore m=(2+1)\times(2+1)\times(1+1)=18$ ◀ 40 %
7의 배수는 7을 소인수로 가지므로 504의 양의 약수 중 7의 배수의 개수는 $2^3\times3^2$의 양의 약수의 개수와 같다.
$\therefore n=(3+1)\times(2+1)=12$ ◀ 40 %
답 구하기 $\therefore m+n=30$ ◀ 10 %

다른 풀이

504의 양의 약수의 개수는
$(3+1)\times(2+1)\times(1+1)=24$
504의 양의 약수 중 홀수의 개수는 $3^2\times7$의 양의 약수의 개수와 같으므로
$(2+1)\times(1+1)=6$
$\therefore m=24-6=18$

중 0698 답 9

4명의 학생이 자기 자신이 작성한 독후감을 제외한 다른 학생의 독후감을 읽는 방법을 수형도로 나타내면 다음과 같다.

```
A   B   C   D
    A — D — C
B < C — D — A
    D — A — C
    A — D — B
C <       A — B
    D <
          B — A
    A — B — C
D <       A — B
    C <
          B — A
```

따라서 구하는 방법의 수는 9이다.

중 0699 답 11

50000보다 크고, 백의 자리에는 2, 십의 자리에는 3, 일의 자리에는 4가 오지 않는 경우를 수형도로 나타내면 다음과 같다.

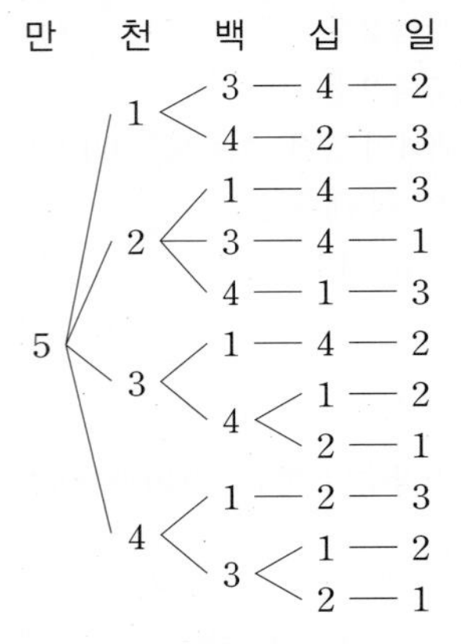

따라서 구하는 자연수의 개수는 11이다.

상 0700 답 15

꼭짓점 A에서 출발하여 가장 먼저 꼭짓점 B를 거쳐 꼭짓점 E에 도착하는 방법을 수형도로 나타내면 오른쪽과 같다.

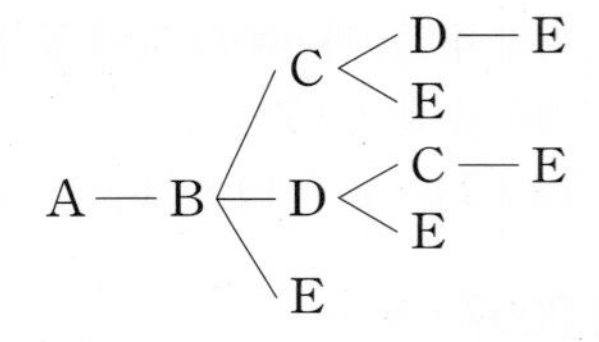

같은 방법으로 꼭짓점 A에서 출발하여 가장 먼저 꼭짓점 C 또는 꼭짓점 D를 거쳐 꼭짓점 E에 도착하는 방법도 각각 5가지씩이다.
따라서 구하는 방법의 수는
$5\times3=15$

중 0701 답 62

(i) 지불할 수 있는 방법의 수
100원짜리 동전으로 지불할 수 있는 방법은
0개, 1개, 2개의 3가지
50원짜리 동전으로 지불할 수 있는 방법은
0개, 1개, 2개의 3가지
10원짜리 동전으로 지불할 수 있는 방법은
0개, 1개, 2개, 3개의 4가지
이때 0원을 지불하는 경우는 제외해야 하므로 지불할 수 있는 방법의 수는
$3\times3\times4-1=35$ $\therefore a=35$

(ii) 지불할 수 있는 금액의 수
100원짜리 동전 1개로 지불하는 금액과 50원짜리 동전 2개로 지불하는 금액이 같다.
따라서 100원짜리 동전 2개를 50원짜리 동전 4개로 바꾸면 지불할 수 있는 금액의 수는 50원짜리 동전 6개, 10원짜리 동전 3개로 지불할 수 있는 금액의 수와 같다.
50원짜리 동전 6개로 지불할 수 있는 금액은
0원, 50원, 100원, 150원, 200원, 250원, 300원의 7가지
10원짜리 동전 3개로 지불할 수 있는 금액은
0원, 10원, 20원, 30원의 4가지
이때 0원을 지불하는 경우는 제외해야 하므로 지불할 수 있는 금액의 수는
$7\times4-1=27$ $\therefore b=27$

(i), (ii)에서
$a+b=62$

중 0702 답 31

10000원짜리 지폐 1장으로 지불하는 금액과 5000원짜리 지폐 2장으로 지불하는 금액이 같고, 5000원짜리 지폐 1장으로 지불하는 금액과 1000원짜리 지폐 5장으로 지불하는 금액이 같다.
따라서 10000원짜리 지폐 1장과 5000원짜리 지폐 3장을 모두 1000원짜리 지폐 25장으로 바꾸면 지불할 수 있는 금액의 수는 1000원짜리 지폐 31장으로 지불할 수 있는 금액의 수와 같다.
1000원짜리 지폐 31장으로 지불할 수 있는 금액은
0원, 1000원, 2000원, ⋯, 31000원의 32가지
이때 0원을 지불하는 경우는 제외해야 하므로 지불할 수 있는 금액의 수는
$32-1=31$

중 0703 답 40

(i) A ⟶ B ⟶ C로 가는 방법의 수는
$2\times2=4$
(ii) A ⟶ D ⟶ C로 가는 방법의 수는
$2\times3=6$
(iii) A ⟶ B ⟶ D ⟶ C로 가는 방법의 수는
$2\times3\times3=18$
(iv) A ⟶ D ⟶ B ⟶ C로 가는 방법의 수는
$2\times3\times2=12$
(i)~(iv)는 동시에 일어날 수 없으므로 구하는 방법의 수는
$4+6+18+12=40$

중 0704 답 22

(i) 매표소 ⟶ 쉼터 ⟶ 정상 ⟶ 매표소로 가는 방법의 수는
$2\times2\times1=4$
(ii) 매표소 ⟶ 약수터 ⟶ 정상 ⟶ 매표소로 가는 방법의 수는
$2\times1\times1=2$
(iii) 매표소 ⟶ 쉼터 ⟶ 정상 ⟶ 약수터 ⟶ 매표소로 가는 방법의 수는
$2\times2\times1\times2=8$
(iv) 매표소 ⟶ 약수터 ⟶ 정상 ⟶ 쉼터 ⟶ 매표소로 가는 방법의 수는
$2\times1\times2\times2=8$

(i)~(iv)는 동시에 일어날 수 없으므로 구하는 방법의 수는
$4+2+8+8=22$

상 0705 답 3

Q 지점과 S 지점 사이에 x개의 길을 추가한다고 하자.
(i) P ⟶ Q ⟶ R로 가는 방법의 수는
$3\times3=9$
(ii) P ⟶ S ⟶ R로 가는 방법의 수는
$2\times3=6$
(iii) P ⟶ Q ⟶ S ⟶ R로 가는 방법의 수는
$3\times x\times3=9x$
(iv) P ⟶ S ⟶ Q ⟶ R로 가는 방법의 수는
$2\times x\times3=6x$
(i)~(iv)는 동시에 일어날 수 없으므로 P 지점에서 출발하여 R 지점으로 가는 방법의 수는
$9+6+9x+6x=15x+15$
즉, $15x+15=60$이므로 $15x=45$ $\therefore x=3$
따라서 추가해야 하는 길의 개수는 3이다.

중 0706 답 ⑤

A에 칠할 수 있는 색은 4가지
B에 칠할 수 있는 색은 A에 칠한 색을 제외한
$4-1=3$(가지)
C에 칠할 수 있는 색은 A, B에 칠한 색을 제외한
$4-2=2$(가지)
D에 칠할 수 있는 색은 A, C에 칠한 색을 제외한
$4-2=2$(가지)
따라서 구하는 방법의 수는
$4\times3\times2\times2=48$

중 0707 답 84

[해결 과정] (i) A와 C에 같은 색을 칠하는 경우
A에 칠할 수 있는 색은 4가지
B에 칠할 수 있는 색은 A에 칠한 색을 제외한
$4-1=3$(가지)
C에 칠할 수 있는 색은 A에 칠한 색과 같은 색이므로
1가지
D에 칠할 수 있는 색은 A(C)에 칠한 색을 제외한
$4-1=3$(가지)
따라서 이 방법의 수는
$4\times3\times1\times3=36$ ◀ 40 %
(ii) A와 C에 다른 색을 칠하는 경우
A에 칠할 수 있는 색은 4가지
B에 칠할 수 있는 색은 A에 칠한 색을 제외한
$4-1=3$(가지)
C에 칠할 수 있는 색은 A, B에 칠한 색을 제외한
$4-2=2$(가지)
D에 칠할 수 있는 색은 A, C에 칠한 색을 제외한
$4-2=2$(가지)
따라서 이 방법의 수는
$4\times3\times2\times2=48$ ◀ 40 %
[답 구하기] (i), (ii)에서 구하는 방법의 수는
$36+48=84$ ◀ 20 %

상 0708 답 420

A, B, C, D, E의 순서로 칠할 때,
A에 칠할 수 있는 색은 5가지
B에 칠할 수 있는 색은 A에 칠한 색을 제외한
$5-1=4$(가지)
C에 칠할 수 있는 색은 A, B에 칠한 색을 제외한
$5-2=3$(가지)
(i) B와 D에 같은 색을 칠하는 경우
D에 칠할 수 있는 색은 B에 칠한 색과 같은 색이므로
1가지
E에 칠할 수 있는 색은 A와 B(D)에 칠한 색을 제외한
$5-2=3$(가지)
따라서 이 방법의 수는
$5\times4\times3\times1\times3=180$
(ii) B와 D에 다른 색을 칠하는 경우
D에 칠할 수 있는 색은 A, B, C에 칠한 색을 제외한
$5-3=2$(가지)
E에 칠할 수 있는 색은 A, B, D에 칠한 색을 제외한
$5-3=2$(가지)
따라서 이 방법의 수는
$5\times4\times3\times2\times2=240$
(i), (ii)에서 구하는 방법의 수는
$180+240=420$

다른 풀이
(i) A, B, C, D, E 모두 다른 색을 칠하는 방법의 수는
$5\times4\times3\times2\times1=120$
(ii) B와 D에만 같은 색을 칠하는 방법의 수는
$5\times4\times3\times1\times2=120$
(iii) C와 E에만 같은 색을 칠하는 방법의 수는
$5\times4\times3\times2\times1=120$
(iv) B와 D, C와 E에 각각 같은 색을 칠하는 방법의 수는
$5\times4\times3\times1\times1=60$
(i)~(iv)에서 구하는 방법의 수는
$120+120+120+60=420$

Lecture ≫ 116~120쪽

16 순열

0709 답 5

${}_nP_2=n(n-1)$이므로 $n(n-1)=4n$
${}_nP_2$에서 $n\geq2$이므로 양변을 n으로 나누면
$n-1=4$ $\therefore n=5$

0710 답 3

$3!=3\times2\times1=6$이므로
${}_5P_r\times6=360$에서
${}_5P_r=60=5\times4\times3$ $\therefore r=3$

0711 답 3

${}_8P_r=\frac{8!}{(8-r)!}=\frac{8!}{5!}$이므로

$8-r=5 \quad \therefore r=3$

0712 답 4

${}_nP_n=n!$, $24=4\times3\times2\times1$이므로

$n!=4\times3\times2\times1 \quad \therefore n=4$

0713 답 30

6명 중 2명을 택하는 순열의 수와 같으므로

${}_6P_2=6\times5=30$

0714 답 120

5명의 가족을 일렬로 세우는 방법의 수는

$5!=5\times4\times3\times2\times1=120$

0715 답 24

아버지를 맨 앞에 고정하고, 남은 4명의 가족을 일렬로 세우는 방법의 수와 같으므로

$4!=4\times3\times2\times1=24$

0716 답 48

부모를 한 사람으로 생각하여 4명을 일렬로 세우는 방법의 수는

$4!=4\times3\times2\times1=24$

그 각각에 대하여 부모가 서로 자리를 바꾸는 방법의 수는

$2!=2\times1=2$

따라서 구하는 방법의 수는

$24\times2=48$

0717 답 24

세 자리 자연수의 개수는 1, 2, 3, 4의 4개의 숫자 중 3개를 택하는 순열의 수와 같으므로

${}_4P_3=4\times3\times2=24$

0718 답 12

짝수가 되려면 일의 자리에 올 수 있는 숫자는 2, 4의 2가지

그 각각에 대하여 백의 자리, 십의 자리의 숫자를 택하는 경우의 수는 일의 자리에 오는 숫자를 제외한 3개의 숫자 중 2개를 택하는 순열의 수와 같으므로

${}_3P_2=3\times2=6$

따라서 구하는 짝수의 개수는 $2\times6=12$

중 **0719** 답 7

${}_nP_2+(n-1)\times{}_nP_1=84$에서

$n(n-1)+(n-1)\times n=84$

$n(n-1)=42=7\times6$

$\therefore n=7$

하 **0720** 답 ①

$\frac{{}_{10}P_r}{5!}=6$의 양변에 $5!$, 즉 120을 곱하면

${}_{10}P_r=720=10\times9\times8$

$\therefore r=3$

중 **0721** 답 15

$${}_9P_5+5\times{}_9P_4=\frac{9!}{(9-5)!}+5\times\frac{9!}{(9-4)!}$$
$$=\frac{9!}{4!}+\frac{9!}{4!}=\frac{2\times9!}{4!}$$
$$=\frac{5\times2\times9!}{5\times4!}=\frac{10!}{5!}$$
$$=\frac{10!}{(10-5)!}={}_{10}P_5$$

따라서 $n=10$, $r=5$이므로

$n+r=15$

중 **0722** 답 4

${}_{2n}P_3=28\times{}_nP_2$에서

$2n(2n-1)(2n-2)=28n(n-1)$

$4n(n-1)(2n-1)=28n(n-1)$

${}_nP_2$에서 $n\geq2$이므로 양변을 $4n(n-1)$로 나누면

$2n-1=7$

$\therefore n=4$

하 **0723** 답 ④

7명 중 3명을 택하는 순열의 수와 같으므로

${}_7P_3=7\times6\times5=210$

하 **0724** 답 120

5명의 학생을 일렬로 세우는 방법의 수와 같으므로

$5!=120$

중 **0725** 답 ③

서로 다른 6개의 사탕 중 4개를 택하는 순열의 수와 같으므로

${}_6P_4=6\times5\times4\times3=360$

중 **0726** 답 20

${}_nP_2=380$이므로

$n(n-1)=380=20\times19$

$\therefore n=20$

하 **0727** 답 ④

a와 e를 한 문자로 생각하여 4개의 문자를 일렬로 나열하는 방법의 수는

$4!=24$

그 각각에 대하여 a와 e가 서로 자리를 바꾸는 방법의 수는

$2!=2$

따라서 구하는 방법의 수는

$24\times2=48$

중 **0728** 답 288

A 팀 3명을 한 사람으로, B 팀 4명을 한 사람으로 생각하여 2명을 일렬로 세우는 방법의 수는

$2!=2$

그 각각에 대하여 A 팀 안에서 자리를 바꾸는 방법의 수는

$3!=6$

B 팀 안에서 자리를 바꾸는 방법의 수는

$4!=24$

따라서 구하는 방법의 수는
$2\times6\times24=288$

중 **0729** 답 48

[해결 과정] 할아버지와 할머니, 아버지와 어머니, 아들과 딸을 각각 한 사람으로 생각하여 3명이 일렬로 앉는 방법의 수는
$3!=6$ ◀ 50 %
그 각각에 대하여 세 쌍의 구성원이 각자 서로 자리를 바꾸는 방법의 수는
$2!\times2!\times2!=8$ ◀ 30 %
[답 구하기] 따라서 구하는 방법의 수는
$6\times8=48$ ◀ 20 %

중 **0730** 답 3

어린이 4명을 한 사람으로 생각하여 $(n+1)$명을 일렬로 세우는 방법의 수는
$(n+1)!$
그 각각에 대하여 어린이끼리 자리를 바꾸는 방법의 수는
$4!=24$
$(n+1)!\times24=576$이므로
$(n+1)!=24=4!$
$n+1=4 \quad \therefore n=3$

중 **0731** 답 ⑤

여학생끼리 이웃하지 않게 세우려면 먼저 남학생 3명을 일렬로 세우고 그 사이사이와 양 끝에 여학생 3명을 세우면 된다.

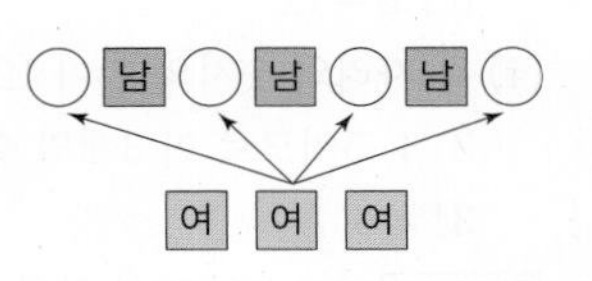

남학생 3명을 일렬로 세우는 방법의 수는
$3!=6$
그 각각에 대하여 남학생 3명의 사이사이와 양 끝의 4개의 자리에 여학생 3명을 세우는 방법의 수는
${}_4P_3=4\times3\times2=24$
따라서 구하는 방법의 수는
$6\times24=144$

중 **0732** 답 3600

모음끼리 이웃하지 않게 나열하려면 먼저 5개의 자음 n, g, l, s, h를 일렬로 나열하고 그 사이사이와 양 끝에 2개의 모음 e, i를 나열하면 된다.

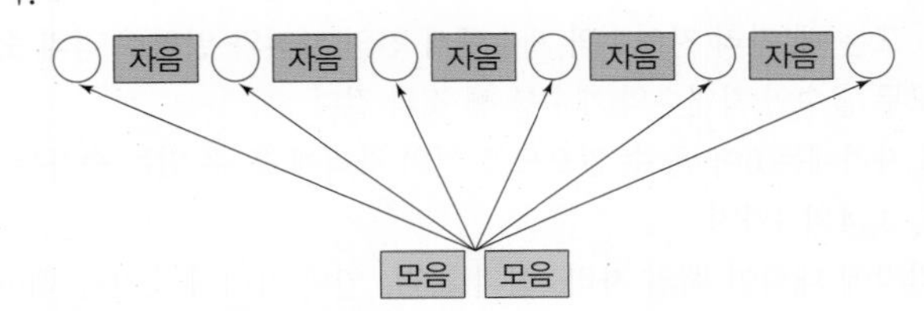

5개의 자음을 일렬로 나열하는 방법의 수는
$5!=120$
그 각각에 대하여 5개의 자음의 사이사이와 양 끝의 6개의 자리에 2개의 모음을 나열하는 방법의 수는
${}_6P_2=6\times5=30$
따라서 구하는 방법의 수는
$120\times30=3600$

상 **0733** 답 60

7개의 의자 중 3개의 의자에만 학생이 앉으므로 빈 의자는 4개이다.
이때 어느 두 명도 이웃하지 않게 앉으려면 먼저 빈 의자 4개를 일렬로 놓고 그 사이사이와 양 끝에 학생이 앉는 의자 3개를 놓으면 된다.

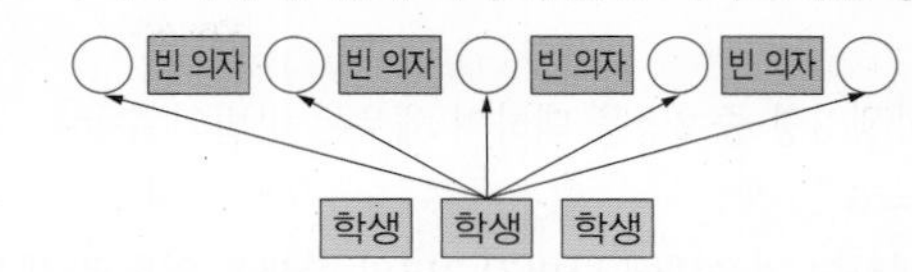

따라서 구하는 방법의 수는 빈 의자 4개의 사이사이와 양 끝의 5개의 자리 중 3개의 자리에 학생이 앉는 의자를 놓는 방법의 수와 같으므로
${}_5P_3=5\times4\times3=60$

중 **0734** 답 720

남자 회원 3명 중 2명이 양 끝에 서는 방법의 수는
${}_3P_2=3\times2=6$
양 끝의 남자 회원 2명을 제외한 나머지 5명의 회원이 일렬로 서는 방법의 수는
$5!=120$
따라서 구하는 방법의 수는
$6\times120=720$

중 **0735** 답 144

수학책이 4권, 과학책이 3권이므로 수학책 4권을 일렬로 꽂고 그 사이사이에 과학책 3권을 꽂으면 된다.
수학책 4권을 일렬로 꽂는 방법의 수는
$4!=24$
그 각각에 대하여 수학책 4권의 사이사이의 3개의 자리에 과학책 3권을 꽂는 방법의 수는
$3!=6$
따라서 구하는 방법의 수는
$24\times6=144$

중 **0736** 답 1152

남자 응시자와 여자 응시자의 수가 4명으로 서로 같으므로 남자 응시자와 여자 응시자가 교대로 면접시험을 보도록 순서를 정하는 방법은 (남, 여, 남, 여, 남, 여, 남, 여) 또는 (여, 남, 여, 남, 여, 남, 여, 남)의 2가지이다.
그 각각에 대하여 남자 응시자 4명과 여자 응시자 4명의 면접시험 순서를 정하는 방법의 수는 각각 $4!$이므로 구하는 방법의 수는
$2\times4!\times4!=2\times24\times24=1152$

상 **0737** 답 96

[해결 과정] k와 o 사이에 k, o를 제외한 나머지 4개의 문자 중 3개를 택하여 일렬로 나열하는 방법의 수는
${}_4P_3=4\times3\times2=24$ ◀ 30 %
k, □, □, □, o를 한 문자로 생각하여 2개의 문자를 일렬로 나열하는 방법의 수는
$2!=2$ ◀ 30 %
묶음에서 k와 o가 서로 자리를 바꾸는 방법의 수는
$2!=2$ ◀ 20 %
[답 구하기] 따라서 구하는 방법의 수는
$24\times2\times2=96$ ◀ 20 %

중 **0738** 답 ⑤

적어도 한쪽 끝에 남학생이 오도록 세우는 방법의 수는 전체 방법의 수에서 양 끝에 여학생이 오도록 세우는 방법의 수를 뺀 것과 같다.

5명의 학생을 일렬로 세우는 방법의 수는

$5!=120$

양 끝에 여학생 3명 중 2명을 택하여 세우는 방법의 수는

${}_3P_2=3\times2=6$

그 각각에 대하여 가운데에 나머지 3명의 학생을 일렬로 세우는 방법의 수는

$3!=6$

즉, 양 끝에 여학생이 오도록 세우는 방법의 수는

$6\times6=36$

따라서 구하는 방법의 수는

$120-36=84$

중 **0739** 답 ⑤

특수 문자가 적어도 2개 이상 사용된 암호의 개수는 만들 수 있는 모든 암호의 개수에서 특수 문자가 1개만 사용된 암호의 개수를 뺀 것과 같다.

네 자리의 암호의 개수는

${}_6P_4=6\times5\times4\times3=360$

3개의 특수 문자 중 1개를 택하여 4개의 자리 중 한 곳에 나열하는 방법의 수는

$3\times{}_4P_1=3\times4=12$

나머지 3개의 자리에 3개의 숫자를 일렬로 나열하는 방법의 수는

$3!=6$

즉, 특수 문자가 1개만 사용된 암호의 개수는

$12\times6=72$

따라서 구하는 암호의 개수는

$360-72=288$

중 **0740** 답 ④

적어도 2개의 모음이 이웃하도록 나열하는 방법의 수는 전체 경우의 수에서 모음끼리 이웃하지 않도록 나열하는 방법의 수를 뺀 것과 같다.

6개의 문자를 일렬로 나열하는 방법의 수는

$6!=720$

이때 모음끼리 이웃하지 않도록 나열하려면 먼저 3개의 자음 r, m, n을 일렬로 나열하고 그 사이사이와 양 끝에 3개의 모음 e, a, i를 나열하면 된다.

3개의 자음을 일렬로 나열하는 방법의 수는

$3!=6$

그 각각에 대하여 3개의 자음 사이사이와 양 끝의 4개의 자리에 3개의 모음을 나열하는 방법의 수는

${}_4P_3=4\times3\times2=24$

즉, 모음끼리 이웃하지 않도록 나열하는 방법의 수는

$6\times24=144$

따라서 구하는 방법의 수는

$720-144=576$

중 **0741** 답 ⑤

홀수가 되려면 일의 자리에 올 수 있는 숫자는

1, 3, 5의 3가지

그 각각에 대하여 천의 자리에는 0이 올 수 없으므로 천의 자리에 올 수 있는 숫자는 0과 일의 자리에 오는 숫자를 제외한 4가지

백의 자리와 십의 자리의 숫자를 택하는 경우의 수는 일의 자리와 천의 자리에 오는 숫자를 제외한 4개의 숫자 중 2개를 택하는 순열의 수와 같으므로

${}_4P_2=4\times3=12$

따라서 구하는 홀수의 개수는

$3\times4\times12=144$

중 **0742** 답 24

문제 이해 5개의 숫자 1, 2, 3, 4, 5에서 서로 다른 3개의 숫자를 택하여 만든 세 자리 자연수가 3의 배수이려면 각 자리의 숫자의 합이 3의 배수이어야 한다. ◀ 30 %

해결 과정 (i) 각 자리의 숫자의 합이 6인 경우

1, 2, 3이므로 이 3개의 숫자로 만들 수 있는 자연수의 개수는

$3!=6$

(ii) 각 자리의 숫자의 합이 9인 경우

1, 3, 5 또는 2, 3, 4이고 각각의 3개의 숫자로 만들 수 있는 자연수의 개수는

$3!=6$

이므로 이 경우의 자연수의 개수는

$6+6=12$

(iii) 각 자리의 숫자의 합이 12인 경우

3, 4, 5이므로 이 3개의 숫자로 만들 수 있는 자연수의 개수는

$3!=6$ ◀ 50 %

답 구하기 (i)~(iii)에서 구하는 세 자리 자연수 중 3의 배수의 개수는

$6+12+6=24$ ◀ 20 %

도움 개념 **배수의 특징**

(1) 2의 배수: 일의 자리의 숫자가 0 또는 2의 배수
(2) 3의 배수: 각 자리의 숫자의 합이 3의 배수
(3) 4의 배수: 끝의 두 자리 수가 00 또는 4의 배수
(4) 5의 배수: 일의 자리의 숫자가 0 또는 5
(5) 9의 배수: 각 자리의 숫자의 합이 9의 배수

상 **0743** 답 ③

천의 자리 또는 일의 자리의 숫자가 짝수인 자연수의 개수는 만들 수 있는 모든 네 자리 자연수의 개수에서 천의 자리와 일의 자리의 숫자가 모두 홀수인 자연수의 개수를 뺀 것과 같다.

천의 자리에는 0이 올 수 없으므로 천의 자리에 올 수 있는 숫자는

1, 2, 3, 4의 4가지

그 각각에 대하여 백의 자리, 십의 자리, 일의 자리의 숫자를 택하는 경우의 수는 천의 자리에 오는 숫자를 제외한 4개의 숫자 중 3개를 택하는 순열의 수와 같으므로

${}_4P_3=4\times3\times2=24$

즉, 5개의 숫자로 만들 수 있는 네 자리 자연수의 개수는

$4\times24=96$

천의 자리와 일의 자리에 모두 홀수가 오는 경우의 수는 1, 3의 2개의 숫자를 일렬로 배열하는 경우의 수와 같으므로

$2!=2$
그 각각에 대하여 백의 자리와 십의 자리의 숫자를 택하는 경우의 수는 0, 2, 4의 3개의 숫자 중 2개를 택하는 순열의 수와 같으므로
${}_3P_2=3\times2=6$
즉, 천의 자리와 일의 자리의 숫자가 모두 홀수인 자연수의 개수는
$2\times6=12$
따라서 구하는 자연수의 개수는
$96-12=84$

중 0744 답 15
130보다 큰 수는 13□, 15□, 3□□, 5□□ 꼴이다.
13□ 꼴의 자연수는 일의 자리에 올 수 있는 숫자가 5이므로 그 개수는 1
15□ 꼴의 자연수는 일의 자리에 올 수 있는 숫자가 0, 3이므로 그 개수는 2
3□□ 꼴의 자연수의 개수는
${}_3P_2=3\times2=6$
5□□ 꼴의 자연수의 개수는
${}_3P_2=3\times2=6$
따라서 구하는 자연수의 개수는
$1+2+6+6=15$

중 0745 답 60
a□□□□ 꼴의 문자열의 개수는
$4!=24$
b□□□□ 꼴의 문자열의 개수는
$4!=24$
ca□□□ 꼴의 문자열의 개수는
$3!=6$
cba□□ 꼴의 문자열의 개수는
$2!=2$
cbd□□ 꼴의 문자열의 개수는
$2!=2$
cbe□□ 꼴의 문자열은 차례대로
cbead, cbeda의 2개
즉, abcde에서 cbeda까지의 문자열의 개수는
$24+24+6+2+2+2=60$
따라서 cbeda는 60번째에 오는 문자열이므로
$n=60$

중 0746 답 ④
silver의 6개의 문자를 알파벳순으로 쓰면
e, i, l, r, s, v
e□□□□□ 꼴의 문자열의 개수는
$5!=120$
i□□□□□ 꼴의 문자열의 개수는
$5!=120$
le□□□□ 꼴의 문자열의 개수는
$4!=24$
lie□□□ 꼴의 문자열의 개수는
$3!=6$
즉, eilrsv부터 lievsr까지의 문자열의 개수는
$120+120+24+6=270$
따라서 271번째에 오는 문자열은 lir□□□ 꼴의 문자열 중 첫 번째 문자열인 liresv이다.

중 0747 답 0
해결 과정 1□□□□ 꼴의 자연수의 개수는
$4!=24$
2□□□□ 꼴의 자연수의 개수는
$4!=24$
30□□□ 꼴의 자연수의 개수는
$3!=6$
31□□□ 꼴의 자연수의 개수는
$3!=6$ ◀ 40 %
즉, 10234에서 31420까지의 자연수의 개수는
$24+24+6+6=60$ ◀ 30 %
32□□□ 꼴의 자연수를 작은 수부터 차례대로 나열하면
32014, 32041, 32104, 32140, ⋯ ◀ 20 %
답 구하기 따라서 64번째인 수는 32140이므로 구하는 일의 자리의 숫자는 0이다. ◀ 10 %

중 0748 답 ④
$f(1)\neq5$이므로 $f(1)$의 값이 될 수 있는 것은
1, 2, 3, 4의 4개
그 각각에 대하여 2, 3, 4, 5가 대응하는 경우의 수는
$4!=24$
따라서 구하는 함수 f의 개수는
$4\times24=96$
다른 풀이
일대일대응인 함수 f의 개수는
$5!=120$
이때 $f(1)=5$이고 일대일대응인 함수 f의 개수는
$4!=24$
따라서 구하는 함수 f의 개수는
$120-24=96$

하 0749 답 ③
일대일함수 f의 개수는
${}_5P_4=5\times4\times3\times2=120$

중 0750 답 24
조건 (가), (나), (다)에서 함수 f는
$f(1)=1,\ f(3)=3$
인 일대일대응이다.
따라서 구하는 함수 f의 개수는
$4!=24$

도움 개념 일대일함수와 일대일대응
(1) 정의역의 임의의 원소 x_1, x_2에 대하여 $x_1\neq x_2$이면 $f(x_1)\neq f(x_2)$
⇨ 함수 f는 일대일함수이다.
(2) 함수 f가 일대일함수이고, (치역)=(공역)이면
⇨ 함수 f는 일대일대응이다.

06

17 조합

0751 답 7

${}_{n}C_3=35$에서 $\dfrac{n(n-1)(n-2)}{3\times2\times1}=35$

$n(n-1)(n-2)=210=7\times6\times5$

$\therefore n=7$

0752 답 2

${}_{2n+1}C_2=10$에서 $\dfrac{(2n+1)\times2n}{2\times1}=10$

$2n^2+n-10=0,\ (2n+5)(n-2)=0$

$\therefore n=2\ \left(\because n\ge\dfrac{1}{2}\right)$

0753 답 6

${}_{n}C_4={}_{n}C_{n-4}$이므로 ${}_{n}C_{n-4}={}_{n}C_2$에서

$n-4=2$

$\therefore n=6$

0754 답 7

(i) ${}_{10}C_r={}_{10}C_{r-4}$에서 $r=r-4$

이 식을 만족시키는 r의 값은 존재하지 않는다.

(ii) ${}_{10}C_r={}_{10}C_{10-r}$이므로 ${}_{10}C_{10-r}={}_{10}C_{r-4}$에서

$10-r=r-4$

$2r=14 \qquad \therefore r=7$

(i), (ii)에서 $r=7$

0755 답 10

전체 학생 5명 중 3명을 뽑는 방법의 수는

${}_{5}C_3=\dfrac{5\times4\times3}{3\times2\times1}=10$

0756 답 3

남학생 3명 중 1명을 뽑는 방법의 수는

${}_{3}C_1=3$

여학생 2명 중 2명을 뽑는 방법의 수는

${}_{2}C_2=1$

따라서 구하는 방법의 수는

$3\times1=3$

0757 답 56

7이 적힌 카드를 이미 뽑았다고 생각하면 구하는 방법의 수는 나머지 8장의 카드 중 3장을 뽑는 방법의 수와 같으므로

${}_{8}C_3=\dfrac{8\times7\times6}{3\times2\times1}=56$

0758 답 4

4의 배수인 4, 8이 적힌 카드를 제외한 7장의 카드 중 9의 약수인 1, 3, 9가 적힌 카드를 이미 뽑았다고 생각하면 구하는 방법의 수는 나머지 4장의 카드 중 1장을 뽑는 방법의 수와 같으므로

${}_{4}C_1=4$

0759 답 16

전체 6자루 중 3자루를 꺼내는 방법의 수는

${}_{6}C_3=\dfrac{6\times5\times4}{3\times2\times1}=20$

볼펜만 3자루를 꺼내는 방법의 수는

${}_{4}C_3={}_{4}C_1=4$

따라서 구하는 방법의 수는

$20-4=16$

중 0760 답 ④

${}_{8-n}C_2=\dfrac{{}_{8-n}P_2}{2!}$이므로

$\dfrac{{}_{8-n}P_2}{2!}=10$에서 ${}_{8-n}P_2=20$

$(8-n)(7-n)=20$

$n^2-15n+36=0$

$(n-3)(n-12)=0$

$\therefore n=3\ (\because n\le6)$

$\therefore {}_{n}C_2+n\times{}_{n}P_2={}_{3}C_2+3\times{}_{3}P_2$

$={}_{3}C_1+3\times{}_{3}P_2$

$=3+3\times6=21$

참고 ${}_{8-n}C_2$에서 $8-n\ge2$, 즉 $n\le6$이므로 n은 6 이하의 자연수이어야 한다.

중 0761 답 ⑤

(i) ${}_{22}C_{r^2}={}_{22}C_{3r+4}$에서 $r^2=3r+4$

$r^2-3r-4=0,\ (r+1)(r-4)=0$

$\therefore r=4\ (\because r$는 자연수$)$

(ii) ${}_{22}C_{r^2}={}_{22}C_{22-r^2}$이므로 ${}_{22}C_{22-r^2}={}_{22}C_{3r+4}$에서

$22-r^2=3r+4,\ r^2+3r-18=0$

$(r+6)(r-3)=0$

$\therefore r=3\ (\because r$는 자연수$)$

(i), (ii)에서 구하는 모든 자연수 r의 값의 합은

$4+3=7$

중 0762 답 $\dfrac{5}{3}$

해결 과정 주어진 이차방정식에서 근과 계수의 관계에 의하여

$\alpha+\beta=\dfrac{{}_{n}C_4}{{}_{n}C_2},\ \alpha\beta=-\dfrac{{}_{n}C_5}{{}_{n}C_2}$ ◀ 40 %

이때 $\alpha\beta=-1$이므로 $-\dfrac{{}_{n}C_5}{{}_{n}C_2}=-1$

즉, ${}_{n}C_5={}_{n}C_2$에서 ${}_{n}C_{n-5}={}_{n}C_2$

$n-5=2 \qquad \therefore n=7$ ◀ 40 %

답 구하기 $\therefore \alpha+\beta=\dfrac{{}_{7}C_4}{{}_{7}C_2}=\dfrac{35}{21}=\dfrac{5}{3}$ ◀ 20 %

도움 개념 이차방정식의 근과 계수의 관계

이차방정식 $ax^2+bx+c=0$의 두 근을 $\alpha,\ \beta$라 하면

(1) 두 근의 합: $\alpha+\beta=-\dfrac{b}{a}$

(2) 두 근의 곱: $\alpha\beta=\dfrac{c}{a}$

중 0763 답 (가): $n-r$, (나): r, (다): $n!$

$${}_{n-1}C_r+{}_{n-1}C_{r-1}$$
$$=\frac{(n-1)!}{r!(n-1-r)!}+\frac{(n-1)!}{(r-1)!\{(n-1)-(r-1)\}!}$$
$$=\frac{(n-1)!}{r!(n-r-1)!}+\frac{(n-1)!}{(r-1)!(n-r)!}$$
$$=\frac{(\boxed{n-r})\times(n-1)!}{r!(n-r)!}+\frac{\boxed{r}\times(n-1)!}{r!(n-r)!}$$
$$=\frac{\{(n-r)+r\}\times(n-1)!}{r!(n-r)!}$$
$$=\frac{n\times(n-1)!}{r!(n-r)!}$$
$$=\frac{\boxed{n!}}{r!(n-r)!}={}_nC_r$$
$$\therefore {}_nC_r={}_{n-1}C_r+{}_{n-1}C_{r-1}$$

중 0764 답 (가): $(n-r)!$, (나): $n!$, (다): $r!$

$$n\times{}_{n-1}C_{r-1}=n\times\frac{(n-1)!}{(r-1)!\{(n-1)-(r-1)\}!}$$
$$=n\times\frac{(n-1)!}{(r-1)!\times\boxed{(n-r)!}}$$
$$=\frac{\boxed{n!}}{(r-1)!(n-r)!}=r\times\frac{n!}{\boxed{r!}\times(n-r)!}$$
$$=r\times{}_nC_r$$
$$\therefore r\times{}_nC_r=n\times{}_{n-1}C_{r-1}$$

하 0765 답 ⑤

서로 다른 4개의 과자 중 2개를 택하는 방법의 수는

$${}_4C_2=\frac{4\times3}{2\times1}=6$$

서로 다른 5개의 젤리 중 3개를 택하는 방법의 수는

$${}_5C_3={}_5C_2=\frac{5\times4}{2\times1}=10$$

따라서 구하는 방법의 수는 $6\times10=60$

중 0766 답 13

탁구 동아리의 학생 수를 n이라 하면 n명의 학생이 서로 한 번씩 경기를 하는 경우의 수는 ${}_nC_2$

즉, ${}_nC_2=78$이므로 $\frac{n(n-1)}{2\times1}=78$

$n(n-1)=156=13\times12$

$\therefore n=13$

중 0767 답 49

두 수의 합이 짝수가 되는 경우는

(홀수)+(홀수) 또는 (짝수)+(짝수)이다.

(i) (홀수)+(홀수)인 경우

홀수 1, 3, 5, 7, 9, 11, 13, 15의 8개 중 2개를 택하는 경우의 수는 ${}_8C_2=\frac{8\times7}{2\times1}=28$

(ii) (짝수)+(짝수)인 경우

짝수 2, 4, 6, 8, 10, 12, 14의 7개 중 2개를 택하는 경우의 수는

$${}_7C_2=\frac{7\times6}{2\times1}=21$$

(i), (ii)에서 구하는 경우의 수는

$28+21=49$

상 0768 답 8

[문제 이해] 뽑힌 카드의 색이 같으려면 노란색 카드 중 3장을 뽑거나 파란색 카드 중 3장을 뽑으면 된다. ◀ 20 %

[해결 과정] 노란색 카드 6장 중 3장을 뽑는 경우의 수는

$${}_6C_3=\frac{6\times5\times4}{3\times2\times1}=20$$

파란색 카드 n장 중 3장을 뽑는 경우의 수는

${}_nC_3$

이때 뽑힌 카드의 색이 같은 경우의 수가 76이므로

$20+{}_nC_3=76 \quad \therefore {}_nC_3=56$ ◀ 60 %

[답 구하기] 즉, ${}_nC_3=56$에서

$$\frac{n(n-1)(n-2)}{3\times2\times1}=56$$

$n(n-1)(n-2)=336=8\times7\times6 \quad \therefore n=8$ ◀ 20 %

하 0769 답 ②

8명의 축구 선수 중 선수 A, B를 이미 뽑았다고 생각하면 구하는 방법의 수는 A, B를 제외한 나머지 6명의 선수 중 2명을 뽑는 방법의 수와 같으므로

$${}_6C_2=\frac{6\times5}{2\times1}=15$$

중 0770 답 ③

사과, 배를 제외한 5개의 과일 중 수박을 이미 뽑았다고 생각하면 구하는 방법의 수는 나머지 4개의 과일 중 2개를 택하는 방법의 수와 같으므로

$${}_4C_2=\frac{4\times3}{2\times1}=6$$

중 0771 답 42

(i) 1이 적힌 공을 꺼내고 2가 적힌 공을 꺼내지 않는 경우

3부터 9까지의 자연수가 적힌 7개의 공 중 2개를 꺼내는 경우의 수는

$${}_7C_2=\frac{7\times6}{2\times1}=21$$

(ii) 1이 적힌 공을 꺼내지 않고 2가 적힌 공을 꺼내는 경우

3부터 9까지의 자연수가 적힌 7개의 공 중 2개를 꺼내는 경우의 수는

$${}_7C_2=\frac{7\times6}{2\times1}=21$$

(i), (ii)에서 구하는 경우의 수는 $21+21=42$

중 0772 답 ⑤

전체 11명의 학생 중 4명을 뽑는 방법의 수는

$${}_{11}C_4=\frac{11\times10\times9\times8}{4\times3\times2\times1}=330$$

남학생만 4명을 뽑는 방법의 수는

${}_5C_4={}_5C_1=5$

여학생만 4명을 뽑는 방법의 수는

$${}_6C_4={}_6C_2=\frac{6\times5}{2\times1}=15$$

06

따라서 구하는 방법의 수는

$330-(5+15)=310$

중 0773 답 74

집합 A의 부분집합 중 원소의 개수가 3인 집합의 개수는 9개의 자연수 중 3개를 택하는 방법의 수와 같으므로

${}_9C_3=\frac{9\times8\times7}{3\times2\times1}=84$

이 중 홀수만 원소로 갖는 집합의 개수는 짝수를 제외한 5개의 자연수 중 3개를 택하는 방법의 수와 같으므로

${}_5C_3={}_5C_2=\frac{5\times4}{2\times1}=10$

따라서 구하는 집합의 개수는

$84-10=74$

중 0774 답 53

전체 8송이의 꽃 중 4송이를 택하는 방법의 수는

${}_8C_4=\frac{8\times7\times6\times5}{4\times3\times2\times1}=70$

노란색 꽃만 4송이를 택하는 방법의 수는

${}_4C_4=1$

빨간색 꽃 4송이 중 1송이, 노란색 꽃 4송이 중 3송이를 택하는 방법의 수는

${}_4C_1\times{}_4C_3={}_4C_1\times{}_4C_1=4\times4=16$

따라서 구하는 방법의 수는

$70-(1+16)=53$

중 0775 답 4

[해결 과정] 전체 10명의 직원 중 3명을 뽑는 방법의 수는

${}_{10}C_3=\frac{10\times9\times8}{3\times2\times1}=120$ ◀ 20 %

올해 입사한 여자 직원이 x명이라 하면 여자 직원만 3명을 뽑는 방법의 수는 ${}_xC_3$ ◀ 20 %

이때 남자 직원을 적어도 1명 포함하여 뽑는 방법의 수가 100이므로

$120-{}_xC_3=100$에서 ${}_xC_3=20$

$\frac{x(x-1)(x-2)}{3\times2\times1}=20$

$x(x-1)(x-2)=120=6\times5\times4$

$\therefore x=6$ ◀ 50 %

[답 구하기] 따라서 올해 입사한 여자 직원이 6명이므로 남자 직원 수는

$10-6=4$ ◀ 10 %

중 0776 답 ④

배구 선수 6명 중 2명을 뽑는 방법의 수는

${}_6C_2=\frac{6\times5}{2\times1}=15$

농구 선수 5명 중 1명을 뽑는 방법의 수는

${}_5C_1=5$

뽑은 3명을 일렬로 세우는 방법의 수는

$3!=6$

따라서 구하는 방법의 수는

$15\times5\times6=450$

중 0777 답 144

부모를 이미 뽑았다고 생각하면 4명을 뽑는 방법의 수는 나머지 4명 중 2명을 뽑는 방법의 수와 같으므로

${}_4C_2=\frac{4\times3}{2\times1}=6$

뽑은 4명을 일렬로 세우는 방법의 수는

$4!=24$

따라서 구하는 방법의 수는

$6\times24=144$

중 0778 답 ③

다은이와 서준이를 이미 뽑았다고 생각하면 4명을 뽑는 방법의 수는 나머지 8명 중 2명을 뽑는 방법의 수와 같으므로

${}_8C_2=\frac{8\times7}{2\times1}=28$

다은이와 서준이를 한 사람으로 생각하여 3명을 일렬로 세우는 방법의 수는

$3!=6$

그 각각에 대하여 다은이와 서준이가 서로 자리를 바꾸는 방법의 수는

$2!=2$

따라서 구하는 방법의 수는

$28\times6\times2=336$

상 0779 답 8

[해결 과정] 1, 2를 이미 택했다고 생각하면 4개의 숫자를 택하는 방법의 수는 나머지 $(n-2)$개의 숫자 중 2개를 택하는 방법의 수와 같으므로

${}_{n-2}C_2$ ◀ 30 %

택한 4개의 숫자를 일렬로 나열하는 방법의 수는

$4!=24$ ◀ 30 %

[답 구하기] 이때 1, 2를 모두 포함하는 네 자리 자연수의 개수가 360이므로 ${}_{n-2}C_2\times24=360$에서

$\frac{(n-2)(n-3)}{2\times1}\times24=360$, $(n-2)(n-3)=30$

$n^2-5n-24=0$, $(n+3)(n-8)=0$

$\therefore n=8$ ($\because n\geq4$) ◀ 40 %

중 0780 답 15

집합 Y의 원소 6개 중 4개를 택하여 크기가 작은 수부터 차례대로 집합 X의 원소 1, 2, 3, 4에 대응시키면 되므로 구하는 함수 f의 개수는

${}_6C_4={}_6C_2=\frac{6\times5}{2\times1}=15$

중 0781 답 ②

공역 B의 원소가 3개이므로 공역과 치역이 일치하려면 정의역 A의 원소 4개 중 2개가 같은 함숫값을 가져야 한다.

집합 A의 원소 4개 중 같은 함숫값을 가지는 2개를 택하는 방법의 수는

${}_4C_2=\frac{4\times3}{2\times1}=6$

택한 2개의 원소를 한 원소로 생각하여 집합 A의 원소 3개를 집합 B의 각 원소에 대응시키는 방법의 수는

$3!=6$

따라서 구하는 함수의 개수는

$6\times6=36$

(상) 0782 답 ⑤

조건 (나)에서 $f(3)=4$이고 조건 (다)에서 $f(1)<f(2)<f(3)$이므로 집합 Y의 원소 1, 2, 3의 3개 중 2개를 택하여 크기가 작은 수부터 차례대로 집합 X의 원소 1, 2에 대응시키면 된다.

즉, $f(1)$, $f(2)$의 값을 정하는 경우의 수는 3개 중 2개를 택하는 조합의 수와 같으므로

${}_3C_2={}_3C_1=3$

집합 X의 나머지 2개의 원소 4, 5는 집합 Y의 나머지 3개의 원소 중 2개를 택하여 대응시키면 된다.

즉, $f(4)$, $f(5)$의 값을 정하는 경우의 수는 3개 중 2개를 택하는 순열의 수와 같으므로

${}_3P_2=3\times2=6$

따라서 구하는 함수 f의 개수는

$3\times6=18$

(하) 0783 답 45

한 평면 위에 서로 다른 10개의 점 중 어느 세 점도 일직선 위에 있지 않으므로 구하는 직선의 개수는

$${}_{10}C_2=\frac{10\times9}{2\times1}=45$$

(중) 0784 답 54

정십이각형의 대각선의 개수는 12개의 꼭짓점 중 2개를 택하여 만들 수 있는 선분의 개수에서 변의 개수인 12를 뺀 것과 같으므로

$${}_{12}C_2-12=\frac{12\times11}{2\times1}-12$$
$$=66-12=54$$

(중) 0785 답 ②

9개의 점 중 2개를 택하는 방법의 수는

$${}_9C_2=\frac{9\times8}{2\times1}=36$$

일직선 위에 있는 3개의 점 중 2개를 택하는 방법의 수는

${}_3C_2={}_3C_1=3$

이때 일직선 위에 3개의 점이 있는 직선은 3개이므로

구하는 직선의 개수는

$36-3\times3+3=30$

(중) 0786 답 10

대각선의 개수가 35인 다각형을 n각형이라 하면

대각선의 개수는 n개의 꼭짓점 중 2개를 택하여 만들 수 있는 선분의 개수에서 변의 개수인 n을 뺀 것과 같다.

즉, ${}_nC_2-n=35$에서

$$\frac{n(n-1)}{2\times1}-n=35$$

$n^2-3n-70=0$

$(n+7)(n-10)=0$

$\therefore n=10$ ($\because n\geq3$)

따라서 대각선의 개수가 35인 다각형은 십각형이므로 꼭짓점의 개수는 10이다.

(중) 0787 답 ④

9개의 점 중 3개를 택하는 방법의 수는

$${}_9C_3=\frac{9\times8\times7}{3\times2\times1}=84$$

일직선 위에 있는 5개의 점 중 3개를 택하는 방법의 수는

$${}_5C_3={}_5C_2=\frac{5\times4}{2\times1}=10$$

$\therefore a=84-10=74$

9개의 점 중 4개를 택하는 방법의 수는

$${}_9C_4=\frac{9\times8\times7\times6}{4\times3\times2\times1}=126$$

일직선 위에 있는 5개의 점 중 4개를 택하는 방법의 수는

${}_5C_4={}_5C_1=5$

일직선 위에 있는 5개의 점 중 3개를 택하고 나머지 4개의 점 중 1개를 택하는 방법의 수는

${}_5C_3\times{}_4C_1=10\times4=40$

$\therefore b=126-(5+40)=81$

$\therefore a+b=155$

(중) 0788 답 30

직선 l 위의 5개의 점 중 2개를 택하는 방법의 수는

$${}_5C_2=\frac{5\times4}{2\times1}=10$$

직선 m 위의 3개의 점 중 2개를 택하는 방법의 수는

${}_3C_2={}_3C_1=3$

따라서 구하는 사각형의 개수는

$10\times3=30$

(상) 0789 답 200

해결 과정 12개의 점 중 3개를 택하는 방법의 수는

$${}_{12}C_3=\frac{12\times11\times10}{3\times2\times1}=220$$ ◀ 20 %

이때 일직선 위에 있는 세 점을 택하면 삼각형이 만들어지지 않는데, 그 경우는 다음과 같다.

(i) 일직선 위에 4개의 점이 있는 경우

일직선 위에 4개의 점이 있는 직선은 3개이고, 일직선 위의 4개의 점 중 3개를 택하는 방법의 수는 ${}_4C_3={}_4C_1=4$이므로

$3\times4=12$

(ii) 일직선 위에 3개의 점이 있는 경우

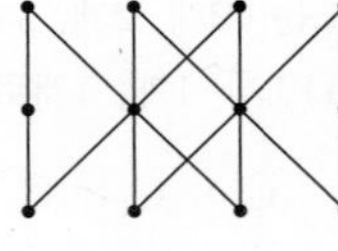

일직선 위에 3개의 점이 있는 직선은 8개이고, 일직선 위의 3개의 점 중 3개를 택하는 방법의 수는 ${}_3C_3=1$이므로

$8\times1=8$ ◀ 60 %

답 구하기 (i), (ii)에서 구하는 삼각형의 개수는

$220-(12+8)=200$ ◀ 20 %

(중) 0790 답 60

4개의 가로 방향의 평행한 직선 중 2개를 택하는 방법의 수는

$${}_4C_2=\frac{4\times3}{2\times1}=6$$

5개의 세로 방향의 평행한 직선 중 2개를 택하는 방법의 수는

$${}_5C_2=\frac{5\times4}{2\times1}=10$$

따라서 구하는 평행사변형의 개수는

$6\times10=60$

중0791 답 70

5개의 가로선 중 2개를 택하고, 5개의 세로선 중 2개를 택하면 만들어지는 직사각형의 개수는

$_5C_2\times{}_5C_2=\frac{5\times4}{2\times1}\times\frac{5\times4}{2\times1}=10\times10=100$

이때 가로선과 세로선의 간격을 1이라 하면

(i) 한 변의 길이가 1인 정사각형의 개수는
$4\times4=16$

(ii) 한 변의 길이가 2인 정사각형의 개수는
$3\times3=9$

(iii) 한 변의 길이가 3인 정사각형의 개수는
$2\times2=4$

(iv) 한 변의 길이가 4인 정사각형의 개수는
$1\times1=1$

(i)~(iv)에서 정사각형의 개수는

$16+9+4+1=30$

따라서 정사각형이 아닌 직사각형의 개수는

$100-30=70$

중0792 답 ②

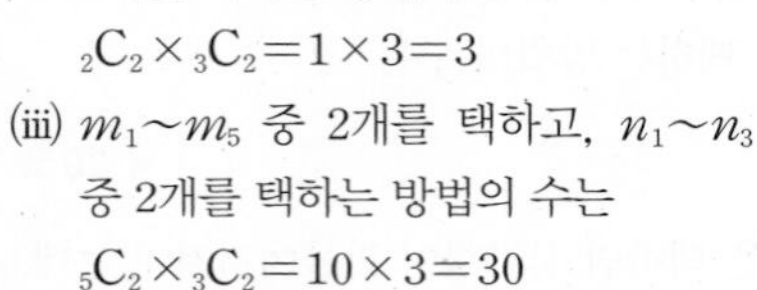

(i) l_1, l_2 중 2개를 택하고, $m_1\sim m_5$ 중 2개를 택하는 방법의 수는
$_2C_2\times{}_5C_2=1\times10=10$

(ii) l_1, l_2 중 2개를 택하고, $n_1\sim n_3$ 중 2개를 택하는 방법의 수는
$_2C_2\times{}_3C_2=1\times3=3$

(iii) $m_1\sim m_5$ 중 2개를 택하고, $n_1\sim n_3$ 중 2개를 택하는 방법의 수는
$_5C_2\times{}_3C_2=10\times3=30$

(i)~(iii)에서 구하는 평행사변형의 개수는

$10+3+30=43$

중0793 답 301

7개의 사탕을 똑같은 접시 3개에 빈 접시가 없도록 나누어 담으려면 사탕을 (1개, 1개, 5개) 또는 (1개, 2개, 4개) 또는 (1개, 3개, 3개) 또는 (2개, 2개, 3개)로 나누어야 한다.

(i) 1개, 1개, 5개로 나누는 방법의 수는

$_7C_1\times{}_6C_1\times{}_5C_5\times\frac{1}{2!}=7\times6\times1\times\frac{1}{2}=21$

(ii) 1개, 2개, 4개로 나누는 방법의 수는

$_7C_1\times{}_6C_2\times{}_4C_4=7\times\frac{6\times5}{2\times1}\times1=105$

(iii) 1개, 3개, 3개로 나누는 방법의 수는

$_7C_1\times{}_6C_3\times{}_3C_3\times\frac{1}{2!}=7\times\frac{6\times5\times4}{3\times2\times1}\times1\times\frac{1}{2}=70$

(iv) 2개, 2개, 3개로 나누는 방법의 수는

$_7C_2\times{}_5C_2\times{}_3C_3\times\frac{1}{2!}=\frac{7\times6}{2\times1}\times\frac{5\times4}{2\times1}\times1\times\frac{1}{2}=105$

(i)~(iv)에서 구하는 방법의 수는

$21+105+70+105=301$

하0794 답 60

6개를 1개, 2개, 3개로 나누는 방법의 수는

$_6C_1\times{}_5C_2\times{}_3C_3=6\times\frac{5\times4}{2\times1}\times1=60$

중0795 답 ⑤

여학생 3명이 같은 조에 속하려면 남학생 9명 중 3명이 여학생 3명과 한 조를 이루면 되므로 남학생 9명을 3명, 6명으로 나누면 된다.

따라서 구하는 방법의 수는

$_9C_3\times{}_6C_6=\frac{9\times8\times7}{3\times2\times1}\times1=84$

중0796 답 105

[해결 과정] 10명을 5명, 5명으로 나누는 방법의 수는

$_{10}C_5\times{}_5C_5\times\frac{1}{2!}=\frac{10\times9\times8\times7\times6}{5\times4\times3\times2\times1}\times1\times\frac{1}{2}=126$ ◀ 40 %

의사 3명을 같은 조에 편성하는 방법의 수는 간호사 7명을 2명, 5명으로 나누는 방법의 수와 같으므로

$_7C_2\times{}_5C_5=\frac{7\times6}{2\times1}\times1=21$ ◀ 40 %

[답 구하기] 따라서 구하는 방법의 수는

$126-21=105$ ◀ 20 %

중0797 답 ⑤

8명의 학생을 3명, 3명, 2명의 세 조로 나누는 방법의 수는

$_8C_3\times{}_5C_3\times{}_2C_2\times\frac{1}{2!}=\frac{8\times7\times6}{3\times2\times1}\times\frac{5\times4\times3}{3\times2\times1}\times1\times\frac{1}{2}=280$

세 조를 3개의 경기장에 배정하는 방법의 수는

$3!=6$

따라서 구하는 방법의 수는

$280\times6=1680$

중0798 답 6300

[해결 과정] 2층부터 6층까지의 5개의 층 중 사람들이 내리는 3개의 층을 택하는 방법의 수는

$_5C_3={}_5C_2=\frac{5\times4}{2\times1}=10$ ◀ 30 %

7명을 3명, 2명, 2명의 세 조로 나누는 방법의 수는

$_7C_3\times{}_4C_2\times{}_2C_2\times\frac{1}{2!}=\frac{7\times6\times5}{3\times2\times1}\times\frac{4\times3}{2\times1}\times1\times\frac{1}{2}=105$ ◀ 30 %

세 조를 3개의 층에 배정하는 방법의 수는

$3!=6$ ◀ 30 %

[답 구하기] 따라서 구하는 방법의 수는

$10\times105\times6=6300$ ◀ 10 %

상0799 답 150

5개의 과일을 3명의 학생이 적어도 한 개의 과일을 가지도록 나누어 주려면 과일을 (1개, 1개, 3개) 또는 (1개, 2개, 2개)로 나누어야 한다.

(i) 1개, 1개, 3개로 나누는 방법의 수는

$_5C_1\times{}_4C_1\times{}_3C_3\times\frac{1}{2!}=5\times4\times1\times\frac{1}{2}=10$

(ii) 1개, 2개, 2개로 나누는 방법의 수는

$_5C_1\times{}_4C_2\times{}_2C_2\times\frac{1}{2!}=5\times\frac{4\times3}{2\times1}\times1\times\frac{1}{2}=15$

(i), (ii)에서 세 묶음으로 나누는 방법의 수는
$10+15=25$
세 묶음을 3명의 학생에게 나누어 주는 방법의 수는
$3!=6$
따라서 구하는 방법의 수는
$25\times6=150$

중 0800 답 ②
6개의 학급을 2개, 4개의 두 조로 나누는 방법의 수는
${}_6C_2\times{}_4C_4=\frac{6\times5}{2\times1}\times1=15$
4개의 학급을 다시 2개, 2개의 두 조로 나누는 방법의 수는
${}_4C_2\times{}_2C_2\times\frac{1}{2!}=\frac{4\times3}{2\times1}\times1\times\frac{1}{2}=3$
따라서 구하는 방법의 수는
$15\times3=45$

중 0801 답 90
6명의 선수를 3명, 3명의 두 조로 나누는 방법의 수는
${}_6C_3\times{}_3C_3\times\frac{1}{2!}=\frac{6\times5\times4}{3\times2\times1}\times1\times\frac{1}{2}=10$
각 조에서 부전승으로 올라가는 1명을 택하는 방법의 수는
${}_3C_1\times{}_3C_1=3\times3=9$
따라서 구하는 방법의 수는
$10\times9=90$

상 0802 답 315
7개의 팀을 4개, 3개의 두 조로 나누는 방법의 수는
${}_7C_4\times{}_3C_3={}_7C_3\times{}_3C_3=\frac{7\times6\times5}{3\times2\times1}\times1=35$
4개의 팀을 2개, 2개의 두 조로 나누는 방법의 수는
${}_4C_2\times{}_2C_2\times\frac{1}{2!}=\frac{4\times3}{2\times1}\times1\times\frac{1}{2}=3$
3개의 팀에서 부전승으로 올라가는 1개의 팀을 택하는 방법의 수는
${}_3C_1=3$
따라서 구하는 방법의 수는
$35\times3\times3=315$

>> 128~131쪽

중단원 마무리

0803 답 6
꺼낸 공에 적힌 세 수를 순서쌍으로 나타내면
(i) 가장 작은 수가 1, 가장 큰 수가 6인 경우는
$(1, 2, 6), (1, 3, 6), (1, 4, 6), (1, 5, 6)$
의 4가지
(ii) 가장 작은 수가 2, 가장 큰 수가 5인 경우는
$(2, 3, 5), (2, 4, 5)$
의 2가지
(i), (ii)는 동시에 일어날 수 없으므로 구하는 경우의 수는
$4+2=6$

0804 답 19
$|-2a+b+1|<4$에서 $-4<-2a+b+1<4$
$\therefore -5+2a<b<3+2a$ …… ㉠
이때 a, b가 6 이하의 자연수이므로
$1\le a\le6$, $1\le b\le6$
(i) $a=1$일 때, ㉠에서 $-3<b<5$이므로 순서쌍 (a, b)는
$(1, 1), (1, 2), (1, 3), (1, 4)$의 4개
(ii) $a=2$일 때, ㉠에서 $-1<b<7$이므로 순서쌍 (a, b)는
$(2, 1), (2, 2), (2, 3), (2, 4), (2, 5), (2, 6)$의 6개
(iii) $a=3$일 때, ㉠에서 $1<b<9$이므로 순서쌍 (a, b)는
$(3, 2), (3, 3), (3, 4), (3, 5), (3, 6)$의 5개
(iv) $a=4$일 때, ㉠에서 $3<b<11$이므로 순서쌍 (a, b)는
$(4, 4), (4, 5), (4, 6)$의 3개
(v) $a=5$일 때, ㉠에서 $5<b<13$이므로 순서쌍 (a, b)는
$(5, 6)$의 1개
(vi) $a=6$일 때, ㉠에서 $7<b<15$이므로 이를 만족시키는 b의 값은 없다.
(i)~(vi)은 동시에 일어날 수 없으므로 구하는 순서쌍 (a, b)의 개수는
$4+6+5+3+1=19$

0805 답 6
350을 소인수분해하면
$350=2\times5^2\times7$
홀수는 2를 소인수로 갖지 않으므로 350의 양의 약수 중 홀수의 개수는 $5^2\times7$의 양의 약수의 개수와 같다.
따라서 구하는 홀수의 개수는
$(2+1)\times(1+1)=6$

0806 답 39
(i) 집 ⟶ 공원 ⟶ 학교로 가는 방법의 수는
$3\times1=3$
(ii) 집 ⟶ 서점 ⟶ 학교로 가는 방법의 수는
$2\times4=8$
(iii) 집 ⟶ 공원 ⟶ 서점 ⟶ 학교로 가는 방법의 수는
$3\times2\times4=24$
(iv) 집 ⟶ 서점 ⟶ 공원 ⟶ 학교로 가는 방법의 수는
$2\times2\times1=4$
(i)~(iv)는 동시에 일어날 수 없으므로 구하는 방법의 수는
$3+8+24+4=39$

0807 답 6
A에 칠할 수 있는 색은 n가지
B에 칠할 수 있는 색은 A에 칠한 색을 제외한
$(n-1)$가지
C에 칠할 수 있는 색은 B에 칠한 색을 제외한
$(n-1)$가지
따라서 칠할 수 있는 방법의 수는
$n\times(n-1)\times(n-1)$

즉, $n\times(n-1)\times(n-1)=150$이므로
$n\times(n-1)\times(n-1)=6\times5\times5$
$\therefore n=6$

0808 답 ⑤
A, B가 앉는 줄을 택하는 경우의 수는 2
한 줄에 놓인 3개의 좌석 중 2개의 좌석을 택하여 앉는 경우의 수는
${}_3P_2=3\times2=6$
즉, A, B가 같은 줄의 좌석에 앉는 경우의 수는
$2\times6=12$
나머지 세 명이 맞은편 줄의 좌석에 앉는 경우의 수는
$3!=6$
따라서 구하는 경우의 수는
$12\times6=72$

0809 답 576
6명을 일렬로 세우는 방법의 수는
$6!=720$
A, B, C 모두 양 끝에 서지 않는 방법의 수는 A, B, C를 제외한 나머지 3명 중 2명을 뽑아 양 끝에 세우고 나머지 4명을 중간에 세우는 방법의 수와 같으므로
${}_3P_2\times4!=6\times24=144$
따라서 구하는 방법의 수는
$720-144=576$

0810 답 20
24000보다 작은 홀수는
1□□□□, 21□□□, 23□□□ 꼴이다.
(i) 1□□□□ 꼴의 홀수의 개수
일의 자리에 올 수 있는 숫자는 3, 5의 2가지
천의 자리, 백의 자리, 십의 자리의 숫자를 택하는 경우의 수는 일의 자리에 오는 숫자를 제외한 3개의 숫자를 일렬로 나열하는 방법의 수와 같으므로
$3!=6$
즉, 1□□□□ 꼴의 홀수의 개수는 $2\times6=12$
(ii) 21□□□ 꼴의 홀수의 개수
일의 자리에 올 수 있는 숫자는 3, 5의 2가지
백의 자리, 십의 자리의 숫자를 택하는 경우의 수는 일의 자리에 오는 숫자를 제외한 2개의 숫자를 일렬로 나열하는 방법의 수와 같으므로
$2!=2$
즉, 21□□□ 꼴의 홀수의 개수는 $2\times2=4$
(iii) 23□□□ 꼴의 홀수의 개수
일의 자리에 올 수 있는 숫자는 1, 5의 2가지
백의 자리, 십의 자리의 숫자를 택하는 경우의 수는 일의 자리에 오는 숫자를 제외한 2개의 숫자를 일렬로 나열하는 방법의 수와 같으므로
$2!=2$
즉, 23□□□ 꼴의 홀수의 개수는 $2\times2=4$
(i)~(iii)에서 구하는 홀수의 개수는
$12+4+4=20$

0811 답 8
조건 (다)에서
$f(1)+f(-1)=0$, $f(2)+f(-2)=0$
즉, $f(1)$의 값과 $f(-1)$의 값을 정하는 경우의 수는 공역의 원소 중 -2, 2 또는 -1, 1을 택하여 일렬로 나열하는 경우의 수와 같으므로
$2\times2!=4$
그 각각에 대하여 $f(2)$의 값과 $f(-2)$의 값을 정하는 경우의 수는 나머지를 일렬로 나열하는 경우의 수와 같으므로
$2!=2$
따라서 구하는 함수의 개수는
$4\times2=8$

0812 답 5
${}_nP_2:{}_nC_3=10:n$에서 $10\times{}_nC_3=n\times{}_nP_2$
${}_nC_3=\frac{n(n-1)(n-2)}{3\times2\times1}$, ${}_nP_2=n(n-1)$이므로
$10\times\frac{n(n-1)(n-2)}{6}=n\times n(n-1)$
${}_nC_3$에서 $n\ge3$이므로 양변을 $n(n-1)$로 나누어 정리하면
$5(n-2)=3n$, $2n=10$
$\therefore n=5$

0813 답 20
5명 중 자신의 이름표를 뽑는 2명을 정하는 방법의 수는
${}_5C_2=\frac{5\times4}{2\times1}=10$
그 각각에 대하여 나머지 3명 A, B, C가 자신의 이름표 a, b, c를 뽑지 못하는 경우는 오른쪽과 같이 2가지이다.

A	B	C
b	c	a
c	a	b

따라서 구하는 방법의 수는
$10\times2=20$

0814 답 ④
1부터 10까지의 자연수 중 서로 다른 두 수를 택하는 경우의 수는
${}_{10}C_2=\frac{10\times9}{2\times1}=45$
이때 두 수의 곱이 홀수인 경우는 (홀수)×(홀수)이므로
홀수 1, 3, 5, 7, 9의 5개 중 2개를 택하는 경우의 수는
${}_5C_2=\frac{5\times4}{2\times1}=10$
따라서 구하는 경우의 수는
$45-10=35$

0815 답 35
조건 (가)에서 $3\le n(A)\le4$이므로 $n(A)=3$ 또는 $n(A)=4$이다.
또, 조건 (나)에서 부분집합 A의 원소 중 가장 큰 원소가 7이므로 7은 원소로 택하고 8은 택하지 않아야 한다.
(i) $n(A)=3$인 경우
부분집합 A의 개수는 7보다 작은 원소 1, 2, 3, $\cdots$, 6의 6개 중 2개를 택하는 방법의 수와 같으므로
${}_6C_2=\frac{6\times5}{2\times1}=15$

(ii) $n(A)=4$인 경우
부분집합 A의 개수는 7보다 작은 원소 1, 2, 3, …, 6의 6개 중 3개를 택하는 방법의 수와 같으므로
$${}_6C_3=\frac{6\times5\times4}{3\times2\times1}=20$$
(i), (ii)에서 구하는 부분집합 A의 개수는
$15+20=35$

0816 답 720
철민이와 승환이를 이미 뽑았다고 생각하면 규민이는 포함되지 않으므로 5명을 뽑는 방법의 수는 나머지 5명 중 3명을 뽑는 방법의 수와 같다.
$$\therefore {}_5C_3={}_5C_2=\frac{5\times4}{2\times1}=10$$
철민이와 승환이를 제외한 3명을 일렬로 세우는 방법의 수는
$3!=6$
3명의 사이사이와 양 끝의 4개의 자리에 철민이와 승환이를 일렬로 세우는 방법의 수는
${}_4P_2=4\times3=12$
따라서 구하는 방법의 수는
$10\times6\times12=720$

0817 답 32
원 위의 점들은 어떤 세 점도 일직선 위에 있지 않으므로 만들 수 있는 삼각형의 개수는
$${}_8C_3=\frac{8\times7\times6}{3\times2\times1}=56$$
오른쪽 그림과 같이 1개의 지름에 대하여 지름의 양 끝 점을 제외한 6개의 점 중 1개를 택하여 지름의 양 끝 점과 이으면 직각삼각형이 생기고, 두 점을 이어 만들 수 있는 지름은 4개이므로 직각삼각형의 개수는

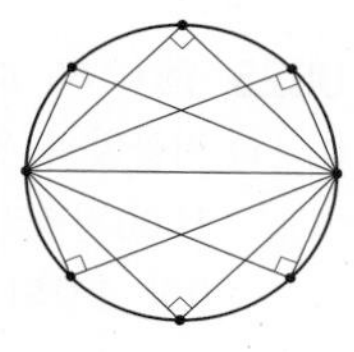

${}_6C_1\times4=6\times4=24$
따라서 구하는 삼각형의 개수는
$56-24=32$

도움 개념 **원주각의 크기**
(1) 한 원에서 한 호에 대한 원주각의 크기는 그 호에 대한 중심각의 크기의 $\frac{1}{2}$이다.
(2) 반원에 대한 원주각의 크기는 90°이다.

0818 답 72
4명의 남학생 중 2명을 뽑아 두 지역 A, B에 배정하는 방법의 수는
${}_4P_2=4\times3=12$
4명의 여학생을 2명, 2명의 두 조로 나누는 방법의 수는
$${}_4C_2\times{}_2C_2\times\frac{1}{2!}=\frac{4\times3}{2\times1}\times1\times\frac{1}{2}=3$$
이 두 조를 두 지역 A, B에 배정하는 방법의 수는
$2!=2$
즉, 여학생 4명을 2명, 2명으로 나누어 두 지역 A, B에 배정하는 방법의 수는
$3\times2=6$
따라서 구하는 방법의 수는
$12\times6=72$

0819 답 7
전략 A와 D, D와 C를 잇는 도로의 개수를 각각 a, b로 놓고 곱의 법칙과 합의 법칙을 이용한다.
A 도시와 D 도시를 연결하는 a개의 도로를 추가하고, D 도시와 C 도시를 연결하는 b개의 도로를 추가한다고 하자.
(i) A ⟶ B ⟶ C로 가는 방법의 수는
$3\times3=9$
(ii) A ⟶ D ⟶ C로 가는 방법의 수는
$a\times b=ab$
(i), (ii)는 동시에 일어날 수 없으므로 A 도시에서 출발하여 C 도시로 가는 방법의 수는 $9+ab$
즉, $9+ab=21$이므로 $ab=12$
이때 a, b는 자연수이므로 $ab=12$를 만족시키는 순서쌍 (a, b)는
(1, 12), (2, 6), (3, 4), (4, 3), (6, 2), (12, 1)
추가해야 하는 도로의 개수는 $a+b$이므로 구하는 최솟값은 7이다.

0820 답 36
전략 각자 택한 두 수의 합이 5, 6, 7, 8인 경우로 나누어 생각한다.
(i) 두 수의 합이 5인 경우
(0, 5), (1, 4), (2, 3)의 3개의 순서쌍 중 2개를 택하여 일렬로 나열하는 경우의 수와 같으므로
${}_3P_2=3\times2=6$
(ii) 두 수의 합이 6인 경우
(0, 6), (1, 5), (2, 4)의 3개의 순서쌍 중 2개를 택하여 일렬로 나열하는 경우의 수와 같으므로
${}_3P_2=3\times2=6$
(iii) 두 수의 합이 7인 경우
(0, 7), (1, 6), (2, 5), (3, 4)의 4개의 순서쌍 중 2개를 택하여 일렬로 나열하는 경우의 수와 같으므로
${}_4P_2=4\times3=12$
(iv) 두 수의 합이 8인 경우
(0, 8), (1, 7), (2, 6), (3, 5)의 4개의 순서쌍 중 2개를 택하여 일렬로 나열하는 경우의 수와 같으므로
${}_4P_2=4\times3=12$
(i)~(iv)는 동시에 일어날 수 없으므로 구하는 경우의 수는
$6+6+12+12=36$

0821 답 ⑤
전략 서로 이웃한 2개 지역의 개수를 구한 후, 조합의 수와 순열의 수를 이용하여 나머지 4개 지역을 담당할 조사원을 정하는 방법의 수를 구한다.
오른쪽 그림과 같이 6개 지역을 구분하면 서로 이웃한 2개 지역은

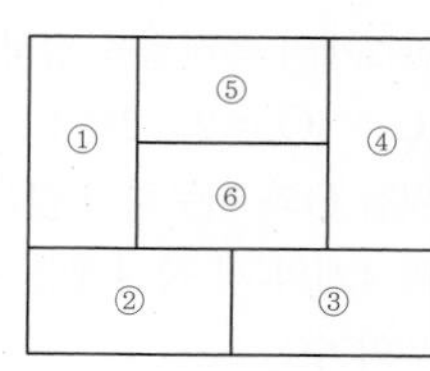

(①, ②), (①, ⑤), (①, ⑥), (②, ③), (②, ⑥), (③, ④), (③, ⑥), (④, ⑤), (④, ⑥), (⑤, ⑥)
의 10가지이다.
이때 서로 이웃한 2개 지역을 담당할 조사원 1명을 정하는 방법의 수는
${}_5C_1=5$

06

남은 4개 지역을 담당할 조사원 4명을 정하는 방법의 수는 4명을 일렬로 나열하는 방법의 수와 같으므로

$4!=24$

따라서 구하는 방법의 수는

$10\times5\times24=1200$

0822 답 30

전략 조건 ㈎, ㈏에서 세 수 a, b, c에 대하여 합이 홀수이면서 곱이 3의 배수인 경우를 생각해 본다.

조건 ㈎에서 세 수 a, b, c의 합이 홀수이려면 세 수가 모두 홀수이거나 세 수 중 1개는 홀수, 2개는 짝수이어야 한다.

또, 조건 ㈏에서 세 수 a, b, c의 곱이 3의 배수이려면 세 수 중 적어도 하나는 3의 배수이어야 한다.

(i) 세 수가 모두 홀수이고 적어도 하나는 3의 배수인 경우

1, 3, 5, 7, 9의 홀수가 적힌 5개의 공 중 3개의 공을 꺼내는 경우의 수에서 3의 배수를 제외한 1, 5, 7이 적힌 3개의 공을 꺼내는 경우의 수를 뺀 것과 같으므로

$${}_5C_3-{}_3C_3={}_5C_2-{}_3C_3$$
$$=\frac{5\times4}{2\times1}-1=9$$

(ii) 세 수 중 1개는 홀수, 2개는 짝수이고 적어도 하나는 3의 배수이지만 6이 적힌 공을 꺼내지 않는 경우

3의 배수인 3, 9가 적힌 2개의 공 중 1개의 공을 꺼내고, 2, 4, 8의 짝수가 적힌 3개의 공 중 2개의 공을 꺼내는 경우의 수와 같으므로

$${}_2C_1\times{}_3C_2={}_2C_1\times{}_3C_1$$
$$=2\times3=6$$

(iii) 세 수 중 1개는 홀수, 2개는 짝수이고 적어도 하나는 3의 배수이지만 6이 적힌 공을 꺼내는 경우

2, 4, 6, 8의 짝수가 적힌 4개의 공 중 6이 적힌 공을 먼저 꺼냈다고 생각하면 1, 3, 5, 7, 9의 홀수가 적힌 5개의 공 중 1개를 꺼내고, 2, 4, 8의 짝수가 적힌 3개의 공 중 1개를 꺼내는 경우의 수와 같으므로

${}_5C_1\times{}_3C_1=5\times3=15$

(i)~(iii)에서 구하는 경우의 수는

$9+6+15=30$

0823 답 ②

전략 주어진 삼각형을 포함하려면 사각형의 네 변 중 두 변은 각각 x축, y축 위에 있어야 함을 생각한다.

세 점 (1, 1), (1, 3), (3, 1)을 꼭짓점으로 하는 삼각형을 포함하려면 반드시 원점 O는 사각형의 꼭짓점이어야 한다.

원점 O와 이웃한 꼭짓점으로 (0, 4), (0, 8)의 2개의 점 중 1개와 (4, 0), (8, 0)의 2개의 점 중 1개를 택해야 하므로 원점 O와 이웃한 2개의 꼭짓점을 정하는 경우의 수는

${}_2C_1\times{}_2C_1=2\times2=4$

원점 O와 이웃하지 않은 꼭짓점으로 (4, 4), (4, 8), (8, 4), (8, 8)의 4개의 점 중 1개를 택해야 하므로 나머지 한 꼭짓점을 정하는 경우의 수는

${}_4C_1=4$

따라서 사각형의 꼭짓점을 택하는 방법의 수는

$4\times4=16$

이 중 사각형이 만들어지지 않는 경우는 네 점 (0, 0), (8, 0), (4, 4), (0, 8)을 택하는 1가지이다.

따라서 구하는 사각형의 개수는

$16-1=15$

0824 답 360

전략 조합의 수와 순열의 수를 이용하여 서로 다른 4개의 사탕을 2개, 1개, 1개로 나눈 후 3명의 학생에게 나누어 주고, 서로 같은 초콜릿 3개를 3명의 학생에게 나누어 주는 방법의 수를 구한다.

서로 다른 4개의 사탕을 2개, 1개, 1개로 나누는 방법의 수는

$${}_4C_2\times{}_2C_1\times{}_1C_1\times\frac{1}{2!}=\frac{4\times3}{2\times1}\times2\times1\times\frac{1}{2}=6$$

3개의 묶음을 3명의 학생에게 나누어 주는 방법의 수는

$3!=6$

따라서 사탕을 나누어 주는 방법의 수는

$6\times6=36$

그 각각에 대하여 같은 종류의 초콜릿 3개를 3명의 학생에게 나누어 줄 때, 나누어 줄 수 있는 초콜릿의 개수는

(3개, 0개, 0개) 또는 (2개, 1개, 0개) 또는 (1개, 1개, 1개)

(i) 3개, 0개, 0개로 나누어 주는 방법의 수는 ${}_3C_1=3$

(ii) 2개, 1개, 0개로 나누어 주는 방법의 수는 $3!=6$

(iii) 1개, 1개, 1개로 나누어 주는 방법의 수는 1

(i)~(iii)에서 초콜릿을 나누어 주는 방법의 수는

$3+6+1=10$

따라서 사탕과 초콜릿을 나누어 주는 방법의 수는

$36\times10=360$

0825 답 (1) 86 (2) 6

(1) (i) 지불할 수 있는 방법의 수

1000원짜리 지폐로 지불할 수 있는 방법은

0장, 1장의 2가지

500원짜리 동전으로 지불할 수 있는 방법은

0개, 1개, 2개, 3개, 4개, 5개의 6가지

100원짜리 동전으로 지불할 수 있는 방법은

0개, 1개, 2개, ⋯, 10개의 11가지

이때 0원을 지불하는 경우는 제외해야 하므로 지불할 수 있는 방법의 수는

$2\times6\times11-1=131$ $\therefore a=131$ ◀ 20 %

(ii) 지불할 수 있는 금액의 수

1000원짜리 지폐 1장으로 지불하는 금액과 500원짜리 동전 2개로 지불하는 금액이 같고, 500원짜리 동전 1개로 지불하는 금액과 100원짜리 동전 5개로 지불하는 금액이 같다.

따라서 1000원짜리 지폐 1장과 500원짜리 동전 5개를 모두 100원짜리 동전 35개로 바꾸면 지불할 수 있는 금액의 수는 100원짜리 동전 45개로 지불할 수 있는 금액의 수와 같다.

100원짜리 동전 45개로 지불할 수 있는 금액은

0원, 100원, 200원, ⋯, 4500원

의 46가지

이때 0원을 지불하는 경우는 제외해야 하므로 지불할 수 있는 금액의 수는

$46-1=45$ $\therefore b=45$ ◀ 20 %

(i), (ii)에서 $a-b=86$ ◀ 10 %

(2) 1000원짜리 지폐 x장, 500원짜리 동전 y개, 100원짜리 동전 z개로 지불한다고 하면 그 금액의 합이 2500원이므로

$1000x+500y+100z=2500$

$\therefore 10x+5y+z=25$ ...... ㉠ ◀ 20 %

따라서 구하는 방법의 수는 방정식 ㉠을 만족시키는 음이 아닌 정수 x, y, z의 순서쌍 (x, y, z)의 개수와 같다.

(단, $0\le x\le 1$, $0\le y\le 5$, $0\le z\le 10$)

(i) $x=0$일 때, $5y+z=25$이므로 순서쌍 (y, z)는 $(5, 0)$, $(4, 5)$, $(3, 10)$의 3개

(ii) $x=1$일 때, $5y+z=15$이므로 순서쌍 (y, z)는 $(3, 0)$, $(2, 5)$, $(1, 10)$의 3개 ◀ 20 %

(i), (ii)에서 구하는 방법의 수는

$3+3=6$ ◀ 10 %

0826 답 144

해결 과정 A와 C를 한 사람으로 생각하여 (A와 C), B, D 3명을 일렬로 세우는 방법의 수는

$3!=6$ ◀ 30 %

그 각각에 대하여 A와 C가 서로 자리를 바꾸는 방법의 수는

$2!=2$ ◀ 20 %

(A와 C), B, D의 사이사이와 양 끝의 4개의 자리에 E와 F를 세우는 방법의 수는

${}_4P_2=4\times3=12$ ◀ 30 %

답 구하기 따라서 구하는 방법의 수는

$6\times2\times12=144$ ◀ 20 %

0827 답 108

문제 이해 네 자리 자연수가 5의 배수이려면 일의 자리의 숫자가 0 또는 5이어야 한다. ◀ 20 %

해결 과정 (i) 일의 자리의 숫자가 0인 5의 배수의 개수

천의 자리, 백의 자리, 십의 자리의 숫자를 택하는 경우의 수는 1, 2, 3, 4, 5의 5개의 숫자 중 3개를 택하는 순열의 수와 같으므로

${}_5P_3=5\times4\times3=60$ ◀ 30 %

(ii) 일의 자리의 숫자가 5인 5의 배수의 개수

천의 자리에는 0이 올 수 없으므로 천의 자리에 올 수 있는 숫자는 0과 5를 제외한 4가지

그 각각에 대하여 백의 자리와 십의 자리의 숫자를 택하는 경우의 수는 5와 천의 자리에 오는 숫자를 제외한 4개의 숫자 중 2개를 택하는 순열의 수와 같으므로

${}_4P_2=4\times3=12$

즉, 일의 자리의 숫자가 5인 5의 배수의 개수는

$4\times12=48$ ◀ 40 %

답 구하기 (i), (ii)에서 구하는 5의 배수의 개수는

$60+48=108$ ◀ 10 %

0828 답 672

해결 과정 8켤레의 운동화 중 짝이 맞는 한 켤레의 운동화를 택하는 경우의 수는

${}_8C_1=8$ ◀ 40 %

나머지 7켤레의 운동화 14짝 중 2짝을 택하는 경우의 수는

${}_{14}C_2=\dfrac{14\times13}{2\times1}=91$

이때 7켤레의 운동화 중 짝이 맞는 한 켤레의 운동화를 택하는 경우의 수는

${}_7C_1=7$

즉, 운동화 14짝 중 짝이 맞지 않는 운동화 2짝을 택하는 경우의 수는

$91-7=84$ ◀ 40 %

답 구하기 따라서 구하는 경우의 수는

$8\times84=672$ ◀ 20 %

다른 풀이

짝이 맞지 않는 운동화 2짝을 택하는 경우의 수는 다음과 같이 구할 수도 있다.

짝이 맞는 운동화 1켤레를 제외하고 남은 7켤레의 운동화 중 짝이 맞지 않는 운동화가 될 2켤레를 택하는 경우의 수는

${}_7C_2=\dfrac{7\times6}{2\times1}=21$

이때 각 켤레에서 1짝씩 택하는 경우의 수는

${}_2C_1\times{}_2C_1=2\times2=4$

즉, 짝이 맞지 않는 운동화 2짝을 택하는 경우의 수는

$21\times4=84$

0829 답 65

문제 이해 조건 (가)에서 $f(1)\le3$이므로

$f(1)=1$ 또는 $f(1)=2$ 또는 $f(1)=3$ ◀ 20 %

해결 과정 (i) $f(1)=1$일 때,

조건 (나)에서 $1=f(1)<f(2)<f(3)<f(4)$

이므로 집합 Y의 원소 2, 3, 4, 5, 6, 7, 8의 7개 중 3개를 택하여 크기가 작은 수부터 차례대로 집합 X의 원소 2, 3, 4에 대응시키면 된다.

즉, 7개 중 3개를 택하는 조합의 수와 같으므로

${}_7C_3=\dfrac{7\times6\times5}{3\times2\times1}=35$ ◀ 20 %

(ii) $f(1)=2$일 때,

조건 (나)에서 $2=f(1)<f(2)<f(3)<f(4)$

이므로 집합 Y의 원소 3, 4, 5, 6, 7, 8의 6개 중 3개를 택하여 크기가 작은 수부터 차례대로 집합 X의 원소 2, 3, 4에 대응시키면 된다.

즉, 6개 중 3개를 택하는 조합의 수와 같으므로

${}_6C_3=\dfrac{6\times5\times4}{3\times2\times1}=20$ ◀ 20 %

(iii) $f(1)=3$일 때,

조건 (나)에서 $3=f(1)<f(2)<f(3)<f(4)$

이므로 집합 Y의 원소 4, 5, 6, 7, 8의 5개 중 3개를 택하여 크기가 작은 수부터 차례대로 집합 X의 원소 2, 3, 4에 대응시키면 된다.

즉, 5개 중 3개를 택하는 조합의 수와 같으므로

${}_5C_3={}_5C_2=\dfrac{5\times4}{2\times1}=10$ ◀ 20 %

답 구하기 (i)~(iii)에서 구하는 함수 f의 개수는

$35+20+10=65$ ◀ 20 %

변함없는 믿음

그래서 또 열쇠를 잃어버렸다고...?
요즘은 지문이나 얼굴 인식이 대세라서.. 자꾸..
몇 개째야..
너를 끝까지 믿어 보는 마음은 잃어버리지 않을게!

Memo

Memo